Mathematik 9

Grundkurs

Autoren:

Klaus Schäfer, Staufenberg
Uwe Scheele, Bad Salzuflen
Wilhelm Wilke, Stadthagen

Zeichenerklärung:

grau	Seite mit grauem Streifen	Einführung in ein neues Thema und Übungen auf Grundniveau zur Auswahl
blau	Seite mit blauem Streifen	Übungen auf gehobenem Niveau und Zusatzstoffe
rot	Seite mit rotem Streifen	Übungen auf hohem Niveau und Zusatzstoffe

6 Aufgaben mit Prüfzahlen zur Selbstkontrolle

Aufgaben zum Tüfteln

● Grundwissen: Wichtige Inhalte zum Nachschlagen und Wiederholen

1. Auflage Druck 5 4 3 2
Herstellungsjahr 2008 2007 2006 2005 2004
Alle Drucke dieser Auflage können im Unterricht parallel verwendet werden.

www.westermann.de

Verlagslektorat: Gerhard Strümpler, Corinna Buck
Typografie und Lay-out: Andrea Heissenberg
Herstellung: Reinhard Hörner

Druck und Bindung: westermann druck GmbH, Braunschweig

ISBN 3-14-**12 2859**-0

Mengen

$M = \{4, 5, 6, 7\}$	Menge aus den Elementen 4, 5, 6 und 7 in aufzählender Form
$\mathbb{N} = \{0, 1, 2, 3, \ldots\}$	Menge der natürlichen Zahlen
$\mathbb{Z}$	Menge der ganzen Zahlen
$\mathbb{Q}$	Menge der rationalen Zahlen
$\mathbb{Q}_+$	Menge der positiven rationalen Zahlen einschließlich Null
$\mathbb{Q}_-$	Menge der negativen rationalen Zahlen einschließlich Null
L	Lösungsmenge für eine Gleichung bzw. Ungleichung
$\{ \}$	leere Menge
$a \in M$	a ist Element der Menge *M*.
$b \notin M$	b ist nicht Element der Menge *M*.
$A \subset M$	Menge *A* ist Teilmenge der Menge *M*.

Rationale Zahlen

$a = b$	a gleich b	$a > b$	a größer als b
$a \neq b$	a ungleich b	$a < b$	a kleiner als b
$a + b$	Summe (*lies:* a plus b)	$a \cdot b$	Produkt (*lies:* a mal b)
$a - b$	Differenz (*lies:* a minus b)	$a : b$	Quotient (*lies:* a geteilt durch b)
a^b	Potenz (*lies:* a hoch b)	$\|a\|$	Betrag der Zahl a

Kommutativgesetz (Vertauschungsgesetz)

$a + b = b + a$ $\quad$ $a \cdot b = b \cdot a$

$3 + 7 = 7 + 3$ $\quad$ $3 \cdot 7 = 7 \cdot 3$

Assoziativgesetz (Verbindungsgesetz)

$a + (b + c) = (a + b) + c$ $\quad$ $a \cdot (b \cdot c) = (a \cdot b) \cdot c$

$3 + (7 + 5) = (3 + 7) + 5$ $\quad$ $3 \cdot (7 \cdot 5) = (3 \cdot 7) \cdot 5$

Distributivgesetz (Verteilungsgesetz)

$a \cdot (b + c) = a \cdot b + a \cdot c$ $\quad$ $a \cdot (b - c) = a \cdot b - a \cdot c$

$6 \cdot (8 + 5) = 6 \cdot 8 + 6 \cdot 5$ $\quad$ $6 \cdot (8 - 5) = 6 \cdot 8 - 6 \cdot 5$

Geometrie

A, B, C,…	Punkte
$\overline{AB}$	Strecke mit den Endpunkten A und B
AB	Verbindungsgerade durch die Punkte A und B
g, h, k,…	Geraden
$g \parallel h$	g ist parallel zu h
$g \perp k$	g ist senkrecht zu k
P (3|4)	Punkt im Koordinatensystem mit den Koordinaten 3 (x-Koordinate) und 4 (y-Koordinate)
$\alpha, \beta, \gamma, \delta, \varepsilon, \varphi$	Winkel
$\sphericalangle$ ASB	Winkel
$\sphericalangle$ (a, b)	Winkel

1 Zuordnungen

1

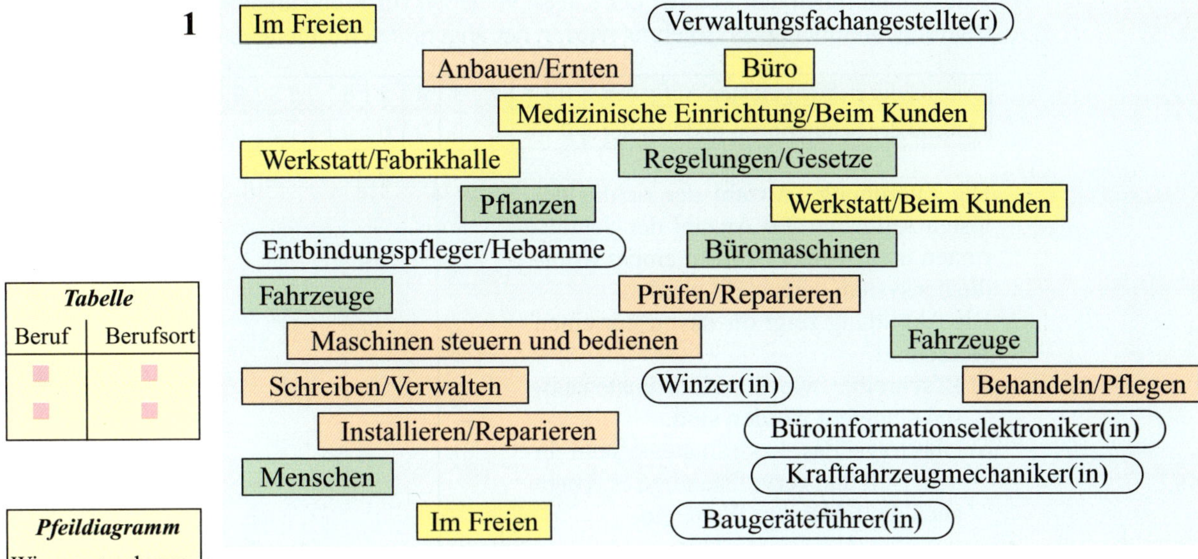

Tabelle	
Beruf	Berufsort
▪	▪
▪	▪

Pfeildiagramm
Winzer → anbauen, ernten

Die Schülerinnen und Schüler der Klasse 9a bereiten im Wirtschaftslehreunterricht ihre Berufswahl vor.

a) Ordne in einer Tabelle jedem angegebenen Beruf den zugehörigen Berufsort zu.

b) Ordne jedem angegebenen Beruf in einem Pfeildiagramm die zugehörigen Tätigkeiten zu.

c) Ordne in einer Tabelle (einem Pfeildiagramm) jedem angegebenen Beruf die zugehörigen Arbeitsmittel, Gegenstände oder Lebewesen zu.

2 Die Schülerinnen und Schüler der Klasse 9b haben ihre Berufsziele an der Tafel aufgeschrieben.
Jeder Schülerin und jedem Schüler, die ihr Berufsziel bereits kennen, wird ein Beruf zugeordnet.

a) Stelle die Zuordnung „Name ⟶ Berufswunsch" mithilfe eines Pfeildiagramms dar.

b) Ordne zehn Schülerinnen und Schülern deiner Lerngruppe jeweils ihren Berufswunsch zu.
Stelle die Zuordnung in einer Tabelle (im Pfeildiagramm) dar.

Welchen Beruf möchte ich erlernen?

Name	Berufswunsch
Carsten	Friseur
Maike	Kauffrau
Nicole	Arzthelferin
Martin	Elektroinstallateur
Anna	IT-Systemelektronikerin
Moritz	Kfz-Mechaniker
Christiane	Kfz-Mechanikerin
Alexandra	Hotelfachfrau
Alexander	Fachinformatiker
Eugen	Dachdecker

3 Einige Schülerinnen und Schüler wissen noch nicht, welchen Beruf sie erlernen wollen. Um ihren Interessen auf die Spur zu kommen, nennen sie die beiden Schulfächer, die ihnen am meisten Spaß machen. David gibt Deutsch und Französisch an, Hilke Mathematik und Informatik, Marcel Technik und Wirtschaftslehre, Katrin Deutsch und Technik und Julia nennt Wirtschafts- und Gesellschaftslehre.

a) Ordne den Schülerinnen und Schülern in einer Tabelle (in einem Pfeildiagramm) die Fächer zu.

b) Suche in deiner Lerngruppe Schülerinnen und Schüler, die ihr Berufsziel noch nicht kennen. Ordne ihnen jeweils die zwei Schulfächer zu, die ihnen am meisten (am wenigsten) Spaß machen.

4 Alle Schülerinnen und Schüler der Klasse 9b haben zur Probe an einem Berufseignungstest teilgenommen. Das Ergebnis wird in der abgebildeten Tabelle dargestellt.

Anzahl der richtig gelösten Aufgaben	0	1	2	3	4	5	6	7	8	9	10	11	12	13	14	15
Anzahl der Schülerinnen und Schüler	0	0	0	0	0	0	0	1	2	4	5	7	4	2	2	1

Die Zuordnung „Anzahl der richtig gelösten Aufgaben ⟶ Anzahl der Schülerinnen und Schüler“ soll in einem Koordinatensystem dargestellt werden.
Die Abbildung zeigt dir davon nur einen Ausschnitt.

a) Beschreibe, wie die Koordinatenachsen eingeteilt worden sind.
b) Übertrage das Koordinatensystem in dein Heft und vervollständige es. Trage auch die fehlenden Werte ein.

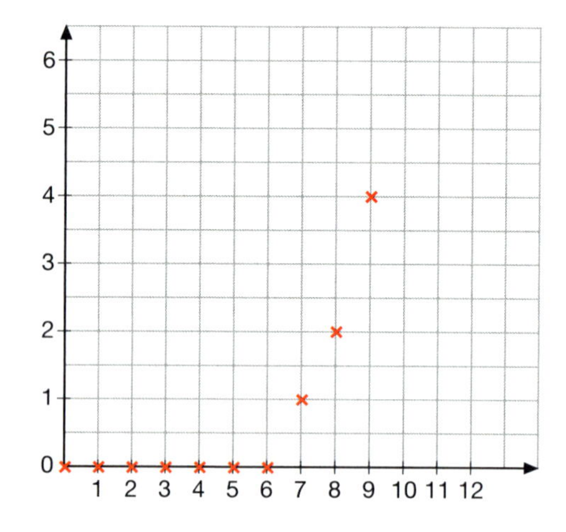

5 Eugen arbeitet gern im Freien und ist handwerklich geschickt. Da er außerdem schwindelfrei ist, möchte er Dachdecker werden.
In einem Informationsheft findet Eugen die abgebildete Darstellung.

a) Welche Zuordnung wird hier im Koordinatensystem dargestellt?
b) Lies ab, was ein Dachdecker im 1. (2., 3.) Lehrjahr verdient.
c) Lies den Verdienst im ersten Jahr nach der Lehre ab. Um wie viel Prozent ist der Verdienst bis zum fünften Jahr nach der Lehre gewachsen?

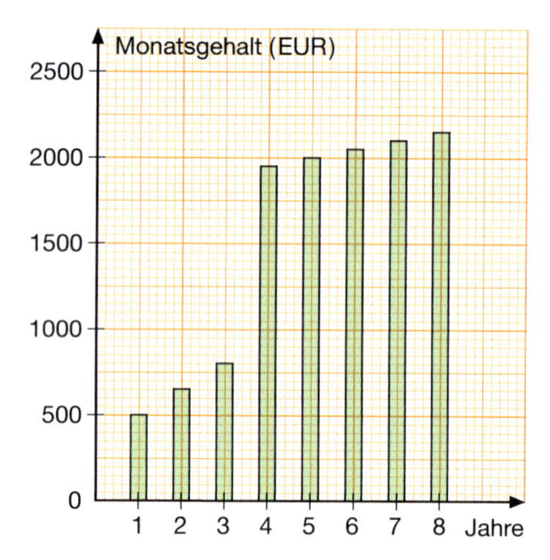

2. Jahr nach der Lehre: 2000 EUR

3. Jahr nach der Lehre: 2050 EUR, also 50 EUR mehr

$p\,\% = \frac{50 \cdot 100}{2000}\,\%$

$p\,\% = 2{,}5\,\%$

6 Vesna möchte nach dem Schulabschluss in einer Druckerei arbeiten. Sie überlegt, ob sie erst eine Ausbildung zur Druckerin machen soll oder ob sie gleich als ungelernte Kraft anfangen soll.
Vesna vergleicht die Monatsgehälter in den ersten Jahren.

Berufsjahr	1.	2.	3.	4.	5.	6.	7.
Monatslohn mit Ausbildung (EUR)	560	620	690	1750	2250	2290	2370
Monatslohn ohne Ausbildung (EUR)	1560	1590	1600	1660	1690	1720	1780

a) Trage den Verdienst bei einer Ausbildung zur Druckerin in ein Koordinatensystem ein (x-Achse: 1 cm ≙ 1 Jahr; y-Achse: 1 cm ≙ 200 EUR). Verbinde die Punkte.
b) Trage den Verdienst als ungelernte Kraft in das gleiche Koordinatensystem ein. Verbinde die Punkte.
c) Lohnt es sich, keine Ausbildung zu machen? Begründe deine Antwort. Denke dabei nicht nur an die Verdienstmöglichkeiten.

Koordinatensystem

Lohn (EUR)

Jahre

7

Nicole möchte ihr Praktikum bei einem Maler und Lackierer machen.
Von Malermeister Voss erfährt sie, dass auch dort mathematische Fähigkeiten gebraucht werden.
Nicole hat berechnet, wie viele Quadratmeter Wandfläche mit 7 Liter Farbe gestrichen werden können.

11 Liter reichen für $66\ m^2$.
1 Liter reicht für $66\ m^2 : 11 = 6\ m^2$
7 Liter reichen für $6\ m^2 \cdot 7 = 42\ m^2$

Wie viele Quadratmeter Wandfläche können mit 3 (5; 8; 9) Liter Farbe gestrichen werden?

8 Der 11-Liter-Eimer Wandfarbe kostet 38,50 EUR.
Was kosten 3 (5; 8; 9) Liter Farbe aus dem Eimer?

Farbe (*l*)	Preis (EUR)
11	38,50
1	3,50

9 Eine Dose Acryllack enthält 0,75 *l* Farbe und kostet 9,75 EUR. Der Inhalt reicht laut Angabe des Herstellers, um damit $6\ m^2$ Fläche zu streichen.
a) Wie viel Liter Acryllack braucht man für $4\ m^2$ ($5\ m^2$, $1{,}5\ m^2$) Fläche?
b) Was kosten 0,5 *l*, (0,4 *l*; 0,6 *l*; 0,7 *l*) Acryllack aus der Dose?

10 Für 7 Stunden Arbeitszeit berechnet Malermeister Voss insgesamt 252 EUR an Lohnkosten. Wie viel Euro muss er für 5 (8; 23; 36) Stunden Arbeitszeit berechnen?

11

Renovierung Altbauwohnung

Arbeitskräfte	benötigte Zeit
3	8
1	$8 \cdot 3 = 24$
2	$24 : 2 = 12$

Für die Renovierung einer Altbauwohnung plant Herr Voss bei einem Einsatz von drei Arbeitskräften eine Zeit von acht Arbeitstagen ein.
Er berechnet, wie viele Tage er einplanen muss, wenn nur zwei Arbeitskräfte zur Verfügung stehen.
In wie viel Arbeitstagen kann die Wohnung renoviert werden, wenn Herr Voss vier (sechs, acht) Leute einsetzen kann?

12 Bei einem Einsatz von zwölf Arbeitskräften kann ein Großauftrag in 20 Arbeitstagen erledigt werden.
Herr Voss braucht aber für andere Arbeiten auch noch Personal. Deshalb überlegt er, in welcher Zeit er den Auftrag mit weniger Arbeitskräften erledigen kann.
Ergänze die Tabelle in deinem Heft.

Arbeitskräfte	Zeit (Tage)
12	20
1	■
6	■
3	■
5	■
8	■

Zuordnungen können in Pfeildiagrammen, Tabellen und im Koordinatensystem dargestellt werden.

Stückzahl ⟶ Preis (EUR)

1 ⟶ 0,70
2 ⟶ 1,40
3 ⟶ 2,10
4 ⟶ 2,80
5 ⟶ 3,50

Pfeildiagramm

Stückzahl	Preis (EUR)
1	0,70
2	1,40
3	2,10
4	2,80
5	3,50

Tabelle

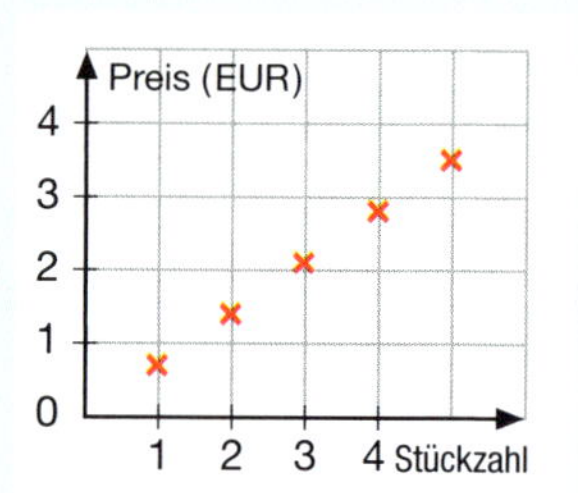

Koordinatensystem

Proportionale Zuordnungen

Für 6 Arbeitsstunden werden 210 EUR berechnet.

Zeit (h)	Kosten (EUR)
6	**210**
12	420
18	630
3	105
2	70

Arbeitszeit ⟶ **Kosten**

doppelte Zeit ⟶ **doppelte** Kosten
dreifache Zeit ⟶ **dreifache** Kosten
Hälfte der Zeit ⟶ **Hälfte** der Kosten
Drittel der Zeit ⟶ **Drittel** der Kosten

Was kosten 7 Arbeitsstunden?

Zeit (h)	Kosten (EUR)
6	**210**
1	35
7	245

Dreisatz

6 Arbeitsstunden kosten 210 EUR.
1 Arbeitsstunde kostet 210 EUR : 6 = 35 EUR.
7 Arbeitsstunden kosten 35 EUR · 7 = 245 EUR.

Antiproportionale Zuordnungen

6 Maler können einen Großauftrag in 12 Arbeitstagen ausführen.

Anzahl	Zeit (d)
6	**12**
12	6
18	4
3	24
2	36

Anzahl an Arbeitskräften ⟶ **benötigte Zeit**

doppelte Anzahl ⟶ **Hälfte** der Zeit
dreifache Anzahl ⟶ **Drittel** der Zeit
Hälfte der Anzahl ⟶ **doppelte** Zeit
Drittel der Anzahl ⟶ **dreifache** Zeit

Wie lange brauchen 8 Maler?

Anzahl	Zeit (d)
6	**12**
1	72
8	9

Dreisatz

6 Maler brauchen 12 Arbeitstage.
1 Maler braucht 6 · 12 = 72 Arbeitstage.
8 Maler brauchen 72 : 8 = 9 Arbeitstage.

So kannst du bei Dreisatzaufgaben vorgehen:

1. Überlege zunächst, ob zwischen den Größen die Beziehung **„je mehr – desto mehr“** oder **„je mehr – desto weniger“** vorliegt.

2. Überlege dann, ob dem **Doppelten** das **Doppelte,** dem **Dreifachen** das **Dreifache,** … oder dem **Doppelten** die **Hälfte,** dem **Dreifachen** ein **Drittel,** … zugeordnet wird.

3. Ist die Zuordnung **proportional (antiproportional),** lege eine Tabelle an. Trage das gegebene Größenpaar ein und berechne die gesuchte Größe.

4. Formuliere eine Antwort.

Sieben Tuben Abtönfarbe kosten 33,25 EUR. Wie viel Euro kosten neun Tuben?

1. Je mehr Tuben gekauft werden, desto mehr muss bezahlt werden.

2. Wird die Anzahl der Tuben verdoppelt, verdoppelt sich auch der Preis. Die Zuordnung ist proportional.

3.

Anzahl	Preis (EUR)
7	33,25
1	4,75
9	42,75

4. Neun Tuben Abtönfarbe kosten 42,75 EUR.

Für die Malerarbeiten in einem Neubau brauchen vier Arbeitskräfte 6 Arbeitstage. Wie lange brauchen drei Arbeitskräfte?

1. Je mehr Maler im Neubau arbeiten, desto weniger Tage werden benötigt.

2. Wird die Anzahl der Maler verdoppelt, halbiert sich die Anzahl der Tage. Die Zuordnung ist antiproportional.

3.

Anzahl an Arbeitskräften	Zeit (d)
4	6
1	24
3	8

4. Drei Arbeitskräfte benötigen 8 Arbeitstage.

Viele Zuordnungen sind nur in bestimmten Bereichen proportional (antiproportional).

Ein Malerbetrieb kauft 50 Tuben Abtönfarbe. Der Preis beträgt dann **nicht** $50 \cdot 4{,}75$ EUR = 237,5 EUR, denn der Malerbetrieb kauft im Großhandel ein und erhält Mengenrabatt.

400 Arbeitskräfte benötigen dann **nicht** 24 d : 400 = 0,06 d, denn sie können gar nicht alle gleichzeitig in dem Neubau eingesetzt werden.

1 Frauke und David haben zusammen im Supermarkt eingekauft, um so die günstigen Preise bei größeren Abgabemengen zu nutzen. Sie wollen sich nun die gekauften Artikel teilen.
Frauke möchte 2 DIN-A4-Schreibhefte, 70 Karteikarten, 8 Farbstifte und 32 Klarsichthüllen haben, David erhält die übrigen Artikel.
Frauke berechnet zunächst den Preis für ein Heft **(Stückpreis)**. Dann berechnet sie den Preis für zwei Hefte.

	Anzahl an Heften	Preis (EUR)	
	5	3,60	
:5	1	0,72	:5
·2	2	1,44	·2

a) Berechne die Preise für die anderen Artikel.
b) Wie viel Euro muss Frauke, wie viel Euro muss David insgesamt bezahlen? Es gibt mehrere Lösungswege.

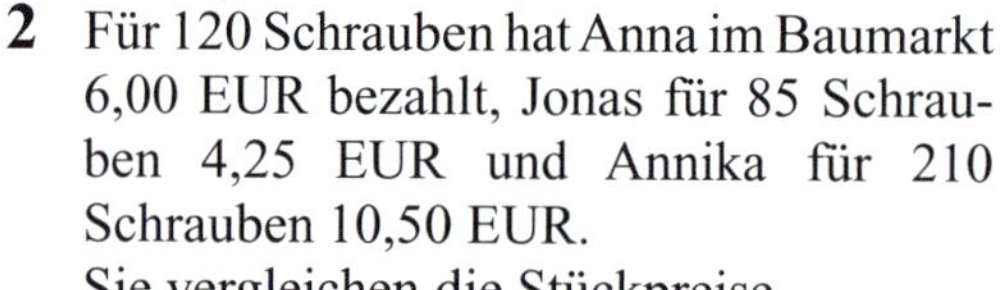

2 Für 120 Schrauben hat Anna im Baumarkt 6,00 EUR bezahlt, Jonas für 85 Schrauben 4,25 EUR und Annika für 210 Schrauben 10,50 EUR.
Sie vergleichen die Stückpreise.

Anzahl an Schrauben	Preis (EUR)	$\frac{\text{Preis}}{\text{Anzahl}}$ (EUR)
120	6,00	6,00 : 120 = 0,05
85	4,25	4,25 : 85 = 0,05
210	10,50	10,50 : 210 = 0,05

Der Preis für ein Stück (Stückpreis) beträgt hier 0,05 EUR.

a) Was stellst du fest?
b) Berechne den Preis für 45 (75, 97, 112, 135, 178) Schrauben.

3 Für 0,4 kg Lachs bezahlt Sebastian im Fischgeschäft 4,24 EUR. Inas Vater kauft ein Stück Lachs, das 0,9 kg wiegt.
a) Berechne zunächst den Preis für ein Kilogramm Lachs **(Kilogrammpreis)**.
b) Wie viel Euro muss Inas Vater bezahlen?
c) Berechne den Preis für 0,3 kg (1,1 kg, 0,75 kg, 800 g, 450 g) Lachs.

4 Für 1,5 kg frische Champignons bezahlt Arnes Mutter 10,80 EUR. Victorias Vater kauft 0,9 kg Champignons für 6,48 EUR. Sie vergleichen den Kilogrammpreis.
a) Was stellst du fest?
b) Berechne den Preis für 1,3 kg (0,8 kg, 750 g, 600 g) Champignons.

Masse (kg)	Preis (EUR)	$\frac{\text{Preis}}{\text{Masse}} \left(\frac{\text{EUR}}{\text{kg}}\right)$
1,5	10,80	10,80 : 1,5 = 7,20
0,9	6,48	6,48 : 0,9 = 7,20

Der Preis für ein Kilogramm (Kilogrammpreis) beträgt hier 7,20 EUR.

5 Jans Vater kauft bei der Fruchtsaftkelterei Wecker 30 *l* frischgepressten Apfelsaft für 16,50 EUR.
Tina und ihre Mutter haben für 50 kg ihrer eigenen Äpfel 25 *l* Apfelsaft bekommen. Für diese 25 Liter mussten sie noch 8,75 EUR bezahlen.

a) Berechne jeweils den Literpreis.
b) Arnd und Tim wollen nur Apfelsaft kaufen. Was müssen sie für 12 *l* (15 *l*, 17,5 *l*, 28,5 *l*) bezahlen?
c) Wie viel Liter Apfelsaft bekommen Kathrin und ihr Vater für 80 kg (110 kg, 135 kg) Äpfel. Wie viel Euro müssen sie dafür bezahlen?

6 An der Tankstelle bezahlt Herr Weise für 40 *l* Normalbenzin 43,96 EUR.
Frau Schwarz muss für 50 *l* „Normal“ 54,95 EUR bezahlen.

a) Berechne zunächst den Preis für einen Liter Normalbenzin **(Literpreis)**.
b) Berechne den Preis für 38 *l* (48,9 *l*, 61,3 *l*, 34,8 *l*) Normalbenzin. Runde sinnvoll.
c) Frau Kunz hat an einer anderen Tankstelle für 45,9 *l* Benzin 50,90 EUR, Herr Hinze für 39,5 Liter 44,60 EUR bezahlt. Haben sie die gleiche Benzinsorte getankt? Begründe.

7

Esser
Meisterbetrieb
Reparaturservice – alle Marken

1,5	Arbeitsstunden	66,30 EUR
3	Dichtungen	5,80 EUR
1	Pumpenmotor	28,50 EUR
	Anfahrt	25,– EUR
		125,60 EUR
	16 % MwSt.	20,10 EUR
		145,70 EUR

16% von 125,60 EUR:

$P = \frac{125{,}60 \cdot 16}{100}$ EUR

$P \approx 20{,}10$ EUR

Für die Reparatur seiner Waschmaschine erhält Herr Raschke die abgebildete Rechnung.

a) Berechne die Kosten für eine Arbeitsstunde ohne (mit) Mehrwertsteuer.
b) Wie viel Euro sind für eine Arbeitszeit von 2,5 (0,5; 3,25) Stunden ohne Mehrwertsteuer zu bezahlen?
c) Was kosten 4,5 (0,75; 1,25; 2,75) Stunden Arbeitszeit mit Mehrwertsteuer?

Der Lohn, den man für eine Stunde Arbeit erhält, heißt **Stundenlohn.**

8 Corinnas Vater arbeitet in einem Chemieunternehmen. Sein Lohn berechnet sich nach der Arbeitszeit. Im letzten Monat erhielt er für 162 Arbeitsstunden 1806,30 EUR an Lohn.

a) Berechne seinen Stundenlohn.
b) Berechne den Monatslohn bei 170 (167,5; 171,5; 166,5) Arbeitsstunden.
c) Corinnas Vater hat von seinem Bruttogehalt 35 % Abzüge. Berechne seinen Nettolohn.

9 Anja ist achtzehn Jahre alt und geht in die Jahrgangsstufe 12. Neben der Schule jobbt sie in einem Supermarkt. Im letzten Monat erhielt sie für 40,5 Arbeitsstunden 275,40 EUR Lohn.

a) Berechne Anjas Stundenlohn. Welchen Lohn erhält sie für 38,5 (45,5; 31,5) Arbeitsstunden im Monat?
b) Ihre Tante Ulrike arbeitet hauptberuflich in demselben Supermarkt. Sie erhielt für 166 Arbeitsstunden einen Monatslohn von 1441,80 EUR. Vergleiche.

1

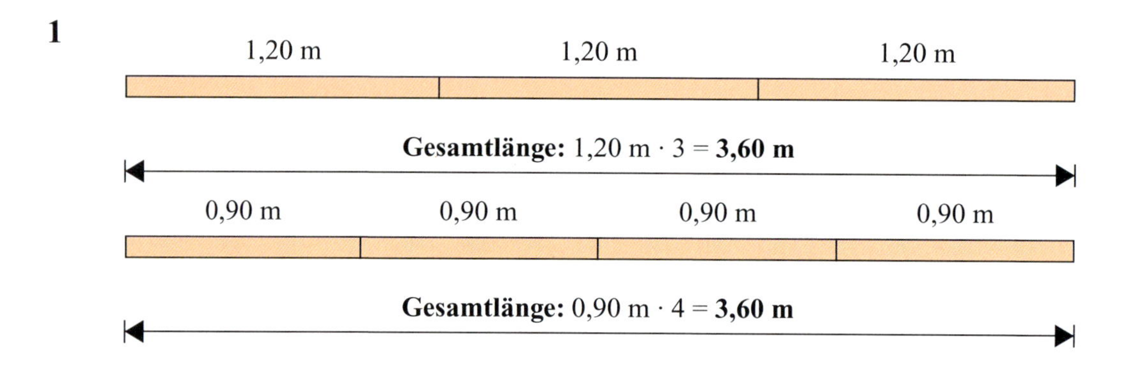

Eine Dachlatte lässt sich in drei gleich lange Stücke von je 1,20 m Länge zersägen. Wie viele Stücke erhältst du, wenn jedes Stück 1,80 m (0,60 m, 0,72 m) lang ist?

2 Eine Rolle Klebeband lässt sich in 125 Streifen von je 4 cm Länge zerschneiden. Wie viele Streifen erhältst du, wenn jeder Streifen 5 cm (25 cm, 20 cm, 12,5 cm) lang ist? Berechne zunächst die **Gesamtlänge.**

3 Eine Lieferung Tee wird im Teeladen in 40 Tüten zu jeweils 125 g abgepackt.
a) Berechne zunächst, wie viel Gramm Tee insgesamt abgepackt werden **(Gesamtgewicht)**.
b) Wie viele Tüten zu je 50 g (250 g, 500 g) würde man erhalten?

4 Wenn 45 Personen an einer Busreise teilnehmen, kostet die Reise 72 EUR pro Person.
a) Berechne zunächst, wie viel Euro der Bus insgesamt kostet **(Gesamtkosten).**
b) Wie hoch sind die Fahrtkosten pro Person, wenn 44 (36, 40, 48) Personen an der Reise teilnehmen?

24 m
28 m

5 Ein Grundstück von 28 m Länge und 24 m Breite soll durch ein flächengleiches Grundstück ersetzt werden.
a) Berechne den Flächeninhalt des Grundstücks **(Gesamtgröße)**.
b) Wie groß muss die Breite bei einer Länge von 35 m (42 m, 30 m, 32 m, 36 m) sein?

6 Fünf Dachdecker decken ein Dach in sechs Tagen.
a) In welcher Zeit wird das Dach von sechs (drei, vier) Dachdeckern gedeckt?
b) Was gibt die Gesamtgröße „30 Arbeitstage“ hier an?
c) Von den fünf Dachdeckern wird einer nach zwei Tagen krank. Nach welcher Gesamtzeit ist das Dach nun gedeckt? Überlege zunächst, in welcher Zeit fünf Dachdecker die restliche Arbeit schaffen.

7

Ein Kleinwagen kann bei einem durchschnittlichen Benzinverbrauch von 5,4 *l* pro 100 km mit einer Tankfüllung 750 km weit fahren.
a) Wie weit kann ein Fahrzeug mit einem durchschnittlichen Benzinverbrauch von 8,1 *l* (3 *l*, 7,2 *l*, 9,6 *l*, 10,8 *l*) pro 100 km mit dem gleichen Tankinhalt fahren?
b) Was gibt die Gesamtgröße hier an?

1 Ina fährt mit ihrem Mofa eine längere Strecke mit einer Geschwindigkeit von $24\,\frac{\text{km}}{\text{h}}$.
Arne legt die gleiche Strecke mit seinem Rad zurück. Sein Tacho zeigt ihm für die zurückgelegte Strecke eine Durchschnittsgeschwindigkeit von $18\,\frac{\text{km}}{\text{h}}$ an.
Ina und Arne berechnen mithilfe einer Tabelle, welche Strecken sie in welcher Zeit zurückgelegt haben.

Zeit (min)	Ina Strecke (km)	Arne Strecke (km)
0	0	0
10	■	■
20	■	■
30	■	■
40	■	■
50	■	■
60	24	18
70	■	■
80	■	■

a) Übertrage die Tabelle in dein Heft und fülle sie aus. Welche Art von Zuordnung liegt hier vor?
b) Ina legt die Strecke in einer Zeit von 1 h 30 min zurück. Wie lang ist die Strecke?
c) Wie lange braucht Arne, um die gleiche Strecke zurückzulegen?

d) Ina hat die Zeiten mit den zugehörigen Strecken als Punkte in das abgebildete Koordinatensystem eingetragen. Sie hat die einzelnen Punkte verbunden und so ein **Weg-Zeit-Diagramm** erhalten.
Übertrage das Koordinatensystem auf Millimeterpapier. Zeichne auch für Arnes Fahrt das zugehörige **Weg-Zeit-Diagramm** in das gleiche Koordinatensystem.
Vergleiche beide Diagramme miteinander. Was fällt dir auf?

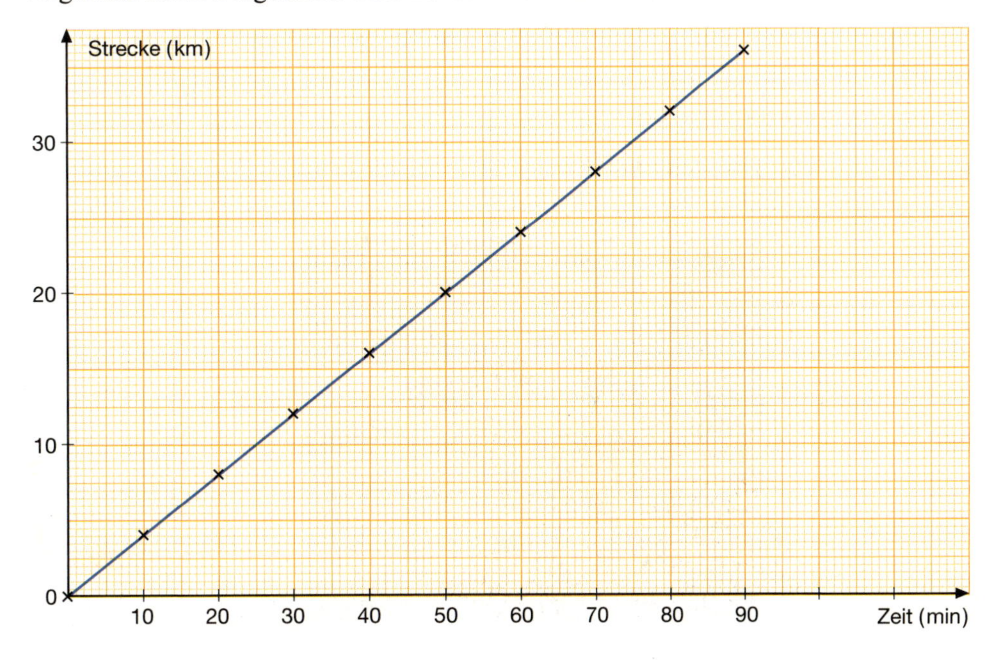

2 Arnes Vater legt mit seinem Auto eine Strecke von 300 km Länge in 2 h 30 min zurück.
Arne hat nach 1,5 Stunden und nach 2 Stunden notiert, welche Strecke jeweils zurückgelegt wurde.
Er berechnet jeweils die Durchschnittsgeschwindigkeit.
a) Was stellst du fest?
b) Wie weit könnte Arnes Vater bei gleicher Durchschnittsgeschwindigkeit in 3 (3,5; 4; 4,5) Stunden fahren?

Zeit (h)	Weg (km)	$\frac{\text{Weg}}{\text{Zeit}}\left(\frac{\text{km}}{\text{h}}\right)$
2,5	300	300 : 2,5 = 120
1,5	180	180 : 1,5 = 120
2	240	240 : 2 = 120

Dividierst du den zurückgelegten Weg durch die dafür benötigte Zeit, erhältst du die Durchschnittsgeschwindigkeit.

$$\frac{\textbf{Weg}}{\textbf{Zeit}} = \textbf{Geschwindigkeit}$$

Eine mögliche Einheit für die Durchschnittsgeschwindigkeit ist $\frac{\text{km}}{\text{h}}$.

3 Alexander legt mit seinem Roller eine größere Strecke zurück. Seine Durchschnittsgeschwindigkeit beträgt 36 $\frac{\text{km}}{\text{h}}$.
a) Berechne, welchen Weg Alexander in 10 min (20 min, 30 min, 40 min, 50 min, 1,5 h, 2 h, 2,5 h) zurücklegt. Lege eine Tabelle an.
b) Zeichne den Graphen der Zuordnung „Zeit ⟶ Weg“ (x-Achse: 1 cm $\triangleq$ 10 min, y-Achse: 1 cm $\triangleq$ 10 km).

4 In dem Diagramm wird die Zuordnung „Zeit ⟶ Weg“ für zwei unterschiedliche Fahrzeuge dargestellt.
a) Welche Strecke hat das Fahrzeug A (Fahrzeug B) in 10 (20, 30) Minuten zurückgelegt?
b) Berechne jeweils die Durchschnittsgeschwindigkeit.

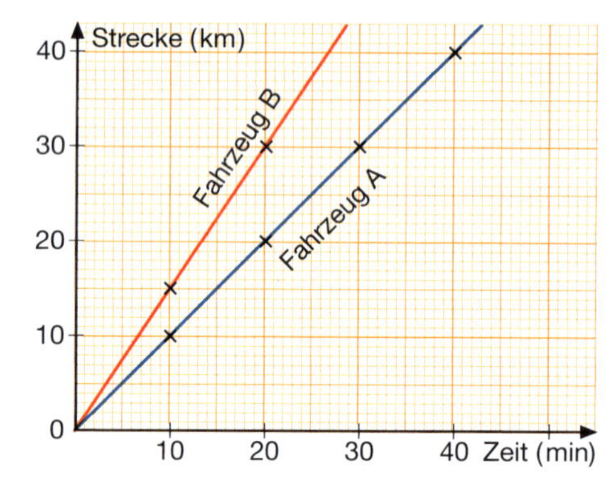

5 Ein Weltklassesprinter läuft 100 m in 10 s. Seine Geschwindigkeit beträgt 10 $\frac{\text{m}}{\text{s}}$.
David möchte die Geschwindigkeit in $\frac{\text{km}}{\text{h}}$ angeben. Er rechnet:

1 min = 60 s
1 h = 60 min
1 h = 3600 s

1 s ⟶ 10 m
1 min ⟶ 10 m · 60 = 600 m
1 h ⟶ 600 m · 60 = 36000 m
1 h ⟶ 36 km
$10\,\frac{\text{m}}{\text{s}} = 36\,\frac{\text{km}}{\text{h}}$
Die Geschwindigkeit beträgt 36 $\frac{\text{km}}{\text{h}}$.

Gib die Geschwindigkeit in km/h an.
a) 300 m/s, 25 m/s, 15 m/s, 700 m/s,
b) 1500 m/s, 1,5 m/s, 0,8 m/s, 0,01 m/s

ICE
(180 km/h)

Formel 1-Rennwagen
(270 km/h)

Passagierdüsenflugzeug
(900 km/h)

6 Jana möchte die Geschwindigkeit des ICE in $\frac{m}{s}$ angeben. Sie rechnet:

1 h ⟶ 180 km
1 h ⟶ 180000 m
1 min ⟶ 180000 m : 60 = 3000 m
1 s ⟶ 3000 m : 60 = 50 m
$180 \frac{km}{h} = 50 \frac{m}{s}$
Die Geschwindigkeit beträgt $50 \frac{m}{s}$.

a) Gib die Geschwindigkeit der anderen abgebildeten „Transportmittel" an.

b) Gib die Geschwindigkeit in $\frac{m}{s}$ an. Falls nötig, runde sinnvoll.

$80 \frac{km}{h}$	$39{,}5 \frac{km}{h}$	$1200 \frac{km}{h}$
$50 \frac{km}{h}$	$49{,}7 \frac{km}{h}$	$2500 \frac{km}{h}$
$110 \frac{km}{h}$	$8{,}5 \frac{km}{h}$	$8000 \frac{km}{h}$
$220 \frac{km}{h}$	$4{,}5 \frac{km}{h}$	$15\,000 \frac{km}{h}$

Bei der Umrechnung von $\frac{m}{s}$ in $\frac{km}{h}$ musst du mit 3,6 multiplizieren, bei der Umrechnung von $\frac{km}{h}$ in $\frac{m}{s}$ durch 3,6 dividieren.

7 Um von Bad Salzuflen nach Detmold zu fahren, benötigt ein Radfahrer bei einer Durchschnittsgeschwindigkeit von $16 \frac{km}{h}$ eine Zeit von 1,5 h.
So kannst du berechnen, wie schnell ein Pkw mit einer Durchschnittsgeschwindigkeit von $72 \frac{km}{h}$ die gleiche Strecke zurücklegt:

1. Berechne die Strecke, die der Radfahrer in 1,5 h zurücklegt (Gesamtgröße).	1 h ⟶ 16 km 1,5 h ⟶ 24 km Die Strecke beträgt 24 km.
2. Berechne die Zeit, die der Pkw für die 24 km lange Strecke benötigt.	72 km ⟶ 1 h 72 km ⟶ 60 min 1 km ⟶ $\frac{60}{72}$ min 24 km ⟶ $\frac{60 \cdot 24}{72}$ min = 20 min.
3. Gib die Zeit in Stunden und Minuten an.	Der Pkw benötigt für die Strecke 20 min.

Für die Strecke von Dortmund bis Karlsruhe braucht ein Lkw bei einer Durchschnittsgeschwindigkeit von $70 \frac{km}{h}$ eine Zeit von 5 h. Wie lange braucht ein Pkw mit einer Durchschnittsgeschwindigkeit von $120 \frac{km}{h}$ für die gleiche Strecke?

8 Ein Regionalexpress braucht bei einer Durchschnittsgeschwindigkeit von $80 \frac{km}{h}$ für eine bestimmte Strecke eine Zeit von 1,15 h. Wie lange braucht ein Intercity mit einer Durchschnittsgeschwindigkeit von $150 \frac{km}{h}$ für die gleiche Strecke?

1

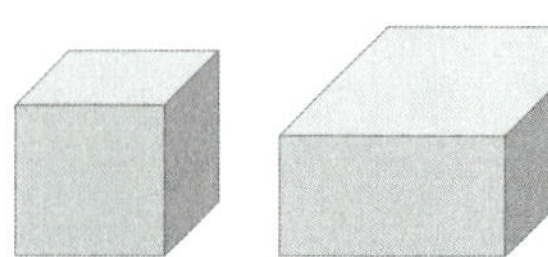
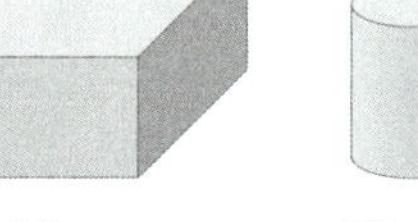

Material:	Eisen	Eisen	Eisen	Aluminium	Aluminium
Volumen:	1000 cm^3	2400 cm^3	2010 cm^3	2160 cm^3	1440 cm^3
Masse:	7900 g	18960 g	15879 g	5832 g	3888 g

Dividiert man die Masse eines Körpers durch sein Volumen, erhält man die **Dichte** des Körpers.

$$\frac{\textbf{Masse}}{\textbf{Volumen}} = \textbf{Dichte}$$

Die Dichte ist eine Materialkonstante.

Volumen (cm^3)	Masse (g)	$\frac{\text{Masse}}{\text{Volumen}}$ $\left(\frac{g}{cm^3}\right)$
1000	7900	7900 : 1000 = 7,9
2400	18960	18960 : 2400 = 7,9

Ein Kubikzentimeter Eisen hat eine Masse von 7,9 g.

Dichte $\left(\frac{g}{cm^3}\right)$	
Alum.	2,7
Blei	11,3
Eisen	7,9
Gold	19,3
Silber	10,5
Messing	8,3
Platin	21,4
Glas	2,5
Holz	0,5
Kork	0,2
Styropor	0,015

In der Tabelle siehst du, wie für den Würfel und den Quader jeweils die **Dichte** (Masse pro Kubikzentimeter) berechnet wird.
a) Berechne auch für den Zylinder die Dichte. Was fällt dir auf?
b) Berechne jeweils die Dichte für die beiden Aluminiumkörper. Was stellst du fest?

2 Bestimme das Material, aus dem der Körper besteht.
a) 12 cm^3 wiegen 126 g.
45 cm^3 wiegen 373,5 g.
b) 36 cm^3 wiegen 770,4 g.
175 cm^3 wiegen 472,5 g.
c) 19,6 cm^3 wiegen 9,8 g.
29,5 cm^3 wiegen 73,75 g.

3 Berechne die Masse des Körpers.
a) 58 cm^3 Silber
148 cm^3 Gold
b) 245 cm^3 Messing
2585 cm^3 Kork
c) 57,6 cm^3 Glas
0,8 dm^3 Holz
d) 12,9 cm^3 Blei
1,5 m^3 Styropor

4 Ein Quader aus Eisen ist 50 cm lang, 12 cm breit und 10 cm hoch (30 cm lang, 8 cm breit und 8 cm hoch). Kannst du den Quader tragen?

5 Die Gesamtmasse einer Maschine soll verringert werden. Dazu werden einige Bauteile aus Eisen durch Bauteile aus Aluminium ersetzt. Um wie viel Gramm wird die Masse verringert, wenn die Eisenbauteile ein Volumen von 180 cm^3 haben?

6

Der griechische Mathematiker und Physiker Archimedes (285–212 v. Chr.) sollte für einen König überprüfen, ob dessen Krone wirklich aus reinem Gold war.
a) Beschreibe, wie Archimedes vorgegangen sein könnte.
b) Kann eine Krone mit einem Volumen von 140 cm^3 und einer Masse von 2 kg aus reinem Gold sein? Begründe.

1 Die Gemeinde Leopoldshöhe bietet in einem neuen Siedlungsgebiet Grundstücke zu einem festen Quadratmeterpreis an. Für ihr 540 m^2 großes Grundstück bezahlt Familie Kesten 84 780 EUR. Wie viel Euro muss Familie Heinrichs für einen benachbarten Bauplatz mit 570 m^2 (480 m^2, 615 m^2) Grundfläche bezahlen?

2 Zum Einebnen des Geländes benötigen zwei Planierraupen 21 Arbeitsstunden. In wie viel Arbeitsstunden ebnen drei Planierraupen das Gelände ein?

3 a) Ein Bagger benötigt 16 Arbeitsstunden, um 280 m^3 Erde auszuheben. In welcher Zeit können 350 m^3 (210 m^3) ausgehoben werden?

b) Ein Lkw der Baugesellschaft kann 18 m^3 Erde transportieren. Um den Erdaushub für eine Baugrube abzufahren, sind 16 Fahrten mit diesem Lkw erforderlich. Wie oft muss ein Lkw fahren, der nur 12 m^3 transportieren kann?

4 Die neue Wohnstraße soll 122 m lang werden. Dafür werden 134,2 m^3 Schotter benötigt. Wie viel Kubikmeter Schotter werden für eine 65 m (76 m, 48,5 m) lange Wohnstraße benötigt?

5

Ein Rohbau kann von fünf Maurern in 60 Arbeitstagen erstellt werden.

a) Wie viele Arbeitstage benötigen sechs Maurer?

b) Nach 40 Arbeitstagen wird von den fünf Maurern einer krank. In wie viel Tagen kann der Rohbau nun fertiggestellt werden?
Überlege zunächst, in welcher Zeit fünf Maurer die restliche Arbeit schaffen.

6 a) Familie Wiemann lässt das Dach ihres Einfamilienhauses mit Dachpfannen aus Beton decken. Für einen Quadratmeter Dachfläche rechnet der Dachdecker mit 10 Pfannen. Eine Betonpfanne kostet 0,80 EUR. Der Arbeitslohn für das Verlegen beträgt 8,50 EUR pro Quadratmeter. Die Materialkosten für das Dach der Familie Wiemann betragen 880 EUR. Berechne die Dachfläche und den Arbeitslohn.

b) Das Einfamilienhaus von Familie Thevis ist genau so groß. Das Dach soll aber mit Tonziegeln gedeckt werden. Bei einem Stückpreis von 1,15 EUR werden davon 15 Pfannen pro Quadratmeter benötigt. Das Verlegen der Ziegel kostet 10,50 EUR pro Quadratmeter. Berechne die Materialkosten und den Arbeitslohn.

c) Vergleiche die Gesamtkosten miteinander.

L 1155; 110; 14; 65; 53,35; 89 490; 935; 12; 71,5; 75 360; 1897,5; 96 555; 50; 24; 20; 83,6

7 Für die Treppe vom Erdgeschoss zum ersten Stockwerk sind 15 Stufen geplant. Jede Stufe soll eine Höhe von 17,6 cm haben. Wegen einer Planänderung soll sie nun aus 16 Stufen bestehen. Welche Höhe muss nun jede Stufe haben?

8 Familie Wiemann möchte Fensterbänke aus Marmor einbauen lassen. Die Kosten betragen pro Meter 43,60 EUR. Der Kostenvoranschlag für alle Fensterbänke im Haus sieht eine Summe von 549,36 EUR vor.

a) Wie viel Meter Marmorplatten wurden berechnet?

b) Familie Thevis ist der Meinung, dass Fensterbänke aus Kunststoff geeigneter sind. Eine zwei Meter lange Fensterbank kostet dann 59,80 EUR. Berechne die Gesamtkosten.

9

Die Terrasse kann mit 108 quadratischen Steinplatten mit einer Kantenlänge von jeweils 50 cm ausgelegt werden.
Wie viele Steinplatten werden benötigt, wenn jede Platte 75 cm lang und 50 cm breit ist?

10 Für die Elektroinstallation veranschlagt der Elektriker 120 Arbeitsstunden. Mit welchen Lohnkosten muss Familie Thevis rechnen, wenn für 18 Arbeitsstunden vorher 824,40 EUR bezahlt wurden?

11 Das Badezimmer soll bis zu einer Höhe von zwei Metern gekachelt werden. Dafür sollen 650 Fliesen der Größe 20 cm x 20 cm verwendet werden.

a) Wie viele Fliesen der Größe 15 cm x 15 cm werden für die gleiche Fläche mindestens benötigt?

b) Zehn Fliesen der Größe 20 cm x 20 cm kosten 6,80 EUR, zehn Fliesen der Größe 15 cm x 15 cm kosten 5,50 EUR. Berechne den Preisunterschied.

12 Familie Harbron überlegt, wie die Wohnzimmerwände gestaltet werden sollen.
Herr Harbron schlägt Raufasertapete mit einem getönten Anstrich vor. Frau Harbron zieht Textiltapeten vor.
Für die Materialkosten wollen sie höchstens 500 EUR ausgeben.

a) Wie teuer kommt der Vorschlag von Frau Harbron?

b) Wie viel Euro können bei Herrn Harbrons Vorschlag eingespart werden?

Wohnzimmer: 62 m^2 Wandfläche

Raufasertapete:
Rolle (0,8 m breit; 11 m lang): 8,90 EUR

Binderfarbe:
11-Liter-Eimer (für 66 m^2): 41,44 EUR

Textiltapete:
Rolle (0,53 m breit; 7 m lang): 28,50 EUR

13 Das Esszimmer ist 4,8 m lang, 4,20 m breit und 2,50 m hoch. Die vier Wände sollen mit Raufasertapete tapeziert und anschließend gestrichen werden. Eine Rolle Raufasertapete ist 80 cm breit und 11 m lang. Bestimme die Anzahl der benötigten Tapetenrollen und die Größe der zu streichenden Wandflächen. Aussparungen für Fenster und Türen sollen dabei zunächst nicht berücksichtigt werden.

L 45; 16,5; 376,74; 5496; 1938; 484,50; 6; 72; 371,86; 1156; 12,6

14 Die Familie Harbron hat in ihrem Einfamilienhaus cin Dachstudio selbst ausgebaut.
Der Fußboden soll nun mit Korkfliesen ausgelegt werden. Im Baumarkt finden sie die folgenden Angebote.

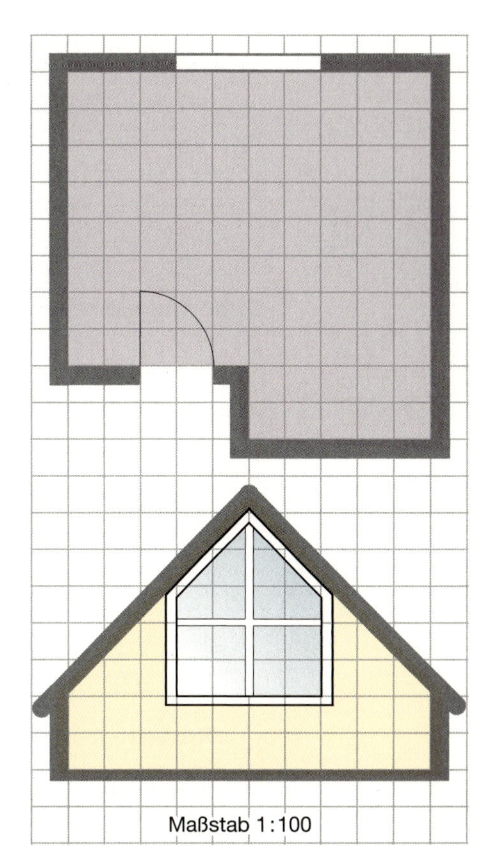

Korkplatten naturbelassen 300 x 300 mm, 4 mm stark **23,80 EUR pro m²**
Korkplatten vorlackiert 300 x 300 mm, 4 mm stark **29,45 EUR pro m²**

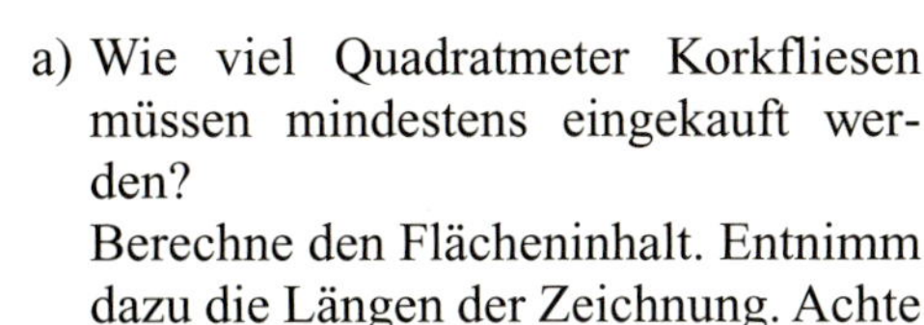

a) Wie viel Quadratmeter Korkfliesen müssen mindestens eingekauft werden?
Berechne den Flächeninhalt. Entnimm dazu die Längen der Zeichnung. Achte auf den Maßstab!
Rechne für den Verschnitt 10 % dazu.

b) Naturbelassene Korkplatten müssen dreimal, vorlackierte Korkplatten nur noch einmal mit Lack gestrichen werden. Bei welchem Kauf sind die Materialkosten geringer?

Korkkleber	
7-kg-Eimer	**23,65 EUR**
3,5-kg-Eimer	**16,80 EUR**
(Ergiebigkeit: 400 g pro m²)	

c) Wie viel Kilogramm Korkkleber werden zum Verlegen der Fliesen benötigt? Gib auch die Kosten für den Korkkleber an.

d) Der Fußboden im Dachstudio soll mit einer Fußleiste versehen werden. Eine 2,5 m lange Fußbodenleiste kostet 11,50 EUR. Am Ausgang ist eine Abschlussleiste aus Messing für 12,75 EUR vorgesehen. Berechne die Materialkosten.

e) Die Dachschrägen sollen mit Kiefer-Profilbrettern verkleidet und anschließend gewachst werden. Entnimm die Maße den Zeichnungen, berechne den Materialbedarf und die Materialkosten.

Kiefer-Profilbretter	
(gehobelt: 3,50 m lang, 12 cm breit)	
5 Stück	**19,95 EUR**
Holzwachs	
1-Literdose (für 16 m²)	**17,85 EUR**

f) Wie teuer wird der Innenausbau des Dachstudios insgesamt, wenn sich Familie Harbron für die naturbelassenen (vorlackierten) Korkfliesen entscheidet?

1/99: 838 EUR
3/99: 865 EUR
also 27 EUR mehr

$p\% = \frac{27 \cdot 100}{838}\ \%$

$p\% \approx 3{,}2\%$

1

Energiepreise steigen uneinheitlich

Kreis Lippe. Die Energiepreise bewegen sich auch in Lippe deutlich nach oben. Die Erhöhungen fallen jedoch bei Heizöl, Erdgas und Strom unterschiedlich aus. Außerdem haben nicht alle Lieferanten den Preis für elektrische Energie erhöht.

Schülerinnen und Schüler nehmen im Mathematikunterricht diesen Zeitungsartikel zum Anlass, sich mit den Kosten für die unterschiedlichen Energieträger zu beschäftigen.
Sie finden zu der Entwicklung der Gaspreise die folgende Grafik.

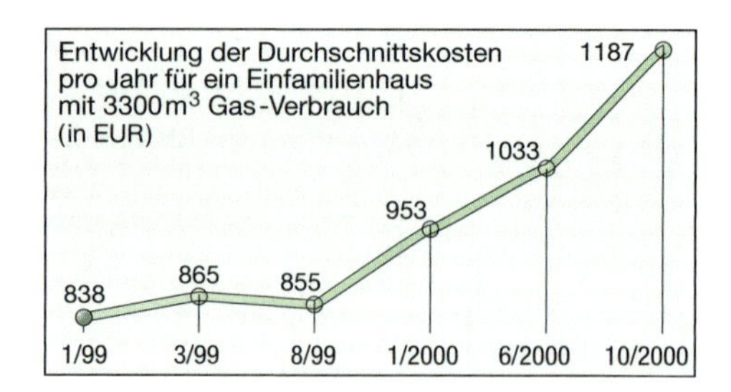

Berechne den Anstieg bei den Gaspreisen vom Juni 2000 bis zum Oktober 2000 in Prozent.

2

Stadtwerke
Gas-Abrechnung

Verbrauch: 2860 m^3

Verbrauchspreis:
Preis pro m^3 : 0,270 EUR
2860 · 0,270 EUR = 772,20 EUR

jährlicher Grundpreis: 120,00 EUR

+ 16 % Umsatzsteuer 142,75 EUR

Gesamtpreis: 1034,95 EUR

Die Kosten für das gelieferte Gas setzen sich aus einem Grundpreis und einem verbrauchsabhängigen Preis zusammen.

a) Überprüfe die abgebildete Rechnung.
b) Übertrage die Tabelle in dein Heft und vervollständige sie. Berechne die Preise wie im Beispiel.

Gasmenge (m^3)	500	1000	1500	2000
Preis (EUR)	■	■	■	■

Gasmenge (m^3)	2500	3000	3500	4000
Preis (EUR)	■	■	■	■

c) Die Zuordnung „Gasmenge ⟶ Gesamtkosten“ soll in einem Koordinatensystem dargestellt werden.
Die Abbildung zeigt dir davon einen Ausschnitt.
Übertrage das Koordinatensystem auf Millimeterpapier und vervollständige es. Trage auch die fehlenden Werte ein.
Was fällt dir auf?
d) Begründe, warum du die Gesamtkosten auch mithilfe der folgenden Gleichung berechnen kannst:
Gesamtkosten =
0,3132 EUR · Gasmenge + 139,20 EUR.

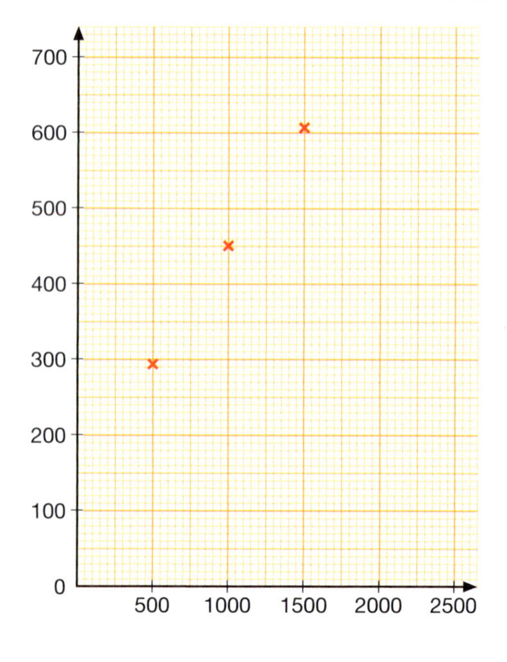

3 Die Schülerinnen und Schüler vergleichen die durchschnittlichen Kosten für elektrische Energie bei unterschiedlichen Versorgungsunternehmen.
Gib für jedes teurere Angebot den Preisunterschied zum preiswertesten Angebot in Prozent an.

Stromversorgungsunternehmen	Kosten pro Jahr für 4-Personenhaushalt mit 4000 kWh-Verbrauch
TRAC Energie	450,00 EUR
Blu Stream	494,00 EUR
Stadtwerke L.	542,80 EUR
Stadtwerke B.	562,00 EUR
Paseg	569,80 EUR

4

Stadtwerke O. GmbH
Allgemeine Tarife für die Versorgung mit Elektrizität in Niederspannung für das Jahr 2001.

Tarif 1:
jährl. Grundpreis (brutto): 50,00 EUR
Arbeitspreis je kWh (brutto): 0,14 EUR
Tarif 2:
jährl. Grundpreis (brutto): 100,00 EUR
Arbeitspreis je kWh (brutto): 0,12 EUR
Tarif 3:
jährl. Grundpreis (brutto): 140,00 EUR
Arbeitspreis je kWh (brutto): 0,11 EUR

Die Kosten für die gelieferte elektrische Energie setzen sich wie auch beim Gas aus einem Grundpreis und einem verbrauchsabhängigen Preis zusammen.
Die in der Anzeige veröffentlichten Preise sind Bruttopreise, also einschließlich Mehrwertsteuer und Stromsteuer.
Der Arbeitspreis wird für eine Kilowattstunde (kWh) angegeben.

a) Übertrage die Tabelle in dein Heft und berechne für jeden Tarif die fehlenden zugehörigen Gesamtkosten.

elektrische Energie	0 kWh	1000 kWh	2000 kWh	3000 kWh	4000 kWh	5000 kWh
Gesamtkosten Tarif 1	50 EUR	190 EUR	■	■	■	■
Gesamtkosten Tarif 2	100 EUR	■	■	■	■	■
Gesamtkosten Tarif 3	140 EUR	■	■	■	■	■

b) Zeichne auf Millimeterpapier ein Koordinatensystem (x-Achse: 1 cm ≙ 500 kWh; y-Achse: 1 cm ≙ 50 EUR). Zeichne für die Tarife 1, 2 und 3 die zugehörigen Geraden in das Koordinatensystem ein.
c) Vergleiche die Geraden miteinander. Wodurch wird ihr Schnittpunkt mit der y-Achse bestimmt, wodurch ihre Steigung?
d) Ermittle anhand der Geraden die Gesamtkosten bei einem Energieverbrauch von 3500 (4500, 5500) kWh für jeden der drei Tarife.
e) Kannst du anhand der Geraden für bestimmte Bereiche den günstigsten Tarif ermitteln? Beschreibe dein Vorgehen.
f) Viele Energieversorgungsunternehmen bieten auch „sauberen" Strom an. Damit bezeichnen sie Strom, der umweltverträglich erzeugt wird.
Berechne, um wie viel Euro sich die Gesamtkosten durch den Bezug von Ökostrom erhöhen. Gehe dabei von einem Jahresverbrauch von 4000 kWh aus.

Öko-Energie-AG

Strom aus regenerativen Energiequellen
60 % Biomasse, 20 % Wasser, 19 % Wind, 1 % Fotovoltaik

5 Cent pro kWh Aufschlag auf den örtlichen Stromtarif

In Biomassekraftwerken wird unbehandeltes Alt- und Restholz, Gülle, Mist oder Stroh verfeuert.

5 Wie die Grafik zeigt, sind die Heizölpreise im Jahr 2000 erheblich gestiegen.

a) Im Januar 2000 kosteten 100 Liter Heizöl bei einer Abnahmemenge von 2501 bis 3500 Litern 29,00 EUR. Berechne den Preisanstieg bis Oktober 2000 in Prozent.

b) Der Jahresverbrauch an Heizöl beträgt bei Familie Jüttner und bei Familie Diekmann ungefähr jeweils 2500 Liter. Frau Jüttner hat bereits im Januar 2700 Liter Heizöl gekauft. Herr Diekmann hat im Januar zunächst nur 1500 Liter zu einem Preis von 30,70 EUR je 100 Liter gekauft. Er muss im Oktober 1200 Liter nachkaufen.
Berechne die Gesamtkosten für beide Familien. Beachte, dass zu den Kosten noch 16 % Mehrwertsteuer hinzukommen.

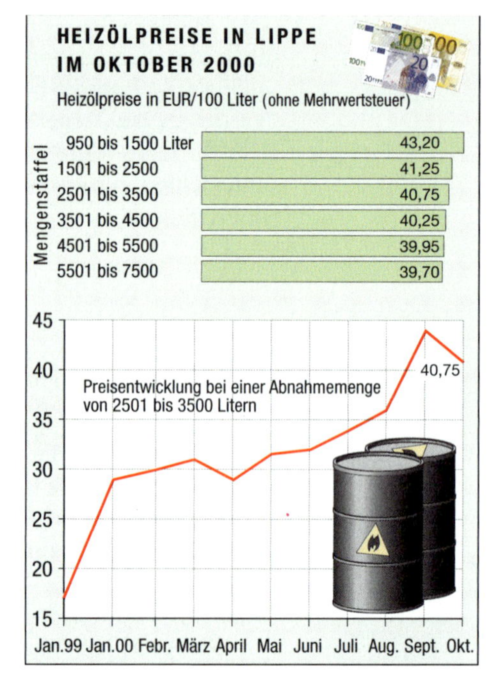

c) Die Heizung ihres Einfamilienhauses verbraucht bei Familie Genselein durchschnittlich 3000 Liter Heizöl pro Jahr.
Ein neuer Heizkessel für das Einfamilienhaus kostet mit Einbau 4500 EUR. Lohnt sich der Einbau eines neuen Kessels, wenn man von den Heizölpreisen von Oktober 2000 ausgeht?

Günstig heizen trotz teuren Öls

Mit einer Heizungsmodernisierung dem Ölpreisschock begegnen

Wer jetzt handelt, kann mit einer neuen Heizungsanlage bis zu 500 EUR Energiekosten pro Jahr sparen.
Diesen Betrag nämlich blasen viele alte Heizkessel durch den Schornstein. Mit moderner Technik werden die Heizkosten um bis zu 30 % gesenkt – die Preissteigerungen können auf diese Weise abgefangen werden.

d) Wie viel EUR können bei den Familien Jüttner, Diekmann und Genselein gespart werden, wenn sie die Raumtemperatur um 1 °C absenken?

Heizkosten sparen!!!

Eine Verringerung der Raumtemperatur um 1 °C bringt eine Energieeinsparung von etwa 6 %.

6 a) Informiere dich über die aktuellen Preise für Gas, elektrische Energie und Heizöl in deiner Region.

b) Stelle die Zuordnungen „Jahresverbrauch ⟶ Kosten“ grafisch dar.

c) Informiere dich über den Jahresverbrauch an Gas, elektrischer Energie und Heizöl in deinem Haushalt. Überlege bei unterschiedlichen Angeboten, welches Angebot das günstigere ist. Gibt es auch noch andere Gründe dafür, bestimmte Angebote anzunehmen?

1

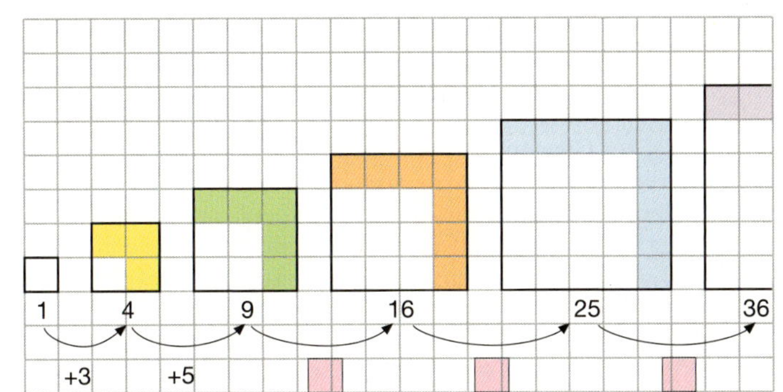

Seitenlänge	Flächeninhalt	Zunahme des Flächeninhaltes
1 cm	1 cm²	–
2 cm	4 cm²	3 cm²
3 cm	9 cm²	5 cm²
4 cm	16 cm²	
5 cm		
6 cm		

In der Abbildung sind quadratische Flächen dargestellt.
a) Zeichne ein Quadrat mit einer Seitenlänge von 6 (7, 8, 9, 10) cm.
b) Übertrage die Tabelle in dein Heft und berechne jeweils den Flächeninhalt für Quadrate mit einer Seitenlänge von 1 cm bis 15 cm.
c) Um wie viele Quadratzentimeter nimmt der Flächeninhalt jeweils zu?

2 Berechne jeweils das Quadrat der angegebenen Zahlen.
a) 6 4 8 9 11 14 18 20
b) − 3 5 − 7 − 10 12 13 − 15 − 19
c) 1,3 1,6 1,8 0,9 − 0,5 0,2 − 1,4
d) $\frac{1}{2}$ $\frac{3}{4}$ $\frac{4}{5}$ $\frac{1}{6}$ $\frac{2}{7}$ $\frac{3}{8}$ $\frac{5}{8}$ $\frac{2}{10}$

$7^2 = 7 \cdot 7 = 49$ (*lies:* 7 hoch 2)
$(-1{,}3)^2 = (-1{,}3) \cdot (-1{,}3) = 1{,}69$
$\left(\frac{2}{3}\right)^2 = \frac{2}{3} \cdot \frac{2}{3} = \frac{4}{9}$

$8 \cdot 8 = 8^2 = 64$
$(-3) \cdot (-3) = (-3)^2 = 9$
$1{,}5 \cdot 1{,}5 = 1{,}5^2 = 2{,}25$
$\frac{3}{8} \cdot \frac{3}{8} = \left(\frac{3}{8}\right)^2 = \frac{9}{64}$

Multiplizierst du eine Zahl mit sich selbst, dann ist das Ergebnis das **Quadrat der Zahl.**
Diese Rechenoperation heißt **Quadrieren.**
Das Quadrat einer Zahl ist immer größer oder gleich Null.

Quadratzahlen

3 Die Quadrate der **natürlichen Zahlen** heißen **Quadratzahlen.**
Berechne die Quadrate der Zahlen von 1 bis 20 und lerne diese Quadratzahlen auswendig.

4 Welche Zahl wurde quadriert? Es gibt zwei Lösungen.
a) 144 b) 81 c) 121 d) 225 e) 169 f) 256 g) 289 h) 361

5 Berechne.
a) 20^2; 40^2; 50^2; 70^2; 80^2
b) 100^2; 150^2; 180^2; 190^2; 200^2
c) $(-30)^2$; $(-60)^2$; $(-90)^2$; $(-120)^2$; $(-160)^2$
d) $0{,}3^2$; 3^2; 30^2; 300^2
e) $(-0{,}15)^2$; $(-1{,}5)^2$; $(-15)^2$; $(-150)^2$
f) $0{,}7^2$; 7^2; $0{,}07^2$; 70^2; $0{,}007^2$

6 Berechne die Quadratzahl.

a)	b)	c)	d)	e)	f)	g)
$1{,}2^2$	$3{,}5^2$	$0{,}2^2$	$0{,}6^2$	$0{,}01^2$	$0{,}05^2$	$0{,}002^2$
$2{,}1^2$	6^2	$0{,}1^2$	$0{,}5^2$	$0{,}2^2$	$0{,}9^2$	$0{,}003^2$
$2{,}5^2$	$7{,}2^2$	$0{,}3^2$	$0{,}4^2$	$0{,}04^2$	$0{,}7^2$	$0{,}008^2$

1

Aus dem Rathaus **Straßenreinigung bleibt Dauerthema**

Die Gebühren für die Straßenreinigung bleiben in der Gemeinde weiterhin ein Dauerthema. Die Mitglieder der im Gemeinderat vertretenen Parteien diskutierten ausgiebig die Ermittlung der Straßenreinigungsgebühren nach einem neuen Verfahren. Bisher wurde die Höhe der Gebühren nach der Länge der zu reinigenden Straßenfront bestimmt.
Bei dem neuen Verfahren soll die tatsächliche Grundstücksfläche in ein flächengleiches Quadrat umgewandelt werden. Die dann ermittelte Seitenlänge des Quadrates wird zur Berechnung herangezogen.

Bisheriges Verfahren

Grundstück A

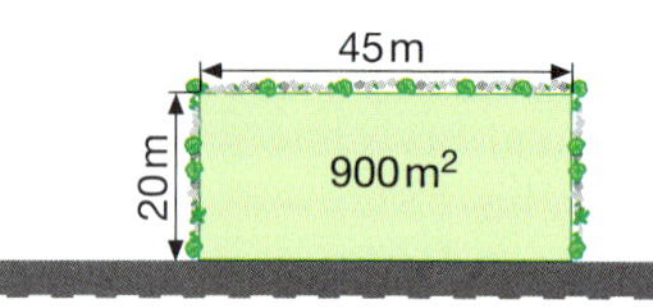

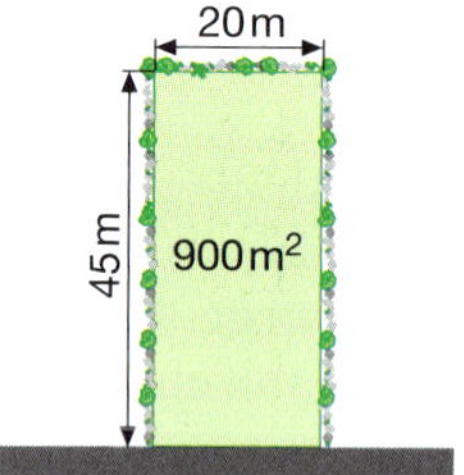

Grundstück B

Soviel bezahlen Sie bisher:

Länge der Straßenfront (m)		Preis pro Meter		Reinigungsgebühren
45	·	1,75 €	=	**78,75 €**

Länge der Straßenfront (m)		Preis pro Meter		Reinigungsgebühren
20	·	1,75 €	=	**35,00 €**

So würde nach dem neuen Verfahren gerechnet: Die tatsächliche Grundstücksfläche wird in ein flächengleiches Quadrat umgewandelt.

Grundstücksfläche:

$900\ m^2 = 30\ m \cdot 30\ m$

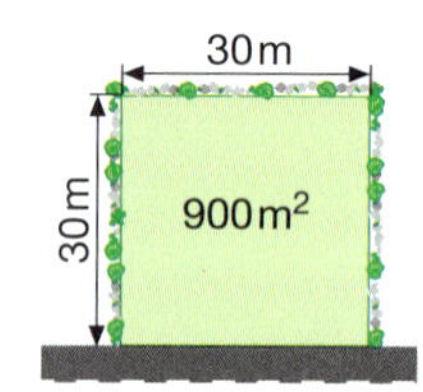

Soviel bezahlen Sie zukünftig:

Länge der Straßenfront (m)		Preis pro Meter		Reinigungsgebühren
30	·	1,75 €	=	**52,50 €**

Vergleiche das alte mit dem neuen Berechnungsverfahren.

2 Die Gemeinde berechnet für die Straßenreinigung eine Gebühr von 1,75 EUR pro Meter. Wie viel Euro muss für ein Grundstück mit den Seitenlängen a = 50 m und b = 32 m (a = 12,5 m und b = 50 m; a = 40 m und b = 62,5 m) nach dem neuen Berechnungsverfahren bezahlt werden?

3 a) Nenne alle Zahlen, deren Quadrat 9 (16; 169; 196; 0; $\frac{25}{36}$; 0,25) ist.
b) Gib die positive Zahl an, deren Quadrat 36 (100; 121; 225; 400; 0; 0,16) ist.
c) Gibt es eine Zahl, deren Quadrat − 81 ist?

> $144 = 12 \cdot 12 = 12^2$
>
> $144 = (-12) \cdot (-12) = (-12)^2$

4 Bestimme die Quadratwurzel.

a) $\sqrt{9}$ b) $\sqrt{1}$ c) $\sqrt{100}$ d) $\sqrt{900}$
e) $\sqrt{0{,}36}$ f) $\sqrt{0{,}25}$ g) $\sqrt{\frac{4}{9}}$ h) $\sqrt{\frac{16}{81}}$
i) $\sqrt{\frac{16}{25}}$ k) $\sqrt{\frac{144}{225}}$ l) $\sqrt{0{,}81}$ m) $\sqrt{6{,}25}$

> Die Quadratwurzel aus 64 ist die positive Zahl, die beim Quadrieren 64 ergibt.
> $\sqrt{64} = 8$, denn $8^2 = 64$
> *Lies:* Wurzel aus 64 ist gleich 8.
> Die Rechenoperation heißt **Wurzelziehen.**

$\sqrt{81} = 9$, denn $9 \cdot 9 = 81$ $\sqrt{0} = 0$, denn $0 \cdot 0 = 0$ $\sqrt{1{,}44} = 1{,}2$, denn $1{,}2 \cdot 1{,}2 = 1{,}44$ $\sqrt{\frac{49}{81}} = \frac{7}{9}$, denn $\frac{7}{9} \cdot \frac{7}{9} = \frac{49}{81}$	Für positive Zahlen gilt: Die Umkehrung des Quadrierens wird als **Ziehen der Quadratwurzel** bezeichnet. Die Zahl unter dem Wurzelzeichen heißt **Radikand.** Das Ziehen der Quadratwurzel aus einer negativen Zahl ist nicht zulässig.

5 Berechne im Kopf und mache die Probe. $\sqrt{64} = 8$, denn $8 \cdot 8 = 64$

a) $\sqrt{49}$ b) $\sqrt{144}$ c) $\sqrt{225}$ d) $\sqrt{100}$ e) $\sqrt{1}$ f) $\sqrt{169}$ g) $\sqrt{289}$
h) $\sqrt{0}$ i) $\sqrt{121}$ k) $\sqrt{256}$ l) $\sqrt{196}$ m) $\sqrt{361}$ n) $\sqrt{484}$ o) $\sqrt{625}$

6 Berechne die Quadratwurzel und mache die Probe.

a) $\sqrt{16}$ b) $\sqrt{25}$ c) $\sqrt{81}$ d) $\sqrt{144}$ e) $\sqrt{196}$ f) $\sqrt{256}$ g) $\sqrt{529}$
$\sqrt{1600}$ $\sqrt{2500}$ $\sqrt{8100}$ $\sqrt{14400}$ $\sqrt{19600}$ $\sqrt{25600}$ $\sqrt{52900}$

7 Berechne.

a) $\sqrt{\frac{36}{81}}$ b) $\sqrt{\frac{9}{121}}$ c) $\sqrt{\frac{64}{144}}$ d) $\sqrt{\frac{100}{49}}$ e) $\sqrt{\frac{196}{225}}$ f) $\sqrt{\frac{256}{289}}$ g) $\sqrt{\frac{169}{324}}$

8 Berechne und bestimme dein Ergebnis durch die Probe.

a) $\sqrt{0{,}36}$ b) $\sqrt{0{,}09}$ c) $\sqrt{0{,}25}$ d) $\sqrt{0{,}0036}$ e) $\sqrt{2{,}25}$ f) $\sqrt{0{,}04}$ g) $\sqrt{3{,}61}$

9 Berechne.

a) $\sqrt{225}$; $\sqrt{22500}$; $\sqrt{2{,}25}$; $\sqrt{0{,}0225}$ b) $\sqrt{441}$; $\sqrt{44100}$; $\sqrt{4{,}41}$; $\sqrt{0{,}0441}$

10 Zwischen welchen natürlichen Zahlen liegt die Quadratwurzel?

$\sqrt{13} = \square$ $3^2 = 9$ und $4^2 = 16$, also $3 < \sqrt{13} < 4$.

a) $\sqrt{17}$ b) $\sqrt{45}$ c) $\sqrt{66}$ d) $\sqrt{89}$ e) $\sqrt{107}$ f) $\sqrt{150}$ g) $\sqrt{220}$

11

Zahl	Quadrat der Zahl	
4	16	$\sqrt{20} = 4,...$
5	25	
4,1	16,81	⋮
⋮	⋮	
4,4	19,36	$\sqrt{20} = 4,4...$
4,5	20,25	

Nebenrechnung:

$4{,}3 \cdot 4{,}3$: 172; 129; 18,49

$4{,}4 \cdot 4{,}4$: 176; 176; 19,36

$4{,}5 \cdot 4{,}5$: 180; 225; 20,25

$4{,}6 \cdot 4{,}6$: 184; 276; 21,16

a) Narges hat die erste Nachkommastelle von $\sqrt{20}$ bestimmt. Erkläre ihre Rechnung.
b) Bestimme die nächste Nachkommastelle.
c) Berechne $\sqrt{5}$ ($\sqrt{12}$; $\sqrt{32}$) näherungsweise auf zwei Stellen nach dem Komma.

1 Berechne die Quadrate.

a) 20^2 b) 50^2 c) 70^2 d) $(-30)^2$ e) $(-90)^2$ f) 80^2 g) $(-60)^2$ h) 100^2
i) 500^2 k) $(-600)^2$ l) $1{,}2^2$ m) $1{,}5^2$ n) 18^2 o) $(-1{,}2)^2$ p) $1{,}1^2$ q) $1{,}9^2$

2 Berechne im Kopf. $\sqrt{49} + \sqrt{121} = 7 + 11 = 18$

a) $\sqrt{81} + \sqrt{49}$ b) $\sqrt{400} - \sqrt{225}$ c) $\sqrt{1{,}96} + \sqrt{1{,}69}$ d) $\sqrt{1} - \sqrt{0{,}04}$ e) $\sqrt{16} + \sqrt{36}$
$\sqrt{144} + \sqrt{36}$ $\sqrt{484} - \sqrt{169}$ $\sqrt{2{,}25} + \sqrt{1{,}44}$ $\sqrt{1} - \sqrt{0{,}36}$ $\sqrt{25} + \sqrt{81}$
$\sqrt{324} + \sqrt{100}$ $\sqrt{196} - \sqrt{121}$ $\sqrt{3{,}24} + \sqrt{4{,}84}$ $\sqrt{1} - \sqrt{0{,}81}$ $\sqrt{49} + \sqrt{1}$

3 Berechne.

a) $\sqrt{\frac{36}{49}}$ b) $\sqrt{\frac{25}{64}}$ c) $\sqrt{\frac{9}{100}}$ d) $\sqrt{\frac{121}{169}}$ e) $\sqrt{\frac{400}{900}}$ f) $\sqrt{\frac{81}{196}}$ g) $\sqrt{\frac{49}{225}}$

4 Gib zwei aufeinanderfolgende natürliche Zahlen an, zwischen denen die Wurzel liegt.

a) $\sqrt{95}$ b) $\sqrt{106}$ c) $\sqrt{210}$ d) $\sqrt{330}$ e) $\sqrt{456}$ f) $\sqrt{500}$ g) $\sqrt{580}$

5 Berechne schriftlich folgende Quadratzahlen. Was stellst du fest?

a) 1^2 b) 11^2 c) 111^2 d) 1111^2 e) $11\,111^2$ f) $111\,111^2$

6 Berechne mit dem Taschenrechner. Überschlage zunächst das Ergebnis im Kopf.

a) 38^2 b) $2{,}8^2$ c) 345^2 d) $35{,}52^2$
49^2 $7{,}5^2$ 427^2 $52{,}6^2$
88^2 $8{,}5^2$ 598^2 $96{,}25^2$

$3{,}4^2 = \square$
Tastenfolge: 3.4 [x^2] [=]
Anzeige: 11.56
$3{,}4^2 = 11{,}56$

7 Berechne mit dem Taschenrechner.

a) $\sqrt{2025}$ b) $\sqrt{10\,404}$ c) $\sqrt{462{,}25}$
$\sqrt{2704}$ $\sqrt{24\,336}$ $\sqrt{1135{,}69}$
$\sqrt{6084}$ $\sqrt{42\,025}$ $\sqrt{3158{,}44}$
$\sqrt{9801}$ $\sqrt{65\,536}$ $\sqrt{7157{,}16}$

$\sqrt{282{,}24} = \square$
Tastenfolge: [$\sqrt{\ }$] 282.24 [=]
Anzeige: 16.8
$\sqrt{282{,}24} = 16{,}8$

8 Berechne mit dem Taschenrechner. Runde auf eine Stelle nach dem Komma.

a) $6{,}8^2$ b) $7{,}7^2$ c) $13{,}56^2$ d) $3{,}45^2$ e) $14{,}75^2$ f) $17{,}53^2$ g) $2{,}34^2$
$(-3{,}9)^2$ $4{,}32^2$ $(-3{,}493)^2$ $0{,}42^2$ $(-9{,}95)^2$ $(-20{,}05)^2$ $14{,}352^2$
$11{,}4^2$ $(-3{,}56)^2$ $(-1{,}112)^2$ $3{,}39^2$ $10{,}345^2$ $12{,}409^2$ $(-17{,}009)^2$

9 Bestimme den Platzhalter.

a) $\sqrt{3136} = \square$ b) $\sqrt{\square} = 22$ c) $\sqrt{13{,}3225} = \square$ d) $\sqrt{\square} = 0{,}36$ e) $(\sqrt{64})^2 = \square$

10 Setze die Zeichen <, > oder = ein.

a) $4^2 \;\square\; \sqrt{28}$ b) $\sqrt{441} \;\square\; 5^2$ c) $3^2 + 6^2 \;\square\; \sqrt{2045}$ d) $\sqrt{1024} + 16^2 \;\square\; 17^2$

11 Berechne den Flächeninhalt der Figur. Welche Seitenlänge hat ein flächengleiches Quadrat?

a) Rechteck
$a = 24$ cm; $b = 6$ cm

b) Dreieck
$g = 7$ m; $h = 3{,}5$ m

c) Kreis
$r = 26$ cm

d) Trapez
$a = 15$ cm; $c = 12$ cm; $h = 40$ cm

1

a) Ordne die Zahlenangaben zur Erde der Größe nach. Beginne mit der kleinsten Zahl.
b) Lies die Zahlen.

1 Million	1 000 000
1 Milliarde	1 000 000 000
1 Billion	1 000 000 000 000
1 Billiarde	1 000 000 000 000 000
1 Trillion	1 000 000 000 000 000 000
1 Trilliarde	1 000 000 000 000 000 000 000

2 a) Tanja möchte mithilfe des Taschenrechners die Strecke, die das Licht in einem Jahr zurücklegt, berechnen. Vervollständige die Eingabe auf deinem Taschenrechner und berechne die Strecke, die das Licht in einem Jahr zurücklegt.
b) In einem Lexikon findest du den Wert für ein Lichtjahr mit 9 460 510 000 000 km angegeben. Kannst du den Unterschied zu ihrem Ergebnis erklären?

Ein Lichtjahr ist die Strecke, die das Licht in einem Jahr zurücklegt. In einer Sekunde legt das Licht eine Strecke von ungefähr 300 000 km/s zurück.

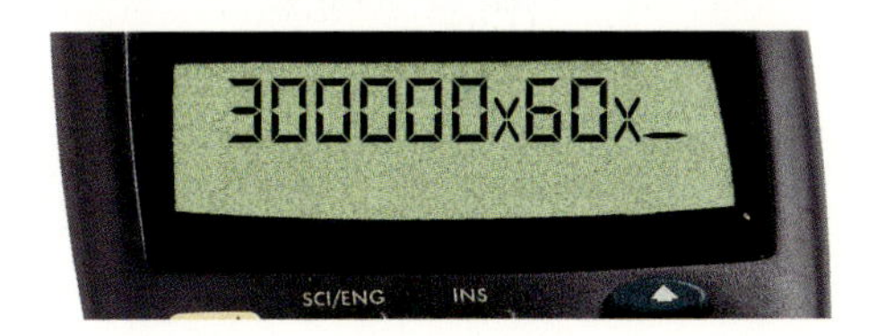

3 Gib die angegebene Zahl in den Taschenrechner ein. Multipliziere sie mehrfach nacheinander mit 10, 100, 1000. Drücke nach jeder Multiplikation die [=]-Taste. Was stellst du fest? a) 34 500 000 b) 642 900 c) 359 230 000

4 Der Taschenrechner stellt große Zahlen als Produkt aus einer Zahl zwischen 1 und 10 und einer Zehnerpotenz dar.
Berechne mit dem Taschenrechner. Schreibe das Ergebnis mithilfe von Zehnerpotenzen.
a) $25000 \cdot 600000$ b) $128000 \cdot 200000$
c) $23500 \cdot 345000$ d) $2341 \cdot 456456$
e) $4903 \cdot 2905980$ f) $1438980 \cdot 2398345$

$8500000 \cdot 2600 = \square$

Tastenfolge: 8 500 000 [x] 2600 [=]

Anzeige: 2.21^{10}

$8500000 \cdot 26000 = 2{,}21 \cdot 10^{10}$

$2{,}21 \cdot 10^{10} =$
$2{,}21 \cdot 10 \cdot 10 \cdot 10 \cdot 10 \cdot 10 \cdot 10 \cdot 10 \cdot 10 \cdot 10 \cdot 10$
$= 22100000000$

5 Berechne die Produkte mit dem Taschenrechner. Überschlage zuerst das Ergebnis.
299 876 · 899 780 = ■

$300\,000 \cdot 900\,000$
$= 3 \cdot 10^5 \cdot 9 \cdot 10^5$
$= 27 \cdot 10^{10}$
$= 2{,}7 \cdot 10^{11}$

a) 197 875 · 3 510 765
765 422,2 · 876 911
88 769 905 · 876 541
7 689 000 · 776 000 211

b) 566 781 · 4 503 482
2 287 645 · 98 765 776
876 988,23 · 8 332 176
76 543,22 · 39 876 699

6 Überprüfe, ob dein Taschenrechner die Taste [EE] oder [EXP] hat. Mithilfe dieser Tasten kannst du Zahlen mit Zehnerpotenzen in deinen Taschenrechner eingeben.
Berechne mit dem Taschenrechner.

a) $2{,}3 \cdot 10^9 \cdot 2589$
$7836 \cdot 4{,}5 \cdot 10^{10}$
$7{,}9 \cdot 9{,}4 \cdot 9{,}3 \cdot 10^9$
$12 \cdot 1{,}5 \cdot 6{,}4 \cdot 10^5$

b) $589 \cdot 3{,}45 \cdot 10^7$
$3{,}9 \cdot 10^7 \cdot 5{,}2 \cdot 10^5$
$5{,}1 \cdot 10^8 \cdot 87965$
$6{,}4 \cdot 10^9 \cdot 14380$

$2{,}5 \cdot 10^6 \cdot 5850 =$ ■

Tastenfolge: 2.5 [EXP] 6 [x] 5850 [=]
Anzeige: 1.4625 ^{10}

$2{,}5 \cdot 10^6 \cdot 5850 = 1{,}4625 \cdot 10^{10}$

7 Wissenschaftler und Techniker müssen häufig mit sehr großen Zahlen rechnen.

10^3	10^6	10^9	10^{12}	10^{15}	10^{18}	10^{21}
Tausend	Million	Milliarde	Billion	Billiarde	Trillion	Trilliarde

a) Gib ohne Zehnerpotenzen an.
$4 \cdot 10^9$; $23 \cdot 10^{15}$; $4{,}2 \cdot 10^3$; $23{,}7 \cdot 10^6$; $1{,}35 \cdot 10^{21}$; $0{,}65 \cdot 10^{18}$; $4{,}352 \cdot 10^{13}$; $1{,}12 \cdot 10^{17}$

b) Notiere mithilfe von Zehnerpotenzen: 34 Millionen; 5 Milliarden; 5,6 Billionen; 0,1 Trilliarden; 4 Millionen; 6,35 Trilliarden; 1235 Billionen.

8 Gib die Größe in der Einheit an, die in der Klammer steht. Beachte die entsprechenden Zehnerpotenzen in der Tabelle.

$2\text{ kJ} = 2 \cdot 10^3\text{ J} = 2000\text{ J}$

a) 5 kJ (J)
3 kg (g)
6 GW (W)

b) 9 MW (W)
7 GJ (MJ)
3 km (m)

c) 4 TJ (kJ)
5 TW (MW)
2 GJ (kJ)

Vorsilbe	Potenz	Beispiel
Kilo (k)	10^3	1 Kilojoule = 10^3 J
Mega (M)	10^6	1 Megajoule = 10^6 J
Giga (G)	10^9	1 Gigajoule = 10^9 J
Tera (T)	10^{12}	1 Terajoule = 10^{12} J
Peta (P)	10^{15}	1 Petajoule = 10^{15} J
Exa (E)	10^{18}	1 Exajoule = 10^{18} J

9 Ein Zeichen (Buchstabe, Ziffer, Satzzeichen usw.) belegt im Computer oder bei der Speicherung auf Diskette oder CD-ROM einen Platz von einem Byte.

a) Eine Seite enthält 60 Zeilen. In jeder Zeile sind 40 Zeichen. Wie viele Bytes enthält eine DIN-A4-Seite, die mit 40 Zeichen pro Zeile und 60 Zeilen beschrieben ist?

b) Wie viele DIN-A4-Seiten können auf einer 1,44-MB-Diskette abgespeichert werden?

c) Auf einer CD-ROM können 650 MB gespeichert werden. Wie viele dieser Textseiten können auf einer CD gespeichert werden?

1 Kilobyte = 1 kB = 1024 Byte
1 Megabyte = 1 MB = 1 048 567 Byte
1 Gigabyte = 1 GB = 1 073 741 824 Byte
1 Terabyte = 1 TB = 1 099 511 628 000 Byte

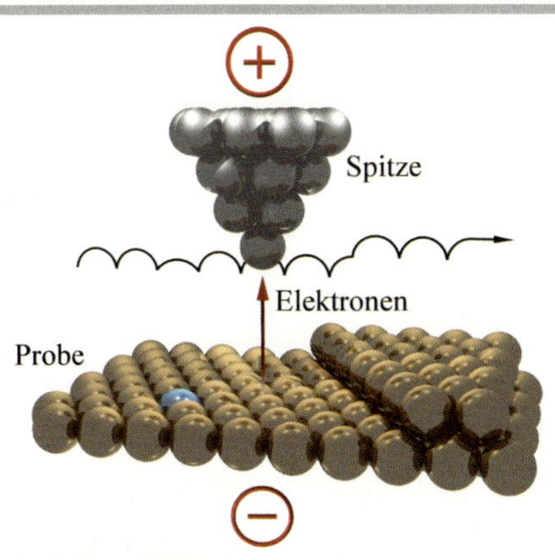

1 Mit einem Rastertunnelmikroskop können Wissenschaftler auch den Bereich der Atome sichtbar machen. Dies geschieht mithilfe von Elektronen. Eine feine Metallnadel, deren Spitze im Idealfall aus nur einem Atom besteht, tastet die Oberfläche einer elektrisch leitenden Probe ab. G. Binnig und H. Rohrer erhielten 1986 für diese Technik den Physik-Nobelpreis.

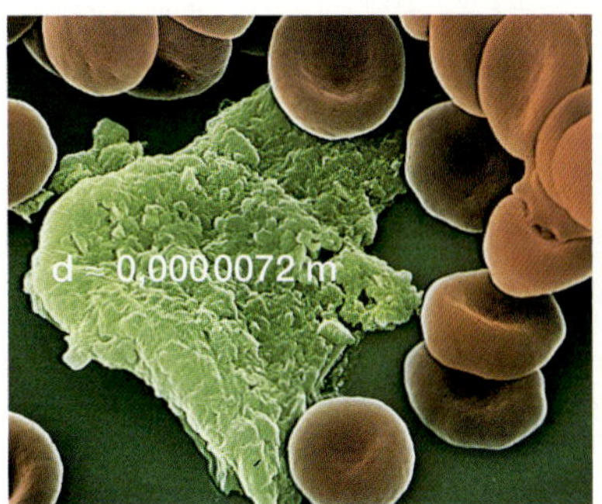

Rote Blutkörperchen

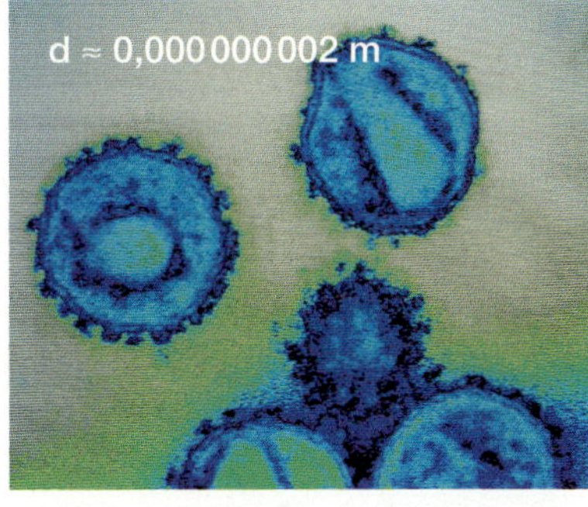

Aidsvirus (60 000fach vergrößert)

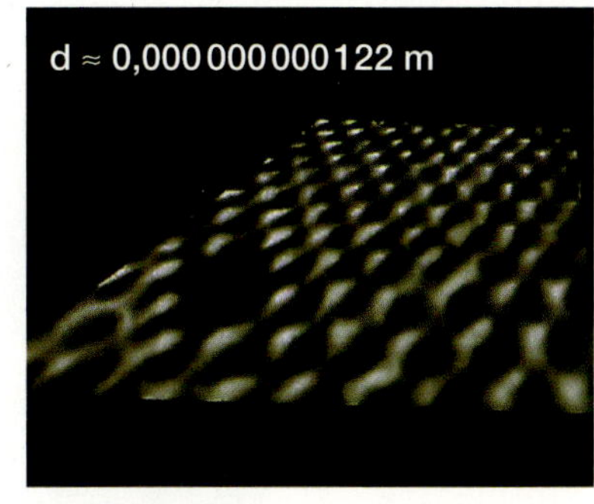

Oberfläche eines Germaniumkristalls

a) Ordne die Längenangaben der Größe nach. Beginne mit der kleinsten Zahl.
b) Wandle die Größenangaben in Millimeter um.

2 a) Gib die Zahl 0,002 in deinen Taschenrechner ein und drücke die [=]-Taste. Erkläre die Anzeige auf dem Display.
b) Gib die Zahl 5 (2,5; 13,6; 23,52) in den Taschenrechner ein. Dividiere mehrfach nacheinander durch 10 (100; 1000). Drücke nach jeder Division die [=]-Taste. Was stellst du fest?

3 Kleine Zahlen kannst du als Produkt aus einer Zahl zwischen 1 und 10 und einer Zehnerpotenz mit negativem Exponenten darstellen.
Übertrage die Rechnungen in dein Heft und setze die Reihe fort.

$$0{,}1 = \frac{1}{10} = \frac{1}{10^1} = 10^{-1}$$
$$0{,}01 = \frac{1}{100} = \frac{1}{10^2} = 10^{-2}$$
$$\vdots$$
$$0{,}0000001 = \square$$

4 Schreibe folgende Zahlen mithilfe von Zehnerpotenzen. $0{,}0006 = 6 \cdot 0{,}0001 = 6 \cdot 10^{-4}$

a) 0,005 b) 0,00042 c) 0,041 d) 0,0000049 e) 0,0000000238

5 In der Übersicht siehst du, dass bestimmte Zehnerpotenzen durch Vorsilben bezeichnet werden können.
Wandle um in Meter.

a) 5 mm; 12 µm; 257 pm
b) 15 mm; 1725 pm; 12 nm
c) 250 mm; 1295 nm; 459 µm

Vorsilbe	Potenz	Beispiel
Milli (m)	10^{-3}	1 mm = 10^{-3} m
Mikro (µ)	10^{-6}	1 µm = 10^{-6} m
Nano (n)	10^{-9}	1 nm = 10^{-9} m
Pico (p)	10^{-12}	1 pm = 10^{-12} m

1 $400\,000 = 4 \cdot 100\,000 = 4 \cdot 10^5$ $0{,}0023 = 2{,}3 \cdot \frac{1}{1000} = 2{,}3 \cdot 10^{-3}$

Schreibe mithilfe von Zehnerpotenzen.

a) 80000; 12000000; 245000000
b) 1900000; 256700000; 879990000000
c) 0,00023; 0,000000125; 0,000000034
d) 0,00000000003324; 0,000000000022598

2 Schreibe ohne Zehnerpotenzen. $5{,}24 \cdot 10^7 = 52\,400\,000$

a) $3{,}2 \cdot 10^6$ b) $5{,}1 \cdot 10^8$ c) $2{,}9 \cdot 10^6$ d) $4{,}19 \cdot 10^5$ e) $7{,}59 \cdot 10^9$ f) $2{,}165 \cdot 10^4$

3 Schreibe als Dezimalbruch. $4{,}5 \cdot 10^{-5} = 4{,}5 \cdot 0{,}00001 = 0{,}000045$

a) $6 \cdot 10^{-3}$ b) $9 \cdot 10^{-5}$ c) $3 \cdot 10^{-7}$ d) $2 \cdot 10^{-2}$ e) $6 \cdot 10^{-1}$ f) $2{,}8 \cdot 10^{-2}$
g) $8{,}1 \cdot 10^{-7}$ h) $2{,}6 \cdot 10^{-8}$ i) $9{,}5 \cdot 10^{-3}$ k) $6{,}73 \cdot 10^{-4}$ l) $9{,}15 \cdot 10^{-3}$ m) $6{,}632 \cdot 10^{-1}$

4

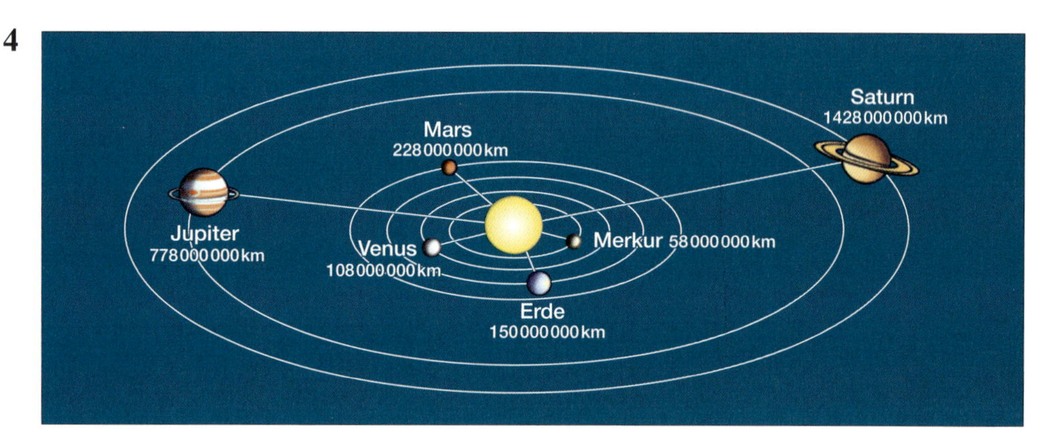

a) Auf dem Bild siehst du die Entfernung der Planeten zur Sonne. Ordne die Angaben der Größe nach.
b) Gib die Entfernungen mithilfe von Zehnerpotenzen an.

5 Wandle um in Meter. Gib dein Ergebnis mithilfe von Zehnerpotenzen an.

a) Der Durchmesser eines Glühlampenfadens beträgt 8 µm.
b) Ein Zuckermolekül hat einen Durchmesser von 700 pm.
c) Tetanusbazillen haben eine Länge von bis zu 6 µm.
d) Der Radius eines Atomkerns beträgt etwa 1 pm.
e) Pockenviren haben eine Größe von etwa 240 nm.
f) Einige Moleküle haben einen Durchmesser von etwa 1,5 nm.
g) Ein Nukleinsäurefaden hat eine Länge von 56000 nm.
h) Die Wellenlänge des sichtbaren Lichtes liegt zwischen 0,39 µm und 0,75 µm.

6 Berechne mit dem Taschenrechner.

a) $3{,}5 \cdot 10^{-4} \cdot 1{,}8 \cdot 10^{-3}$
$6{,}2 \cdot 10^{-5} \cdot 4{,}9 \cdot 10^{-3}$

b) $671 \cdot 5{,}9 \cdot 10^{-5}$
$1{,}4 \cdot 10^{-6} \cdot 85{,}3$

c) $6{,}4 \cdot 10^3 : 5{,}6 \cdot 10^{-5}$
$3{,}9 \cdot 10^{-6} : 7{,}2 \cdot 10^4$

7 Entfernungen im Weltall werden in Lichtjahren angegeben. Ein Lichtjahr ist die Strecke, die das Licht in einem Jahr zurücklegt. Ein Lichtjahr beträgt etwa $9{,}46 \cdot 10^{12}$ km.

a) Der nächste Fixstern Alpha Centauri ist 4,4 Lichtjahre von der Erde entfernt. Welcher Strecke in Kilometer entspricht dies?

b) Im Sternbild Adler heißt der Hauptstern Altair. Er ist 16,6 Lichtjahre von der Sonne entfernt. Berechne die Entfernung in Kilometern.

1 Jahr
= 365 Tage

8 Unser Sonnensystem bewegt sich mit einer Geschwindigkeit von 22 Kilometer pro Sekunde um das Zentrum der Milchstraße.

a) Berechne die Geschwindigkeit unseres Sonnensystems in Kilometer pro Stunde.

b) Welche Strecke legt es in 24 Stunden (30 Tagen, 1 Jahr, 15 Jahren, 100 Jahren) zurück?

9 Eine Bakterie bewegt sich mit einer Geschwindigkeit von 1,4 µm pro Sekunde.

a) Welche Strecke hat sie in 1 Minute (1 Stunde, 24 Stunden) zurückgelegt?

b) Welche Zeit benötigt sie für eine Strecke von 1 m (15 cm)?

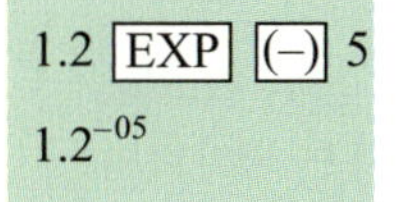

10 Am 28.07.1969 entgleiste bei Gifhorn (Niedersachsen) der Interzonenzug. Bei dem Unglück starben vier Menschen.

a) Überlege was passiert sein könnte.

b) Jedes Schienenstück von 1 m Länge dehnt sich bei einer Temperaturerhöhung von 1 °C um $1{,}2 \cdot 10^{-5}$ m aus. Um wie viel Meter verlängert sich ein 1 m langes Schienenstück bei einer Temperaturerhöhung von 50°?

c) Berechne die Längenzunahme für ein 50 m langes Schienenstück bei einer Temperaturerhöhung von 35°.

d) Um wie viel Zentimeter wird ein 30 m langes Schienenstück kürzer bei einer Temperaturabnahme von 25 °C?

11 Ein 1 m langer Aluminiumstab dehnt sich bei einer Temperaturerhöhung von 1 °C um $2{,}4 \cdot 10^{-5}$ m aus. Ein 5 m langer Aluminiumstab wird von 20 °C Raumtemperatur auf 250 °C erhitzt. Um wie viel Zentimeter wird der Stab bei einer Erwärmung auf 250 °C länger?

Quadratzahl

$6 \cdot 6 = 6^2 = 36$

$(-4) \cdot (-4) = (-4)^2 = 16$

$2{,}5 \cdot 2{,}5 = 2{,}5^2 = 6{,}25$

$\frac{5}{9} \cdot \frac{5}{9} = \left(\frac{5}{9}\right)^2 = \frac{25}{81}$

Wird eine Zahl mit sich selbst multipliziert, dann ist das Ergebnis das **Quadrat der Zahl.**

Diese Rechenoperation heißt **Quadrieren.**

Das Quadrat einer Zahl ist immer größer oder gleich Null.

Die Quadrate der natürlichen Zahlen heißen **Quadratzahlen.**

Quadratwurzel

$\sqrt{81} = 9$, denn $9 \cdot 9 = 81$

$\sqrt{0} = 0$, denn $0 \cdot 0 = 0$

$\sqrt{1{,}44} = 1{,}2$, denn $1{,}2 \cdot 1{,}2 = 1{,}44$

$\sqrt{\frac{49}{81}} = \frac{7}{9}$, denn $\frac{7}{9} \cdot \frac{7}{9} = \frac{49}{81}$

Die Quadratwurzel aus 81 ist die positive Zahl, die mit sich selbst multipliziert 81 ergibt.

Die Umkehrung des Quadrierens wird als **Ziehen der Quadratwurzel** bezeichnet.

Die Zahl unter dem Wurzelzeichen heißt **Radikand.**

Das Ziehen der Quadratwurzel aus einer negativen Zahl ist nicht zulässig.

Zehnerpotenzen

$400\,000 = 4 \cdot 10^5$

$560\,000\,000 = 5{,}6 \cdot 10^8$

$365\,700\,000\,000 = 36{,}57 \cdot 10^{10}$

Große Zahlen können als Produkt einer Zahl zwischen 1 und 10 und einer Zehnerpotenz mit positivem Exponenten dargestellt werden.

$0{,}000\,072 = 7{,}2 \cdot 10^{-5}$

$0{,}000\,000\,0435 = 4{,}35 \cdot 10^{-8}$

$0{,}000\,000\,000\,1405 = 1{,}405 \cdot 10^{-10}$

Kleine Zahlen können als Produkt einer Zahl zwischen 1 und 10 und einer Zehnerpotenz mit negativem Exponenten dargestellt werden.

Deka (da)	10^1	$= 10$
Hekto (h)	10^2	$= 100$
Kilo (k)	10^3	$= 1000$
Mega (M)	10^6	$= 1\,000\,000$
Giga (G)	10^9	$= 1\,000\,000\,000$
Tera (T)	10^{12}	$= 1\,000\,000\,000\,000$

Dezi (d)	10^{-1}	$= 0{,}1$
Zenti (c)	10^{-2}	$= 0{,}01$
Milli (m)	10^{-3}	$= 0{,}001$
Mikro (μ)	10^{-6}	$= 0{,}000\,001$
Nano (n)	10^{-9}	$= 0{,}000\,000\,001$
Pico (p)	10^{-12}	$= 0{,}000\,000\,000\,001$

3 Der Satz des Pythagoras

1 Elena, Julia und Veli wollen im Schulgarten ein 8 m langes und 6 m breites rechteckiges Feld anlegen. Eine 8 m lange Strecke haben sie bereits ausgemessen und durch zwei Fluchtstäbe begrenzt.
Wie können sie den **rechten Winkel** auf der Rasenfläche markieren?

2

Pythagoras von Samos, griechischer Mathematiker und Philosoph (um 570–500 v. Chr.)

Mithilfe eines „Knotenseils“ haben die Ägypter und die Babylonier schon vor 4000 Jahren zum Vermessen ihrer Felder rechtwinklige Dreiecke abgesteckt. Dieses Seil war durch einzelne Knoten in gleich lange Abschnitte unterteilt.

Auf dem Foto siehst du eine 12-Knoten-Schnur. Die Schülerinnen und Schüler haben sie über drei Stäbe zu einem rechtwinkligen Dreieck aufgespannt.
Gib an, aus wie vielen Abschnitten die einzelnen Dreiecksseiten bestehen.

Fertige selbst ein Knotenseil mit 12 (24; 30; 40) gleich langen Abschnitten an und versuche, es zu einem rechtwinkligen Dreieck aufspannen. Nenne die Anzahl der Abschnitte, aus denen die einzelnen Dreiecksseiten jeweils bestehen. Beschreibe auch die Lage des rechten Winkels. Was fällt dir auf?

3

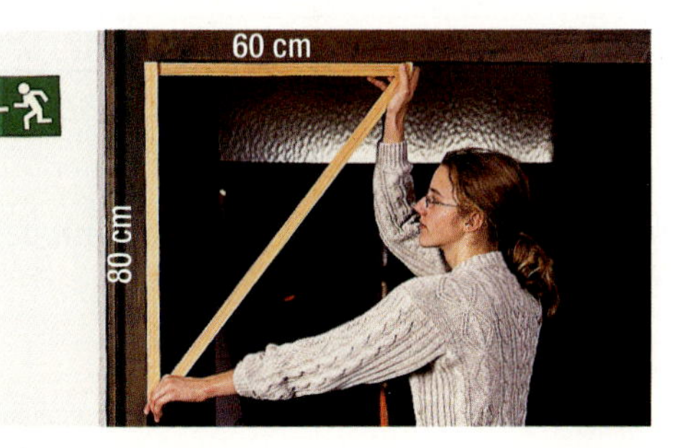

Veli hat aus drei Leisten das abgebildete „Maurerdreieck“ zusammengenagelt. Welche Länge hat die dritte Seite?

Stelle ebenfalls solch ein Dreieck her. Überprüfe damit verschiedene Winkel in deinem Klassenraum oder auf dem Schulgelände.

4 Mit vier verschiedenen Knotenseilen hat Elena jeweils rechtwinklige Dreiecke aufspannen können. Die Längen der einzelnen Dreiecksseiten hat sie in der folgenden Übersicht zusammengefasst.
Anschließend sucht sie im Internet nach Informationen über „Knotenseile". Sie wird auch zu der abgebildeten Internetseite geführt. Erläutere die Zeichnung und die Rechnung. Führe diese Rechnung auch mit den Seitenlängen der Dreiecke in der Tabelle durch. Was stellst du fest?

	Seitenlängen		
12-Knoten-Seil	3 m	4 m	5 m
24-Knoten-Seil	6 m	8 m	10 m
30-Knoten-Seil	5 m	12 m	13 m
40-Knoten-Seil	8 m	15 m	17 m

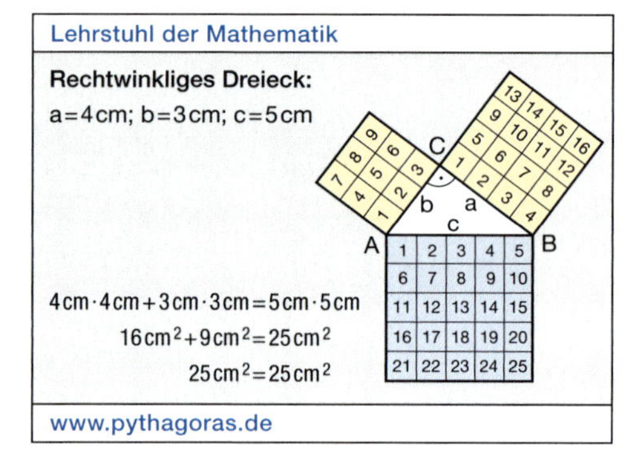
Lehrstuhl der Mathematik

Rechtwinkliges Dreieck:
a=4cm; b=3cm; c=5cm

$4\,cm \cdot 4\,cm + 3\,cm \cdot 3\,cm = 5\,cm \cdot 5\,cm$
$16\,cm^2 + 9\,cm^2 = 25\,cm^2$
$25\,cm^2 = 25\,cm^2$

www.pythagoras.de

5

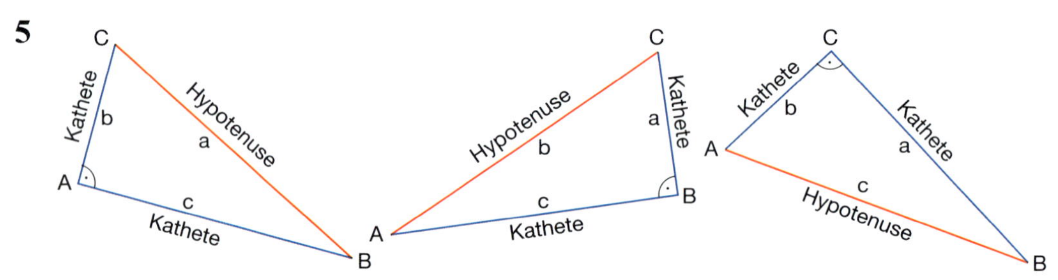

In einem rechtwinkligen Dreieck heißen die Schenkel des rechten Winkels **Katheten.** Die dritte Seite heißt **Hypotenuse;** sie liegt dem rechten Winkel gegenüber und ist die längste Seite.

a) Zeichne ein rechtwinkliges Dreieck. Die Katheten sollen 6 cm und 4,5 cm (2,5 cm und 6 cm; 7,5 cm und 4 cm; 2,4 cm und 3,2 cm; 8 cm und 6 cm; 3,9 cm und 5,2 cm) lang sein.

b) Übertrage die Tabelle in dein Heft und fülle sie aus.

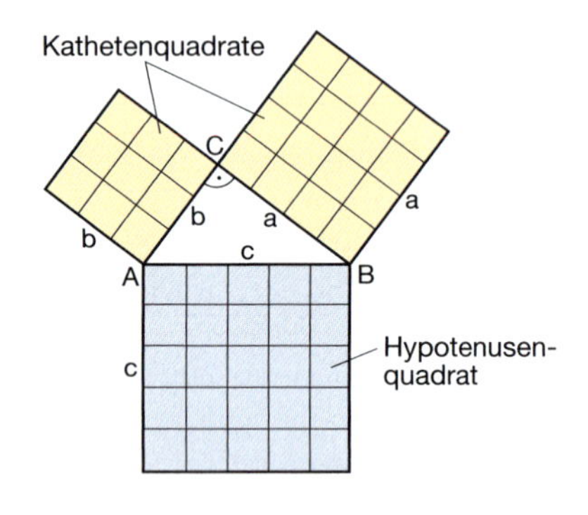

Länge der ersten Kathete	6 cm	2,5 cm
Länge der zweiten Kathete	4,5	6 cm
Länge der Hypotenuse		
Flächeninhalt des ersten Kathetenquadrates	$6\,cm \cdot 6\,cm = 36\,cm^2$	
Flächeninhalt des zweiten Kathetenquadrates	$4{,}5\,cm \cdot 4{,}5\,cm = 20{,}25\,cm^2$	
Flächeninhalt des Hypotenusenquadrates		

c) Vergleiche den Flächeninhalt der beiden Kathetenquadrate mit dem Flächeninhalt des Hypotenusenquadrates. Was stellst du fest?

Satz des Pythagoras
In jedem rechtwinkligen Dreieck haben die beiden Kathetenquadrate zusammen den gleichen Flächeninhalt wie das Hypotenusenquadrat.

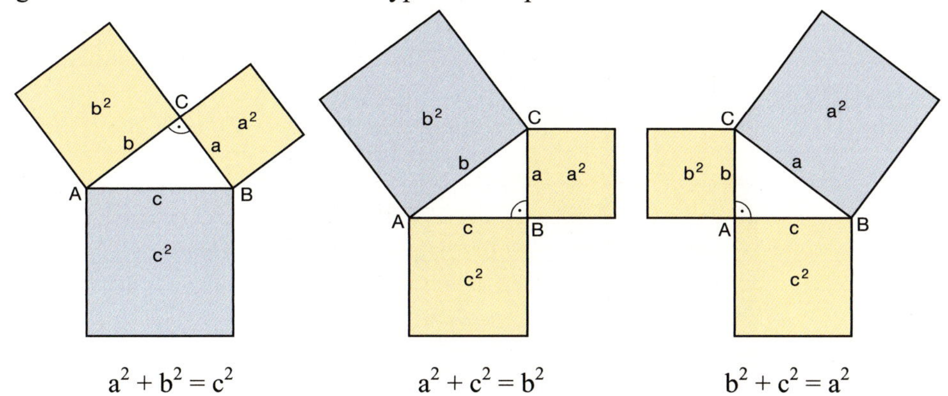

$a^2 + b^2 = c^2$ $a^2 + c^2 = b^2$ $b^2 + c^2 = a^2$

1

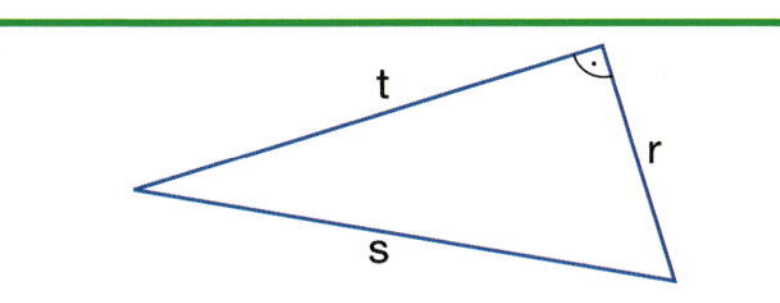

Hypotenuse: s
Katheten: r, t
Gleichung: $r^2 + t^2 = s^2$

Bestimme jeweils die Lage des rechten Winkels in den abgebildeten Dreiecken. Notiere, welche Seite Hypotenuse und welche Seiten die Katheten sind. Formuliere anschließend für jedes Dreieck den Satz des Pythagoras als Gleichung.

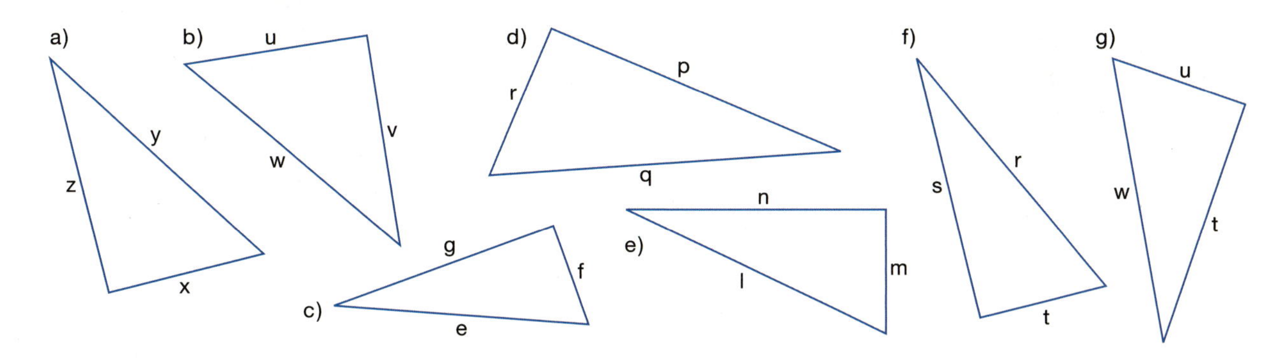

2

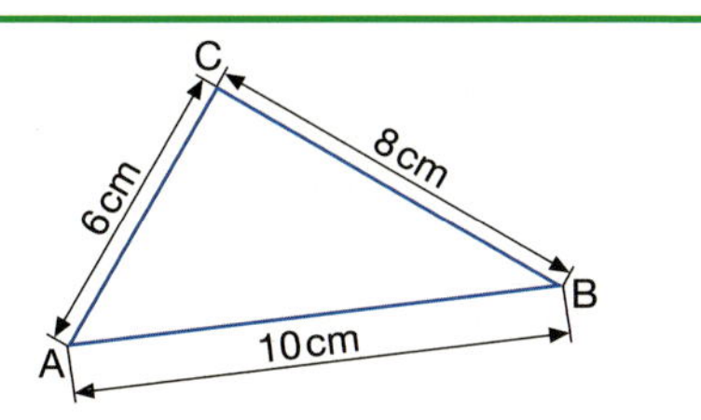

$8\,cm \cdot 8\,cm + 6\,cm \cdot 6\,cm = 10\,cm \cdot 10\,cm$
$64\,cm^2 + 36\,cm^2 = 100\,cm^2$
$100\,cm^2 = 100\,cm^2$
Das Dreieck hat einen rechten Winkel.

In der Tabelle findest du die Seitenlängen a, b und c eines Dreiecks. Stelle durch eine Rechnung fest, ob es sich dabei um ein rechtwinkliges Dreieck handeln kann. Überlege zunächst, welche Seite des Dreiecks die Hypotenuse sein könnte.

	a)	b)	c)	d)	e)
a	75 cm	24 cm	5,6 dm	6,8 cm	3,9 m
b	40 cm	40 cm	3,4 dm	6,0 cm	5,2 m
c	85 cm	32 cm	4,8 dm	3,2 cm	6,5 m

1

a) Die Befestigung eines Fallrohres muss erneuert werden.
Eine Leiter wird 2 m von der Wand entfernt aufgestellt. Welche Länge hat die Leiter, wenn sie in 4,80 m Höhe an der Wand anliegt?

So kannst du mit dem Satz des Pythagoras die fehlende Streckenlänge in einem rechtwinkligen Dreieck berechnen:

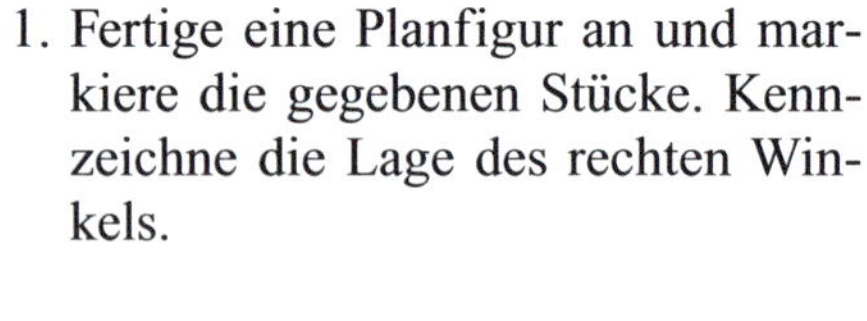

1. Fertige eine Planfigur an und markiere die gegebenen Stücke. Kennzeichne die Lage des rechten Winkels.

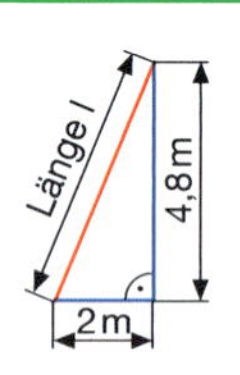

2. Schreibe für das rechtwinklige Dreieck den Satz des Pythagoras als Gleichung und berechne die gesuchte Länge.

$l^2 = 2{,}0^2 + 4{,}8^2$
$l^2 = 4{,}00 + 23{,}04$
$l^2 = 27{,}04$

$l = \sqrt{27{,}04}$
$l = 5{,}2$

3. Notiere einen Antwortsatz.

Die Leiter ist 5,2 m lang.

Es ist zweckmäßig beim Einsetzen die Einheiten wegzulassen.

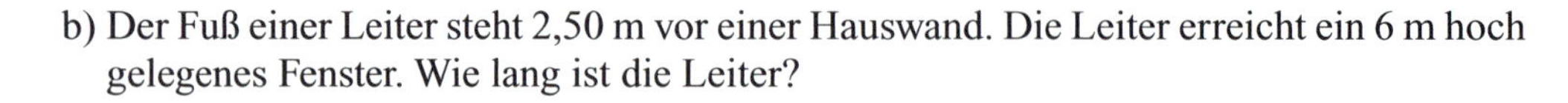

b) Der Fuß einer Leiter steht 2,50 m vor einer Hauswand. Die Leiter erreicht ein 6 m hoch gelegenes Fenster. Wie lang ist die Leiter?

2 Berechne in den abgebildeten rechtwinkligen Dreiecken die Länge der Hypotenuse.

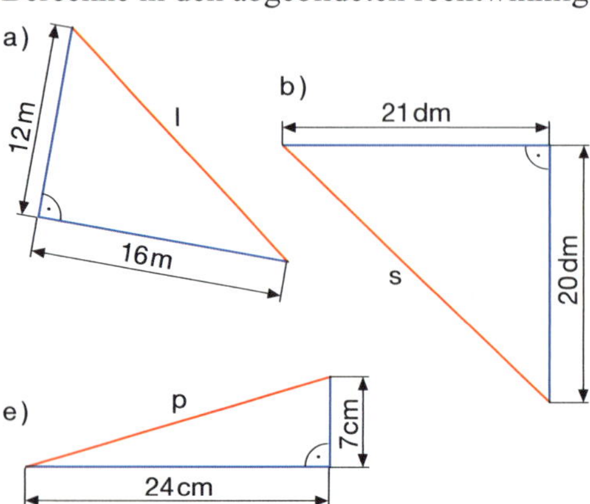

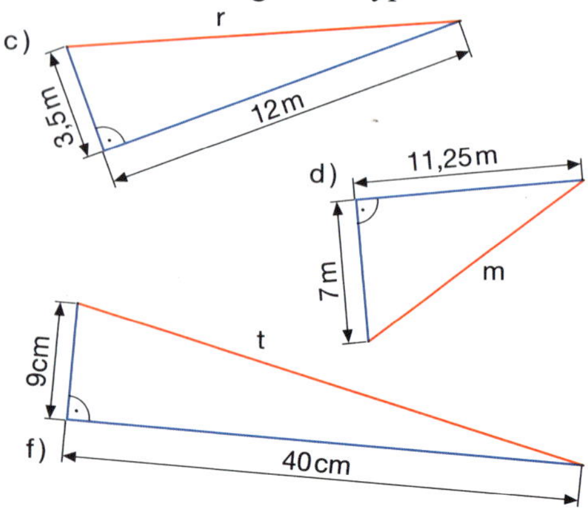

3 Die Seilbahn bei Bregenz (Österreich) überwindet von der Talstation bis zur Bergstation einen Höhenunterschied von etwa 609 m. Wie lang muss das Halteseil der Bahn mindestens sein?

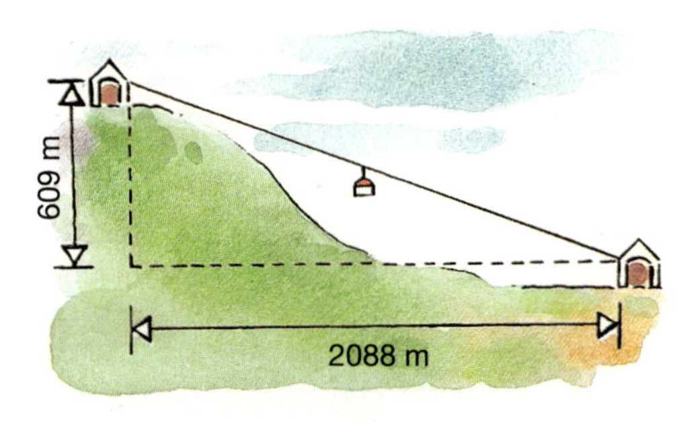

4 Ein Sendemast wird von mehreren Stahlseilen gehalten.
Berechne jeweils die Länge der Seile.

	a)	b)	c)
Entfernung vom Fußpunkt	60 m	32 m	27 m
Höhe der Befestigung	63 m	60 m	36 m

5 Gegebene Größen: a = 6 cm; c = 3 cm; $\beta = 90°$
Gesuchte Größte: b

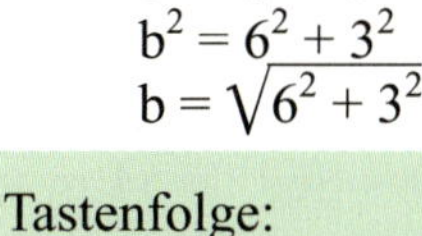

$$b^2 = a^2 + c^2$$
$$b^2 = 6^2 + 3^2$$
$$b = \sqrt{6^2 + 3^2}$$

Tastenfolge:

6 [x^2] [+] 3 [x^2] [=] [√] [ANS] [=]

Anzeige: 6.708203933

$$b \approx 6{,}7$$

Die Seite b ist ungefähr 6,7 cm lang.

Berechne die fehlenden Seitenlänge in einem Dreieck ABC.
Runde dein Ergebnis auf eine Stelle nach dem Komma.

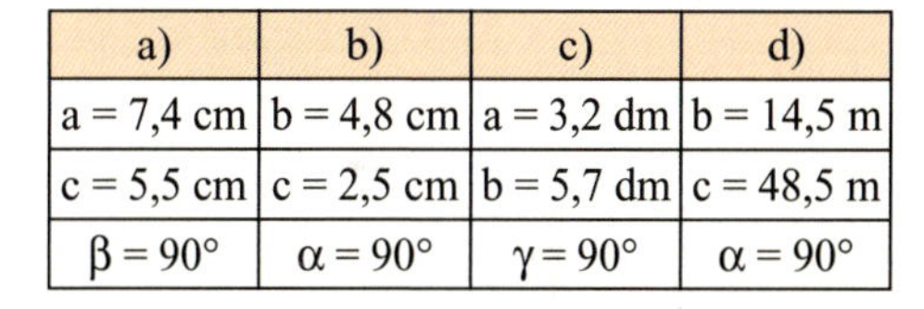

a)	b)	c)	d)
a = 7,4 cm	b = 4,8 cm	a = 3,2 dm	b = 14,5 m
c = 5,5 cm	c = 2,5 cm	b = 5,7 dm	c = 48,5 m
$\beta = 90°$	$\alpha = 90°$	$\gamma = 90°$	$\alpha = 90°$

e)	f)	g)	h)
a = 11,3 cm	a = 0,45 m	b = 4,6 dm	a = 7,3 cm
c = 6,8 cm	b = 0,78 m	c = 2,3 dm	c = 4,6 cm
$\beta = 90°$	$\gamma = 90°$	$\alpha = 90°$	$\beta = 90°$

6

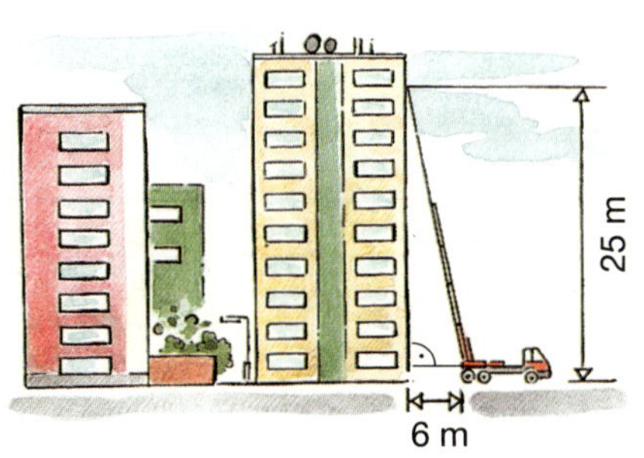
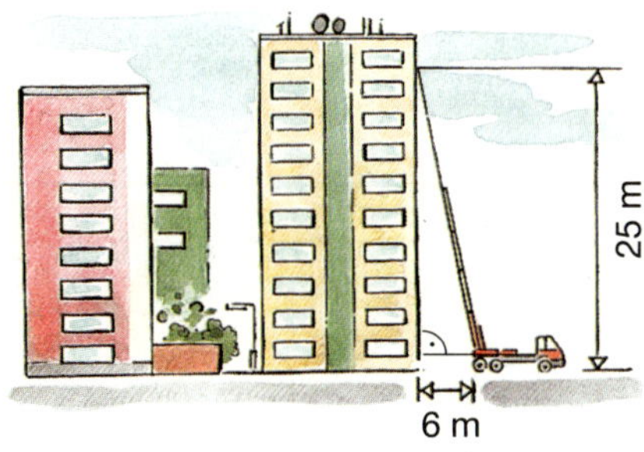

Die Feuerwehr will mithilfe einer Leiter ein 25 m hoch gelegenes Fenster erreichen. Sie stellt die Leiter in 6 m Abstand von der Hauswand auf. Wie weit muss die Leiter ausgefahren werden, wenn sie auf einem 1,60 m hohen Wagen steht?

7 Ein starker Sturm hat eine Lärche in einer Höhe von 5,50 m so abgeknickt, dass ihre Spitze 12,50 m von Stamm entfernt den Waldboden berührt. Wie hoch war die Lärche?

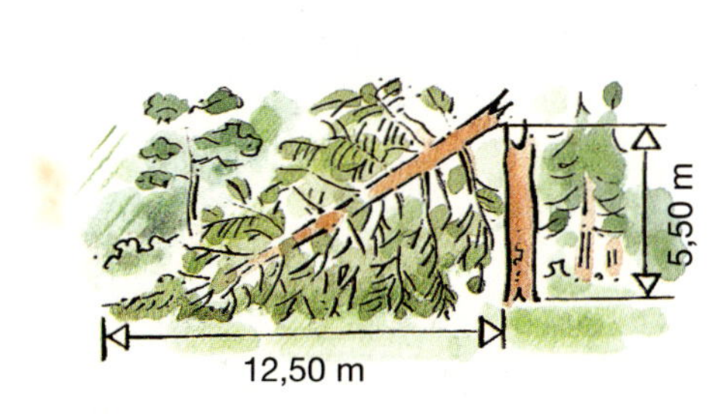

8

a) Ein 90 m langes Stahlseil ist in einer Höhe von 72 m an einem Sendemast angebracht.
In welcher Entfernung vom Fußpunkt des Mastes ist das Seil am Erdboden verankert?

So kannst du mit dem Satz des Pythagoras die fehlende Streckenlänge berechnen:

1. Fertige eine Planfigur an und markiere die gegebenen Stücke. Kennzeichne die Lage des rechten Winkels.

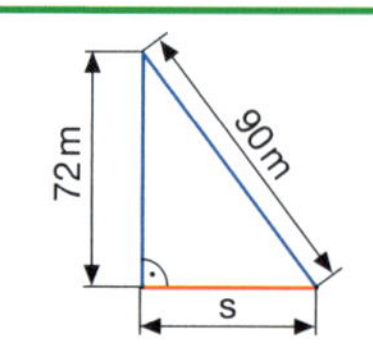

2. Schreibe für das rechtwinklige Dreieck den Satz des Pythagoras als Gleichung. Forme die Gleichung nach der gesuchten Größe um.

$$s^2 + 72^2 = 90^2 \quad | -72^2$$
$$s^2 = 90^2 - 72^2$$

3. Berechne die gesuchte Länge.

$$s = \sqrt{90^2 - 72^2}$$
$$s = 54$$

4. Notiere einen Antwortsatz.

Das Seil ist 54 m vom Fußpunkt entfernt verankert.

b) In 30 m Höhe ist ein 45 langes Seil an einem Mast befestigt. Wie viele Meter vom Fußpunkt des Mastes entfernt ist das Seil verankert?

c) Ein 190 m langes Seil ist 108 m vom Mast entfernt am Erdboden verankert. In welcher Höhe ist das Seil befestigt?

9 Berechne in dem abgebildeten Dreieck die Länge der rot markierten Seite. Bestimme zunächst die Lage des rechten Winkels.

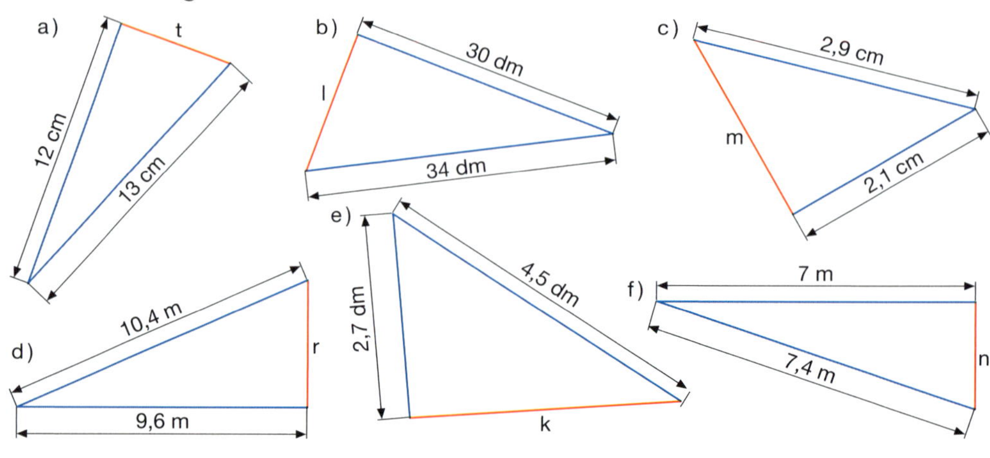

10

a) Eine 5,50 m lange Leiter wird an einen Baum gelehnt. Der Fuß der Leiter steht dabei 1,80 m vor dem Baum.
Wie hoch reicht die Leiter?

b) Eine 12,50 m lange Leiter lehnt an einer Hauswand. Das untere Leiterende steht dabei 3,80 m von der Wand entfernt.
In welcher Höhe liegt die Leiter an der Hauswand an?

11 Berechne die fehlende Seitenlänge in einem rechtwinkligen Dreieck ABC ($\gamma = 90°$). Runde dein Ergebnis auf eine Stelle nach dem Komma und schreibe es in dein Heft.

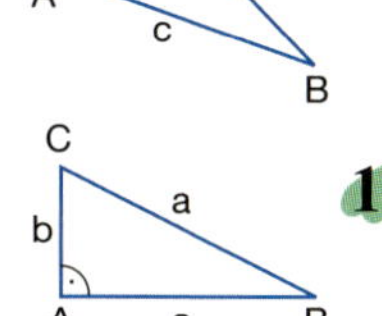

	a)	b)	c)	d)	e)	f)	g)
Kathete a			1,6 cm	1,8 dm	3,2 cm		14,5 cm
Kathete b	8 cm	24 cm				2,5 m	
Hypotenuse c	10 cm	25 cm	3,4 cm	8,2 dm	6 cm	3,7 m	33,8 cm

12 Berechne die fehlende Seitenlänge in einem Dreieck ABC. Überlege zunächst welche Seite des Dreiecks Hypotenuse ist.

a) $a = 4{,}1$ m; $c = 0{,}9$ m; $\alpha = 90°$
b) $a = 2{,}1$ dm; $b = 7{,}5$ dm; $\beta = 90°$
c) $a = 8{,}5$ cm; $b = 4{,}0$ cm; $\alpha = 90°$
d) $b = 500$ m; $c = 140$ m; $\beta = 90°$
e) $b = 4{,}8$ m; $c = 6{,}0$ m; $\gamma = 90°$
f) $a = 135$ m; $c = 108$ m; $\alpha = 90°$
g) $a = 0{,}96$ m; $c = 1{,}04$ m; $\gamma = 90°$
h) $b = 1{,}43$ m; $c = 1{,}32$ m; $\beta = 90°$

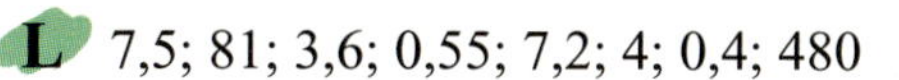

L 7,5; 81; 3,6; 0,55; 7,2; 4; 0,4; 480

13 Anja lässt einen Drachen steigen. Er steht genau senkrecht über einem 50 m weit entfernten Busch. Berechne die Höhe des Drachens, wenn die straff gespannte Schnur 70 m lang ist.

14 Auf einer Karte (Maßstab 1 : 25 000) wird ein rechtwinkliges Dreieck ABC markiert. Die Länge der Hypotenuse $\overline{BC}$ beträgt 6,5 cm. Die Kathete $\overline{AB}$ wird mit 3,5 cm gemessen. Bestimme die tatsächliche Länge der Strecke $\overline{AC}$ (in m).

15

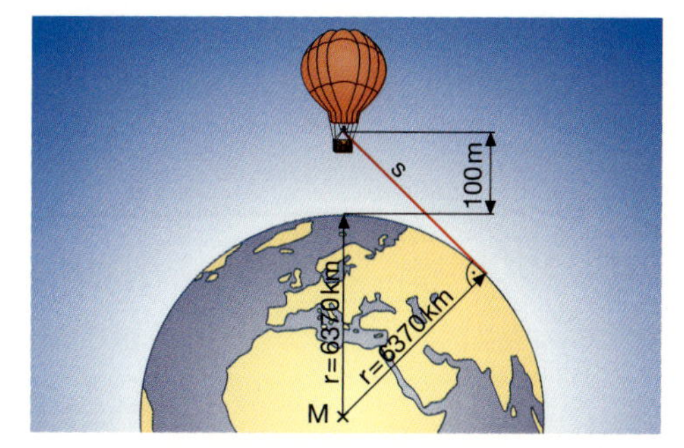

a) Ein Ballonfahrer blickt aus 100 m Höhe auf die Erdoberfläche. Berechne mithilfe der Abbildung die Sichtweite s.

b) Bestimme die Sichtweite s, wenn der Ballonfahrer aus 200 m Höhe auf die Erdoberfläche schaut.

1 Mit einem „Pythagoras-Puzzle“ lässt sich der Satz des Pythagoras bestätigen.
Wie du ein solches Puzzle anfertigen kannst, zeigt dir die folgenden Anleitung.

1. Zeichne ein rechtwinkliges Dreieck. Ergänze die Kathetenquadrate und das Hypotenusenquadrat.

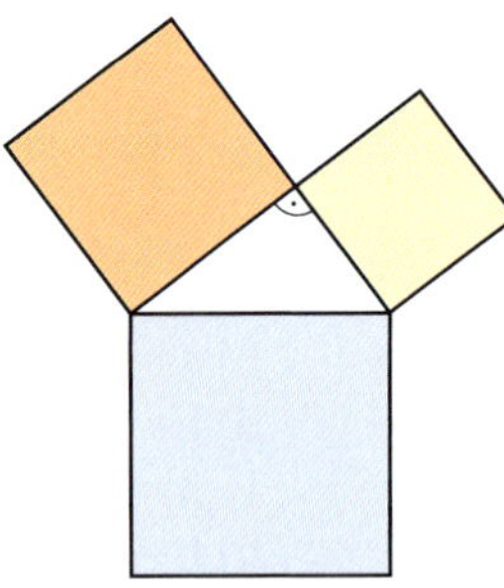

2. Bestimme den Mittelpunkt M des größeren Kathetenquadrates. Zeichne dazu den Schnittpunkt der Diagonalen ein.

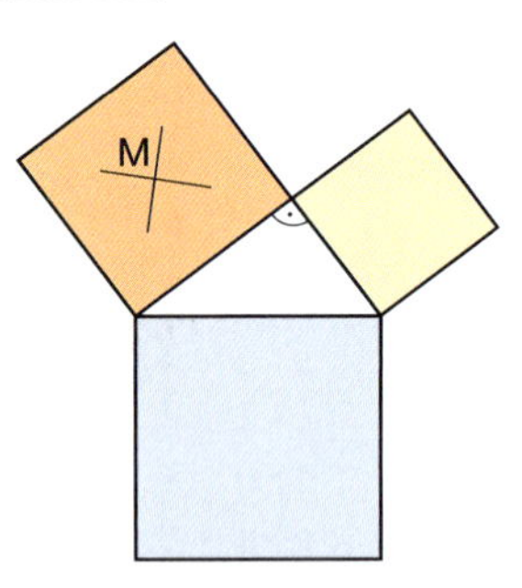

3. Zeichne durch M die Parallele und die Senkrechte zur Hypotenuse.

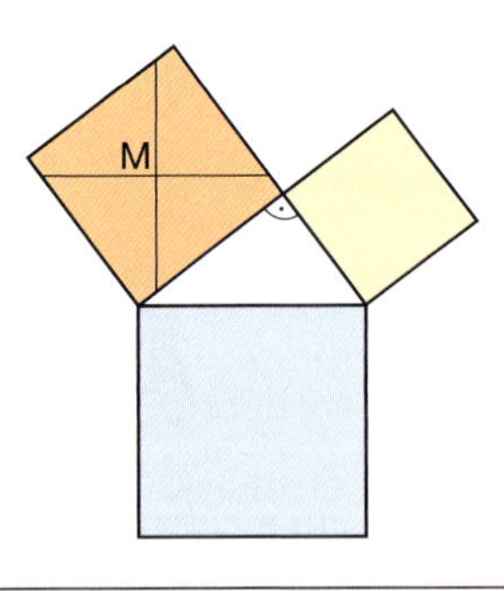

4. Nummeriere deine Zeichnung wie abgebildet. Schneide anschließend die Figuren 1, 2, 3, 4 und 5 aus.

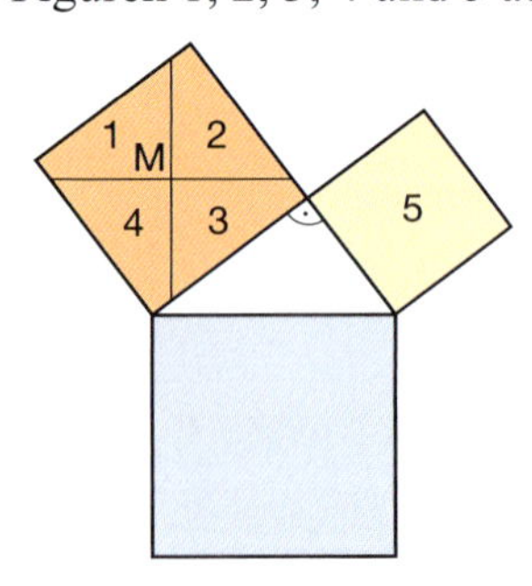

Versuche das Hypotenusenquadrat mit den ausgeschnittenen Figuren auszulegen.

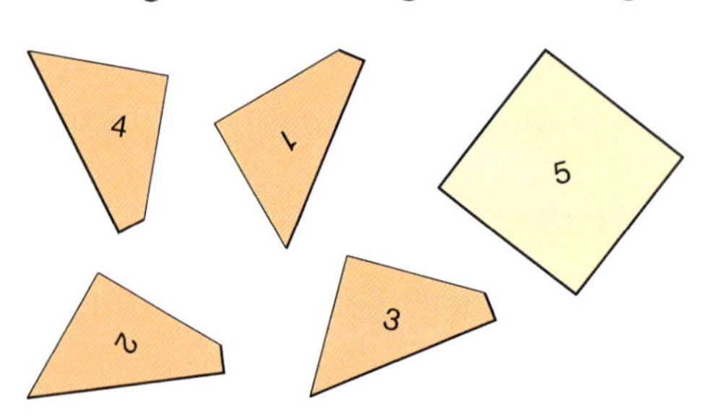

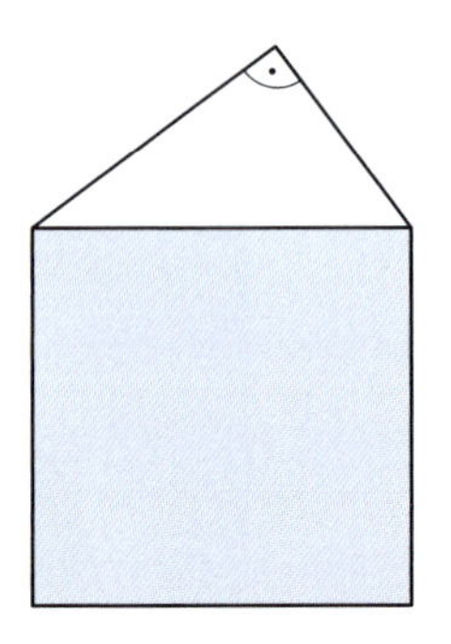

2

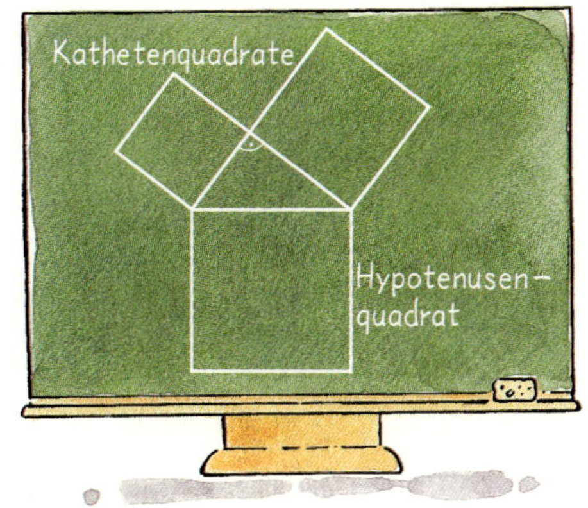

Mithilfe der folgenden Abbildungen kannst du ein weiteres „Pythagoras-Puzzle“ herstellen.

1.

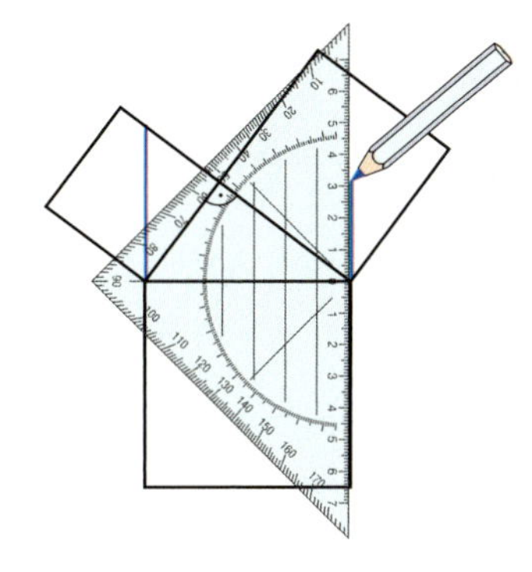

2.

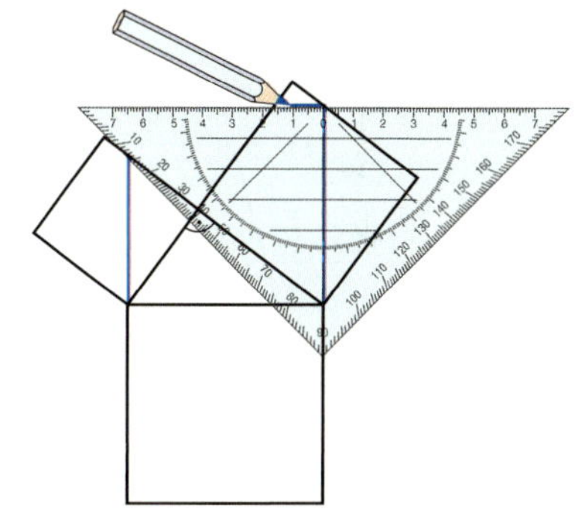

Färbe die einzelnen Teilfiguren der Kathetenquadrate.
Schneide die Teilfiguren anschließend aus.

3.

4.

Versuche mit den farbigen Teilfiguren das Hypotenusenquadrat auszulegen.
Die Abbildung zeigt dir, wie du beginnen kannst.

1 

a) Mit einem Maurerdreieck kannst du vor allem größere rechte Winkel überprüfen.

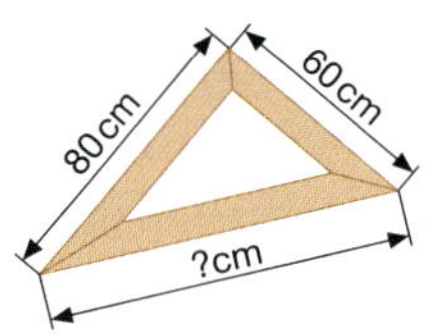

b) Im Technikunterricht werden Latten für verschieden große Maurerdreiecke zugeschnitten. Sind die Längen richtig berechnet?

Längen der Latten				
I	II	III	IV	V
105 cm	25 cm	100 cm	45 cm	150 cm
100 cm	60 cm	230 cm	200 cm	70 cm
145 cm	75 cm	260 cm	205 cm	170 cm

2 Berechne die fehlende Seitenlänge.

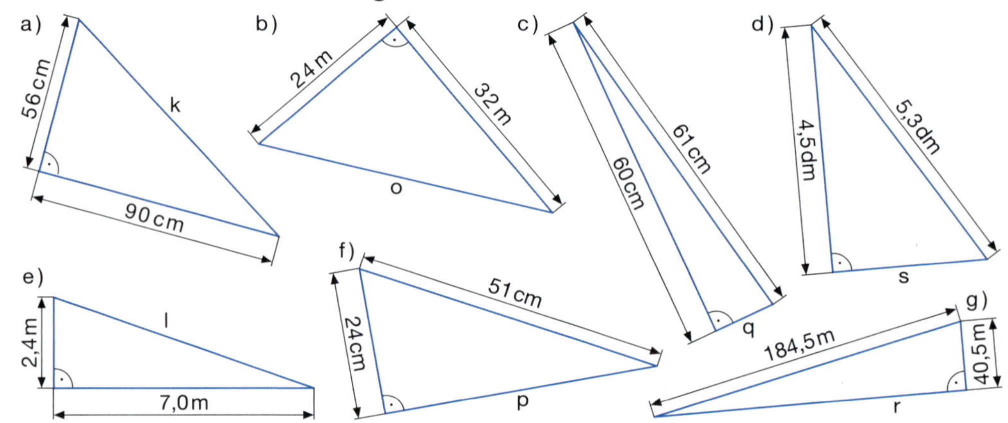

3 Berechne die fehlende Seitenlänge in einem Dreieck ABC. Fertige eine Planfigur an.

a)	b)	c)	d)	e)	f)	g)	h)
b = 5,2 m	a = 5,5 cm	a = 15 dm	a = 8,5 cm	a = 35 m	a = 5,1 m	b = 6,1 m	b = 42 cm
c = 3,9 m	c = 13,2 cm	b = 17 dm	c = 4,0 cm	b = 91 m	c = 4,5 m	c = 6,0 m	c = 58 cm
$\alpha = 90°$	$\beta = 90°$	$\beta = 90°$	$\alpha = 90°$	$\beta = 90°$	$\alpha = 90°$	$\beta = 90°$	$\gamma = 90°$

L 2,4; 14,3; 40; 7,5; 8; 6,5; 84; 1,1

4 Ein Fußgänger läuft in einem Park über die Rasenfläche.
Um wie viel Meter verkürzt sich sein Weg?

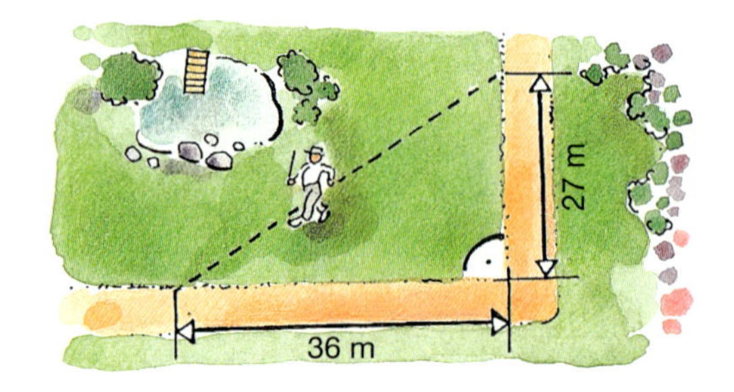

5 Eine 8,20 m lange Leiter wird gegen eine Wand gelehnt, sodass ihr Fuß dabei 1,80 m Abstand von der Wand hat. In welcher Höhe berührt die Leiter die Wand?

6

a) Passt die runde Tischplatte durch die geöffnete Hecktür?

So kannst du mit dem Satz des Pythagoras die Länge der Flächendiagonalen eines Rechtecks bestimmen:

1. Fertige eine Planfigur des Rechtecks an.
   Zerlege das Rechteck durch eine Diagonale in zwei rechtwinklige Dreiecke. Markiere in einem der Dreiecke die gegebenen Stücke.

D, C, A, B; Flächen-diagonale; e; b = 78 cm; a = 112 cm

2. Schreibe für ein rechtwinkliges Dreieck den Satz des Pythagoras als Gleichung und berechne die gesuchte Länge.

$$e^2 = a^2 + b^2$$
$$e^2 = 112^2 + 78^2$$
$$e = \sqrt{112^2 + 78^2}$$
$$e = 136{,}5$$

3. Notiere einen Antwortsatz.

Die Diagonale ist ungefähr 136,5 cm lang.

b) Überprüfe, ob eine runde Tischplatte mit d = 130 cm durch eine 92 cm hohe und 106 cm breite rechteckige Heckklappenöffnung eines Autos passt.

7 Berechne die fehlenden Größen eines Rechtecks ABCD in deinem Heft. .

	a)	b)	c)	d)	e)	f)	g)
Seite a	135 cm	110 m	96 dm	40 m	■	56 cm	■
Seite b	72 cm	115,5 m	■	■	117,6 dm	■	108 m
Diagonale e	■	■	120 dm	58 m	162,4 dm	■	■
Flächeninhalt A	■	■	■	■	■	5040 cm²	34020 m²

L 333; 6912; 42; 159,5; 90; 153; 112; 9720; 1680; 106; 315; 12705; 72; 13171,2

8

Hat Jerome Recht?

Aus einem Lexikon:
Zoll, altes Längenmaß: 2,54 cm

9 a) In dem folgenden Beispiel wird für das abgebildete Gebäude die Länge eines Dachsparrens berechnet. Beschreibe den Lösungsweg.

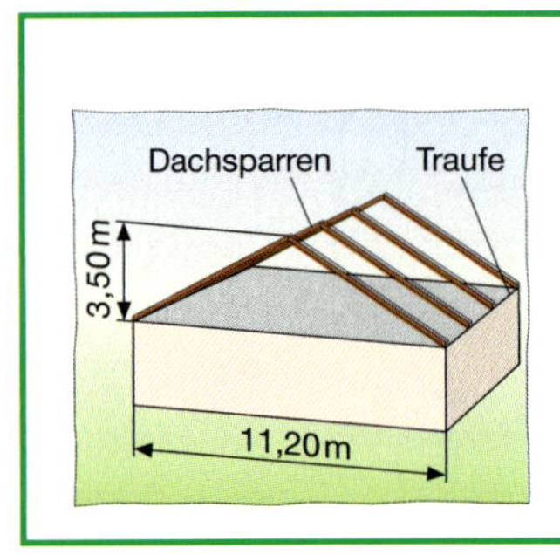

Planfigur:

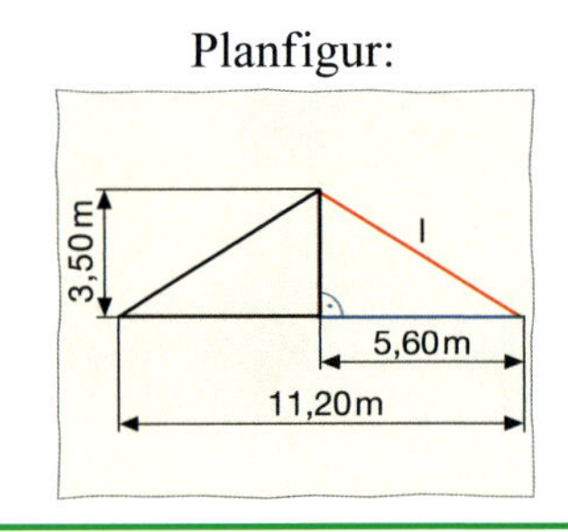

Lösung:

$l^2 = 3{,}50^2 + 5{,}60^2$

$l = \sqrt{3{,}50^2 + 5{,}60^2}$

$l \approx 6{,}60$

Ein Dachsparren ist ungefähr 6,60 m lang.

b) Die einzelnen Dachsparren des abgebildeten Gebäudes ragen 40 cm über die Traufe hinaus.
Bestimme die Länge *l* eines Dachsparrens.

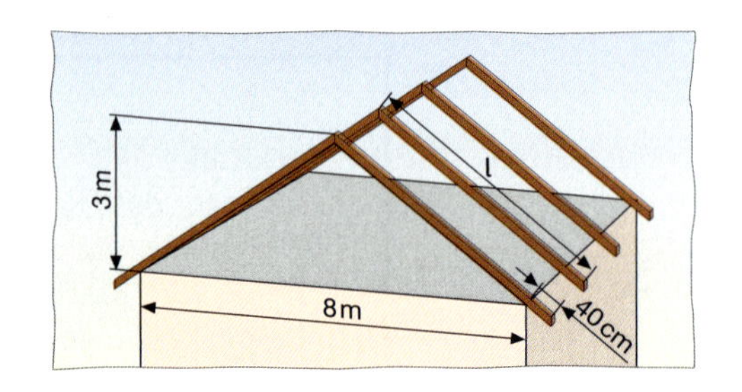

10 Berechne die fehlende Größen in einem gleichschenkligen Dreieck ABC.

	a)	b)	c)	d)	e)
a	■	■	8,7 dm	175 cm	26,5 m
c	7,2 m	16,8 m	12,6 dm	336 cm	28,0 m
h_c	2,7 m	13,5 m	■	■	■

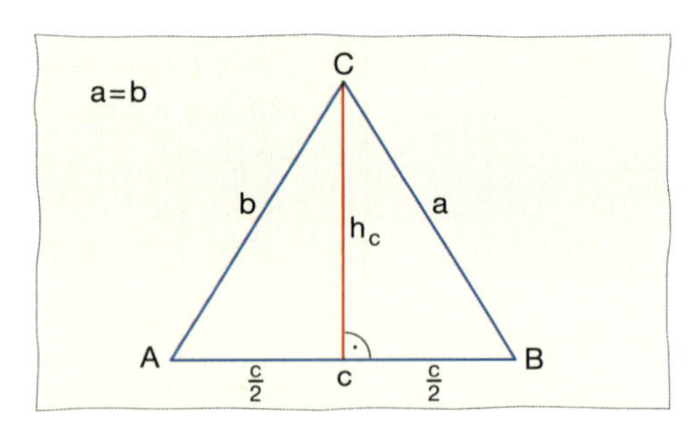

L 15,9; 6; 4,5; 22,5; 49

11

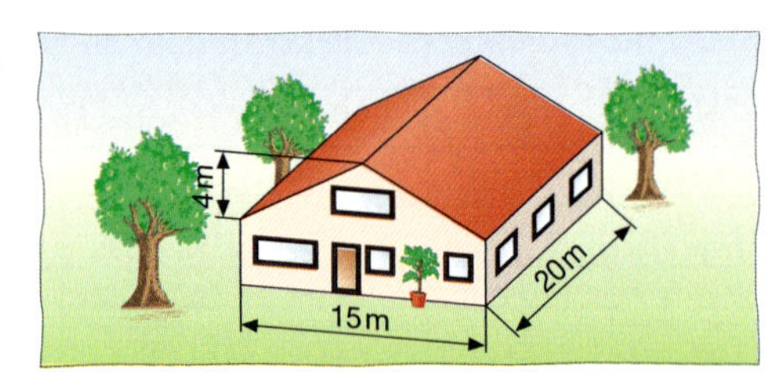

Die Fläche eines Satteldaches soll mit Dachziegeln eingedeckt werden. Für einen Quadratmeter der Dachfläche werden 14 Ziegel benötigt.
Wie viele Ziegel müssen für die gesamte Dachfläche mindestens eingekauft werden?

12 Das abgebildete Pultdach soll einen Belag aus Zinkblech erhalten. Der Dachdecker verlangt für das Eindecken 80 EUR pro Quadratmeter. Für Verschnitt müssen 10 % der Fläche hinzugerechnet werden.
Wie viel EUR kostet das Eindecken der Dachfläche?

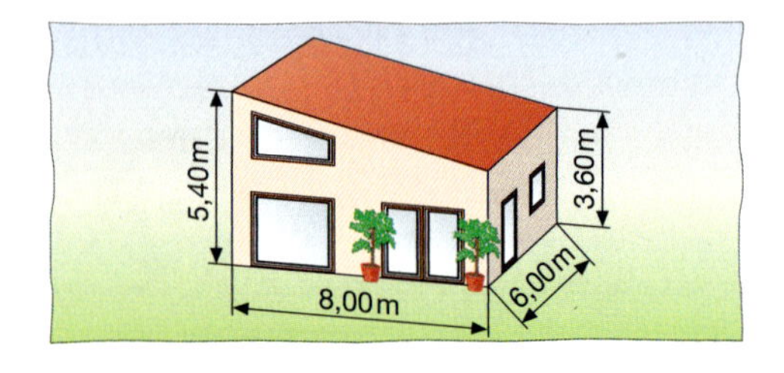

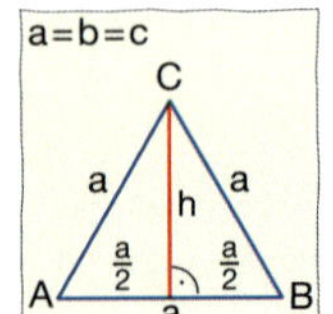

13 Berechne den Flächeninhalt eines gleichseitigen Dreiecks ABC. Bestimme zunächst die Höhe.
a) a = 16 cm b) a = 6,6 cm c) a = 24 cm d) a = 108 dm e) a = 65,8 cm

Prozentsatz **1**

Ausgaben privater Haushalte steigen

Wiesbaden: Mehr als 30000 Haushalte haben 6 Monate über Einnahmen und Ausgaben Buch geführt. Die Ausgaben für das Wohnen (Miete, Energie, Instandhaltung) haben den größten Anteil an den Lebenshaltungskosten. Für Wohnen, Ernähren und Kleiden verwenden die Haushalte mehr als die Hälfte ihrer Verbrauchsausgaben.

September

Einkommen: 2800 EUR

Ausgaben:	
Miete:	392 EUR
Strom:	56 EUR
Heizung:	84 EUR
Benzin:	168 EUR
Taschengeld:	112 EUR
Sonstiges:	1624 EUR
Ersparnisse:	364 EUR

Familie Krone hat einen Zeitungsartikel zum Anlass genommen um für den Monat September die Einnahmen und Ausgaben der Familie in einem Haushaltsbuch zu notieren. Ihre Kinder Björn und Larissa berechnen den prozentualen Anteil der Miete an den Gesamtausgaben.

a) Erläutere die beiden Lösungswege.

Gegeben: G = 2800 EUR
P = 392 EUR
Gesucht: p %

Preis (EUR)	%
2800	100
1	$\frac{100}{2800}$
392	$\frac{100 \cdot 392}{2800}$
392	14

Der Mietanteil beträgt 14 %.

Gegeben: G = 2800 EUR
P = 392 EUR
Gesucht: p %

2800 EUR ⟶ 100 %

1 EUR ⟶ $\frac{100}{2800}$ %

392 EUR ⟶ $\frac{100 \cdot 392}{2800}$ %

392 EUR ⟶ 14 %

Der Mietanteil beträgt 14 %.

b) Berechne für die anderen Ausgaben (Strom, Heizung,...) jeweils die prozentualen Anteile. Entscheide dich für einen Lösungsweg.

2 Larissa notiert ebenfalls, wofür sie ihr monatliches Taschengeld in Höhe von 56 EUR ausgibt. Sie berechnet, wie viel Prozent ihres Taschengeldes sie für Kinobesuche ausgegeben hat.

Kino:	11,20 EUR	Süssigkeiten:	4,48 EUR
CD:	19,60 EUR	Sonstiges:	19,32 EUR
Ersparnisse:	1,40 EUR		

Berechne für die anderen Ausgaben die prozentualen Anteile. Runde, wenn nötig, auf die zweite Nachkommastelle.

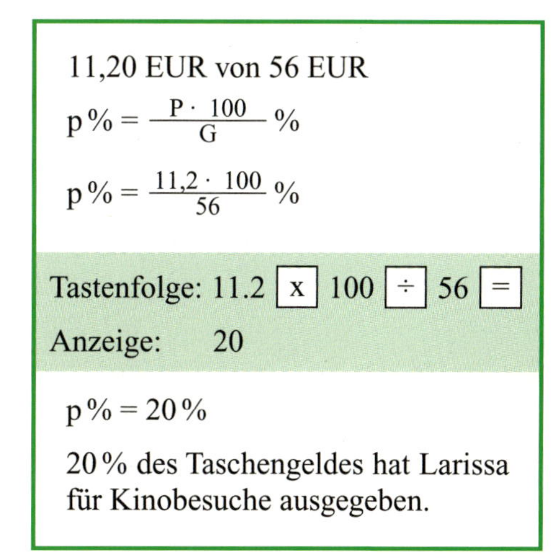

11,20 EUR von 56 EUR

$p\,\% = \frac{P \cdot 100}{G}\,\%$

$p\,\% = \frac{11{,}2 \cdot 100}{56}\,\%$

Tastenfolge: 11.2 [x] 100 [÷] 56 [=]

Anzeige: 20

$p\,\% = 20\,\%$

20 % des Taschengeldes hat Larissa für Kinobesuche ausgegeben.

Prozentwert

3 Der Hauseigentümer möchte in der Wohnung der Familie Krone Wärmeschutzfenster einbauen. Durch den Einbau dieser Fenster werden die Energieverluste erheblich verringert. Nach dieser Modernisierung darf er die Miete von 392 EUR um 2 % erhöhen.

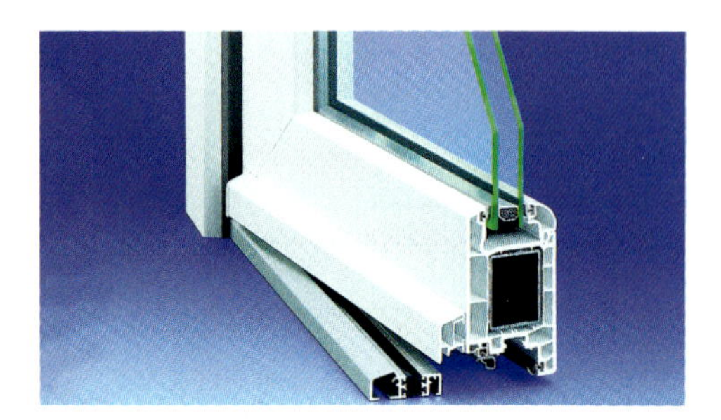

Im Beispiel siehst du, wie auf unterschiedliche Weise die Mieterhöhung ausgerechnet werden kann.

Gegeben: G = 392 EUR
p % = 2 %
Gesucht: P

%	Kosten (EUR)
100	392
1	$\frac{392}{100}$
2	$\frac{392 \cdot 2}{100}$
2	7,84

Die Miete darf um 7,84 EUR erhöht werden.

Gegeben: G = 392 EUR
p % = 2 %
Gesucht: P

100 % ⟶ 392 EUR

1 % ⟶ $\frac{392}{100}$

2 % ⟶ $\frac{392 \cdot 2}{100}$

2 % ⟶ 7,84 EUR

Die Miete darf um 7,84 EUR erhöht werden.

Vor dem Einbau betrugen die monatlichen Heizkosten 84 EUR. Die Familie spart jetzt 12 % der monatlichen Heizkosten. Berechne die jetzigen Heizkosten der Familie Krone. Hat sich der Einbau für die Familie Krone gelohnt?

4 In Wohnräumen wird eine Temperatur von 20 °C empfohlen. Ein Absenken der Temperatur um 1 °C führt zu einer Energieeinsparung von 6 %.
Familie Krone nimmt eine Temperaturabsenkung von 1 °C vor. Wie hoch ist die Heizkostenersparnis, wenn für die Dauer einer Heizperiode bisher 504 EUR bezahlt wurden?

5 Ein Haushalt hat einen jährlichen Bedarf an elektrischer Energie von durchschnittlich 3600 kWh.
Berechne die Kilowattstunden, die auf die einzelnen prozentualen Anteile entfallen.

Gefriergeräte	18 %
Elektroherde	8 %
Waschmaschinen	3 %
TV, Audio, PC usw.	4 %
Geschirrspüler	3 %
Beleuchtung	7 %
Warmwasser	11 %
Elektroheizung	19 %
Sonstiges	27 %

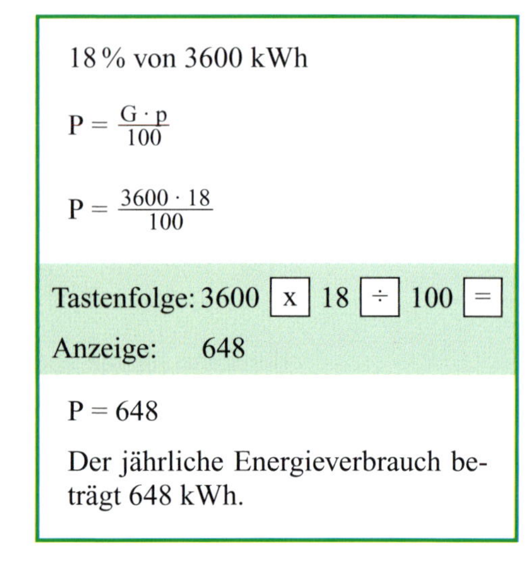

18 % von 3600 kWh

$P = \frac{G \cdot p}{100}$

$P = \frac{3600 \cdot 18}{100}$

Tastenfolge: 3600 [x] 18 [÷] 100 [=]

Anzeige: 648

P = 648

Der jährliche Energieverbrauch beträgt 648 kWh.

Grundwert

6 Familie Krone wechselt den Energieversorger. Dadurch spart sie 17 % der bisherigen Stromkosten. Das sind 119 EUR. Im Beispiel werden die jährlichen Stromkostenberechnet.

Gegeben: P = 119 EUR
p% = 17 %
Gesucht: G

%	Kosten (EUR)
17	119
1	$\frac{119}{17}$
100	$\frac{119 \cdot 100}{17}$
100	700

Die jährlichen Stromkosten betragen 700 EUR.

Gegeben: P = 119 EUR
p% = 17 %
Gesucht: G

17 % ⟶ 119 EUR

1 % ⟶ $\frac{119}{17}$ EUR

100 % ⟶ $\frac{119 \cdot 100}{17}$ EUR

100 % ⟶ 700 EUR

Die jährlichen Stromkosten betragen 700 EUR.

Für Frau Krones Eltern berechnet das Energieversorgungsunternehmen eine Preisreduzierung von 114 EUR. Das sind 24 % der jährlichen Kosten. Wie viel Euro haben die Eltern noch zu bezahlen?

7 a) Durchschnittlich beträgt der tägliche Wasserbedarf pro Person für das Trinken und Kochen 5 *l*. Diese 5 *l* entsprechen einem Anteil am täglichen Frischwasserverbrauch von ungefähr 4 %. Wie viel Frischwasser wird durchschnittlich pro Tag benötigt?

b) Durch den Einbau von Spararmaturen verringert sich der Wasserverbrauch für Körperpflege um 8 *l*. Das sind 16 % des ursprünglichen Bedarfs. Berechne den Gesamtverbrauch an Frischwasser für die Körperpflege.

8 Für verschiedene Haushaltsgrößen ist in der Tabelle jeweils der durchschnittliche Energieverbrauch für die Nutzung von Waschmaschine und Wäschetrockner wiedergegeben.
Berechne für die einzelnen Haushaltsgrößen den durchschnittlichen jährlichen Gesamtverbrauch an elektrischer Energie. Runde auf volle Zehner.

Haushaltsgröße	Stromanteil am Gesamtverbrauch	prozentualer Anteil
1 Person	235 kWh	8,35 %
2 Personen	415 kWh	10,12 %
3 Personen	600 kWh	11,5 %
4 Personen	790 kWh	12,76 %

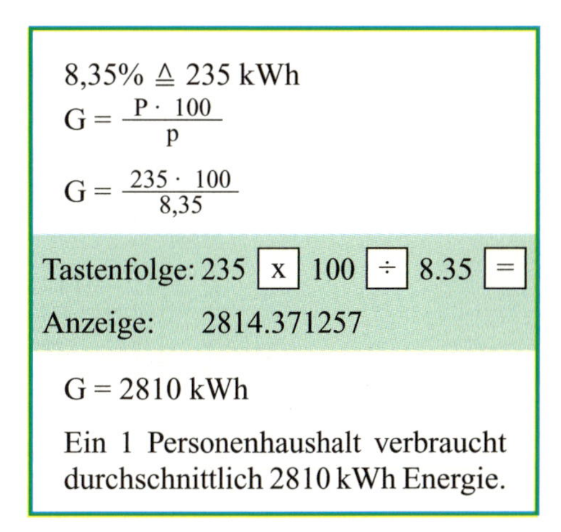
8,35% ≙ 235 kWh

$G = \frac{P \cdot 100}{p}$

$G = \frac{235 \cdot 100}{8,35}$

Tastenfolge: 235 [x] 100 [÷] 8.35 [=]

Anzeige: 2814.371257

G = 2810 kWh

Ein 1 Personenhaushalt verbraucht durchschnittlich 2810 kWh Energie.

Prozentwert gesucht

Ein Schreibtisch kostet 280 EUR **(Grundwert G)**. Als Ausstellungsstück wird der Preis um 30 % **(Prozentsatz p %)** reduziert. Wie groß ist der Preisnachlass **(Prozentwert P)**?

Tabelle

%	Preis (EUR)
100	280
1	$\frac{280}{100}$
30	$\frac{280 \cdot 30}{100}$
30	84

Dreisatz

100 % ⟶ 280 EUR

1 % ⟶ $\frac{280}{100}$ EUR

30 % ⟶ $\frac{280 \cdot 30}{100}$ EUR

30 % ⟶ 84 EUR

Formel

$P = \frac{G \cdot p}{100}$

$P = \frac{280 \cdot 30}{100}$ EUR

$P = 84$ EUR

Der Preisnachlass beträgt 84 EUR.

Prozentsatz gesucht

Von 250 Fahrrädern **(Grundwert G)** sind 30 Fahrräder **(Prozentwert P)** nicht verkehrssicher. Wie hoch ist der **Prozentsatz p %**?

Tabelle

Anzahl	%
250	100
1	$\frac{100}{250}$
30	$\frac{100 \cdot 30}{250}$
30	12

Dreisatz

250 Fahrräder ⟶ 100 %

1 Fahrrad ⟶ $\frac{100}{250}$ %

30 Fahrräder ⟶ $\frac{100 \cdot 30}{250}$ %

30 Fahrräder ⟶ 12 %

Formel

$p\% = \frac{P \cdot 100}{G}\ \%$

$p\% = \frac{30 \cdot 100}{250}\ \%$

$p\% = 12\%$

Der Prozentsatz beträgt 12 %.

Grundwert gesucht

72 EUR **(Prozentwert P)** spart Franziska beim Kauf eines CD-Players. Das sind 40 % **(Prozentsatz p %)** des urprünglichen Preises. Wie viel EUR **(Grundwert G)** kostete der CD-Spieler vorher?

Tabelle

%	Anzahl
40	72
1	$\frac{72}{40}$
100	$\frac{72 \cdot 100}{40}$
100	180

Dreisatz

40 % ⟶ 72 EUR

1 % ⟶ $\frac{72}{40}$ EUR

100 % ⟶ $\frac{72 \cdot 100}{40}$ EUR

100 % ⟶ 180 EUR

Formel

$G = \frac{P \cdot 100}{p}$

$G = \frac{72 \cdot 100}{40}$ EUR

$G = 180$ EUR

Der CD-Player kostete ursprünglich 180 EUR.

1 Berechne den Prozentwert. Kürze, wenn möglich.
a) 8 % von 400 EUR (650 EUR, 350 EUR, 800 EUR, 1250 EUR, 150 EUR, 900 EUR)
b) 35 % von 600 kg (740 kg, 280 kg, 700 kg, 1060 kg, 240 kg, 380 kg)
c) 52 % von 800 m (250 m, 150 m, 450 m, 2250 m, 60 m, 95 m)
d) 70 % von 280 t (150 t, 410 t, 390 t, 45 t, 35 t, 78 t)

L 12; 24,5; 28; 31,2; 31,5; 32; 49,4; 52; 54,6; 64; 72; 78; 84; 98; 100; 105; 130; 133; 196; 210; 234; 245; 259; 273; 287; 371; 416; 1170

2 Der Reinerlös eines Schulfestes betrug 870 EUR. Von diesem Betrag sollen 30 % an eine gemeinnützige Einrichtung gespendet werden.

3 Frau Kuster kauft ein neues Auto für 15 850 EUR. Sie erhält einen Rabatt von 6 %. Wie viel EUR muss sie noch bezahlen?

4 Berechne den Grundwert. Kürze, wenn möglich.
a) 4 % ≙ 6 kg (45 kg, 24 kg, 35 kg, 78 kg, 50 kg, 44 kg)
b) 22 % ≙ 440 EUR (55 EUR, 132 EUR, 275 EUR, 154 EUR, 385 EUR, 616 EUR)
c) 12 % ≙ 78 mm (45 mm, 24 mm, 486 mm, 882 mm, 345 mm, 564 mm)
d) 45 % ≙ 405 g (540 g, 945 g, 1485 g, 112,5 g, 67,5 g, 202,5 g)

L 150; 150; 200; 250; 250; 375; 450; 600; 600; 650; 700; 875; 900; 1100; 1125; 1200; 1250; 1250; 1750; 1950; 2000; 2100; 2800; 2875; 3300; 4050; 4700; 7350

5 Tamer nutzt das Angebot eines Computerhändlers. Wie viel EUR hat der Computer vorher gekostet?

15%
Preis-
nachlass
Sie sparen
42 €

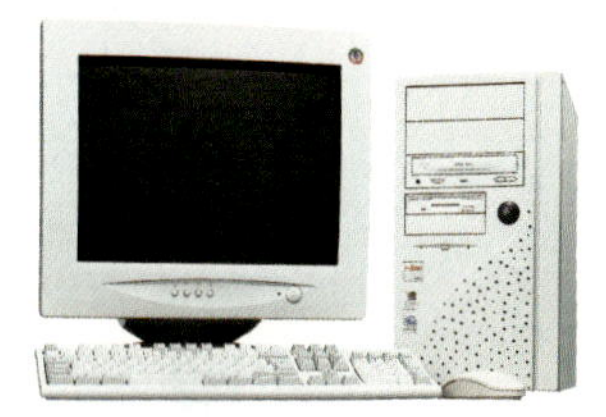

6 Wegen eines Lackschadens wird eine Waschmaschine mit einem Preisnachlass von 18 % verkauft. Familie Runge spart dadurch 153 EUR.

7 Berechne den Prozentsatz. Kürze, wenn möglich.

a)	b)	c)
80 EUR von 160 EUR	24 m von 96 m	1,5 kg von 7,5 kg
20 s von 100 s	520 t von 1300 t	48 m^2 von 120 m^2
30 ha von 150 ha	84 h von 280 h	52 l von 130 l
35 a von 175 a	60 l von 80 l	64 m von 160 m

L 20; 20; 20; 20; 25; 30; 40; 40; 40; 40; 50; 75

8 Ein Händler hat einen Teppich für 620 EUR eingekauft. Er verkauft ihn für 806 EUR weiter. Wie viel Prozent betrug sein Gewinn?

9 Bei der Schulsprecherwahl sind 420 gültige Stimmen abgegeben worden.
Wie viel Prozent der gültigen Stimmen haben die Kandidaten jeweils erhalten?

Ergebnis der Schulsprecherwahl:	
Bernd	84 Stimmen
Mustafa	126 Stimmen
Antonia	63 Stimmen
Elena	147 Stimmen

10 Übertrage die Tabellen in dein Heft und berechne die fehlenden Größen.

a)

G	450 €	96 dm	435 g	
p%	12%	8%		70%
P			87 g	966 m

b)

G	4300 t	450 €		95 m
p%	37%		144%	
P		1575 €	1080 kg	142,5 m

11 In einer Fabrik werden jährlich 20 300 Fahrräder hergestellt. 5800 werden in das Ausland exportiert. Wie viel Prozent der gesamten Produktion sind das? Runde auf eine Nachkommastelle.

12 Frau Klong kauft einen Neuwagen für 12 680 EUR. Ihren alten Wagen gibt sie in Zahlung und erhält dafür 35 % vom Preis des Neuwagens. Wie viel muss sie noch bezahlen?

13 In der Cafeteria einer Gesamtschule werden täglich 650 Becher Milchprodukte verkauft. Davon entfallen auf Kakao 350 Becher, auf Milch 200 Becher und der Rest auf Jogurt. Wie viel Prozent betragen jeweils die Anteile von Kakao, Milch und Jogurt? Runde auf die zweite Nachkommastelle.

14 Für den Neubau eines Schwimm- und Erlebnisbades schließen sich drei Gemeinden zusammen. Die Gesamtkosten werden folgendermaßen verteilt:
Gemeinde A: 40% der Gesamtkosten; Gemeinde B: 25% der Gesamtkosten;
Gemeinde C: 2 100 000 EUR. Wie hoch waren die Gesamtkosten?

15 Bei der Gemeinderatswahl wurden von 10 500 Wahlberechtigten 8400 Stimmen abgegeben. Partei A erhielt 3780 Stimmen, Partei B 3150 Stimmen, Partei C 1260 Stimmen und die übrigen Parteien 210 Stimmen.
a) Wie hoch war die Wahlbeteiligung?
b) Wie viel Prozent der abgegebenen Stimmen erhielten die einzelnen Parteien?

16 Pommes frites bestehen zu 34% aus Kohlenhydraten, 24% Fett, 4% Eiweiß, 38% Wasser, Fasern und Salzen. Maximilian isst eine Portion Pommes frites. Dabei nimmt er 36 g Fett zu sich.
a) Wie schwer war die Tüte Pommes frites?
b) Berechne jeweils das Gewicht der anderen Bestandteile.

17 Ein Elektrogeschäft bezieht von einem Großhändler 120 CD-Player zum Preis von 8400 EUR und 50 Computerdrucker zum Preis von 4000 EUR.
a) Auf diesen Einkaufspreis kommt ein Zuschlag von 35%. Bestimme jeweils den Verkaufspreis für einen CD-Player und einen Drucker.
b) Nach einer Woche sind nicht alle CD-Player und Drucker verkauft. Deshalb wird der Verkaufspreis um 20% gesenkt. Berechne jeweils den Verkaufspreis nach der Preissenkung.

L zu Nr. 10 bis Nr. 17: 2,5; 6; 7,68; 15; 15,38; 20; 28,6; 30,77; 37,5; 45; 51; 53,85; 54; 57; 75,6; 80; 86,4; 94,5; 108; 150; 150; 350; 750; 1380; 1591; 8242; 6 000 000

18 a) Die Erde hat einen Durchmesser von 12756 km. Er beträgt damit 0,92% vom Sonnendurchmesser. Wie groß ist der Sonnendurchmesser?
b) In der Seefahrt werden Entfernungen in Seemeilen angegeben. Die Länge eines Kilometers beträgt 54% einer Seemeile. Gib die Länge einer Seemeile in Metern an.
c) Die Länge der Grenze der Bundesrepublik Deutschland mit den Niederlanden beträgt 567 km, das sind 15% der Grenzlänge Deutschlands mit allen Anliegerstaaten. Berechne die gesamte Grenzlänge.

19 Ein Kaufhaus veröffentlichte in einer Tageszeitung folgende Anzeige.
Bestimme für jeden Artikel die Preissenkung in Prozent.
Was fällt dir auf?

Bis zu 77 % reduziert	Pullover verschiedene Farben ~~84,95 EUR~~ 13,49 EUR	„slitko" Shirt verschiedene Drucke ~~14,98 EUR~~ 2,25 EUR
Abgabe, solange der Vorrat reicht.	shepherd Jeans ~~49,95 EUR~~ 15,75 EUR	*amup* T-Shirt ~~29,95 EUR~~ 7,85 EUR

20 In der Tabelle werden Angaben zur Flächennutzung in Hessen und in Berlin angegeben.

	Hessen		Berlin	
Art der Fläche	Anteil in km²	Anteil in %	Anteil in km²	Anteil in %
Gebäude-, Frei- u. Betriebsfläche	1549,34	■	■	41%
Verkehrsfläche	1372,27	■	■	15,2%
Erholungsfläche	165,15	■	■	11,3%
Landwirtschaftsfläche	9159,72	■	■	5,5%
Waldfläche	8418,58	■	■	17,8%
Wasserfläche	271,86	■	■	6,6%
Sonstige Flächen	177,84	■	■	2,6%
Insgesamt	■	■	891,41	■

a) Übertrage die Tabelle in dein Heft und berechne die Gesamtfläche des Landes Hessen.
b) Berechne die prozentualen Anteile für die einzelnen Flächenarten in Hessen.
c) Wie viel Quadratkilometer entfallen im Land Berlin auf die einzelnen Flächen?

21

Bundestagswahl vom 27. 09. 1998	
Wahlberechtigte	60762751
Wähler	49947087
Ungültige Stimmen	638575
Gültige Stimmen	49308512

Von den gültigen Stimmen entfielen auf:	
CDU/CSU	17329388
SPD	20181269
Grüne/Bündnis 90	3301624
FDP	3080955
PDS	2515454
Sonstige	2899822

In der Tabelle sind Angaben zur Bundestagswahl wiedergegeben.
a) Berechne die Wahlbeteiligung und den Anteil der gültigen Stimmen in Prozent.
b) Berechne den prozentualen Anteil der Stimmen für die einzelnen Parteien.

L zu Nr. 18 bis Nr. 20: 0,78; 0,84; 1,29; 6,5; 7,34; 23,18; 39,87; 43,38; 49,03; 58,83; 68,47; 73,79; 84,12; 84,98; 100,73; 135,49; 158,67; 365,48; 1852; 3780; 21114,76; 1386522

1

Skonto ist der Preisnachlass bei sofortiger Barzahlung.

Marlene möchte einen gebrauchten Motorroller für 1350 EUR kaufen. Als Auszubildende verdient sie noch nicht genug, um den Roller bar bezahlen zu können. Bei Barzahlung gewährt der Händler 2 % Skonto. Leiht sich Marlene das Geld für den Barkauf bei der Bank, zahlt sie für 12 Monate 105,84 EUR Zinsen.
Für welche Finanzierung wird sich Marlene entscheiden?

2 Die abgebildete Kompaktanlage kann auch auf Raten gekauft werden.
a) Berechne den Finanzkaufpreis.
b) Um wie viel Prozent liegt der Finanzkaufpreis über dem Komplettpreis? Runde auf zwei Nachkommastellen.

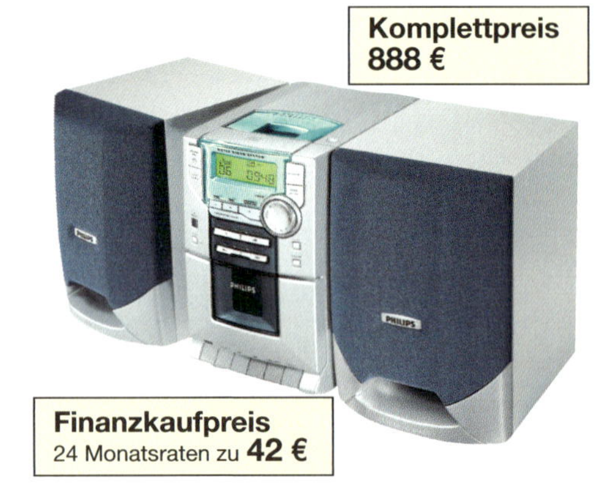

3

Leasing ist das Vermieten einer Sache auf Zeit.

Herr Völker leitet eine Versicherungsagentur. Er muss sich in regelmäßigen Abständen ein neues Notebook zulegen, da die Berechnungsprogramme der Versicherungen immer aufwendiger werden.
a) Berechne den Mietpreis für 36 Monate und vergleiche ihn mit dem Verkaufspreis. Um wie viel Prozent liegt der Leasingpreis über dem Kaufpreis?
b) Nenne Gründe, die dafür sprechen, das Gerät zu mieten.

1

Gehaltsabrechnung für Mai

Herrn
Maximilian Schneider
Gutberthweg 28a
35001 Mortzhausen

Steuerklasse	Kinder	Kirche	Freibetrag
I	0.0	Ja	0,00
Krankenversicherung	Pflegeversicherung	Rentenversicherung	Arbeitslosenversicherung
AOK	Ja	Ja	Ja

Brutto-Bezüge	
Ausbildungsvergütung	562,00 EUR
Gesamt – Brutto	**562,00 EUR**

Steuer / Sozialversicherung	
Lohnsteuer	0,00 EUR
Kirchensteuer	0,00 EUR
Krankenversicherung	39,06 EUR
Pflegeversicherung	4,78 EUR
Rentenversicherung	54,23 EUR
Arbeitslosenversicherung	18,27 EUR
Abzüge – Insgesamt:	116,34 EUR
Auszahlungsbetrag	**445,66 EUR**

a) Maximilian hat nach dem Schulabschluss eine Ausbildungsstelle angetreten und erhält seine erste Gehaltsabrechnung. Erkläre die Eintragungen auf der Gehaltsbescheinigung.
b) Wie viel Prozent des Bruttogehaltes werden Maximilian ausbezahlt? Runde auf zwei Nachkommastellen.
c) Bestimme die prozentualen Anteile, die Maximilian für die Sozialversicherungen berechnet werden.

Lohn- und Kirchensteuer

Jeder Arbeitnehmer wird einer Steuerklasse zugeordnet. Die Steuerklasse ist abhängig vom Familienstand. Die Höhe der Lohnsteuer hängt außerdem von der Kinderzahl ab. Die Kirchensteuer beträgt 8% der Lohnsteuer. Lohnsteuer ist erst zu zahlen, wenn das zu versteuernde Jahreseinkommen einen Grundfreibetrag von 8500 EUR überschreitet.

Sozialabgaben

Jeder Arbeitnehmer ist sozialversicherungspflichtig. Die Beträge richten sich nach der Höhe des Bruttoeinkommens. Der Arbeitgeber zahlt jeweils die Hälfte der Beträge.

Krankenversicherung	z. B.	6,95%
Rentenversicherung		9,65%
Pflegeversicherung		0,85%
Arbeitslosenversicherung		3,25%

(Im Jahr 2001 gültig.)

2 Maximilians Schwester Barbara hat ihre Ausbildung beendet und erhält ein Bruttogehalt von 1875,80 EUR. Auf ihrer Gehaltsbescheinigung werden 256,20 EUR Lohnsteuer berechnet.
a) Wie viel Prozent ihres Gehaltes werden ihr als Lohnsteuer abgezogen?
b) Wie viel Euro Kirchensteuer muss sie bezahlen?

3 Frau Könke erhält als Sachbearbeiterin ein monatliches Bruttogehalt von 2495,34 EUR. Ihr Nettogehalt beträgt 1784,18 EUR. Wie viel Prozent des Bruttoverdienstes betragen die Abzüge?

4 Herr Wendeg erhält ein Gehalt von 2500 EUR. Für diesen Betrag zahlt er 7,18% Lohnsteuer.
a) Wie viel Euro Lohn- und Kirchensteuer werden ihm abgezogen?
b) Berechne die Beiträge für Kranken-, Renten-, Pflege- und Arbeitslosenversicherung, die Herr Wendeg bezahlen muss. Benutze die Angaben im Kasten.
c) Wie viel Euro erhält er als Nettolohn ausgezahlt?

L zu Nr. 2 bis Nr. 4: 13,66; 14,36; 20,5; 21,25; 28,5; 81,25; 173,75; 179,5; 241,25; 1788,64

5 Herr Kahle verdient als Facharbeiter einen Stundenlohn von 14,50 EUR. Seine monatliche Arbeitszeit beträgt 154 Arbeitsstunden. Von seinem Bruttolohn werden 31,8 % Steuer- und Sozialversicherungsbeiträge abgezogen. Welchen Nettolohn erhält Herr Kahle?

6 Frau Rogalla hat 160 Stunden gearbeitet und erhält einen Bruttolohn von 2824 EUR. Nach Abzug der Steuern und Sozialversicherungsbeiträge werden ihr 1949,54 EUR ausgezahlt.
a) Wie viel Prozent des Bruttolohnes betragen die Abzüge?
b) Wie hoch ist ihr Bruttostundenlohn (Nettostundenlohn)?

7 a) Angela muss monatlich 21,06 EUR Arbeitslosenversicherung zahlen. Wie viel EUR beträgt ihr Bruttolohn?
b) Björn zahlt 46,88 EUR Rentenversicherung. Berechne seine Ausbildungsvergütung.

8 Frau Schmiedel zahlt im Monat 405,72 EUR Sozialabgaben. Das sind 20,3 % ihres Bruttolohnes.
a) Berechne ihren Bruttolohn.
b) Wie viel EUR entfallen dabei auf Renten-, Pflege- und Arbeitslosenversicherung?
c) Wie viel Krankenversicherungsbeitrag zahlt sie?
d) Wie hoch ist der Beitragssatz der Krankenversicherung?

9 Als Auszubildender erhält Fabio eine monatliche Vergütung von 956 EUR. Er weiß, dass ca. 1,6 % des Bruttolohnes für die Lohnsteuer abgezogen werden und die Kirchensteuer 8 % der Lohnsteuer beträgt. Für Sozialversicherungsbeiträge werden 20,5 % des Bruttogehaltes abgezogen.
a) Wie viel Lohn- bzw. Kirchensteuer werden abgezogen?
b) Welches Nettogehalt erhält Fabio?

10 Frau Emmerich kann durch den Wechsel zu einer anderen Krankenkasse den Beitrag von 13,9 % auf 12,8 % senken. Ihr werden nun 125,30 EUR vom Lohn abgezogen.
a) Wie hoch ist ihr Bruttolohn?
b) Wie viel zahlte sie und ihr Arbeitgeber bisher zusammen an Krankenkassenbeitrag im Monat?

11 Bei Tarifverhandlungen wurde eine Erhöhung der Löhne und Gehälter beschlossen. Herr Granski erhält nach der Erhöhung brutto 2336,40 EUR. Vorher erhielt er 2263,95 EUR.
a) Wie viel Prozent betrug die Gehaltserhöhung?
b) Wie viel Lohnsteuer werden Herrn Granski abgezogen, wenn der Steuersatz nun 6,06 % beträgt?
c) Wie viel EUR Kirchensteuer muss er bezahlen?
d) Berechne seinen Nettolohn, wenn der Krankenkassenbeitrag 12,6 % beträgt.

L zu Nr. 5 bis Nr. 11: 1,22; 3,2; 11,33; 12,18; 13,1; 15,3; 16,99; 17,65; 30,97; 64,96; 130,9; 141,59; 192,87; 273,22; 485,8; 648; 743,5; 1522,91; 1715,03; 1965,63; 1998,62

JO – Versicherung
2,5 ‰ der Versicherungssumme zzgl. 15 % der Prämie als Versicherungssteuer

Top – Versicherung
3 ‰ der Versicherungssumme
(einschließlich gesetzlicher Versicherungssteuer)

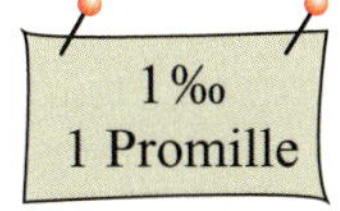

Herr und Frau Krone wollen für ihren Hausrat eine Versicherung abschließen. Sie haben dazu den Wert ihrer Wohnungseinrichtung auf 60 000 EUR geschätzt und Angebote von Versicherungen eingeholt.

a) Erläutere, wie Herr und Frau Krone die Höhe der Versicherungsprämie berechnet haben.
b) Berechne die Versicherungsprämie für das zweite Angebot.

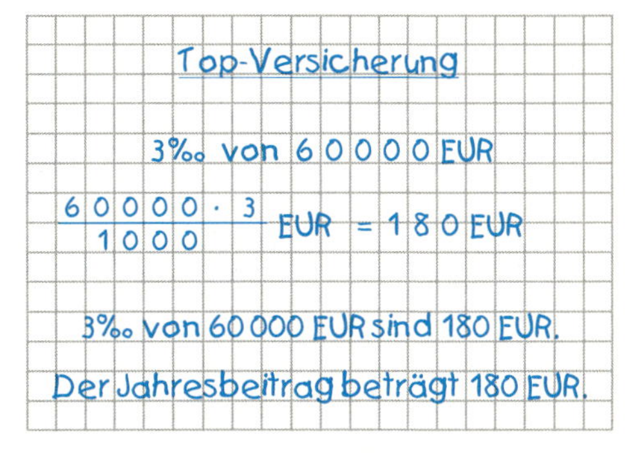

Sehr kleine Anteile werden oft in Promille (‰) angegeben. Ein **Tausendstel** der Gesamtgröße nennt man 1 ‰. Das Wort Promille bedeutet **„von Tausend“.**

2 a) Für die Vermittlung einer Lebensversicherung erhält die Versicherungskauffrau Wissner 225 EUR. Das sind 12 ‰ der Versicherungssumme. Wie viel EUR beträgt die Versicherungssumme?
b) Frau Aslan schließt im Auftrag ihrer Versicherung Verträge über 155 000 EUR ab. Sie erhält dafür eine Provision von 2170 EUR. Wie viel Promille der Versicherungssumme hat sie dafür erhalten?

3 Übertrage die Tabelle in dein Heft und berechne die fehlenden Größen.

	a)	b)	c)	d)	e)
Grundwert	36 400 EUR	450 g		128 000 EUR	
Promillesatz	4 ‰	5,5 ‰	6 ‰		15 ‰
Promillewert			90 EUR	1024	96 mg

4 a) Schwarze Johannisbeeren enthalten ungefähr 1,4 ‰ Vitamin C. Wie viel Gramm Johannisbeeren müssen verzehrt werden, bis 0,8 g Vitamin C aufgenommen wurden? Runde sinnvoll.
b) Sonnenblumenöl enthält ungefähr 0,56 ‰ Vitamin E. Wie viel Gramm Sonnenblumenöl decken den Tagesbedarf von 15 mg Vitamin E ab? Runde auf eine Stelle nach dem Komma.

c) In 1200 g Sonnenblumenkernen sind 5,04 g Magnesium enthalten. Gib den Anteil von Magnesium in Promille an.
d) In 3750 g Spinat sind 2,25 g Magnesium enthalten. Gib den Anteil in Promille an.

L zu Nr. 1 bis Nr. 4: 0,6; 14; 2,475; 26,8; 4,2; 8; 145,6; 172,50; 571; 6400; 15 000; 18 750

1 Frau Bahr kann eine neue Fotoausrüstung im Großhandel einkaufen. Zu dem angegebenen Preis muss sie aber noch 16% Mehrwertsteuer hinzurechnen. Berechne den Verkaufspreis.
Es gibt mehrere Lösungswege.

2 Nach einer Gehaltserhöhung verdient Herr Gruber 4% mehr als vorher. Er verdiente 1820 EUR. Das Taschengeld seiner Tochter Tina in Höhe von 25 EUR erhöht Herr Gruber ebenfalls um 4%.
a) Berechne das Gehalt von Herrn Gruber nach der Gehaltserhöhung.
b) Wie viel EUR Taschengeld bekommt Tina nach der Erhöhung?

Bisheriges Gehalt (Grundwert) 100%	Erhöhung 4%
Neues Gehalt (vermehrter Grundwert) 104 %	

Zu einem Wachstum von 3% gehört ein Wachstumsfaktor von 1,03.

3 Ein Autokonzern erhöht die Preise für alle Modelle um 3%. Das Modell Sukko kostete bisher 14 500 EUR.
Die Beispiele zeigen, wie der neue Preis auf zwei verschiedenen Lösungswegen berechnet werden kann.

100% ⟶ 14 500 EUR
103% ⟶ $\frac{14\,500 \cdot 103}{100}$ EUR
103% ⟶ 14 935 EUR
Das Modell Sukko kostet 14 935 EUR.

100% ⟶ 14 500 EUR
103% ⟶ 14 500 EUR · 1,03
103% ⟶ 14 935 EUR
Der neue Preis beträgt 14 935 EUR.

Ein anderes Modell kostete bisher 14 200 EUR (16 100 EUR; 18 500 EUR).
Berechne den Verkaufspreis nach der Preiserhöhung. Benutze den Wachstumsfaktor.

4 Übertrage die Tabelle in dein Heft und berechne den neuen Preis.

	a)	b)	c)	d)	e)
Alter Preis	822 EUR	83,5 EUR	17,5 EUR	437,5 EUR	80,50 EUR
Erhöhung	16%	10%	40%	25%	5%
Neuer Preis					

5 Familie Hummel hat vor einem Jahr ein Grundstück gekauft und dafür 120 EUR pro Quadratmeter gezahlt. In der Zwischenzeit sind die Baulandpreise um 8% gestiegen. Wie viel EUR müsste Familie Hummel jetzt für einen Quadratmeter bezahlen?

6 Bei Abschluss des Mietvertrages vereinbaren Herr Klostermann und der Vermieter, dass die Miete von 350 EUR in zwei Jahren um 4 % und nach vier Jahren wieder um 4% erhöht wird.
a) Wie viel EUR beträgt die Miete nach der zweiten Mieterhöhung?
b) Um wie viel Prozent ist die Miete seit Abschluss des Mietvertrages erhöht worden?

L zu Nr. 1 bis Nr. 6: 8,16; 24,5; 26; 84,53; 91,85; 129,6; 378,56; 522; 546,88; 953,52; 1892,8; 14 626; 16 583; 19 055

1 Während eines Räumungsverkaufes werden in einem Sportartikelgeschäft die Waren um 30 % billiger verkauft.
Nicola kauft einen Tennisschläger, der mit 130 EUR ausgezeichnet ist.
a) Berechne den neuen Verkaufspreis.
b) Suche noch einen weiteren Lösungsweg, um den neuen Verkaufspreis zu berechnen.

2 Familie Emmerich konnte in diesem Jahr den vorjährigen Heizölverbrauch von 5350 *l* um 18 % senken. Wie hoch ist der Ölverbrauch in diesem Jahr?

Verbrauch im Vorjahr (Grundwert) 100 %

Diesjähriger Verbrauch (verminderter Grundwert) 82 %

3 Im Schlussverkauf wird auf einen Teppich ein Preisnachlass von 35 % gewährt. Er kostete ursprünglich 525 EUR. Die Beispiele zeigen, wie der neue Preis auf zwei verschiedenen Lösungswegen berechnet werden kann.

100 % ⟶ 525 EUR
65 % ⟶ $\frac{525 \cdot 65}{100}$ EUR
65 % ⟶ 341,25 EUR
Der Teppich kostet 341,25 EUR.

100 % ⟶ 525 EUR
65 % ⟶ 525 EUR · 0,65
65 % ⟶ 341,25 EUR
Der neue Preis beträgt 341,25 EUR.

Ein anderer Teppich kostete bisher 825 EUR (280 EUR; 998 EUR). Wie viel muss der Kunde während des Schlussverkaufes für diese Teppiche bezahlen? Benutze den Wachstumsfaktor.

4 Übertrage die Tabelle in dein Heft und berechne den neuen Preis.

	a)	b)	c)	d)	e)
Alter Preis	478 EUR	1250 EUR	955,50 EUR	450 EUR	224,50 EUR
Rabatt	15%	6%	12%	10%	3%
Neuer Preis					

5 Wegen eines Wasserschadens werden in einem Kaufhaus Waren um 40 % billiger verkauft.
a) Wie viel Euro können beim Kauf eines Anzuges gespart werden, der vorher 249 EUR kostete?
b) Frau Gerber kauft einen Jogginganzug, der vorher 39,90 EUR (75,90 EUR; 89,95 EUR) kostete. Welchen Betrag muss sie zahlen?

6 Bahir kauft beim Großhändler eine Stereoanlage für 280 EUR. Er erhält einen Rabatt von 25 %. Zu dem ermäßigten Preis kommt noch die Mehrwertsteuer von 16 % hinzu. Wie viel Euro muss er bezahlen?

L zu Nr. 1 bis Nr. 6: 23,94; 45,54; 53,97; 91; 99,60; 182; 217,77; 243,6; 405; 406,3; 536,25; 648,7; 840,84; 1175; 4387

1 Das Mediencenter bietet alle Artikel zu herabgesetzten Preisen an.
Im Beispiel siehst du, wie der alte Preis berechnet wird.

alter Preis $\xrightarrow{\cdot\, 0{,}85}$ neuer Preis
alter Preis $\xleftarrow{:\, 0{,}85}$ neuer Preis

250 EUR $\xrightarrow{\cdot\, 0{,}85}$ 212,50 EUR
250 EUR $\xleftarrow{:\, 0{,}85}$ 212,50 EUR

Berechne ebenso die alten Preise der anderen Artikel.

2 Übertrage die Tabelle in dein Heft und berechne die fehlenden Angaben.

	a)	b)	c)	d)	e)	f)
Alter Preis			384 EUR	1600 EUR		15 EUR
Ermäßigung	5%	10%	12,5%		7,5%	
Neuer Preis	457,90 EUR	770,40 EUR		1200 EUR	125,80 EUR	12 EUR

3 Zu einem Firmenjubiläum gewährt ein Kaufhaus auf alle Ladenpreise einen Rabatt von 15%.

a) Eine Musikanlage kostet vor dem Sonderverkauf 425 EUR. Wie viel EUR kostet sie während des Jubiläumsverkaufes?

b) Beim Kauf eines Fotoapparates spart Frau Bartek 84,15 EUR. Berechne den Preis des Fotoapparates vor dem Sonderverkauf.

4 a) Ein Wohnzimmerschrank kostete ursprünglich 820 EUR. Der Preis wurde zunächst um 15 % erhöht und später wieder um 15% gesenkt. Wie viel kostet der Schrank nach der Preissenkung?

b) Berechne den Verkaufspreis des Schrankes, wenn der ursprüngliche Preis zuerst um 15% gesenkt und anschließend wieder um 15% erhöht wird.

5 Die Stromgebühren wurden um 7,5% gesenkt. Familie Brenner muss jetzt monatlich 127,65 EUR bezahlen. Wie hoch war die Abschlagszahlung vor der Preissenkung?

6 Übertrage die Tabelle in dein Heft und berechne die fehlenden Werte.

	a)	b)	c)	d)	e)	f)
Alter Preis			675 EUR	1580 EUR	5050 EUR	255 EUR
Rabatt	5%	14 %	3%	12%		
Neuer Preis	554,40 EUR	1245 EUR			6312,50 EUR	272,85 EUR

L zu Nr. 1 bis Nr. 6: 7; 20; 25; 25; 136; 138; 332,5; 336; 361,25; 482; 561; 583,58; 622,5; 654,75; 715,85; 801,55; 856; 950; 1390,40; 1447,67

1

Manuela hat 2500 EUR gespart. Bei einer Bank erkundigt sie sich nach Möglichkeiten diesen Betrag zinsgünstig anzulegen. Sie beabsichtigt ihr Geld für zwei Jahre anzulegen.
Im Beispiel siehst du, wie sie die Zinsen für ein Jahr ausgerechnet hat.
Wie viel Euro Zinsen erhält sie jedes Jahr, wenn sie ihr Geld für drei Jahre anlegt?

- Zinsgarantie über die gesamte Laufzeit
- hoher Zinsgewinn / jährliche Auszahlung der Zinsen

Laufzeit	**Zinssatz**
1 Jahr	4 %
2 Jahre	4,5 %
3 Jahre	5 %

Gegeben: K = 2500 EUR
p % = 4 %
Gesucht: Z

$Z = \frac{K \cdot p}{100}$

$Z = \frac{2500 \cdot 4}{100}$ EUR

$Z = 100$ EUR

Im ersten Jahr erhält sie 100 EUR Zinsen.

Zinsen: $\mathbf{Z = \frac{K \cdot p}{100}}$

Zinsrechnung ist eine Anwendung der Prozentrechung

Der Grundwert heißt	Der Prozentwert heißt	Der Prozentsatz heißt
Kapital (K).	**Zinsen (Z).**	**Zinssatz (p %).**

Wenn nicht anders vereinbart, bezieht sich der Zinssatz auf den Zeitraum von einem Jahr.

2 Berechne die Zinsen.

	a)	b)	c)	d)	e)	f)	g)
Kapital (K)	520 EUR	3240 EUR	880 EUR	4150 EUR	2600 EUR	260 EUR	5568 EUR
Zinssatz (p %)	6 %	4 %	3,5 %	$7\frac{1}{2}$ %	$5\frac{3}{4}$ %	9,1 %	12,75 %

L 30,8; 709,92; 31,2; 23,66; 149,5; 311,25; 129,6

3 Frau Keller nimmt zum Kauf eines neuen Autos einen Kredit in Höhe von 6500 EUR auf. Die Autobank bietet ihr einen Kredit zu 2,75 % an. Wie viel Euro muss sie nach einem Jahr zurückzahlen?

4 Die Sparkasse bietet eine „Mehrzins-Sparanlage" an. Die Höhe des Zinssatzes richtet sich nach dem jeweiligen Sparbetrag. Berechne die jährlichen Zinsen für Sparbeträge von 3000 EUR (8500 EUR, 22 000 EUR, 27 500 EUR).

Mehrzinssparanlage

Sparbetrag ab	Zinssatz
EUR 2000,–	4,2 %
EUR 6000,–	4,4 %
EUR 15 000,–	4,8 %
EUR 25 000,–	5,1 %

5 Karla hat jeweils von ihren Eltern und Großeltern ein Sparbuch mit einem Betrag von 1400 EUR zu ihrem 14. Geburtstag erhalten. Auf dem einen Sparbuch erhält sie nach einem Jahr 42 EUR und auf dem anderen 49 EUR Zinsen. Berechne den Zinssatz für das zweite Sparbuch.

Gegeben: $K = 1400$ EUR
$Z = 42$ EUR
Gesucht: $p\,\%$

$p\,\% = \frac{Z \cdot 100}{K}\,\%$

$p\,\% = \frac{42 \cdot 100}{1400}\,\%$

$p\,\% = 3\,\%$

Der Zinssatz beträgt 3 %.

Zinssatz: $\mathbf{p\,\% = \frac{Z \cdot 100}{K}\,\%}$

6 Berechne den Zinssatz.

	a)	b)	c)	d)	e)	f)	g)
Kapital (K)	1200 EUR	3640 EUR	2700 EUR	3650 EUR	1250 EUR	2450 EUR	660 EUR
Zinsen (Z)	72 EUR	546 EUR	216 EUR	255,50 EUR	81,25 EUR	183,75 EUR	28,05 EUR

L 4,25; 6; 6,5; 7; 7,5; 8; 15

7 Herr Tufan zahlt einen Kredit von 4500 EUR schon nach 6 Monaten zurück. Für diese Zeit werden ihm 191,25 EUR Zinsen berechnet. Wie hoch ist der Zinssatz?

8 Familie Luchs muss für den Umbau ihres Einfamilienhauses zwei Darlehen aufnehmen. Für das erste Darlehen zahlen sie 2560 EUR Zinsen bei einem Zinssatz von 8 %. Für das zweite Darlehen zahlen sie 1530 EUR bei einem Zinssatz von 8,5 %. Berechne den Geldbetrag für das zweite Darlehen.

Gegeben: $Z = 2560$ EUR
$p\,\% = 8\,\%$
Gesucht: K

$K = \frac{Z \cdot 100}{p}$

$K = \frac{2560 \cdot 100}{8}$ EUR

$K = 32\,000$ EUR

Das erste Darlehen betrug 32 000 EUR.

Kapital: $\mathbf{K = \frac{Z \cdot 100}{p}}$

9 Berechne das Kapital.

	a)	b)	c)	d)	e)	f)	g)
Zinsen (Z)	96 EUR	22 EUR	58,5 EUR	21 EUR	315 EUR	349,32 EUR	838,95 EUR
Zinssatz (p %)	6 %	5 %	9 %	3,5 %	$4\frac{1}{2}$ %	8,2 %	12,75 %

L 6580; 7000; 1600; 650; 600; 4260; 440

10 Ein Kaufmann gibt sein Geschäft auf und legt den Verkaufspreis zu 6,5 % Zinsen an, sodass er mit einem Jahreseinkommen von 32 500 EUR rechnen kann. Wie viel Euro hat er für den Verkauf seines Geschäftes erhalten?

1 Ein Metallbaubetrieb nimmt für den Kauf neuer Maschinen einen Kredit zu 9% mit einer Laufzeit von 9 Monaten auf. Der Geschäftsführer vereinbart mit der Hausbank verschiedene Laufzeiten und Zinssätze.
Im Beispiel siehst du, wie die Zinsen für eine Laufzeit von fünf Monaten berechnet werden.

Berechne die Zinsen.
a) 18 000 EUR zu 5% für 11 Monate
b) 9500 EUR zu 7,5% für 8 Monate
c) 7800 EUR zu 7% für 10 Monate
d) 6500 EUR zu 6,75% für 15 Monate
e) 1875 EUR zu 8,2% für 36 Monate
f) 35 875 EUR zu 11,25% für 18 Monate

Jahreszinsen: $Z = \frac{K \cdot p}{100}$

Zinsen für 1 Monat: $Z = \frac{K \cdot p}{100} \cdot \frac{1}{12}$

Zinsen für 5 Monate: $Z = \frac{K \cdot p}{100} \cdot \frac{5}{12}$

$Z = \frac{13\,000 \cdot 9}{100} \cdot \frac{5}{12}$ EUR

$Z = 487{,}50$ EUR

Für den Kredit sind 487,50 EUR Zinsen zu bezahlen.

Monatszinsen: $\mathbf{Z = \frac{K \cdot p}{100} \cdot \frac{n}{12}}$

n gibt hier die Anzahl der Zinsmonate an.

1 Zinsjahr = 360 Tage

1 Zinsmonat = $\frac{1}{12}$ Jahr = 30 Tage

1 Zinstag = $\frac{1}{360}$ Jahr

2 Herr Wuttke nutzt ein Sonderangebot für den Kauf eines neuen Fernsehgerätes. Er überzieht sein Gehaltskonto (Girokonto) um 660 EUR für 12 Tage. Die Bank berechnet 16 % Zinsen.

Zinsen für 1 Tag: $Z = \frac{K \cdot p}{100} \cdot \frac{1}{360}$

Zinsen für 12 Tage: $Z = \frac{K \cdot p}{100} \cdot \frac{12}{360}$

$Z = \frac{660 \cdot 16}{100} \cdot \frac{12}{360}$

$Z = 3{,}52$ EUR

Herr Wuttke zahlt 3,52 EUR Überziehungszinsen.

Tagesszinsen: $\mathbf{Z = \frac{K \cdot p}{100} \cdot \frac{n}{360}}$

n gibt hier die Anzahl der Zinstage an.

Berechne die Zinsen.
a) 6000 EUR zu 9% für 16 Tage
b) 4440 EUR zu 15% für 20 Tage
c) 8640 EUR zu 5% für 25 Tage
d) 10 800 EUR zu 5,5% für 40 Tage
e) 48 500 EUR zu 3,5% für 190 Tage
f) 16 000 EUR zu 3,75% für 100 Tage
g) 27 480 EUR zu 7,55% für 125 Tage
h) 46 885 EUR zu 6,35% für 155 Tage

Zinstage

Bei **Spareinlagen** wird der Auszahlungstag nicht mitgerechnet.

Bei **Darlehen** werden der Auszahlungs- und der Rückzahlungstag mitgerechnet.

3 Wegen dringender Reparaturarbeiten an seiner Heizung nimmt Herr Heine einen Kredit von 8750 EUR zu 7,5% Zinsen auf. Diesen Kredit zahlt er nach 125 Tagen zurück.
a) Wie viel EUR Zinsen muss er bezahlen?
b) Wie viel EUR muss er insgesamt zurückzahlen?

4 a) Frauke zahlt am 20. März einen Betrag von 400 EUR auf ein Sparkonto ein. Wie viel EUR Zinsen erhält sie bis zum 15. Mai, wenn die Bank den Betrag mit 4,5% verzinst?
b) Paul nimmt einen Kredit in Höhe von 2200 EUR am 4. April auf und zahlt ihn am 28. September zurück. Die Sparkasse berechnet 8% Zinsen. Runde sinnvoll.

1 Frau Schneider legt einen Geldbetrag in Höhe von 3000 EUR in einem Sparbriefkonto zu 5 % für einen Zeitraum von 5 Jahren fest. Sie vereinbart mit ihrer Sparkasse, dass die Zinsauszahlung am Ende der fünfjährigen Laufzeit erfolgt.
Frau Schneider berechnet mithilfe einer Tabelle ihr Guthaben nach fünf Jahren.
Übertrage die Tabelle in dein Heft und berechne die fehlenden Einträge.

Jahr	Kontostand am Jahresanfang	Zinsen	Kontostand am Jahresende
1	3000,00 EUR	150,00 EUR	3150,00 EUR
2	3150,00 EUR	157,50 EUR	
3			
4			
5			

Die jeweiligen Jahreszinsen werden im kommenden Jahr wieder mit verzinst. Diese Zinsen werden **Zinseszinsen** genannt.

Der Wachstumsfaktor heißt in der Zinsrechnung **Zinsfaktor.**

2 Ein Kapital von 2500 EUR wird zu 3 % (8 %, 9,5 %; 12,35 %; 8,25 %; 5,75 %) verzinst. Gib den Zinsfaktor an und berechne das Guthaben nach einem Jahr.

K = 2500 EUR p % = 5 %
Zinsfaktor: 1,05
Guthaben nach 1 Jahr:
2500 EUR · 1,05 = 2625 EUR

3 Im Beispiel wird gezeigt, wie für ein Kapital von 500 EUR bei 4 % Zinsen und einer Laufzeit von drei Jahren die Höhe des Kapitals berechnet werden kann.
Erläutere, wie das Kapital nach drei Jahren berechnet wurde.

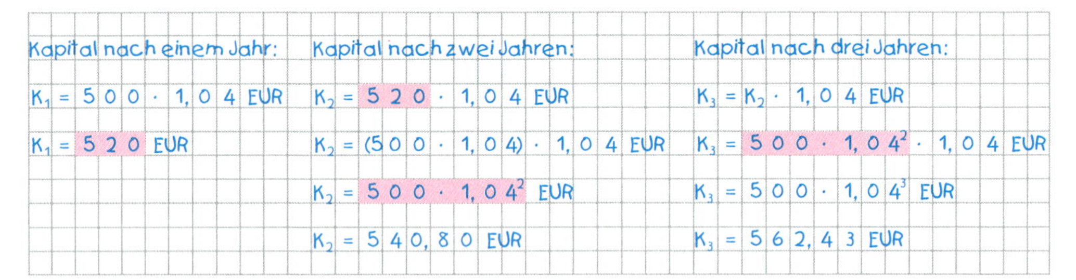

4 Im Beispiel wird mit dem Taschenrechner das Kapital nach 7 Jahren mithilfe des Zinsfaktors ausgerechnet:

Gegeben: K = 2400 EUR p % = 6%
n = 7 Jahre Zinsfaktor: 1,06
Gesucht: K_7
$K_7 = 2400 \cdot 1,06^7$ EUR

Tastenfolge: 2400 [x] 1,06 [x^y] 7 [=]
Anzeige: 3608.712622

K_7 = 3608,71 EUR

Berechne jeweils das Kapital am Ende der angegebenen Laufzeit.

	Kapital	Zinssatz	Laufzeit
a)	4000 EUR	6 %	3 Jahre
b)	5000 EUR	7 %	6 Jahre
c)	7500 EUR	3,5 %	4 Jahre
d)	12 500 EUR	5,25 %	8 Jahre
e)	1500 EUR	8,25 %	7 Jahre

Jahreszinsen

Herr Tägl legt einen Betrag von 5500 EUR **(Kapital K)** in Form einer Sparanlage an. Er erhält für das Guthaben 4 % Zinsen **(Zinssatz p %)**. Wie viel EUR **Zinsen (Z)** werden ihm nach einem Jahr gutgeschrieben?

%	EUR
100	5500
1	$\frac{5500}{100}$
4	$\frac{5500 \cdot 4}{100} = 220$

(: 100, · 4)

100 % ⟶ 5500 EUR

1 % ⟶ $\frac{5500}{100}$ EUR

4% ⟶ $\frac{5500 \cdot 4}{100}$ EUR

4% ⟶ 220 EUR

Er erhält 220 EUR Zinsen gutgeschrieben.

Jahreszinsen: $\mathbf{Z = \frac{K \cdot p}{100}}$ $\mathbf{p\,\% = \frac{Z \cdot 100}{K}\,\%}$ $\mathbf{K = \frac{Z \cdot 100}{p}}$

Monats- und Tageszinsen

Frau Schrey muss für eine Reparatur an ihrem Haus für die Zeit von 5 Monaten einen Kredit in Höhe von 2200 EUR aufnehmen. Die Bank berechnet 13,5 % Zinsen. Wie viel Euro Zinsen muss Frau Schrey bezahlen?

Jahreszinsen: $Z = \frac{K \cdot p}{100}$

Monatszinsen: $Z = \frac{K \cdot p}{100} \cdot \frac{1}{12}$

Zinsen für 5 Monate: $Z = \frac{K \cdot p}{100} \cdot \frac{5}{12}$

$Z = \frac{1300 \cdot 13{,}5}{100} \cdot \frac{5}{12}$ EUR

$Z = 123{,}75$ EUR

Frau Schrey zahlt 123,75 EUR Zinsen.

Monatszinsen: $\mathbf{Z = \frac{K \cdot p}{100} \cdot \frac{n}{12}}$

n gibt hier die Zahl der Zinsmonate an.
1 Jahr = 12 Zinsmonate

Frau Bode hat bei dem Verkauf einer Eigentumswohnung 124 000 EUR erhalten. Sie kann diesen Betrag für 42 Tage zu einem Zinssatz von 4,5 % anlegen. Wie viel Euro Zinsen erhält sie für diesen Zeitraum?

Jahreszinsen: $Z = \frac{K \cdot p}{100}$

Tageszinsen: $Z = \frac{K \cdot p}{100} \cdot \frac{1}{360}$

Zinsen für 42 Tage: $Z = \frac{K \cdot p}{100} \cdot \frac{42}{360}$

$Z = \frac{124\,000 \cdot 4{,}5}{100} \cdot \frac{42}{360}$ EUR

$Z = 651$ EUR

Frau Bode erhält 651 EUR Zinsen.

Tageszinsen: $\mathbf{Z = \frac{K \cdot p}{100} \cdot \frac{n}{360}}$

n gibt hier die Zahl der Zinstage an.
1 Jahr = 360 Zinstage

Zinseszinsen

Ein Kapital von 8000 EUR wird zu einem Zinssatz von 5 % festgelegt. Wie groß ist das Guthaben nach 1 Jahr (2, 3, …, n) Jahren?

Bei einem **Zinssatz von p % = 5 %** ist der **zugehörige Zinsfaktor 1,05.**

Guthaben nach 1 Jahr: $K_1 = 8000 \cdot 1{,}05$ EUR $= 8400$ EUR
Guthaben nach 2 Jahren: $K_2 = 8000 \cdot 1{,}05^2$ EUR $= 8820$ EUR
Guthaben nach 3 Jahren: $K_3 = 8000 \cdot 1{,}05^3$ EUR $= 9261$ EUR
⋮
Guthaben nach **n** Jahren: $K_n = 8000 \cdot 1{,}05^n$ EUR

Die jeweiligen Jahreszinsen werden im kommenden Jahr wieder verzinst. Diese Zinsen werden **Zinseszinsen** genannt.

1 Durch einen Wasserschaden wurde bei Familie Neumann ein Teil der Wohnungseinrichtung unbrauchbar. Für den Neukauf muss die Familie einen Kredit in Höhe von 3000 EUR aufnehmen. Folgende Angebote erhält Frau Neumann auf Anfrage bei Kreditinstituten:

Bank 18 Bank 18 Bank 18

Unser Angebot:
Kreditbetrag: 3000,00 EUR

Rückzahlung: Einmalig 600 EUR
12 Monatsraten zu 235 EUR
Bearbeitungsgebühr: 50 EUR

Village-Bank

Top Konditionen:
Unsere Leistung: 3000 EUR an Sie
Ihre Leistung: 2 % des Kreditbetrages Bearbeitungsgebühr
15 Monatsraten zu 235 EUR

Interbank

Unschlagbar günstig!
Wir bieten: 3000 EUR Kredit sofort ausgezahlt.
Ihre Bedingungen:
24 Monatsraten zu 145 EUR
50 EUR Bearbeitungsgebühr.

a) Vergleiche die verschiedenen Angebote. Welches Angebot erscheint dir am günstigsten?
b) Berechne für die einzelnen Angebote jeweils die Gesamtkosten.

2 Viele Kaufhäuser und Händler bieten ihren Kunden Ratenzahlung als Zahlungsmöglichkeit an.
Frau Schmuck nimmt diese Möglichkeit wahr und kauft eine neue Geschirrspülmaschine für 599 EUR. Sie vereinbart eine Laufzeit von 6 Monaten. Der Händler berechnet einen Zinssatz von 0,72 % pro Monat.
Im Beispiel siehst du, wie der Händler die monatliche Rate berechnet.
Berechne die monatliche Rate für einen Kaufpreis von 1999 EUR und einer Laufzeit von 8 Monaten.

1. Kaufpreis 599 EUR
6 Monatsraten
Zinssatz 0,72 %

2. $Z = \frac{599 \cdot 0{,}72}{100} \cdot 6$ EUR
$Z = 25{,}88$ EUR

3. 599 EUR + 25,88 EUR
= 624,88 EUR

4. 624,88 EUR : 6
= 104,15 EUR

3 Berechne die monatliche Rate.

	a)	b)	c)	d)	e)	f)	g)
Kaufpreis	320 EUR	480 EUR	1450 EUR	2875 EUR	480 EUR	1450 EUR	5650 EUR
monatlicher Zinssatz	0,72 %	0,72 %	0,72 %	0,69 %	0,82 %	0,725 %	0,8 %
Monatsraten	3	6	12	15	18	27	20

4 Herr Kalinke möchte sich einen gebrauchten Motorroller kaufen. Vom Kaufpreis muss er 2800 EUR finanzieren. Er hat dazu verschiedene Angebote eingeholt.
a) Berechne jeweils für die einzelnen Angebote die Gesamtkosten.
b) Berechne für den Ratenkauf die Höhe Monatsraten.

Kreditbank
2,5 % Bearbeitungsgebühr
0,75 % Zinsen pro Monat
9 Monate Laufzeit

Top-Kredit
0,85 % Zinsen pro Monat
40 EUR Bearbeitungsgebühr
9 Raten

Finanzierung Roller-König GmbH
0,96 % Zinsaufschlag pro Monat bei 9 Raten

5 Ein Bestellservice bietet seinen Kunden folgende Teilzahlungsbedingungen an.

Bezahlen geht ganz leicht

Gegen Rechnung: zahlbar innerhalb von 14 Tagen nach Erhalt der Ware.
Mit Ratenzahlung: ohne Formalitäten und Bearbeitungsgebühr.

So berechnen sie den Teilzahlungspreis für andere Kaufbeträge:

Kaufpreis: 860 EUR; Laufzeit 4 Monate

Kaufbetrag	Teilzahlungspreis
500 EUR	513,80 EUR
+ 300 EUR	+ 308,28 EUR
+ 50 EUR	+ 51,38 EUR
+ 10 EUR	+ 10,28 EUR
860 EUR	885,74 EUR

Barzahlungspreise	Teilzahlungspreise		
Kaufbetrag (EUR)	2 Monatsraten Mindestbestellwert 100,– EUR	4 Monatsraten Mindestbestellwert 200,– EUR	6 Monatsraten Mindestbestellwert 300,– EUR
10,00	10,15	10,28	10,39
50,00	50,77	51,38	51,95
100,00	101,54	102,76	103,90
200,00	203,08	205,52	207,80
300,00	304,62	308,28	311,70
500,00	507,70	513,80	519,50
1.000,00	1 015,40	1 027,60	1 093,00
monatlicher Zinssatz	0,77%	0,69 %	0,65 %
effektiver Jahreszins	12,39 %	13,48 %	13,79 %

a) Berechne die Teilzahlungspreise und die dazugehörenden Monatsraten für folgende Kaufbeträge:

Kaufbetrag	170 EUR	460 EUR	1710 EUR	275 EUR	2335 EUR
Laufzeit	2 Monate	6 Monate	6 Monate	4 Monate	6 Monate

Die Bedingungen und Kosten eines Kredites sind bei den Kreditinstituten oft sehr verschieden. Damit der Kunde besser vergleichen kann, sind die Kreditinstitute durch den Gesetzgeber verpflichtet worden, bei allen Krediten neben dem Monats- oder Jahreszinssatz **(Nominalzinssatz)** auch den **effektiven Zinssatz** anzugeben. Beim Nominalzinssatz wird der gesamte Darlehensbetrag über die gesamte Laufzeit verzinst, es wird nicht berücksichtigt, dass das Restdarlehen immer kleiner wird. Der effektive Zinssatz (tatsächliche) Zinssatz berücksichtigt neben zusätzlichen Kosten (Gebühren und Provisionen) auch, dass die Restschuld immer kleiner wird. Der effektive Zinssatz wird mit dem Computer berechnet oder aus Tabellen abgelesen.

b) Tatjana hat für 500 EUR Waren bestellt. Aus der Tabelle der Firma hat sie einen Teilzahlungspreis von 507,70 EUR bei einer Laufzeit von 2 Monaten ermittelt. Sie überprüft die Angaben zum effektiven Jahreszinssatz:

Kaufpreis: 500 EUR 2 Monatsraten
Teilzahlungspreis: 507,70 EUR Monatsrate: 253,85 EUR eff. Zinssatz: 12,39%

Zinsen für den 1. Monat: $\frac{500 \cdot 12{,}39}{100} \cdot \frac{1}{12}$ EUR $\approx$ 5,16 EUR

Zinsen für den 2. Monat: $\frac{(500 - 253{,}85) \cdot 12{,}39}{100} \cdot \frac{1}{12}$ EUR $\approx$ 2,54 EUR

Stimmt der angegebene effektive Jahreszins?

c) Überprüfe, ob auch bei einem Kaufpreis von 900 EUR und bei vier Monatsraten der angegebene effektive Jahreszinssatz stimmt.

5 Längenverhältnisse und ähnliche Figuren

1 a) Eine 9. Klasse aus Kassel plant einen Ausflug. Auf einer Landkarte haben die Schülerinnen und Schüler verschiedene Ziele markiert und jeweils die Entfernung zu ihrem Schulort gemessen.
Berechne die Luftlinienentfernung (in km) zwischen Kassel und Bad Sachsa (Harz).

b) Um die Fahrtkosten möglichst niedrig zu halten, soll der Zielort nicht weiter als 70 km von Kassel entfernt liegen. Welche der markierten Ziele können ausgewählt werden?

Göttingen Edersee

Bad Karlshafen

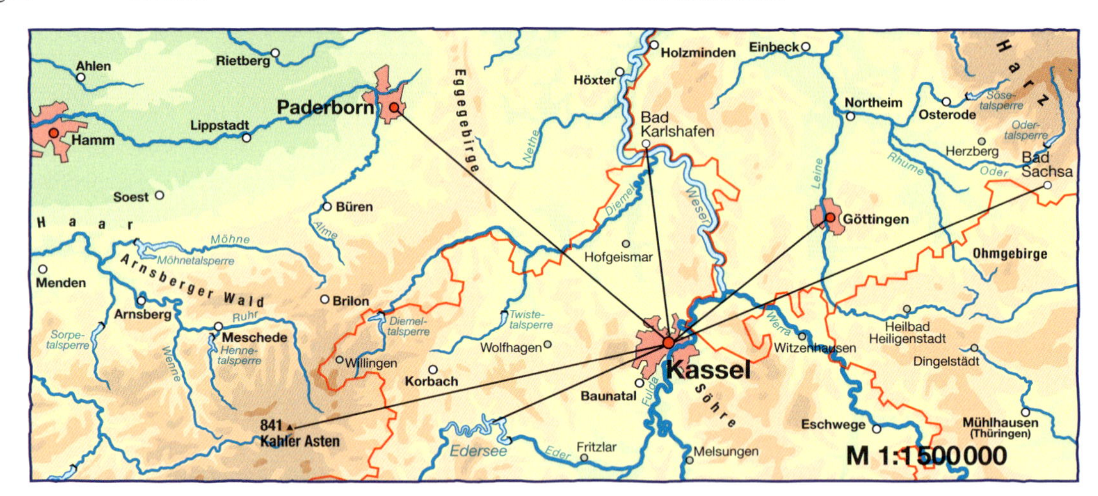

Winterberg (Kahler Asten)

Bad Sachsa

2

Von der Vorderseite eines Hauses werden verschiedene Zeichnungen angefertigt. In den Zeichnungen sind zwei einander entsprechende Streckenlängen farbig gekennzeichnet. Suche weitere einander entsprechende Strecken und trage ihre Längen in die Tabelle ein. Was stellst du fest?

	Höhe des Balkongitters	Breite des Balkongitters	Höhe der Balkontür
Zeichnung I			
Zeichnung II			

3 In dem Grundriss beträgt die Länge des Flurs 2,1 cm. In Wirklichkeit ist der Flur 4,2 m lang.

a) Bestimme die wirklichen Längen und Breiten der einzelnen Räume. Ergänze die Tabelle im Heft.

Raum	Länge		Breite	
	Zeichnung	Wirklichkeit	Zeichnung	Wirklichkeit
Flur	2,1cm	4,2 m		

b) In welchem Maßstab ist der Grundriss gezeichnet?

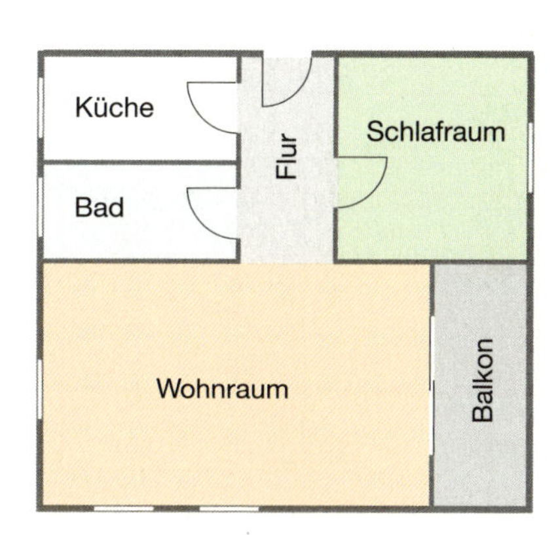

4

Baugröße	H0	TT	N
Maßstab	1 : 87	1 : 120	1 : 160

Wie lang ist die abgebildete Lokomotive als N-Modell?

5

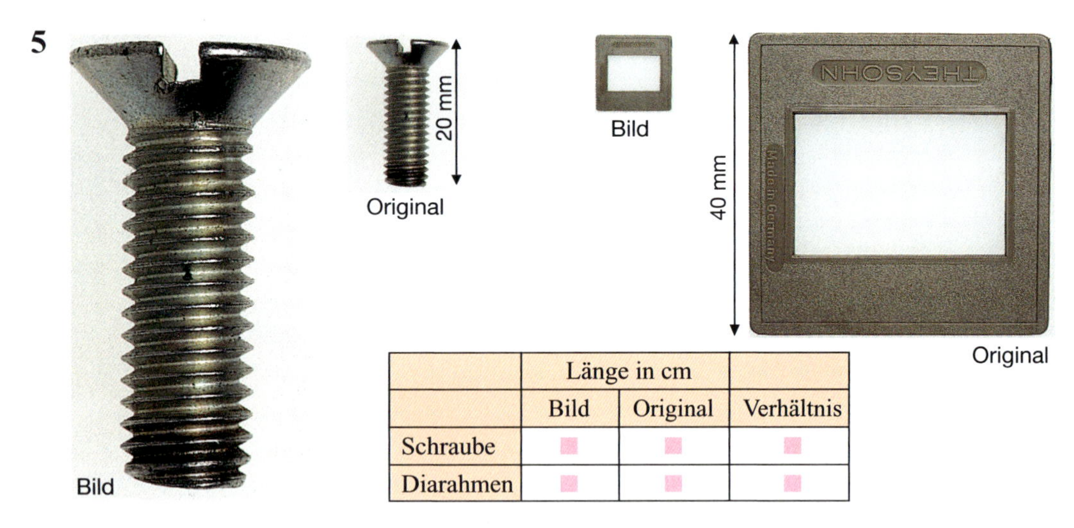

	Länge in cm		
	Bild	Original	Verhältnis
Schraube	■	■	■
Diarahmen	■	■	■

Die Fotos der Gegenstände entsprechen ihrer Originalgröße. Gib an, in welchem Verhältnis sie vergrößert bzw. verkleinert gezeichnet worden sind.

Der **Maßstab** gibt das Verhältnis einander entsprechender Streckenlängen im **Bild** und im **Original** an.

Vergrößerung

Maßstab 3 : 1
3 cm im Bild ≙ 1 cm im Original

Verkleinerung

Maßstab 1 : 5
1 cm im Bild ≙ 5 cm im Original

6 Ergänze die Tabelle in deinem Heft.

Verkleinerung

	Maßstab	Bild	Original
a)	1 : 2	3,5 cm	■
b)	1 : 6	0,5 cm	■
c)	1 : 10	6,8 cm	■
d)	1 : 50	■	1 m
e)	1 : 100	■	3,50 m

Vergrößerung

	Maßstab	Bild	Original
a)	2 : 1	18 cm	■
b)	4 : 1	10 cm	■
c)	10 : 1	72 cm	■
d)	20 : 1	■	1,2 cm
e)	100 : 1	■	6 mm

7

Das Bild zeigt die St. Paul's Cathedral in London. Ihre Höhe beträgt bis zur Spitze des Kreuzes 111 m.

Von der Kirche soll eine Zeichnung im Maßstab 1 : 500 angefertigt werden. Welche Höhe erhält die Kirche in der Zeichnung?

8 a) Das Modell eines New Beetle hat eine Länge von 23 cm.
Wie lang ist das Original?
b) Der VW Sharan ist 4,68 m lang. Bestimme die Länge eines Modells im Maßstab 1 : 18.

9

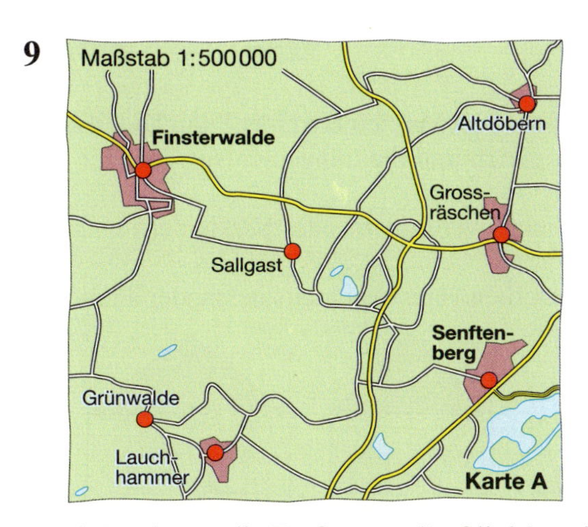

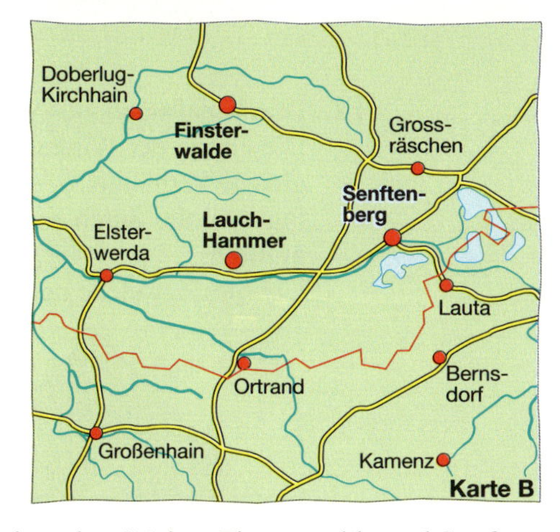

a) Bestimme die Entfernung (Luftlinie) zwischen den Städten Finsterwalde und Senftenberg aus der Karte A. Beachte den Maßstab.
b) Welcher Maßstab wurde für die Karte B verwendet?

10 In einer Bauzeichnung (Maßstab 1 : 100) ist ein Zimmer 5,6 cm lang und 4,2 cm breit. Das Zimmer soll einen neuen Teppichboden erhalten. Wie viel Quadratmeter Teppichboden müssen mindestens eingekauft werden?

11 Gegeben ist ein Rechteck mit den Maßen a = 5 cm und b = 4 cm.
a) Verkleinere die Seitenlängen im Maßstab 1 : 2 . Berechne jeweils den Flächeninhalt des ursprünglichen und des verkleinerten Rechtecks. Was stellst du fest?
b) Vergrößere die Seitenlängen des Rechtecks im Maßstab 3 : 1. Berechne jeweils den Flächeninhalt des ursprünglichen und des vergrößerten Rechtecks. Was stellst du fest?

12 Ein Arbeitsblatt im Format DIN-A4 (297 mm x 210 mm) soll mit einem Kopierer auf DIN-A5 verkleinert werden. Dazu muss mit der Zoom-Taste eine Verkleinerung auf 71 % eingestellt werden, d. h. Länge und Breite des Blattes werden auf 71 % des ursprünglichen Maßes verkürzt.
a) Berechne die Länge und die Breite des verkleinerten Arbeitsblattes.
b) Gib den Verkleinerungsmaßstab an.

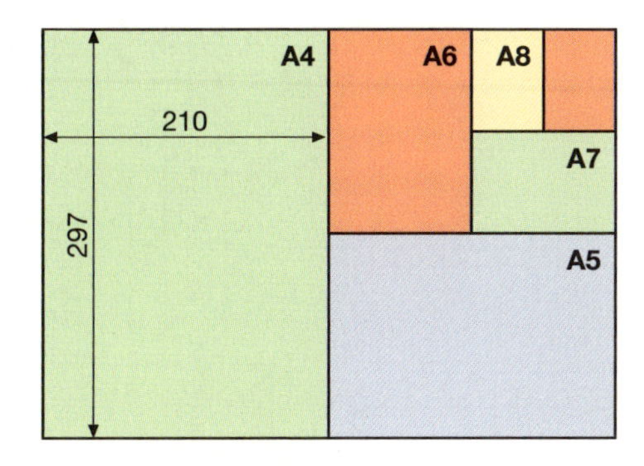

13 Familie Hille will umziehen. Katharina überlegt, wie sie in ihrem neuen Zimmer ihre Möbel stellen kann (Schrank: 0,6 m x 1,2 m; Schreibtisch: 0,8 m x 1,5 m; Regal: 0,4 m x 1,6 m; Bett: 1 m x 2 m).
Zeichne das Zimmer im Maßstab 1 : 20, notwendige Längen entnimm der Abbildung. Fertige für die Möbel Kärtchen aus Pappe im gleichen Maßstab an.

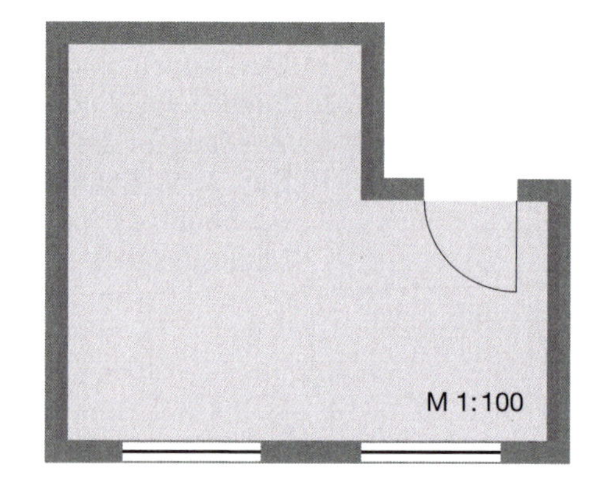

14 Durch maßstäbliches Vergrößern oder Verkleinern einer Figur ändert sich ihre Form nicht. Die Größe der Winkel bleibt gleich und die Längen entsprechender Strecken haben das gleiche Verhältnis.
Figuren, die durch maßstäbliches Vergrößern oder Verkleinern entstanden sind, heißen **ähnlich**.
Überprüfe, welche der dargestellten Hausansichten zueinander ähnlich sind.

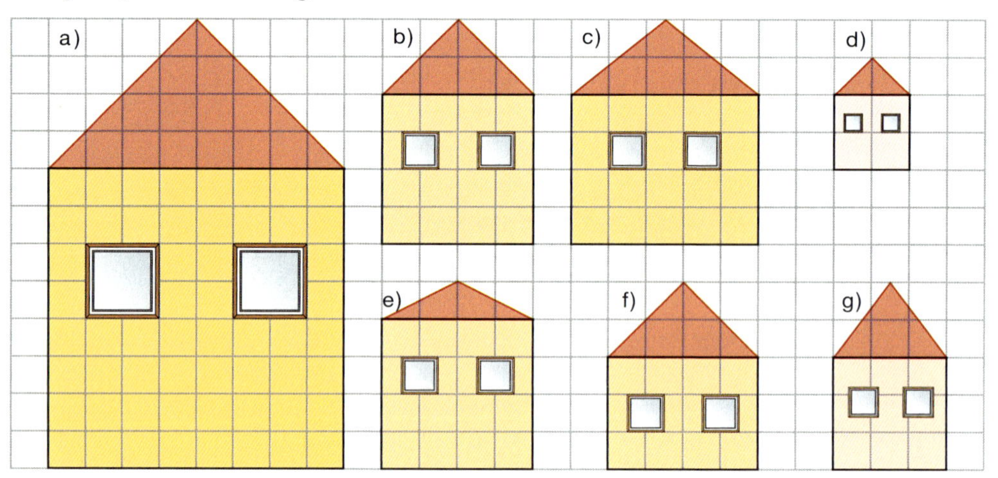

15 Welche der abgebildeten Figuren sind den Figuren I, II oder III ähnlich?

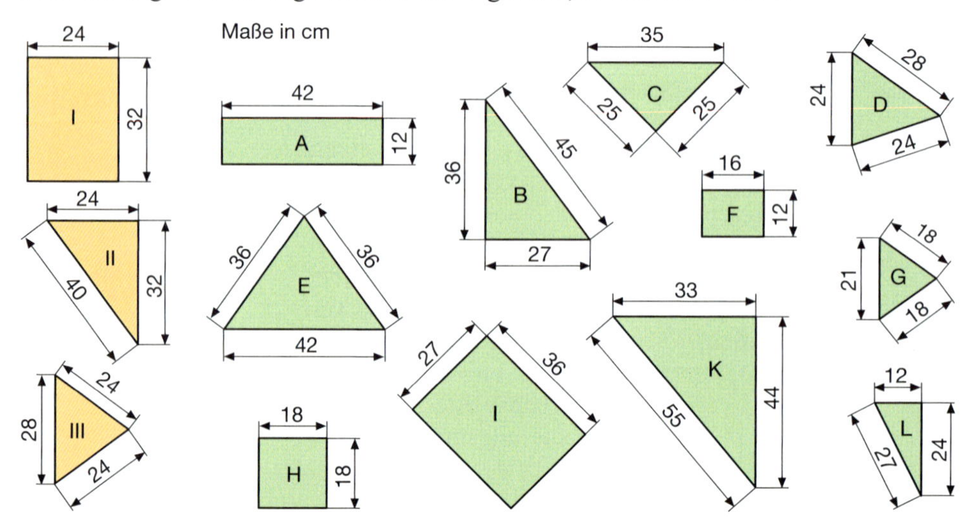

1 Eine Lichtquelle erzeugt ein vergrößertes Bild von der L-Blende.

a) Was geschieht, wenn der Abstand zwischen Blende und Schirm vergrößert (verkleinert) wird?

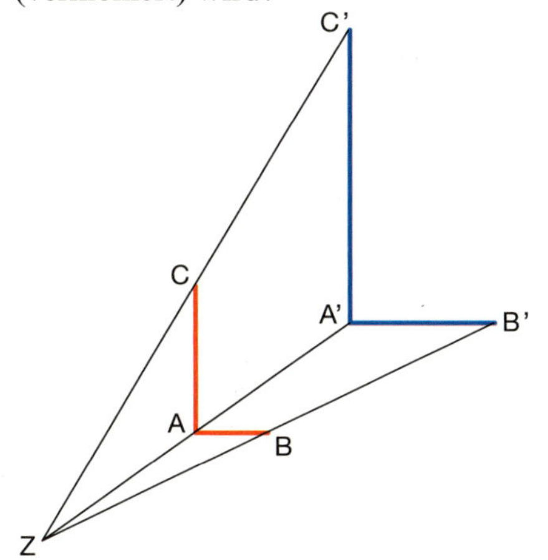

b) Der Buchstabe „L“ wird wie abgebildet vom Punkt Z aus „gestreckt“.

Vervollständige die Tabelle im Heft. Was fällt dir auf?

$\overline{ZA} = 2$ cm	$\overline{ZA'} = 4$ cm	$\frac{\overline{ZA'}}{\overline{ZA}} = \frac{4}{2} = 2$
$\overline{ZB}$ = ■	$\overline{ZB'}$ = ■	$\frac{\overline{ZB'}}{\overline{ZB}} = \frac{■}{■}$ = ■
$\overline{ZC}$ = ■	$\overline{ZC'}$ = ■	$\frac{\overline{ZC'}}{\overline{ZC}} = \frac{■}{■}$ = ■

c) Mithilfe der **zentrischen Streckung** ist der Buchstabe „L“ vergrößert worden. Gib den Vergrößerungsmaßstab an. Was stellst du fest?

2 Durch eine zentrische Streckung ist $\overline{AB}$ auf $\overline{A'B'}$ abgebildet worden.

a) In welcher Abbildung wird die Strecke $\overline{AB}$ vergrößert, in welcher verkleinert?

b) Bestimme die Platzhalter. Miss dazu die notwendigen Streckenlängen.

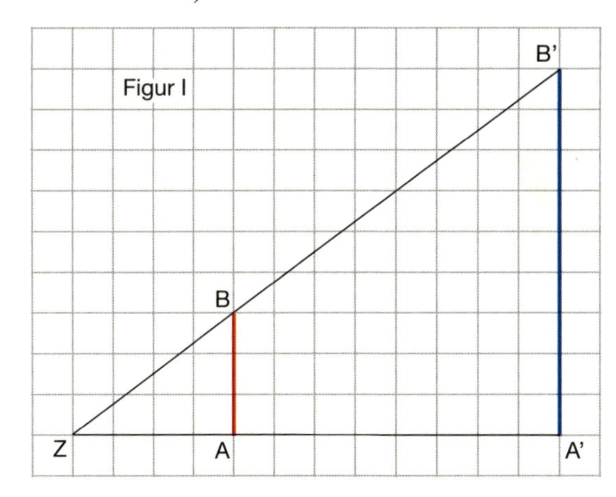

Figur I

$\frac{\overline{ZA'}}{\overline{ZA}}$ = ■, $\frac{\overline{ZB'}}{\overline{ZB}}$ = ■, $\frac{\overline{A'B'}}{\overline{AB}}$ = ■

Figur II

$\frac{\overline{ZA'}}{\overline{ZA}}$ = ■, $\frac{\overline{ZB'}}{\overline{ZB}}$ = ■, $\frac{\overline{A'B'}}{\overline{AB}}$ = ■

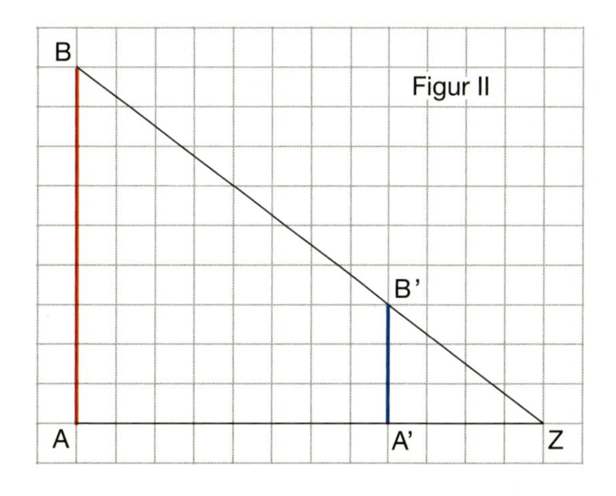

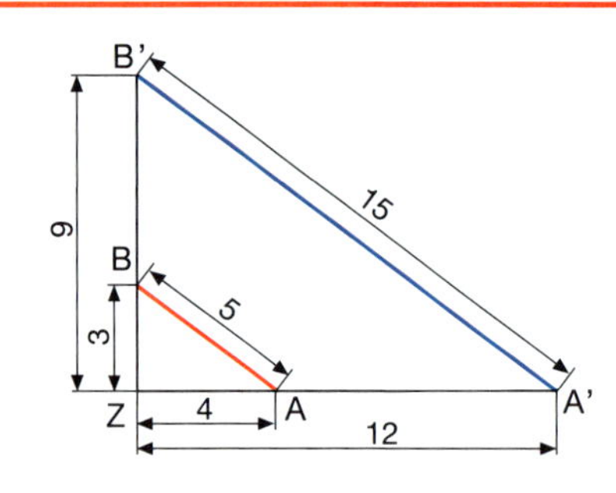

$\frac{\overline{ZA'}}{\overline{ZA}} = \frac{12}{4} = 3$ $\qquad \overline{ZA'} = 3 \cdot \overline{ZA}$

$\frac{\overline{ZB'}}{\overline{ZB}} = \frac{9}{3} = 3$ $\qquad \overline{ZB'} = 3 \cdot \overline{ZB}$

$\frac{\overline{A'B'}}{\overline{AB}} = \frac{15}{5} = 3$ $\qquad \overline{A'B'} = 3 \cdot \overline{AB}$

3 ist hier der Streckungsfaktor (k = 3)

Bei einer **zentrischen Streckung** liegen Originalpunkt und Bildpunkt auf einer Geraden durch das Streckungszentrum Z. Der Streckungsfaktor wird k genannt.

3 So kannst du die Strecke $\overline{AB}$ durch eine zentrische Streckung von Z aus vergrößert (k = 2) abbilden:

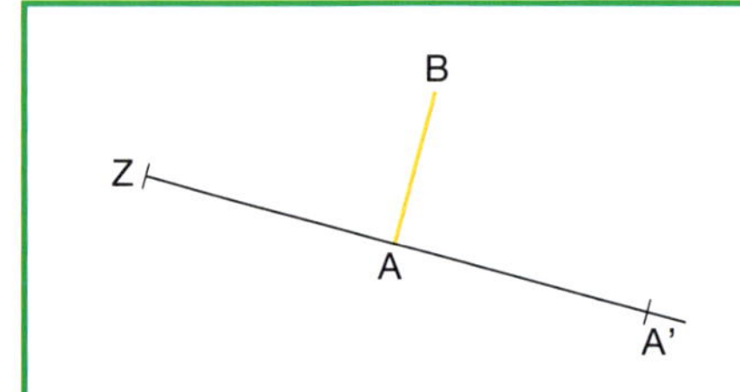

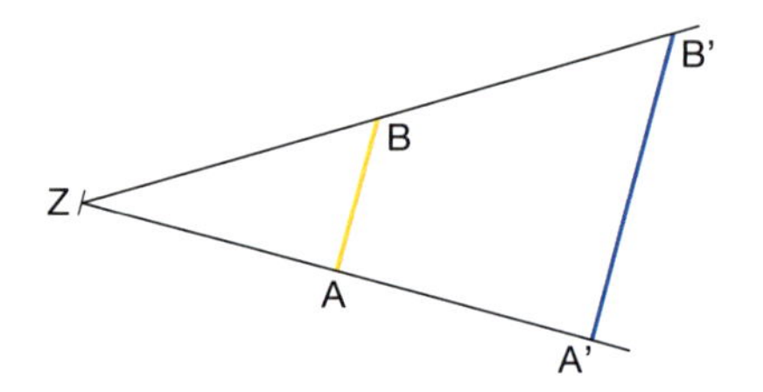

1. Zeichne einen Strahl von Z aus durch A. Trage auf dem Strahl von Z aus zweimal die Länge der Strecke $\overline{ZA}$ ab. Du erhältst den Punkt A′.
2. Zeichne einen Strahl von Z aus durch B. Trage auf dem Strahl von Z aus zweimal die Länge der Strecke $\overline{ZB}$ ab. Du erhältst den Punkt B′. Verbinde A′ mit B′.

Zeichne die Figur in dein Heft und bilde die Strecke $\overline{AB}$ von Z aus mit dem angegebenen Streckungsfaktor ab.

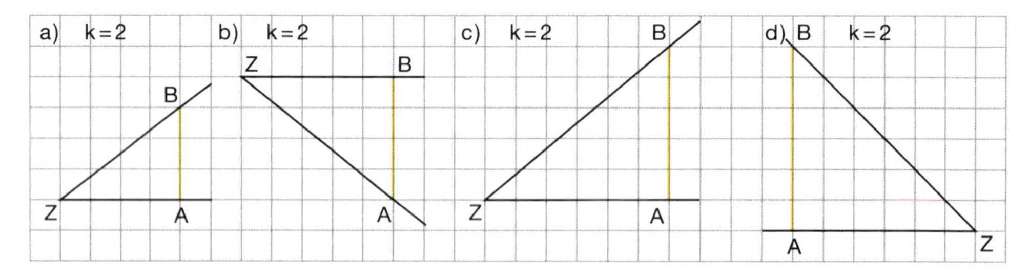

4 Zeichne die Strecke $\overline{AB}$ und den Punkt Z in ein Koordinatensystem (Einheit 1 cm). Strecke $\overline{AB}$ von Z aus mit dem angegebenen Faktor k. Gib die Koordinaten der Bildpunkte A′ und B′ an.

	a)	b)	c)	d)	e)	f)
Z	(0 | 0)	(5 | 2)	(2 | − 1)	(0 | 0)	(0 | 0)	(2 | − 1)
A	(4 | 2)	(4 | 0)	(1 | 2)	(10 | 0)	(− 10 | 0)	(− 6 | − 1)
B	(1 | 2)	(8 | 0)	(− 1 | − 2)	(10 | 8)	(0 | 10)	(2 | 7)
k	2	1,5	3	0,5	0,2	0,25

5

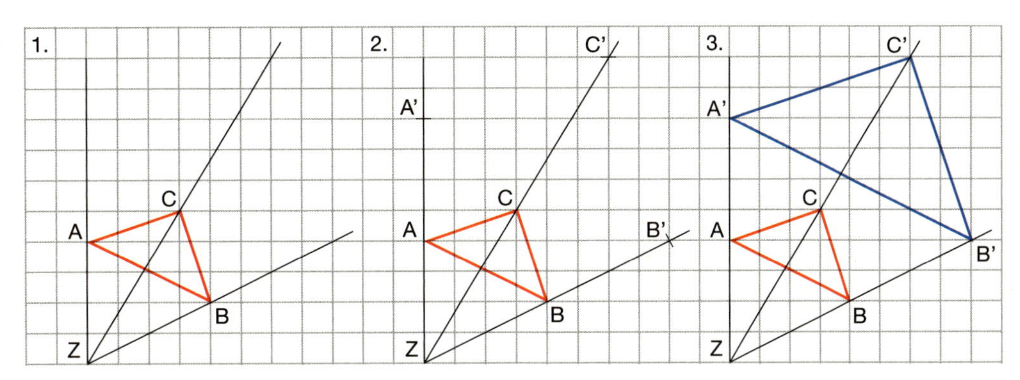

a) Beschreibe anhand der Abbildungen, wie das Dreieck ABC von Z aus mit k = 2 gestreckt wird.

b) Vergleiche jeweils die Größe der Winkel von Original- und Bildfigur miteinander. Wie liegen entsprechende Seiten zueinander?

6 Übertrage die Figur in dein Heft. Strecke sie anschließend von Z aus mit dem angegebenen Faktor.

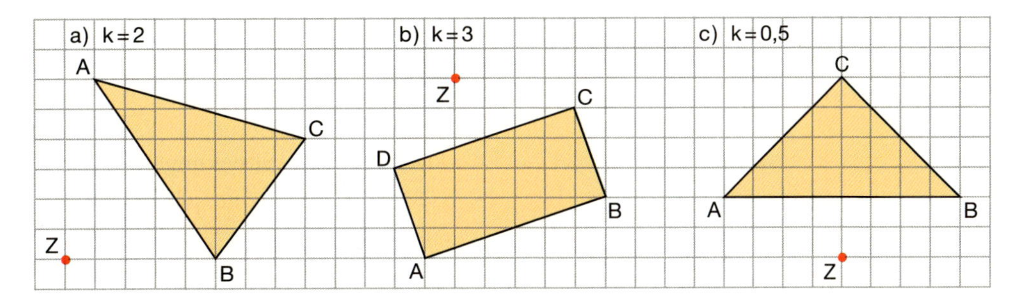

7

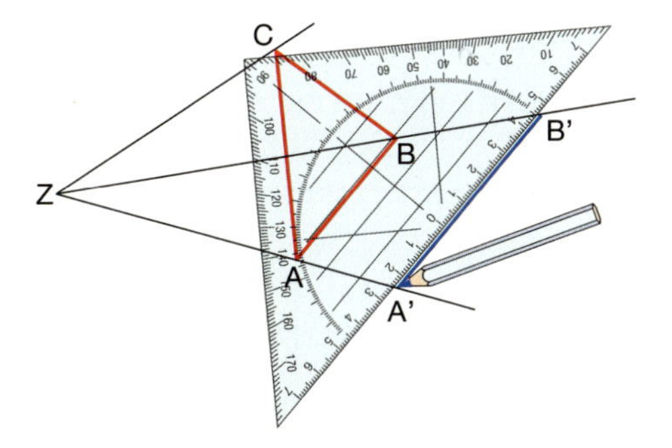

a) Yesim streckt das abgebildete Dreieck ABC von Z aus mit k = 1,5. Welche Eigenschaft der zentrischen Streckung benutzt sie dabei?

b) Bei einer zentrischen Streckung liegen Original- und Bildstrecke parallel zueinander. Übertrage die Figuren jeweils in dein Heft und konstruiere mithilfe dieser Eigenschaft die Bildfigur.

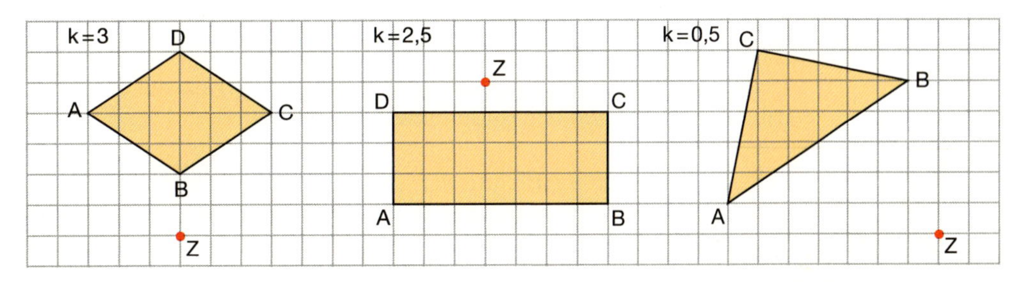

1 Ein Rechteck ist 7,5 cm lang und 4,5 cm breit.
a) Zeichne das Rechteck verkleinert im Maßstab 1 : 3.
b) Zeichne das Rechteck vergrößert im Maßstab 2 : 1.

2 Überprüfe, ob die Strecke $\overline{A'B'}$ durch eine zentrische Streckung aus der Strecke $\overline{AB}$ hervorgegangen ist.
Berechne dazu $\frac{\overline{ZA'}}{\overline{ZA}} = \frac{\square}{\square} = \square$ und $\frac{\overline{ZB'}}{\overline{ZB}} = \frac{\square}{\square} = \square$.

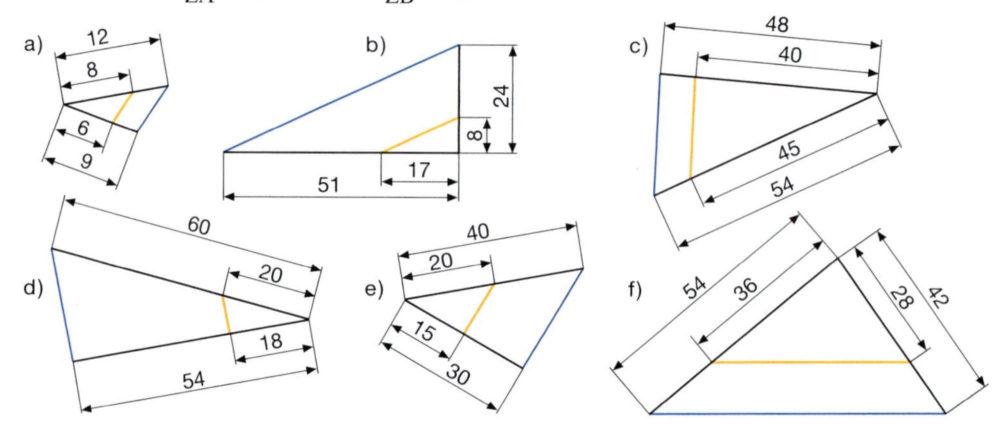

3

k =?
$\overline{ZB}$ =?
B'
B
4cm
Z
6cm
A
A'
9cm

Berechne $\overline{ZB'}$. Bestimme zunächst den Streckungsfaktor k.

	$\overline{ZA}$	$\overline{ZA'}$	k	$\overline{ZB}$	$\overline{ZB'}$
a)	8 cm	32 cm		7 cm	
b)	10 cm	54 cm		4 cm	
c)	14 cm	63 cm		12 cm	

4 Übertrage die Figur ins Heft und strecke von Z aus mit dem angegebenen Streckungsfaktor.
a) k = 3 (2,5) b) k = 2 (0,5) c) k = 2,5 (2) d) k = 0,5 (1,5)

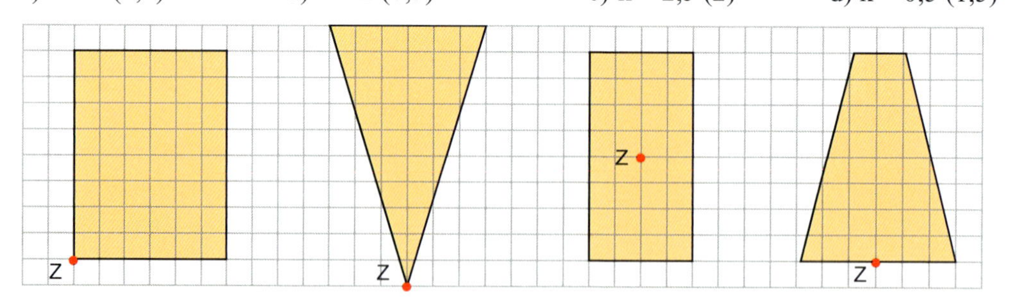

5 Zeichne in ein Koordinatensystem (Einheit 1 cm) ein Rechteck mit folgenden Eckpunkten: A (2 | 2), B (6 | 2), C (6 | 6) und D (2 | 6).
Strecke das Rechteck vom Streckungszentrum Z (0 | 0) aus mit dem Streckungsfaktor k = 0,5.
Gib die Koordinaten der Bildpunkte an.

6 Zeichne das Dreieck ABC mit A (– 1 | – 1), B (3 | – 1) und C (1 | 3). Wähle Z (– 3 | – 1) als Streckungszentrum. Strecke das Dreieck mit dem angegebenen Streckungsfaktor k.

a) $k = \frac{1}{2}$ b) k = 2 c) k = 1,5 d) $k = \frac{1}{4}$ e) k = 0,75

7

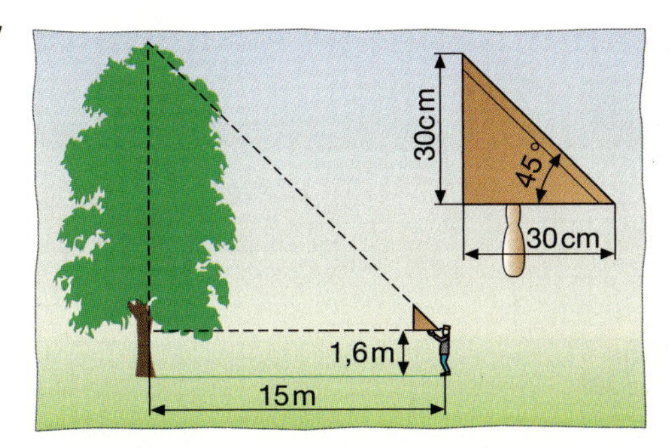

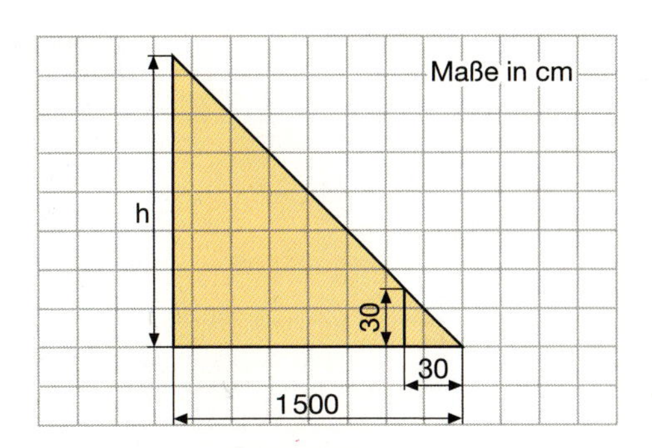

Mit einem Försterdreieck kannst du die Höhe eines Baumes bestimmen. Berechne mithilfe der Abbildungen zunächst den Streckungsfaktor k. Bestimme anschließend die Höhe des Baumes.

8

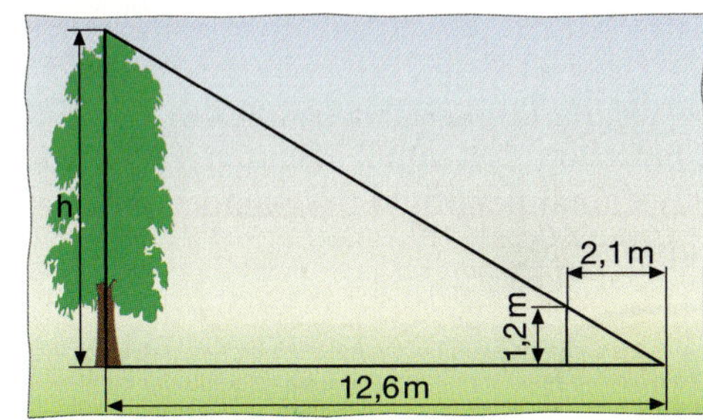

a) Die Höhe eines Baumes lässt sich mithilfe seines Schattens bestimmen. Dazu wird ein Stab lotrecht so aufgestellt, dass das Ende seines Schattens mit dem Ende des Baumes zusammenfällt.
Berechne die Höhe h des Baumes.

b) Der Schatten eines Baumes hat eine Länge von 18 m. Ein 1,60 m langer lotrecht aufgestellter Stab wirft zur gleichen Zeit einen 2,40 m langen Schatten. Wie hoch ist der Baum?

9 In einem Dachstuhl soll eine 0,8 m hohe Stütze eingefügt werden.
In welcher Entfernung $\overline{ZA}$ vom Dachstuhlende Z aus ist die Stütze aufzustellen?

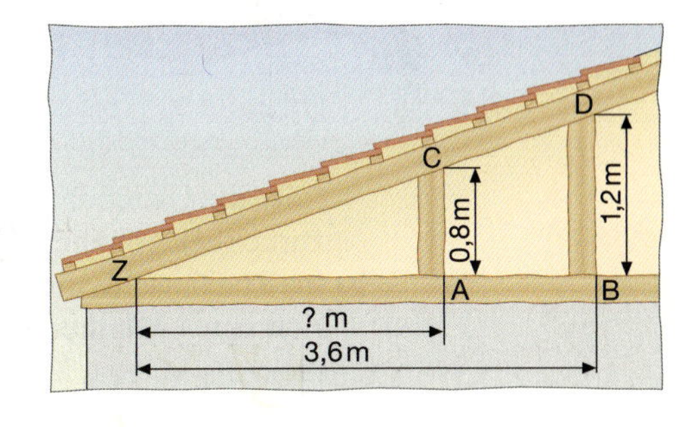

10 Zur Messung kleiner Öffnungen kannst du einen Messkeil verwenden.
Welche Weite x hat die Öffnung in der Abbildung?

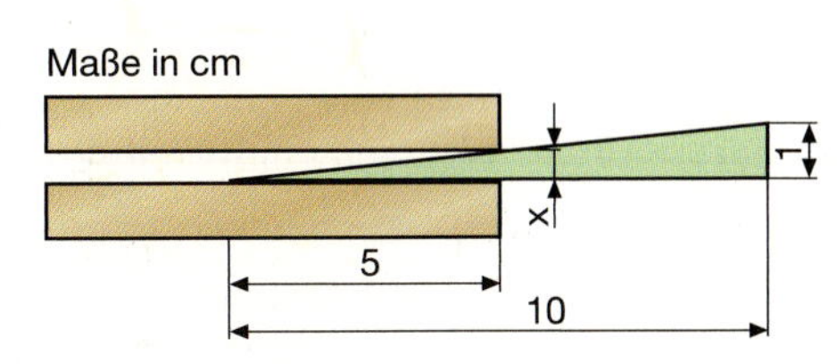

11 Im Technikunterricht wird die abgebildete Messlehre angefertigt. Damit soll die Dicke eines Drahtes gemessen werden. Wie dick ist der abgebildete Draht?

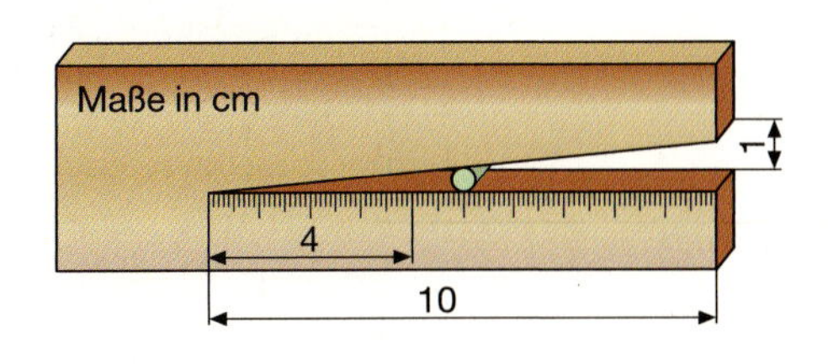

1

a) Beim Schwimmwettkampf des 9. Jahrgangs gewann die 4 x 50-m-Freistilstaffel der Jungen aus der Klasse 9.2 mit einer Zeit von 2 Minuten 40 Sekunden. Fabian und Kay schwammen gleich schnell, Kamal benötigte 5 Sekunden weniger als die beiden und Tim 2 Sekunden weniger als Kamal.

Fabians Zeit (s)	x
Kays Zeit (s)	x
Kamals Zeit (s)	$x - 5$
Tims Zeit (s)	$x - 5 - 2$
Gesamtzeit:	2 min 40 s = 160 s
Gleichung:	$\boxed{x + x + x - 5 + x - 5 - 2 = 160}$
	$4x - 12 = 160$

Löse die Gleichung. Gib an, in welcher Zeit Fabian (Kay, Kamal, Tim) die 50-m-Strecke zurückgelegt haben.

b) Im Rückenschwimmen der Mädchen erreichte die 4 x 50-m-Staffel der Klasse 9.4 eine Zeit von 4 Minuten 10 Sekunden. Verena benötigte 8 s mehr als Magda und Carolin 3 s mehr als Magda, Mareen legte als Schlussschwimmerin die 50-m-Strecke in 59 Sekunden zurück. Berechne die Einzelzeiten von Magda, Verena und Carolin mithilfe einer Gleichung.

c) Kay hat die durchschnittliche Geschwindigkeit seiner Staffel berechnet:

Weg: $s = 4 \cdot 50\text{ m} = 200\text{ m}$
Zeit: $t = 1\text{ min } 40\text{ s} = 160\text{ s}$

Geschwindigkeit:

$v = \frac{s}{t}$

$v = \frac{200\text{ m}}{160\text{ s}} = 1{,}25\ \frac{\text{m}}{\text{s}}$

Dividierst du den zurückgelegten Weg (s) durch die dafür benötigte Zeit (t), so erhältst du die Durchschnittsgeschwindigkeit (v).

Geschwindigkeit = $\frac{\text{Weg}}{\text{Zeit}}$

$v = \frac{s}{t}$

Eine mögliche Einheit für die Durchschnittsgeschwindigkeit ist $\frac{\text{m}}{\text{s}}$.

Gib die durchschnittliche Geschwindigkeit der 4 x 50-m-Rückenstaffel der Mädchen in $\frac{\text{m}}{\text{s}}$ an.

1

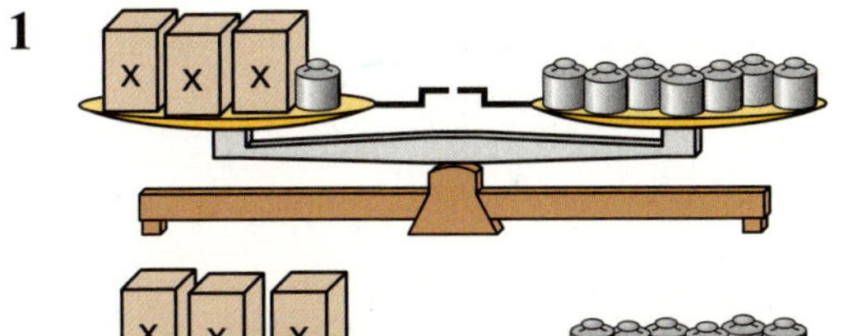

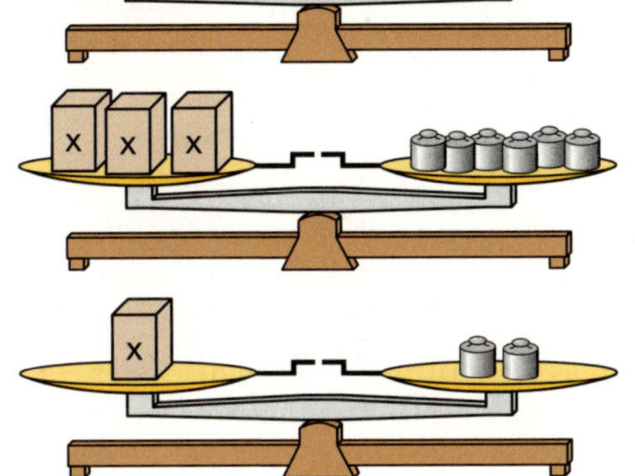

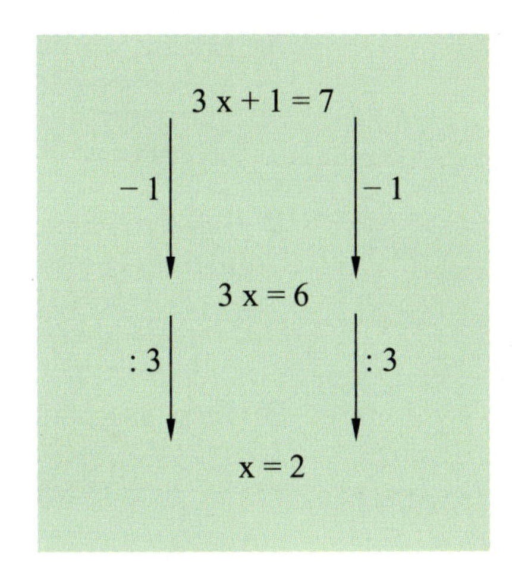

Erkläre die einzelnen Schritte beim Umformen der Gleichung.

2 Schreibe die Umformung der Gleichung in Kurzform auf und bestimme die Lösungsmenge.

$7x + 12 = 40 \quad | -12$
$7x \quad = 28 \quad | :7$
$x \quad = 4 \quad L = \{4\}$

$5x - 22 = 18 \quad | +22$
$5x \quad = 40 \quad | :5$
$x \quad = 8 \quad L = \{8\}$

a) $7x + 14 = 35$; $11x + 5 = 60$; $15x + 16 = 61$
b) $12x - 8 = 52$; $20x - 11 = 69$; $8x - 42 = 22$
c) $9x + 15 = 42$; $7x + 23 = 100$; $10x + 17 = 67$
d) $23 = 6x - 19$; $44 = 7x + 16$; $78 = 9x - 12$
e) $13x + 25 = 64$; $22x - 32 = 56$; $25x + 36 = 111$
f) $18x - 52 = 38$; $15x + 13 = 118$; $11x - 42 = 90$
g) $19 + 12x = 55$; $27 + 15x = 72$; $29 + 17x = 97$
h) $60 = 21 + 3x$; $68 = 12 + 8x$; $69 = 58 + 11x$
i) $4x + 17 = 23$; $6x + 34 = 43$; $2x - 11 = 10$

3 Beim Umformen dieser Gleichungen musst du die Rechenregeln für negative Zahlen beachten.

$6x - 11 = -17 \quad | +11$
$6x \quad = -6 \quad | :6$
$7x \quad = -1 \quad L = \{-1\}$

$-5x + 32 = 12 \quad | -32$
$-5x \quad = -20 \quad | :(-5)$
$x \quad = 4 \quad L = \{4\}$

a) $4x + 15 = 11$; $11x + 26 = 4$; $9x + 47 = 2$
b) $-3x + 23 = 41$; $-5x + 24 = 54$; $-7x + 31 = 52$
c) $5x + 12 = -8$; $8x + 20 = -44$; $15x + 48 = -42$
d) $62 - 5x = 47$; $39 - 3x = 24$; $37 - 11x = 81$
e) $67 = 45 - 11x$; $77 = 25 - 13x$; $90 = 30 - 15x$
f) $-29 = 13x - 3$; $-43 = 12x - 31$; $-49 = 18x - 13$
g) $-7x - 93 = -44$; $-6x + 64 = -8$; $-9x - 14 = -59$
h) $3x - 5{,}1 = -2{,}4$; $2x - 8{,}5 = -7{,}3$; $4x + 3{,}8 = 2{,}2$
i) $5x + 8{,}4 = 6{,}9$; $8x + 3{,}7 = 2{,}1$; $11x + 6{,}2 = 0{,}7$

4 Nicht immer wird als Lösungsvariable der Buchstabe x verwendet. Bestimme jeweils die Lösungsmenge.

a) $3y - 92 = 13$; $2y + 34 = 48$; $46 + 5y = 61$
b) $68 = 7a + 12$; $39 = 8b - 41$; $66 = 9c + 12$
c) $40z + 25 = 145$; $6t - 18 = 102$; $13s + 85 = 137$
d) $73 + 6w = 85$; $11u + 17 = 83$; $70 - 4v = 10$

L 2; 3; 3; 4; 6; 6; 7; 8; 10; 15; 20; 35

1 Erkläre, wie die linke Seite der Gleichung umgeformt wird. Berechne jeweils die Lösung.

a) $2x + 4x = 30$ → $6x = 30$
b) $5x - 3x = 14$ → $2x = 14$
c) $7x + 5x - 2x = 40$ → $10x = 40$
d) $8x - 5x + x = 20$ → $4x = 20$

2 Fasse zusammen und bestimme die Lösungsmenge

a) $5x + 7x = 60$
$2x + 9x = 33$
$11x + x = 48$

b) $15x - 8x = 21$
$17x - 3x = 56$
$19x - 11x = 72$

c) $4x + 7x - 6 = 16$
$8x - 4x + 1 = 45$
$15 + 3x + 6x = 60$

d) $7x - 9 + 5x = 51$
$13x - 8x + 4 = 59$
$17x - 6 - 9x = 42$

3 Fasse gleichartige Summanden zusammen und berechne x.

$6x + 10 - 2x - 3 = 15$
$6x - 2x + 10 - 3 = 15$
$4x + 7 = 15$

$8x + 12 - 9 + 2x = 33$
$10x + 3 = 33$

a) $5x + 16 + 4x + 18 = 70$
$10x + 23 - 4x - 12 = 47$
$12x - 7x + 32 - 19 = 53$

b) $8x - 12 - 3x + 3 = 55$
$19x + 45 - 8x - 15 = 96$
$20x + 40 + 23 - 11x = 99$

c) $26 + 7x - 2x + 55 = 86$
$75 + 11x - 3x - 12 = 95$
$21x + 7x + 30 - 16 = 42$

d) $18x + 46 + 90 + 12x = 166$
$25x - 13 + 15x - 20 = 167$
$13x - 5x + 29 - 12 = 177$

4 Erkläre, wie die linke Seite der Gleichung umgeformt wird. Berechne jeweils die Lösung.

a) $5 \cdot (x + 3) = 25$ → $5x + 15 = 25$
b) $4 \cdot (7 + x) = 32$ → $28 + 4x = 32$
c) $8 \cdot (x - 7) = 24$ → $8x - 56 = 24$
d) $6 \cdot (9 - x) = 60$ → $54 - 6x = 60$

5 Multipliziere die Klammer aus und bestimme die Lösungsmenge.

Vor der Klammer kannst du den Malpunkt weglassen.

a) $7(x + 8) = 70$
$11(x - 1) = 55$
$20(x - 4) = 100$

b) $5(x - 7) = 40$
$8(x + 3) = 88$
$13(x + 1) = 91$

c) $63 = 7(x - 2)$
$120 = 6(x + 9)$
$105 = 7(x - 4)$

d) $9(4 + x) = 45$
$2(7 - x) = 10$
$3(9 - x) = 18$

6 Wenn ein Minuszeichen vor der Klammer steht, musst du die Rechenregeln für negative Zahlen beachten. Multipliziere die Klammern aus und berechne x.

$-3(x + 2) = 15$
$-3x - 6 = 15$

$-4(x - 5) = 16$
$-4x + 20 = 16$

a) $-2(x + 3) = 12$
$-8(x - 6) = 32$
$-9(x + 1) = 45$

b) $-5(x - 9) = -10$
$-10(x - 4) = -20$
$-7(x + 11) = -49$

c) $-27 = -3(x + 5)$
$-44 = -11(x + 2)$
$-63 = -9(x - 5)$

d) $-3(x - 6) = 51$
$-13(5 - x) = 39$
$-2(4 - x) = -20$

e) $-(x + 7) = 20$
$-(x - 3) = 15$
$-(7 + x) = 13$

f) $12(x - 2) = -96$
$-9(8 + x) = -99$
$15(1 - x) = -45$

7 Ordne jeder Gleichung aus dem linken Kasten die Gleichung aus dem rechten Kasten zu, die dieselbe Lösung hat.

Linker Kasten:

$8x - 5x = 33$	$17x - 6 = 11$
$11x - 7x = 36$	$72 = 5x + 4x$
$12(x + 2) = 48$	$8(x + 1) = 64$

Rechter Kasten:

$3x - 15 = 12$	$25 = 5(x - 6)$
$11x + 16 = 38$	$7(x + 4) = 35$
$7x - 3x = 28$	$70 = 9x - 2$

1

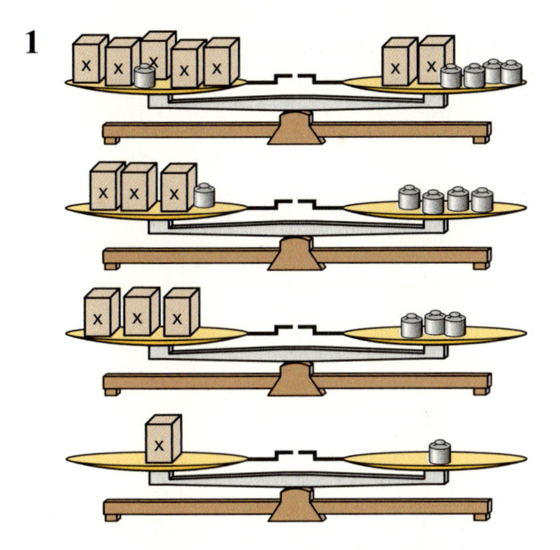

$5x + 1 = 2x + 4$	$\mid -2x$
$3x + 1 = 4$	$\mid -1$
$3x = 3$	$\mid :3$
$x = 1$	

Erkläre die einzelnen Schritte beim Umformen der Gleichung.

2

$7x - 17 = 16 - 4x$	$\mid +4x$
$11x - 17 = 16$	$\mid +17$
$11x = 33$	$\mid :11$
$x = 3$	$L = \{3\}$

$15x + 15 = 8x + 16$	$\mid -8x$
$7x + 15 = 16$	$\mid -15$
$7x = 1$	$\mid :7$
$x = \frac{1}{7}$	$L = \{\frac{1}{7}\}$

Löse die Gleichungen.

a) $8x + 7 = 5x + 40$
$4x + 8 = 2x + 58$
$6x - 4 = 2x + 16$

b) $11x - 23 = 7x + 9$
$13x - 16 = 10x + 20$
$17x - 56 = 12x - 21$

c) $20x - 14 = 5x + 76$
$22x - 37 = 8x + 5$
$25x - 32 = 24x - 2$

d) $15x - 8 = 7x + 64$
$26x - 15 = 11x + 45$
$30x - 23 = 8x - 1$

e) $13x + 23 = 11x + 49$
$17x + 31 = 8x + 49$
$19x - 23 = 12x + 117$

f) $16x + 24 = 10x + 120$
$23x + 62 = 14x + 152$
$20x + 71 = 16x + 131$

L 1; 2; 3; 4; 5; 6; 7; 8; 9; 10; 11; 12; 13; 15; 16; 20; 25; 30

3 Bestimme jeweils die Lösungsmenge.

a) $11y + 12 = 30 + 2y$
$25y - 17 = 3y + 49$
$10 + 18y = 15y + 40$

b) $5a - 25 = 3a - 11$
$67 + 2b = 91 - b$
$c - 102 = 15 - 12c$

c) $6 + 20u = 15 + 11u$
$19v - 1 = 8v + 43$
$27w + 5 = 82 + 20w$

L 1; 2; 3; 4; 7; 8; 9; 10; 11

4 Hier treten Brüche als Lösungen auf. Bestimme die Lösungsmenge.

a) $4x - 6 = 2x - 5$
$7x - 1 = 5x + 2$
$8x + 2 = 5x + 3$

b) $6x + 1 = 2x + 2$
$7x - 4 = 3x - 1$
$10x + 4 = 4x + 5$

c) $10x + 4 = 5x + 5$
$4x + 11 = 14 - 6x$
$2x - 3 = 1 - 3x$

L $\frac{1}{6}$; $\frac{1}{5}$; $\frac{1}{4}$; $\frac{3}{10}$; $\frac{1}{3}$; $\frac{1}{2}$; $\frac{3}{4}$; $\frac{4}{5}$; $\frac{3}{2}$

5 Mithilfe der Probe kannst du überprüfen, ob du die richtige Lösung bestimmt hast.

Umformen der Gleichung	Probe	
$5x - 7 = 4x + 1$	$5 \cdot 8 - 7 = 4 \cdot 8 + 1$	Bei der Probe setzt du für die Variable die Lösung ein und prüfst, ob dadurch eine wahre Aussage entsteht.
$x - 7 = 1$	$40 - 7 = 32 + 1$	
$x = 8$	$33 = 33$ w	

Löse die Gleichung und mache die Probe.

a) $9x - 17 = 5x + 19$
$3x - 19 = x + 11$
$5x - 14 = 2x + 10$

b) $6x - 17 = 4x + 15$
$11x - 2 = 4x + 26$
$10x + 1 = 5x + 36$

c) $2x + 23 = x + 30$
$14x + 9 = 9x + 44$
$20x - 15 = 4x + 17$

6 Multipliziere die Klammer aus und bestimme x.

$8(x-2) = 2(x+7)$		
$8x - 16 = 2x + 14$	$\mid -2x$	
$6x - 16 = 14$	$\mid +16$	
$6x = 30$	$\mid :6$	
$x = 5$		$L = \{5\}$

a) $4(x+6) = 3x + 38$
$7(x-8) = 5x - 20$
$3(x-15) = x + 35$

b) $5x - 40 = 4(x-4)$
$11x - 2 = 5(x+2)$
$9x + 5 = 7(x+5)$

c) $6(x+3) = 2(x+11)$
$7(x-8) = 4(x-5)$
$8(x+2) = 6(x+6)$

d) $5(x-3) = 4(x-1)$
$4(x-15) = 3(x-13)$
$9(x-16) = 3(x-8)$

e) $(x+6) \cdot 4 = (x+17) \cdot 2$
$(x+3) \cdot 7 = (x+12) \cdot 4$
$(x-7) \cdot 12 = (x-2) \cdot 9$

f) $8(x+2) = 5(x+11)$
$8(x-10) = 6(x-5)$
$8(x-1) = 6(x+1)$

g) $7(x+10) = 3(x+90)$
$9(x-11) = 3(x-1)$
$11(x-2) = 9(x+4)$

L 1; 2; 5; 7; 9; 10; 11; 12; 13; 14; 15; 16; 18; 20; 21; 22; 24; 25; 29; 40; 50

7 Fasse gleichartige Summanden zusammen und bestimme die Lösungsmenge.

a) $4x + 6x + 17 - 8x + 6 = 63$
$11x + 14 - 7x + 4x - 7 = 39$
$31x + 45 - 19x + 4 - 9x = 85$

b) $9x + 13 + 14x - 2 + 2x = 86$
$23x + 9 - 15x + 15 - 18 = 62$
$30 + 12x - 17 + 5x - 11 = 36$

c) $5x + 2x + 8 = 40 + 3x - 12$
$30 + 6x - 4x = 2x + 43 - x$
$29 + 5x + 21 = 8x + 80 - 6x$

d) $13x + 4 - 2x = 4x + 42 + 18$
$22x + 6 - 17x = 12x + 24 - 9x$
$9 + 14x - 2x = 23x - 12x + 23$

L 2; 3; 4; 5; 7; 8; 10; 12; 13; 14; 9; 20

8 Multipliziere zuerst die Klammern aus. Löse dann die Gleichung. Achte auf die Rechenregeln für negative Zahlen.

$-7(x-4) = -5(x+2)$			
$-7x + 28 = -5x - 10$	$\mid +5x$		
$-2x + 28 = -10$	$\mid -28$		
$-2x = -38$	$\mid :(-2)$		
$x = 19$		$L = \{19\}$	

a) $-3x + 9 = -2(x+2)$
$-5(x+1) = -6x - 4$
$8(x-2) = -7x + 14$

b) $-4(x-4) = 5x + 25$
$-3x - 2 = 7(2-x)$
$-5(x-11) = 4x + 1$

c) $-6(x+1) = -2(x-5)$
$-7(x-1) = -11(x-5)$
$-2(x+1) = -9(x+8)$

d) $-2(x+3) = 5x - 4x$
$-5x - 8x = -3(x-20)$
$-4(x-4) = -2x - 4x$

L −1; −2; −4; −6; −8; −10; 1; 2; 4; 6; 12; 13

9 So kannst du die Lösung einer Gleichung mit Klammern bestimmen:

1. Multipliziere die Klammern aus.	$x + 2(x - 5) - 12 = 14 - 3(x - 4)$
2. Fasse gleichartige Summanden zusammen.	$x + 2x - 10 - 12 = 14 - 3x + 12$
3. Forme die Gleichung so um, dass auf einer Seite ein x alleine steht.	$3x - 22 = 26 - 3x \quad \mid +3x$ $6x - 22 = 26 \quad \mid +22$ $6x = 48 \quad \mid :6$ $x = 8 \quad L = \{8\}$
4. Überprüfe das Ergebnis durch die Probe.	$8 + 2(8 - 5) - 12 = 14 - 3(8 - 4)$ $8 + 2 \cdot 3 - 12 = 14 - 3 \cdot 4$ $2 = 2 \quad$ w

Löse die Gleichungen.

a) $9x + 6(x - 1) = 24 + 5(x + 2)$
$3x + 11(x - 7) = 35 + 7(x - 6)$
$4(x - 3) + x = 4(x - 8) + 43$

b) $15(x - 4) + 18 = 3x + 6(x + 4)$
$8x + 2(x - 25) = 8(x + 5) - 50$
$9(x + 3) - 58 = 6x + 2(x - 2)$

c) $7(x + 2) + 3(x + 4) + 4(x - 5) = 76$
$2(x + 20) + 4(x - 1) + 3(x - 3) = 54$
$9(x + 2) + 4(x - 2) + 2(x - 4) = 32$

d) $5(x - 8) + 2(x - 7) + 2(x - 6) = 6$
$8(x + 5) + 3(x - 7) + 9(x - 4) = 3$
$6(x + 2) + 9(x - 9) + 8(x - 8) = 5$

e) $8(x + 5) + 6(x - 9) = 2(x - 4)$
$11(x + 3) - 3(x - 7) = 5(x + 21)$
$3(x + 1) + 9(x - 3) = 4(x + 1)$

f) $19x - 5(7 + x) = x - 2(x + 1) + 9x$
$3x + 8(x - 10) = 2x + 8(x - 6)$
$4(x - 2) + 6x = 8(x + 3) - 7$

L 0,5; 1; 2; 3; 3,5; 4; 5; 5,5; 6; 10; 8; 11; 12,5; 17; 20; 23; 27; 32

10 Bestimme die Lösungsmenge.

$-3(4x - 2)$
$= -12x + 6$

a) $14x - 3(2x - 9) = 4(4x - 16) + 11$
$5x - 6(9 - 2x) = 5(5x + 12) - 4x$
$-(11x - 13) + 35 - x = 3(6 - 9x) + 17x$

b) $7(2x + 15) - 28 = 35(1 - x) - 7$
$-9(1 - x) + 15x = 8(2x + 9) - 65$
$3 - 2(6 - 5x) = 18(4 - 5x) + 19x$

c) $-14x + 4(7x - 7) = -(10 - 13x) - 5$
$11(3 - x) - 47 = -19x + 8(3 - 2x)$
$15(2x + 8) - 47 = 4(6 - x) - 87$

d) $80x - 10(3 - 4x) = -45 + 6(x - 7)$
$-7x - (18 - 19x) = 16(2x - 8) + 2x$
$-5x - 3(18x + 3) = 18(5 - 4x) + 5$

e) $4(26 - 14x) + 15x = 58 + 16(7 - 0{,}5x)$
$-(44 - 90x) - 17 = 12(11 - 2x) - 22$
$27 + 5(2x + 8) = 7x + 5(4x - 7)$

f) $-6(15 - 3x) - 4x = 4(2x - 7) + 4$
$-25x + 3(5x - 13) = 6 - (18 + 13x)$
$-5(x - 2) + 11x = 4(2x - 4) + 42$

L –28,5; –8; –4; –3; –2; –1; –0,5; 1; 1,5; 2; 5; 6; 8; 9; 10; 11; 13; 15

Was könnte das sein?

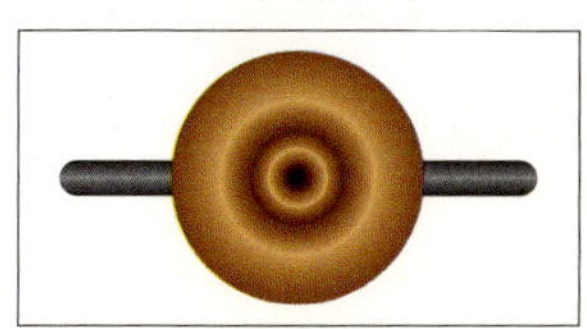

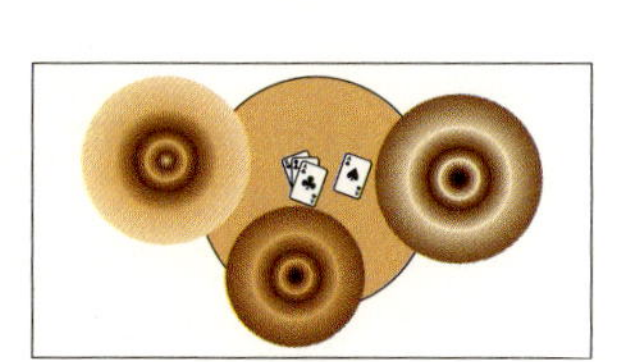

Wenn du zwei Terme, die eine Variable enthalten, durch ein Gleichheitszeichen verbindest, entsteht eine Gleichung mit einer Variablen.	Variable: x 1. Term: $7x - 2$ 2. Term: $5x + 6$ Gleichung: $7x - 2 = 5x + 6$
Die Lösung einer Gleichung ändert sich nicht, wenn du auf beiden Seiten dieselbe Zahl (denselben Term) addierst.	$x - 7 = 1 \quad \mid +7$ $x = 8$
Die Lösung einer Gleichung ändert sich nicht, wenn du auf beiden Seiten dieselbe Zahl (denselben Term) subtrahierst.	$9x + 1 = 4x + 6 \quad \mid -4x$ $5x + 1 = 6$
Die Lösung einer Gleichung ändert sich nicht, wenn du beide Seiten mit derselben Zahl (ungleich Null) multiplizierst.	$\frac{1}{7}x = 2 \quad \mid \cdot 7$ $x = 14$
Die Lösung einer Gleichung ändert sich nicht, wenn du beide Seiten durch dieselbe Zahl (ungleich Null) dividierst.	$-5x = 35 \quad \mid :(-5)$ $x = -7$
Gleichartige Summanden kannst du zusammenfassen.	$9x - 6x + 3 + 5 = -7$ $3x + 8 = -7$
Eine Zahl kannst du mit einer Summe multiplizieren, indem du jeden Summanden mit der Zahl multiplizierst.	$6(x - 2) = 24$ $6x - 12 = 24$
Bei der Probe setzt du für die Variable die Lösung ein und überprüfst, ob eine wahre Aussage entsteht.	Gleichung: $4x - 1 = 7$ Lösung: $x = 2$ Probe. $4 \cdot 2 - 1 = 7$ wahr!
Eine Gleichung hat keine Lösung, wenn beim Umformen eine falsche Aussage entsteht.	$3x - 2 = 3x + 7 \quad \mid -3x$ $-2 = 7$ falsch!
Eine Gleichung ist allgemeingültig, wenn jede Zahl eine Lösung der Gleichung ist.	$4 + x = x + 4 \quad \mid -x$ $4 = 4$ wahr!

1

die gesuchte Zahl: x

das Achtfache der Zahl:	$8x$	das Fünffache der Zahl:	$5x$
das Achtfache der Zahl vermindert um 12:	$8x - 12$	das Fünffache der Zahl vermehrt um 18:	$5x + 18$

Gleichung: $\boxed{8x - 12 = 5x + 18}$

Löse die Gleichung.

2 Ordne jedem Zahlenrätsel die richtige Gleichung zu. Löse jeweils die Gleichung.

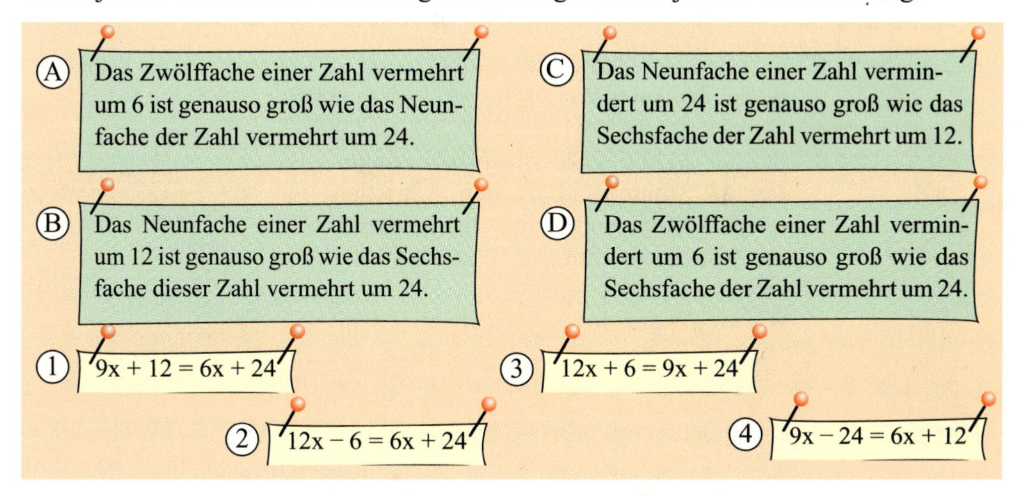

3 Schreibe jedes Zahlenrätsel als Gleichung auf und löse sie.

a) Das Siebenfache einer Zahl vermehrt um 2 ist genauso groß wie das Vierfache dieser Zahl vermehrt um 11.

b) Das Zehnfache einer Zahl vermindert um 8 ist genauso groß wie das Dreifache der Zahl vermehrt um 41.

c) Vermindert man das Neunfache einer Zahl um 15, so erhält man das Doppelte der Zahl vermehrt um 6.

d) Das Doppelte und das Fünffache einer Zahl sind zusammen genauso groß wie das Dreifache der Zahl vermehrt um 20.

e) Multipliziere eine Zahl mit 10 und subtrahiere 11. Du erhältst das Achtfache der Zahl vermindert um 1.

f) Addiere das Vierfache und das Elffache einer Zahl. Du erhältst das Zehnfache dieser Zahl vermindert um 30.

4 Schreibe zu jeder Gleichung ein passendes Zahlenrätsel. Und bestimme die Lösungsmenge.

a) $4x + 5 = 3x + 11$ b) $10x - 17 = 3x + 4$ c) $9x + 2x = 7x + 24$

1 Der Umfang eines gleichschenkligen Trapezes beträgt 31 cm. Die Strecke $\overline{AD}$ ist 5 cm kürzer als die Strecke $\overline{AB}$. Die Strecke $\overline{CD}$ ist 7 cm kürzer als $\overline{AB}$.
Wie lang sind die vier Seiten des gleichschenkligen Trapezes?

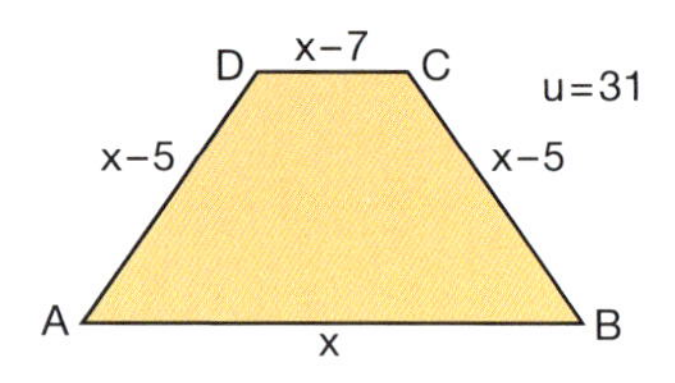

Gleichung: $x + x - 5 + x - 7 + x - 5 = 31$

2 In einem gleichschenkligen Trapez ist die Strecke $\overline{AB}$ doppelt so lang wie die Strecke $\overline{CD}$. Die Strecke $\overline{BC}$ ist 2 cm länger als die Strecke $\overline{CD}$. Der Umfang des gleichschenkligen Trapezes beträgt 49 cm. Bestimme die Längen der Seiten.

3

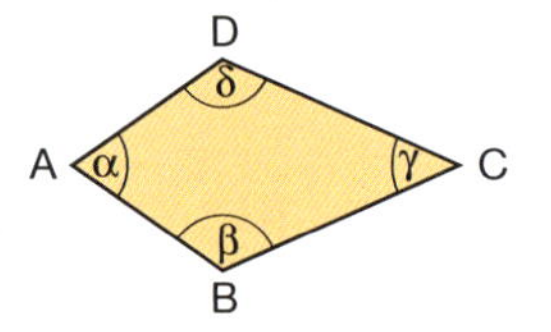

Der Umfang eines Drachens beträgt 56 cm. Die Strecke $\overline{BC}$ ist 6 cm länger als die Strecke $\overline{AB}$.
Wie lang sind die Seiten des Drachens?

Die Innenwinkel eines Vierecks sind zusammen 360° groß.

4 In einem Drachen ist der Winkel β doppelt so groß wie der Winkel α. Der Winkel γ ist 18° kleiner als α. Wie groß sind α, β, γ und δ?

5 In einem Drachen ist der Winkel α um 25° kleiner als der Winkel β und um 30° größer als der Winkel γ. Wie groß sind α, β, γ und δ?

6 Bei der Wahl des Schülersprechers wurden 44 Stimmen abgegeben. Christian erhielt 7 Stimmen weniger als Stephanie und Marina 4 Stimmen mehr als Christian.
Wie viel Stimmen erhielt jeder von ihnen?

	Anzahl der Stimmen
Stephanie:	x
Christian:	$x - 7$
Marina:	$x - 7 + 4$
insgesamt:	44
Gleichung:	$x + x - 7 + x - 7 + 4 = 44$

7 Der 9. Jahrgang einer Gesamtschule hat 113 Schüler. Im Wahlpflichtbereich II haben doppelt so viele Schüler Arbeitslehre wie Informatik gewählt. Der Spanischkurs hat 2 Schüler weniger als der Informatikkurs. 27 Schüler nehmen am Sportkurs teil. Wie viele Schüler haben Informatik (Spanisch, Arbeitslehre) gewählt?

8

Bei der Biathlon-Weltmeisterschaft 2001 in Slowenien erreichte die deutsche 4 x 7,5 km-Staffel der Frauen mit einer Zeit von 1 Stunde 29 Minuten 28,3 Sekunden den zweiten Platz.
Uschi Disl benötigte 50,3 Sekunden weniger als Katrin Apel und 73,5 Sekunden weniger als Andrea Henkel. Die Schlussläuferin Kati Wilhelm legte die 7,5 km-Strecke in 23 Minuten 22,1 Sekunden zurück.
Berechne die Zeiten von Uschi Disl, Katrin Apel und Andrea Henkel.

1 Flächeninhalt und Grundseite eines Dreiecks sind gegeben. Das Beispiel zeigt, wie du mithilfe der Formel für den Flächeninhalt die Höhe des Dreiecks berechnen kannst.

Der Flächeninhalt eines Dreiecks beträgt 21 cm². Die Grundseite g ist 7 cm lang.
Wie hoch ist das Dreieck?

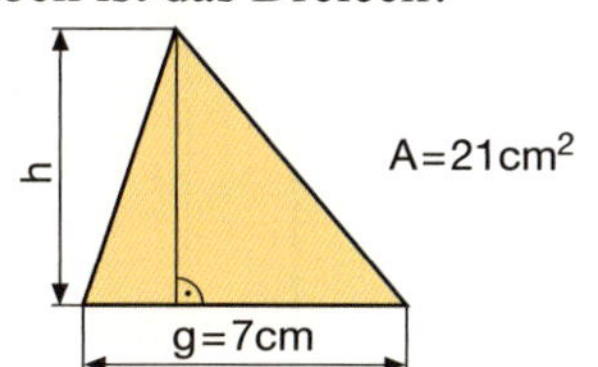

Gegeben: $A = 21\ \text{cm}^2$, $g = 7$ cm
Gesucht: h

$A = \frac{g \cdot h}{2}$

$21 = \frac{7 \cdot h}{2} \quad | \cdot 2$

$42 = 7 \cdot h \quad | : 7$

$6 = h$

Die Höhe h ist 6 cm lang.

Berechne die gesuchte Länge mithilfe der Formel für den Flächeninhalt des Dreiecks.

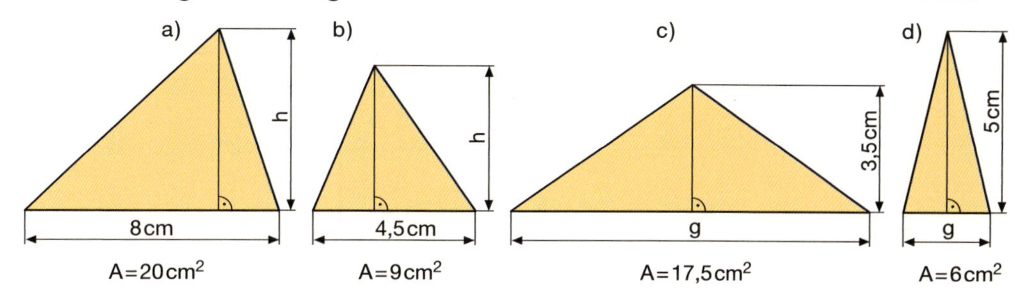

2 Der Flächeninhalt, die Seite a und die Höhe h eines Trapezes sind gegeben. Das Beispiel zeigt, wie du die Länge der Seite c mithilfe der Formel für den Flächeninhalt bestimmen kannst.

Der Flächeninhalt eines Trapezes beträgt 30 cm². Das Trapez ist 6 cm hoch. Die Seite a ist 7 cm lang.
Wie lang ist die Seite c?

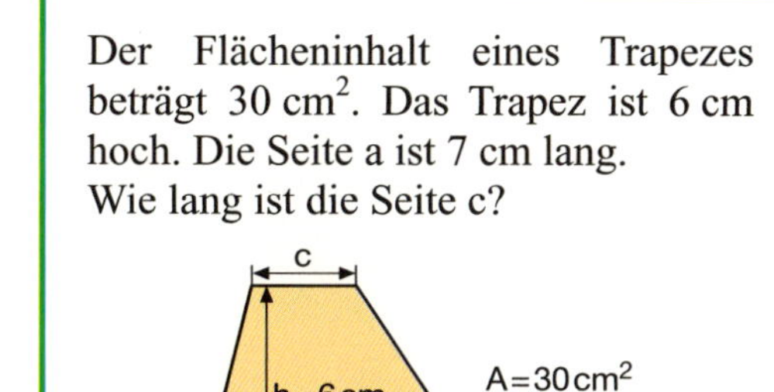

Gegeben: $A = 30\ \text{cm}^2$, $a = 7$ cm, $h = 6$ cm
Gesucht: c

$A = \frac{(a + c) \cdot h}{2}$

$30 = \frac{(7 + c) \cdot 6}{2} \quad | \cdot 2$

$60 = (7 + c) \cdot 6 \quad | : 6$

$10 = 7 + c \quad | - 7$

$3 = c$

Die Seite c ist 3 cm lang.

Berechne die gesuchte Länge mithilfe der Formel für den Flächeninhalt des Trapezes.

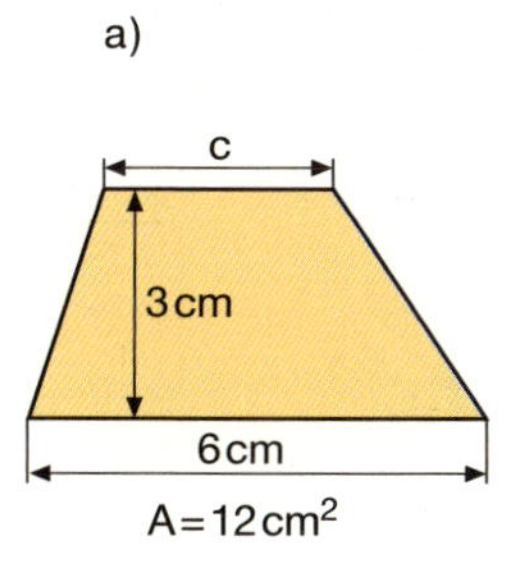

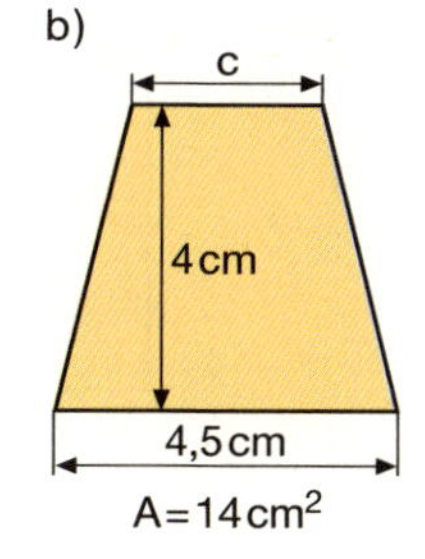

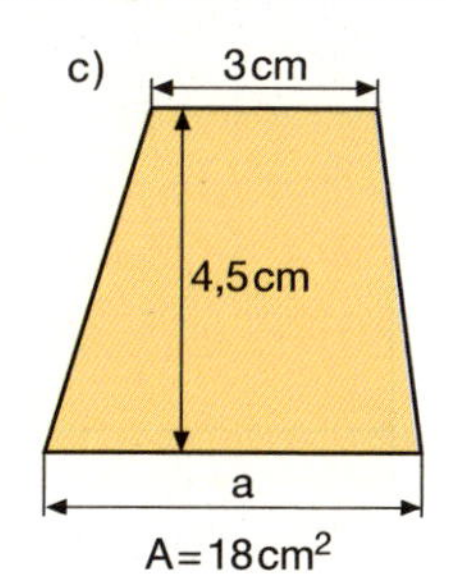

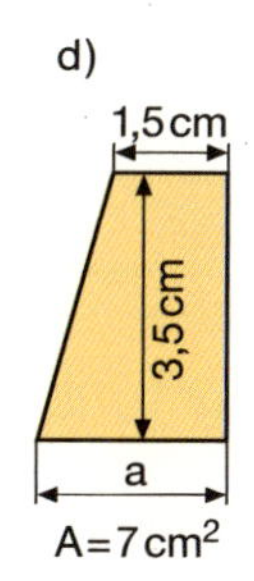

3 In den Beispielen wird bei den abgebildeten quadratischen Säulen mithilfe der Formel für das Volumen die gesuchte Länge bestimmt.

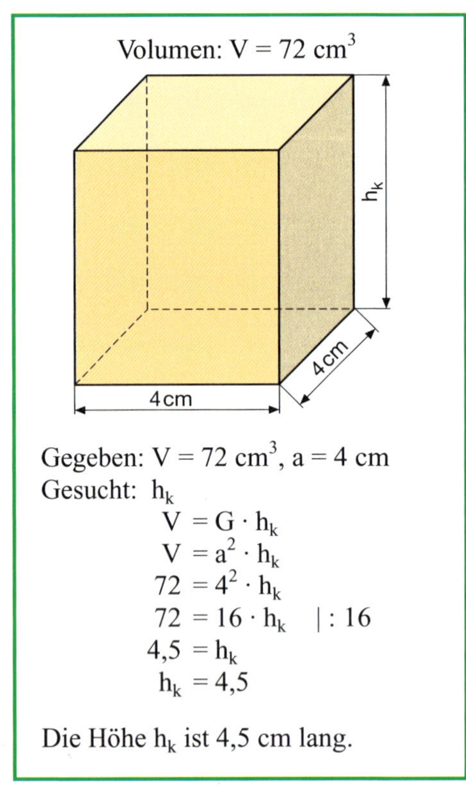

Gegeben: $V = 72\ cm^3$, $a = 4\ cm$
Gesucht: h_k

$$V = G \cdot h_k$$
$$V = a^2 \cdot h_k$$
$$72 = 4^2 \cdot h_k$$
$$72 = 16 \cdot h_k \quad |:16$$
$$4{,}5 = h_k$$
$$h_k = 4{,}5$$

Die Höhe h_k ist 4,5 cm lang.

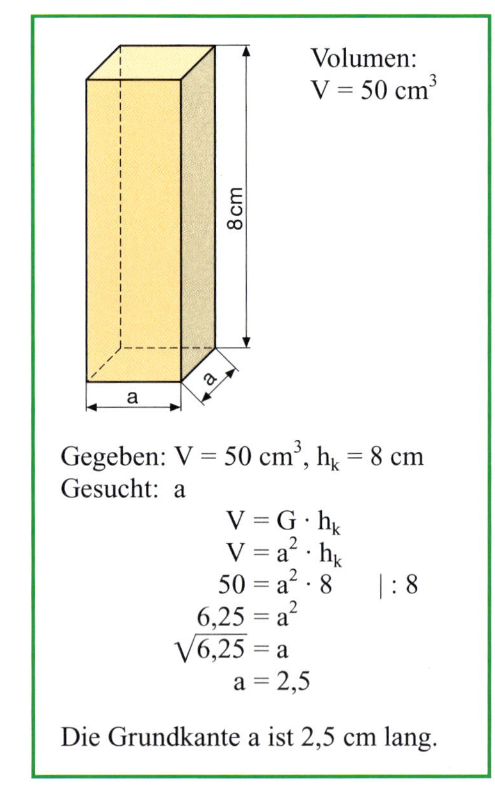

Gegeben: $V = 50\ cm^3$, $h_k = 8\ cm$
Gesucht: a

$$V = G \cdot h_k$$
$$V = a^2 \cdot h_k$$
$$50 = a^2 \cdot 8 \quad |:8$$
$$6{,}25 = a^2$$
$$\sqrt{6{,}25} = a$$
$$a = 2{,}5$$

Die Grundkante a ist 2,5 cm lang.

Berechne die gesuchte Länge mithilfe der Formel für das Volumen des Quaders.

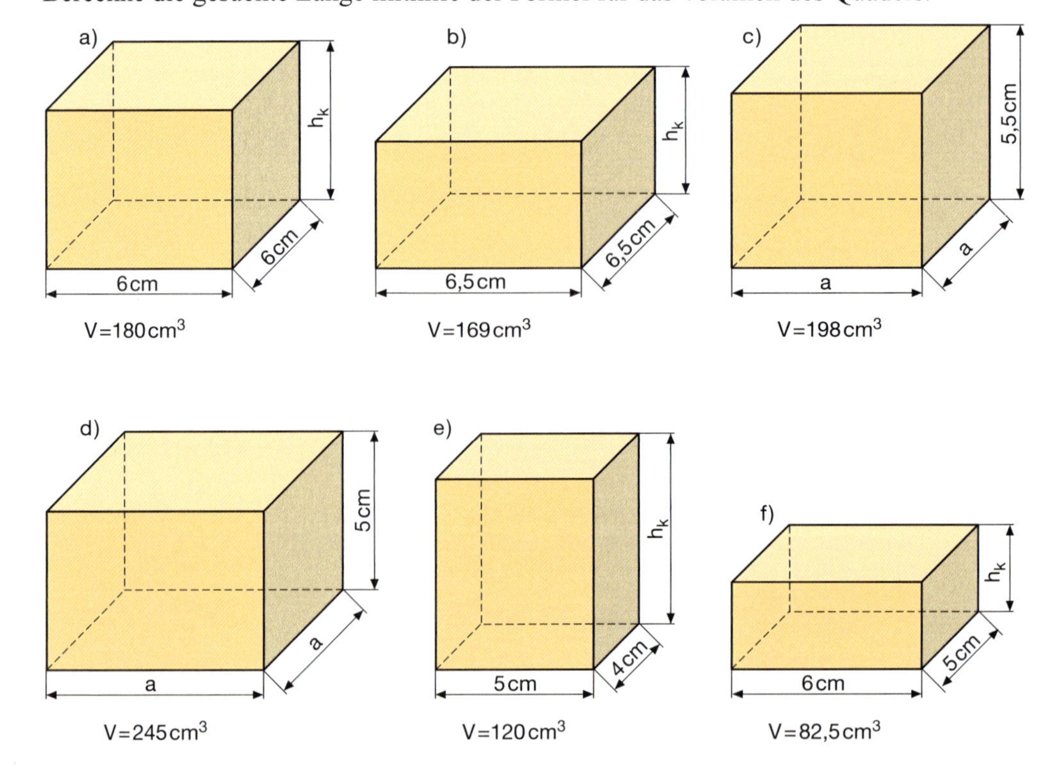

1 Der Flächeninhalt eines Dreiecks beträgt 9 cm². Die Grundseite g ist 4 cm lang. So kannst du die Länge der Höhe bestimmen:

Erst Einsetzen, dann Umformen:

$A = \frac{g \cdot h}{2}$

Einsetzen: $9 = \frac{4 \cdot h}{2}$

Umformen: $9 = \frac{4 \cdot h}{2} \quad | \cdot 2$

$18 = 4 \cdot h \quad | : 4$

$4{,}5 = h$

Die Höhe ist 4,5 cm lang.

Erst Umformen, dann Einsetzen:

Umformen: $A = \frac{g \cdot h}{2} \quad | \cdot 2$

$2 \cdot A = g \cdot h \quad | : g$

$\frac{2 \cdot A}{g} = h$

Einsetzen: $h = \frac{2 \cdot 9}{4} = 4{,}5$

Die Höhe ist 4,5 cm lang.

a) in jeder Spalte stehen die Maße eines Dreiecks. Berechne jeweils die Länge der Höhe h.

A	21 cm²	44 cm²	85 cm²	27,5 cm²	9,1 cm²
g	6 cm	11 cm	17 cm	5,5 cm	5,2 cm

b) Begründe, warum es sinnvoll ist, zuerst umzuformen und dann einzusetzen.

2 So kannst du die Formel für den Flächeninhalt des Trapezes nach einer gesuchten Länge umstellen:

$$A = \frac{(a + c) \cdot h}{2}$$

Umformen nach a:

$A = \frac{(a + c) \cdot h}{2} \quad | \cdot 2$

$2 \cdot A = (a + c) \cdot h \quad | : h$

$\frac{2 \cdot A}{h} = (a + c) \quad | - c$

$\frac{2 \cdot A}{h} - c = a$

Umformen nach h:

$A = \frac{(a + c) \cdot h}{2} \quad | \cdot 2$

$2 \cdot A = (a + c) \cdot h \quad | : (a + c)$

$\frac{2 \cdot A}{a + c} = h$

Stelle die Formel für den Flächeninhalt des Trapezes nach c um.

3 Berechne die fehlende Größe eines Trapezes.

	a)	b)	c)	d)	e)
a		13 cm	7 cm		24 cm
c	3 cm	7 cm		13 cm	17 cm
h	6 cm		8 cm	7,5 cm	
A	24 cm²	35 cm²	32 cm²	120cm²	164 cm²

4 a) Stelle die Formel für den Flächeninhalt des Parallelogramms zuerst nach g (nach h) um.

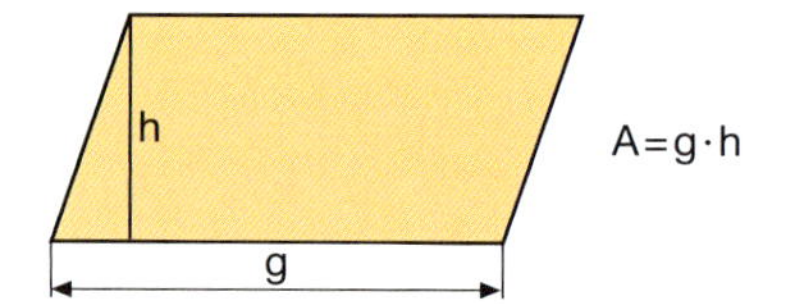

b) Bestimme mithilfe der Formeln die gesuchte Länge des Parallelogramms.

A	$68\ cm^2$	$15\ m^2$	$144\ dm^2$	$1{,}2\ m^2$	$120\ cm^2$
g		6 m	16 dm		
h	8, 5 cm			0,8 m	9,6 cm

5 a) Stelle die Formel für das Volumen eines Quaders nach a (nach b, nach c) um.

b) Berechne jeweils die fehlende Länge:
$V = 144\ cm^3$; $b = 4$ cm; $c = 3$ cm
$V = 216\ cm^3$; $a = 12$ cm; $c = 9$ cm
$V = 184\ cm^3$; $a = 11{,}5$ cm; $b = 8$ cm

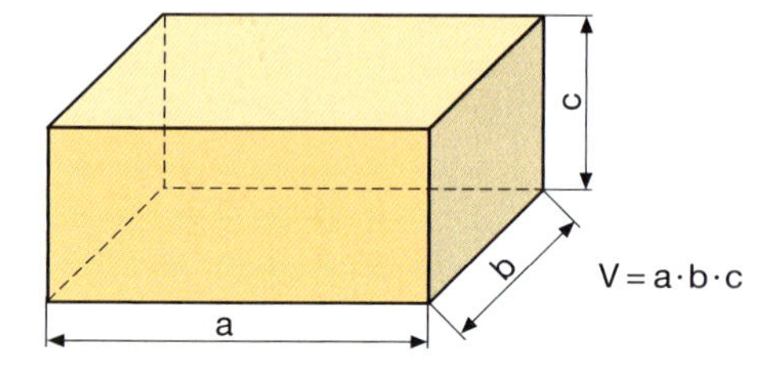

6 a) Erkläre, wie die Formel für den Umfang des Rechtecks nach a umgestellt wird.

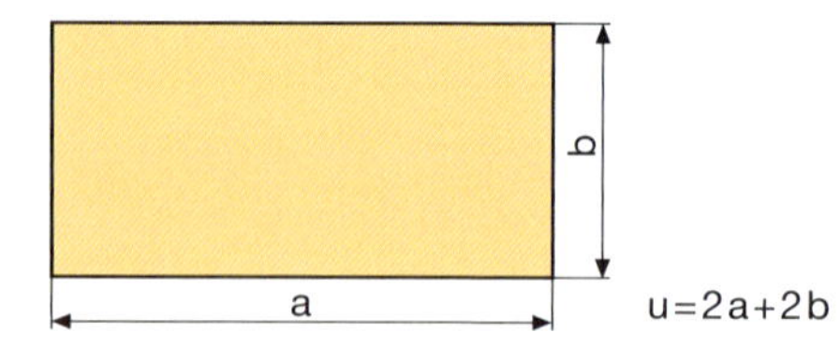

$u = 2a + 2b \quad | -2b$

$u - 2b = 2a \quad | :2$

$\frac{u - 2b}{2} = a$

b) Der Umfang eines Rechtecks beträgt 44 cm. Die Seite b ist 7 cm lang. Wie lang ist die Seite a?

c) Stelle die Formel für den Umfang des Rechtecks nach b um.

d) Berechne jeweils die Länge der Seite b.
(I) $u = 56$ cm; $a = 12$ cm (II) $u = 158$ cm; $a = 51$ cm

7 a) Stelle die Formel für den Flächeninhalt des Drachens nach e (nach f) um.

b) Stelle die Formel für den Umfang des Drachens nach a (nach b) um.

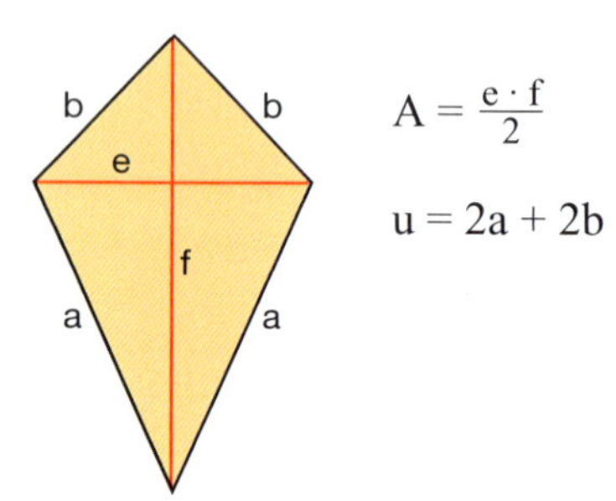

$A = \frac{e \cdot f}{2}$

$u = 2a + 2b$

8 Bestimme die fehlende Länge eines Drachens.

	a)	b)	c)
A	$52\ cm^2$	$156\ cm^2$	$18\ m^2$
e	8 cm		4,5 m
f		13 cm	

	d)	e)	f)
u	150 cm	3,8 m	0,6 m
a	31 cm		
b		0,7 m	0,12 m

$1\ dm^3 = 1\ l$

1 Ein quadratisches Schwimmbecken ist 9 m lang. Es fasst 137 700 Liter Wasser. Wie tief ist es?

2 Die Lagerhalle einer Fabrik ist 35 m lang und 24 m breit. Sie hat einen Rauminhalt von $9240\ m^3$. Berechne die Höhe der Lagerhalle.

3 Das abgebildete Gefäß fasst 45 *l* Wasser, wenn es vollständig gefüllt ist.
a) Wie hoch ist der Wasserspiegel, wenn das Gefäß zur Hälfte gefüllt ist?
b) Wie viel Liter Wasser enthält das Gefäß, wenn der Wasserspiegel 1 cm unterhalb des oberen Randes liegt?

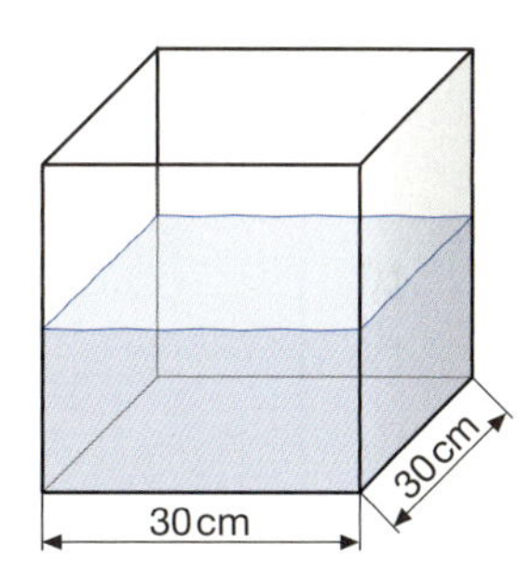

4

Für einen Hausbau wurde eine 12 m lange und 8 m breite Baugrube ausgehoben. Die Erde wurde von einem Lastwagen mit einem Fassungsvermögen von $9\ m^3$ abtransportiert. Der Lastwagen musste 32 Mal fahren. Wie tief ist die Baugrube?

$1\ cm^3 = 1\ ml$

5 Eine Dose enthält 750 ml Lack. Mit dem Inhalt der Dose wird eine rechteckige Holzplatte von beiden Seiten gleichmäßig lackiert. Die Holzplatte ist 2 m lang und 1,50 m breit. Wie dick ist die Lackschicht?

6 Ein quaderförmiger Öltank ist 1,50 m lang und 0,80 m breit. Er fasst 1500 Liter Öl. Wie hoch ist der Tank?

7 Im Lageplan sind einige Längen nicht angegeben. Berechne die fehlenden Längen a, b und c.

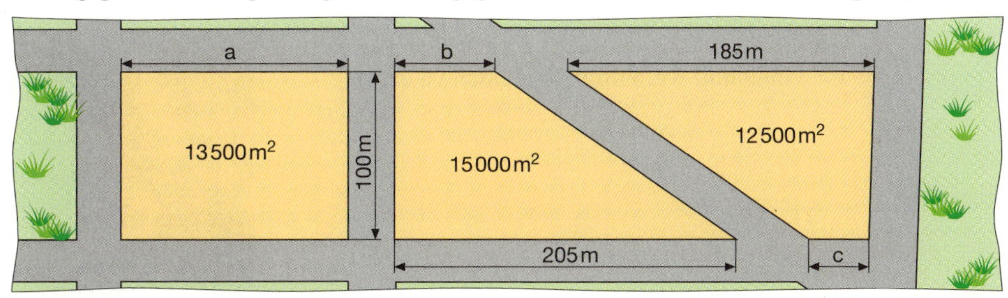

Dividiert man die Masse m eines Körpers durch sein Volumen V, so erhält man die **Dichte** ρ des Körpers.

Dichte = $\frac{\text{Masse}}{\text{Volumen}}$ $\varrho = \frac{m}{V}$

Eine Einheit für die Dichte ist $\frac{g}{cm^3}$.

Verschiedene Dichten $\left(\frac{g}{cm^3}\right)$

Aluminium	2,7	Kiefernholz	0,5
Glas	2,5	Marmor	2,8
Gold	19,3	Papier	0,9
Eisen	7,9	Sandstein	2,6
Eichenholz	0,9	Wasser	1,0

1 Eine quadratische Tischplatte aus Eichenholz ist 110 cm lang. Sie wiegt 32 670 g. So kannst du berechnen, wie dick die Tischplatte ist:

1. Berechne das Volumen.

$\varrho = \frac{m}{V}$ $\quad | \cdot V$

$\varrho \cdot V = m$ $\quad | : \varrho$

$V = \frac{m}{\rho}$

$V = \frac{32\,670}{0{,}9} = 36\,300$

Das Volumen beträgt 36 300 cm^3.

2. Berechne die Höhe.

$V = a^2 \cdot h_k$ $\quad | : a^2$

$\frac{V}{a^2} = h_k$

$h_k = \frac{36\,300}{110^2} = 3$

Die Tischplatte ist 3 cm dick.

Eine quadratische Tischplatte aus Kiefernholz wiegt 18 kg. Sie ist 120 cm lang. Wie dick ist sie?

2 Eine Glasscheibe ist 130 cm lang und 120 cm breit. Sie wiegt 19,5 kg. Wie dick ist das Glas?

3 Ein Balken aus Eichenholz ist 7 m lang. Er hat einen quadratischen Querschnitt und wiegt 1764 kg.
a) Gib das Volumen des Balkens an.
b) Berechne die Breite des Balkens.
c) Wie schwer ist ein gleich großer Balken aus Kiefernholz?

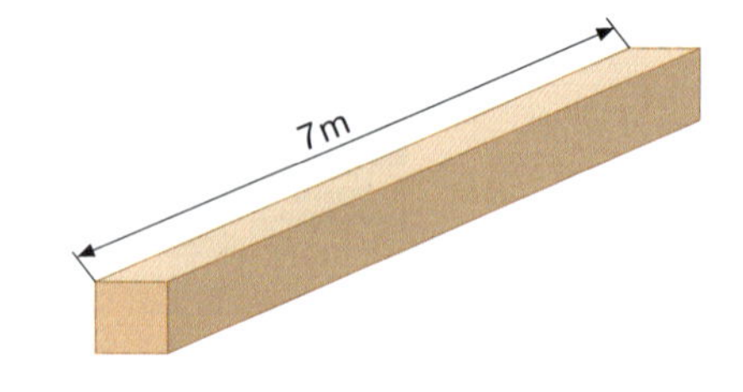

4 Eine quadratische Marmorplatte wiegt 189 kg. Sie ist 3 cm dick.
a) Welches Volumen hat die Marmorplatte?
b) Berechne die Seitenlänge der quadratischen Grundfläche.

5 Ein Lastwagen hat ein zulässiges Ladegewicht von 32 t. Der Laderaum ist 6,80 m lang, 2,50 m breit und 3,50 m hoch. Kann der Lastwagen vollständig mit Holz beladen werden, ohne das zulässige Ladegewicht zu überschreiten?

6 Ein Goldbarren wiegt 1 kg. Er ist 11 cm lang und 3 cm breit. Wie hoch ist er?

7 Kreise und Kreisteile

1 a) Beschreibe, wie auf den Abbildungen der Umfang der Gegenstände ermittelt wurde. Nenne andere Möglichkeiten.

b) Miss Umfang und Durchmesser verschiedener kreisförmiger Gegenstände. Übertrage die Tabelle in dein Heft und notiere deine ermittelten Werte in der Tabelle. Berechne jeweils den Quotienten aus Umfang u und Durchmesser d (u : d). Was stellst du fest?

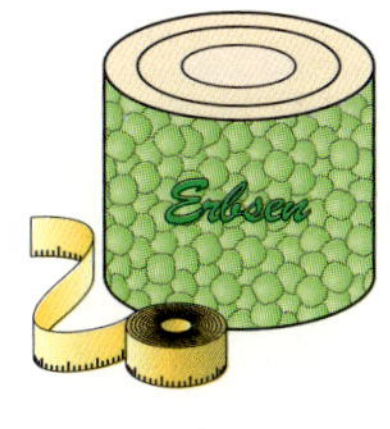

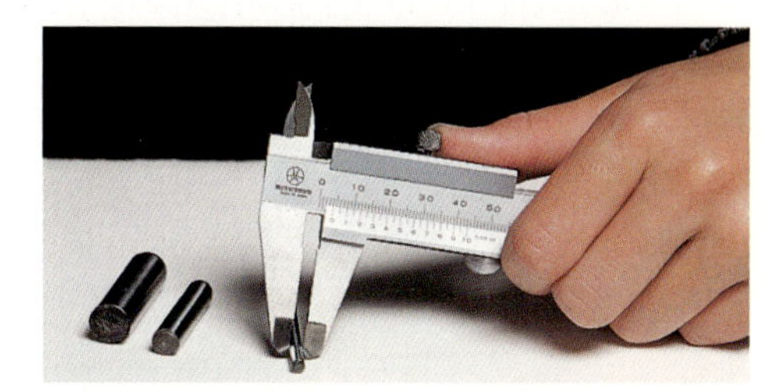

Gegenstand	Umfang	Durchmesser	u : d
Dose			
Tasse			
Rad			

Für jeden Kreis ist das Verhältnis des Umfangs u zu seinem Durchmesser d gleich. Der **Quotient u : d** ist bei allen Kreisen konstant. Diese Zahl wird Kreiszahl genannt und mit dem griechischen Buchstaben π (lies: pi) bezeichnet: $u : d = \pi$.

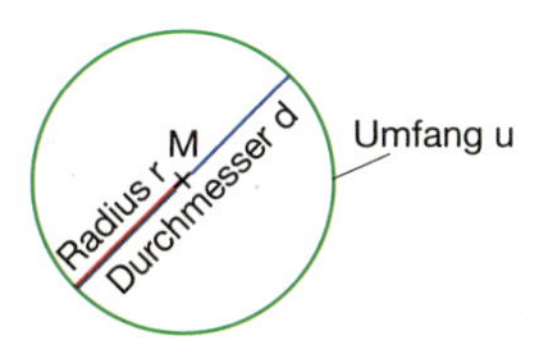

Umfang eines Kreises

$$\mathbf{u = \pi \cdot d}$$

$$\mathbf{u = 2 \cdot \pi \cdot r}$$

Die Kreiszahl π lässt sich nicht als abbrechender oder periodischer Dezimalbruch darstellen: $\pi = 3{,}14159265358979328462643383279\ldots$.

2 Die Kreiszahl π kannten schon die Babylonier (2000 v. Chr.) und die Ägypter (1650 v. Chr).
Mathematiker haben versucht den Wert für π genauer zu ermitteln. Wandle die angegebenen Näherungswerte jeweils in einen Dezimalbruch um.

Babylonier $3\frac{1}{8}$ Ägypter $\left(\frac{16}{9}\right)^2$

Archimedes $\frac{22}{7}$ Ptolemäus $3\frac{17}{120}$

Fibonacci $3\frac{39}{275}$ Anthoniß $3\frac{16}{113}$

Archimedes

3 Berechne den Umfang eines Kreises. Benutze dazu die π-Taste deines Taschenrechners. Runde sinnvoll.

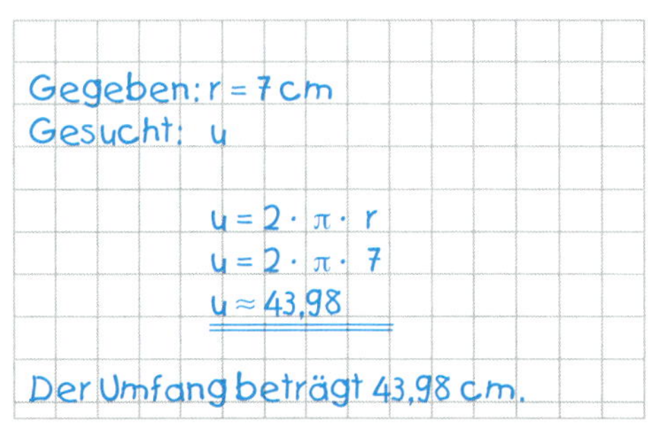

	a)	b)	c)	d)	e)
r	9 cm	4,3 cm	62 mm	2,41 m	3,5 km

	f)	g)	h)	i)	k)
d	22 cm	750 m	3,9 km	0,06 m	4,9 dm

4 Ein Rad einer Lokomotive hat einen Durchmesser von 1,4 m.
a) Welche Strecke legt ein Rad bei einer Umdrehung zurück?
b) Wie oft dreht sich ein Rad auf einer Strecke von 500 m (3 km; 10 km)?

5 Der große Zeiger einer Wanduhr ist 12 cm lang, der kleine Zeiger 7 cm.
a) Welche Strecke legt die Spitze des großen Zeigers bei einer Umdrehung (einer Stunde, einem Tag) zurück?
b) Welchen Weg legt die Spitze des kleinen Zeigers an einem Tag (einer Woche) zurück?

6 Um 1870 wurde das Hochrad entwickelt. Einige Sammler und Fans haben heute das Hochrad wieder als Hobbyfahrzeug entdeckt. Der Durchmesser des Vorderrades beträgt etwa 150 cm und der des Hinterrades etwa 43 cm.
Welche Strecke wurde nach 500 Umdrehungen des Vorderrades zurückgelegt?

7 Berechne die fehlenden Größen eines Kreises. Runde sinnvoll.

Gegeben: u = 68 cm
Gesucht: r

$u = 2 \cdot \pi \cdot r$

$68 = 2 \cdot \pi \cdot r \quad |:2$

$\frac{68}{2} = \pi \cdot r \quad |:\pi$

$\frac{68}{2 \cdot \pi} = r$

$r \approx 10,82$ cm

Der Radius r ist ungefähr 10,8 cm lang.

	a)	b)	c)	d)	e)
r			0,8 m		
d				8,6 m	
u	144,5 m	360 km			0,56 dm

	f)	g)	h)	i)	k)
r	59 mm				
d		0,45 m			
u			5,8 km	0,1 m	100 cm

1 Bei der Anlage eines Platzes sollen mehrere kreisförmige Flächen mit einem Verbundsteinpflaster gestaltet werden. Um die Anzahl der Pflastersteine zu bestellen, muss der Flächeninhalt der Kreise bestimmt werden.

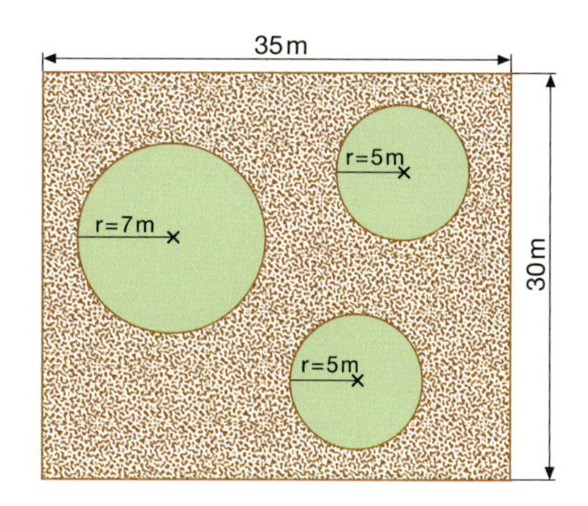

In den Zeichnungen siehst du, wie die Formel zur Berechnung der Kreisfläche entwickelt wurde.

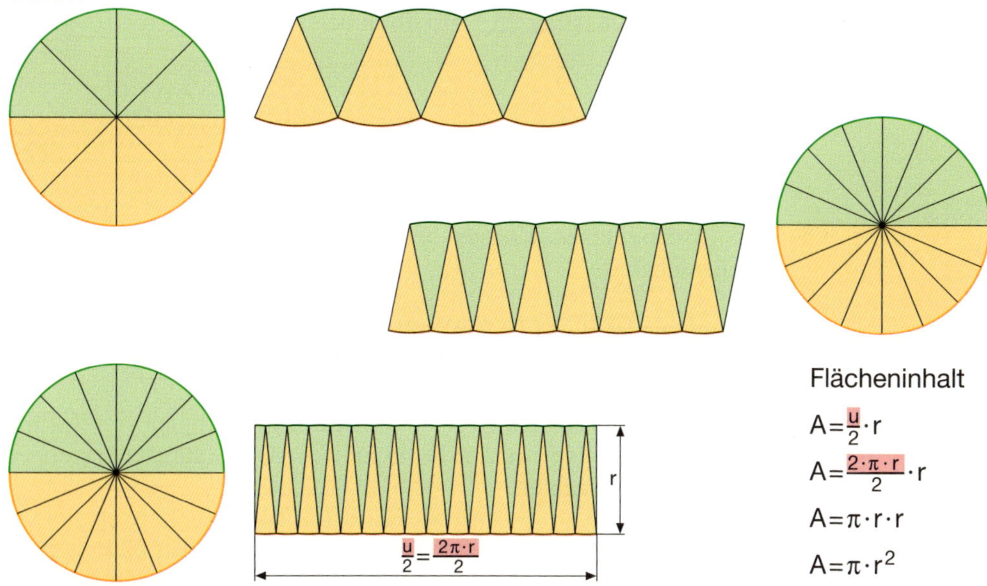

Erläutere die einzelnen Schritte, die zur Formel für die Berechnung des Flächeninhaltes des Kreises $A = \pi \cdot r^2$ führen.
Wie viel Quadratmeter werden jeweils mit farbigen Steinen gepflastert?

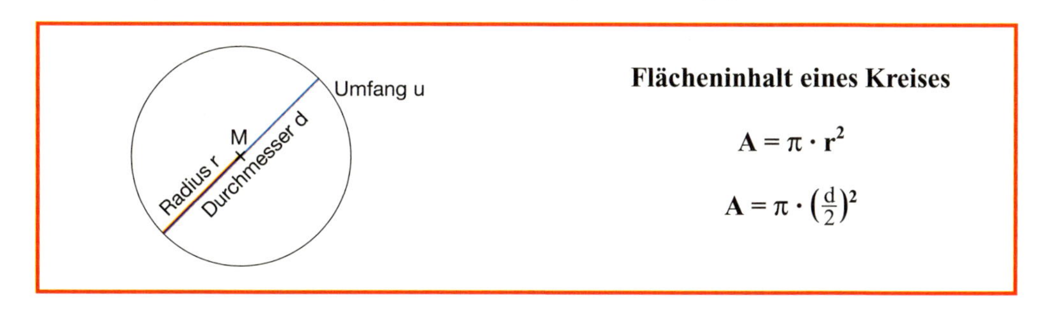

Flächeninhalt eines Kreises

$$\mathbf{A = \pi \cdot r^2}$$

$$\mathbf{A = \pi \cdot \left(\frac{d}{2}\right)^2}$$

2 Berechne den Flächeninhalt der Kreise. Überschlage zuerst. Runde sinnvoll.

a) r = 6 cm
r = 10 cm

b) d = 14 cm
d = 8 km

c) r = 0,6 m
d = 0,6 m

d) d = 0,05 m
r = 0,05 m

e) r = 15,4 km
d = 4,8 m

3

Gegeben: $r = 6$ cm
Gesucht: A

$A = \pi \cdot r^2$
$A = \pi \cdot 6 \cdot 6$
$A \approx 113{,}10$

Der Flächeninhalt beträgt ungefähr $113{,}10\ \text{cm}^2$.

Berechne den Flächeninhalt eines Kreises. Runde sinnvoll.

	a)	b)	c)	d)	e)
r	18 cm	47,5 cm	58 mm	1,5 m	5 m

	g)	h)	i)	k)	l)
d	86 cm	66 km	1,6 dm	4,8 m	783 dm

4 Familie Kasulke will die Hoffläche pflastern lassen.
a) Wie groß ist die Fläche, die gepflastert werden soll?
b) Was kosten die Pflastersteine, wenn für einen Quadratmeter 25,75 EUR zu bezahlen sind?

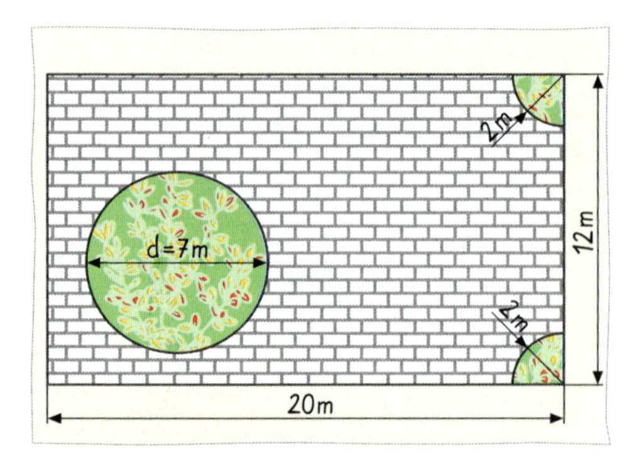

5 Der Umfang eines Kreises beträgt 50 cm (95 cm; 1,5 m; 40 m). Berechne seinen Flächeninhalt.

6 Ein kreisrundes Beet (d = 9 m) soll neu bepflanzt werden. Wie viele Pflanzen werden dazu benötigt, wenn für jede Pflanze eine Fläche von $0{,}06\ \text{m}^2$ berechnet wird?

7 Bekirs Mutter beabsichtigt einen kreisförmigen Teppich (r = 1,2 m) reinigen zu lassen. Für die Teppichpflege werden 18,45 EUR pro Quadratmeter berechnet. Wie viel EUR wird Bekirs Mutter bezahlen?

8 Der Einsatzradius eines Rettungshubschraubers beträgt 60 km. Berechne die Größe des Einsatzgebietes.

9 Aus quadratischen Platten (a = 60 cm) sollen kreisförmige Scheiben ausgestanzt werden. Berechne jeweils den Flächeninhalt aller Kreise. Gib den Verschnitt in Prozent an.

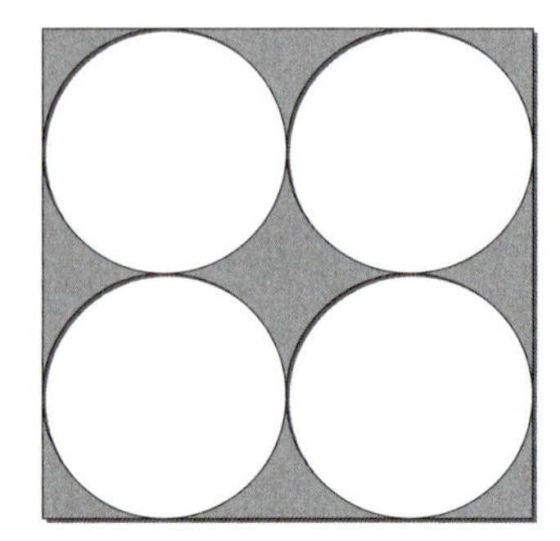

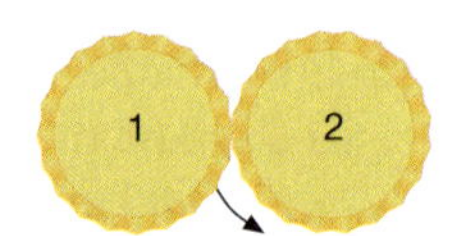

Lege zwei Kronkorken nebeneinander. Kronkorken 1 wird um Kronkorken 2 gedreht. Wie viel Umdrehungen macht dabei Kronkorken 1?

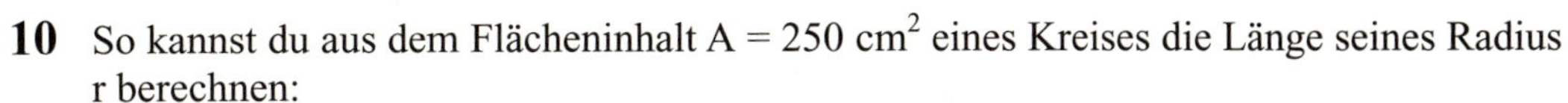

10 So kannst du aus dem Flächeninhalt $A = 250\ cm^2$ eines Kreises die Länge seines Radius r berechnen:

1. Notiere die zugehörige Formel. Setze für A den gegebenen Wert ein.

   $A = \pi \cdot r^2$

2. Löse die Formel auf.

   $250 = \pi \cdot r^2 \quad | : \pi$

   $\left(\frac{250}{\pi}\right) = r^2$

   $\sqrt{\frac{250}{\pi}} = r$

3. Berechne r mithilfe des Taschenrechners.

   $r = \sqrt{\frac{250}{\pi}}$

   Tastenfolge: [√] (250 [÷] π) [=]

   Anzeige: 8.920620581

   $r \approx 8{,}92$

   Der Radius beträgt ungefähr 8,9 cm.

Berechne den Radius eines Kreises. Sein Flächeninhalt beträgt $32\ cm^2$ ($76\ cm^2$; $120\ cm^2$; $44{,}5\ cm^2$; $3{,}14\ m^2$; $0{,}075\ km^2$).

11 Der Flächeninhalt eines Kreises beträgt $64\ cm^2$. Bestimme den Umfang des Kreises. Berechne dazu zunächst seinen Radius.

12 Die Größe des elektrischen Widerstandes eines Leiters hängt von seiner Querschnittsfläche ab. Welchen Durchmesser hat ein Draht mit einer Querschnittsfläche von $1\ mm^2$ ($1{,}5\ mm^2$; $4\ mm^2$; $20\ mm^2$)?

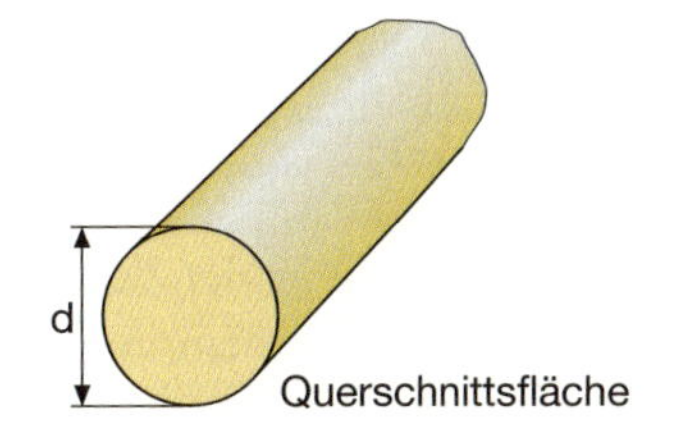

13 In einer Werkstatt soll ein kreisförmiges Blech mit $420\ cm^2$ ($650\ cm^2$; $945\ cm^2$) Inhalt ausgeschnitten werden. Dafür stehen Blechplatten zur Verfügung. Gib die quadratische Seitenlänge an, die das rechteckige Blechstück mindestens haben muss.

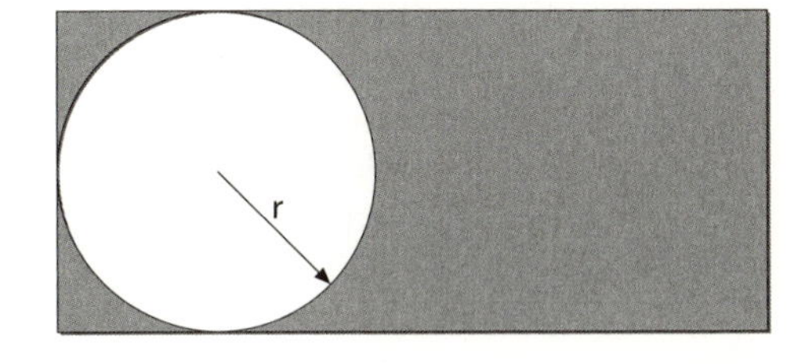

14 Ein DIN-A4-Blatt hat die Maße $a = 21$ cm und $b = 29{,}7$ cm. Berechne den Radius eines flächengleichen Kreises.

15 Ein zylinderförmiger Kolben soll eine Querschnittfläche von $62\ cm^2$ haben. Wie groß ist sein Durchmesser?

16 Im Stadtpark wird innerhalb einer rechteckigen Fläche ($a = 27$ m; $b = 14$ m) ein kreisförmiges Blumenbeet ($d = 13{,}50$ m) angelegt.

a) Fertige eine Skizze an.

b) Wie viele Blumen werden benötigt, wenn eine Pflanze eine Fläche von $0{,}3\ m^2$ beansprucht?

c) Die restliche Fläche um das Beet wird mit Gras eingesät. Wie viel Grassamen wird dazu benötigt, wenn 3 kg Grassamen für $100\ m^2$ berechnet werden?

1 Berechne die fehlenden Größen eines Kreises in deinem Heft. Runde sinnvoll.

	a)	b)	c)	d)	e)	f)	g)	h)	i)	k)
r	6 cm	1,5 dm						37,2 m		
d			68 m	3,2 m					0,49 km	
u					26,6 mm					28,12 m
A						62 m²	82,4 dm²			

2 a) Der Umfang eines Quadrates und eines Kreises beträgt jeweils 120 cm. Vergleiche die Flächeninhalte der beiden Figuren miteinander.
b) Ein Quadrat und ein Kreis haben jeweils einen Flächeninhalt von 1000 cm². Vergleiche die Umfänge der beiden Figuren.

3 a) Ein Rotor einer Windkraftanlage besitzt einen Durchmesser von 27 m. Berechne die sogenannte Winderntefläche, die von dem Rotor überstrichen wird.
b) Ein Rotor überstreicht eine Fläche von 531 m². Berechne den Durchmesser des Rotors.

4 Wie viel Zentimeter Aluminiumband sind für die Einfassung einer Wurfscheibe mit einem Flächeninhalt von 900 cm² erforderlich?

5 Für den Neubau eines Schwimmbeckens soll die Bodenfläche mit blauen Fliesen belegt werden.
a) Berechne die Bodenfläche des Schwimmbeckens.
b) Für Verschnitt und Bruch werden von dem Fliesenleger 15 % hinzugerechnet.
c) Was kosten die Fliesen, wenn für 1 m² 14,75 EUR berechnet werden?

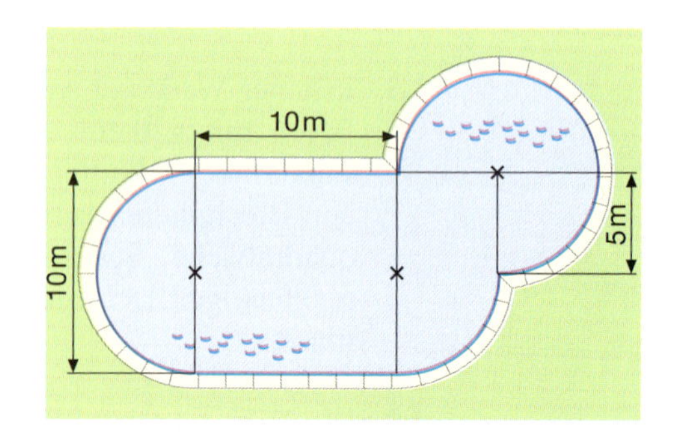

6 Berechne den Flächeninhalt und den Umfang der farbig markierten Flächen.

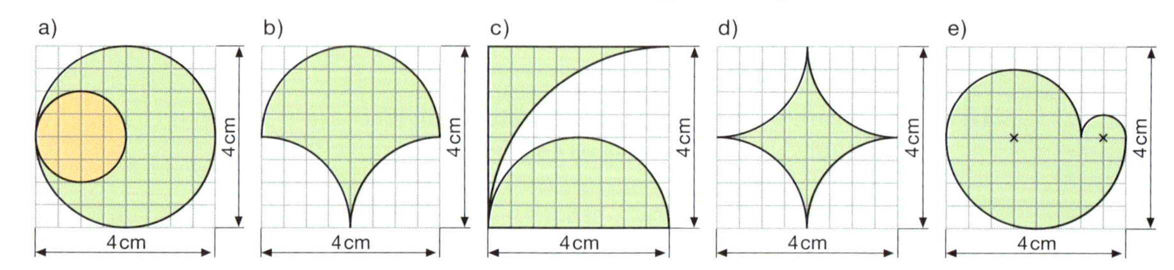

1 Um einen kreisrunden Brunnen wird ein 2,40 m breiter Streifen gepflastert.
Wie viel Quadratmeter müssen gepflastert werden?
Beschreibe deinen Lösungsweg.

2 a) Zeichne um einen Mittelpunkt M einen Kreis mit dem Radius r = 2 cm und einen weiteren Kreis mit dem Radius r = 3,5 cm.
b) Färbe den entstandenen **Kreisring** und berechne seinen Flächeninhalt.

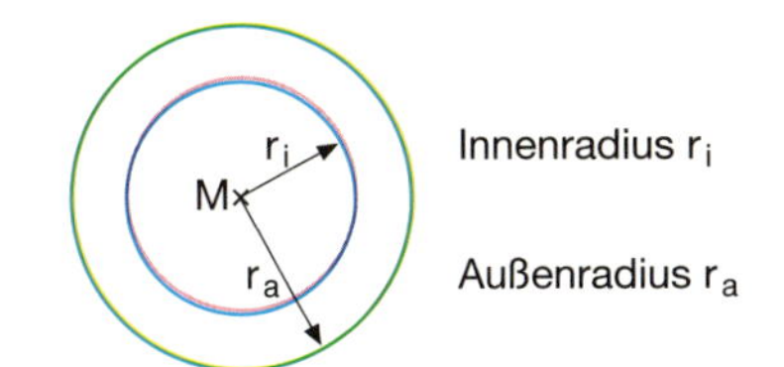

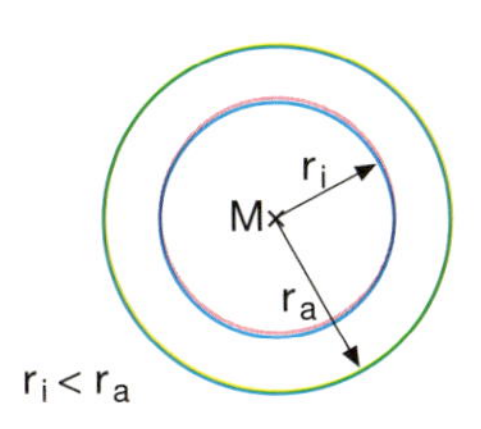

Flächeninhalt eines Kreisringes

$$\mathbf{A = \pi \cdot r_a^2 - \pi \cdot r_i^2}$$

$$\mathbf{A = \pi \cdot (r_a^2 - r_i^2)}$$

3

Gegeben: $r_a = 5$ cm; $r_i = 4$ cm
Gesucht: A
$A = r_a^2 \cdot \pi - r_i^2 \cdot \pi$
$A = 5^2 \cdot \pi - 4^2 \cdot \pi$

Tastenf. 5 [x^2] [x] π [–] 4 [x^2] [x] π [=]

Anzeige 28.27433388

$A \approx 28,27$
Der Flächeninhalt beträgt ungefähr 28,27 cm².

Berechne den Flächeninhalt eines Kreisringes. Runde sinnvoll.

	a)	b)	c)	d)	e)
r_a	3,6 cm	58 mm	0,87 m	375 cm	4,8 m
r_i	2,3 cm	53 mm	0,78 m	362 cm	3,9 m

	a)	b)	c)	d)	e)
d_a	10 mm	5,4 cm	78,8 cm	0,56 m	7,7 cm
d_i	6 mm	3,6 cm	52,4 cm	0,24 m	5,5 cm

4 Um ein kreisförmiges Wasserbecken wird ein 1,80 m breiter Weg angelegt. Der Durchmesser des Beckens beträgt 17 m. Wie groß ist die Fläche, die dazu eingeebnet werden muss?

5 Um eine Buche mit 2,40 m Durchmesser soll eine 40 cm breite Sitzbank aus Holz gebaut werden.
a) Berechne den Flächeninhalt der Sitzfläche.
b) Wie viel Holz wird benötigt, wenn für den Verschnitt 30 % hinzugerechnet werden?

1 Die Schülerinnen und Schüler der Klasse 9d wollen für ein Schulfest Glücksräder bauen.

a) Wie groß ist der Winkel, der zu jedem **Kreisausschnitt** gehört?

b) Welche Winkel müssen gewählt werden, um Glücksräder mit 10 (12, 15) Feldern herzustellen?

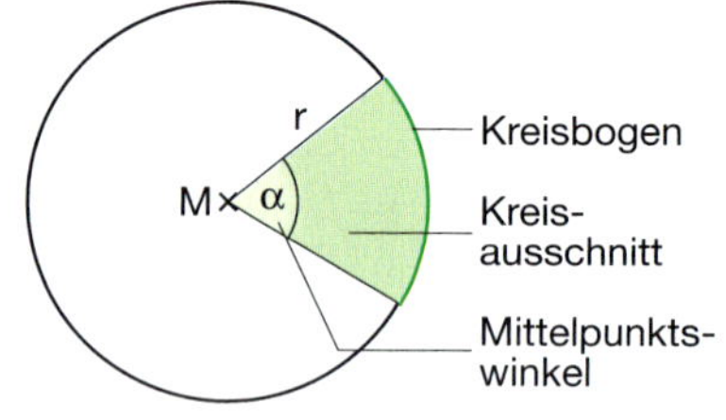

2 In einem Kreis (r = 4 cm) ist die Fläche eines Kreisausschnitts mit dem Mittelpunktswinkel α = 90° farbig gekennzeichnet. Berechne den Flächeninhalt A_s und die Länge b des zugehörigen Kreisbogens. Bestimme dafür zunächst den Flächeninhalt und den Umfang des Vollkreises.

3

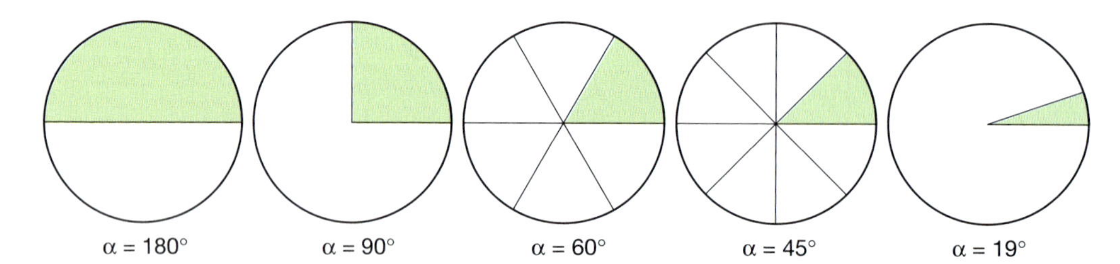

a) Übertrage die Tabelle in dein Heft und berechne jeweils den Flächeninhalt des Kreis ausschnittes und die Länge des dazugehörenden Kreisbogens.

Winkel	Anteil von 360°	Flächeninhalt des Kreisausschnittes A_s	Länge des Kreisbogens b
360°	$\frac{1}{1}$	$A \approx 28{,}28\ \text{cm}^2$	$u \approx 18{,}84$ cm
180°	$\frac{1}{2}$	$A_s \approx 28{,}28\ \text{cm}^2 \cdot \frac{1}{2} \approx 14{,}14\ \text{cm}^2$	$b \approx 18{,}84\ \text{cm} \cdot \frac{1}{2} \approx 9{,}42$ cm
90°	■	■	■
60°	■	■	■
45°	■	■	■

b) Ergänze die Tabelle in deinem Heft für die folgenden Winkel: 1°, 19° und 32°.

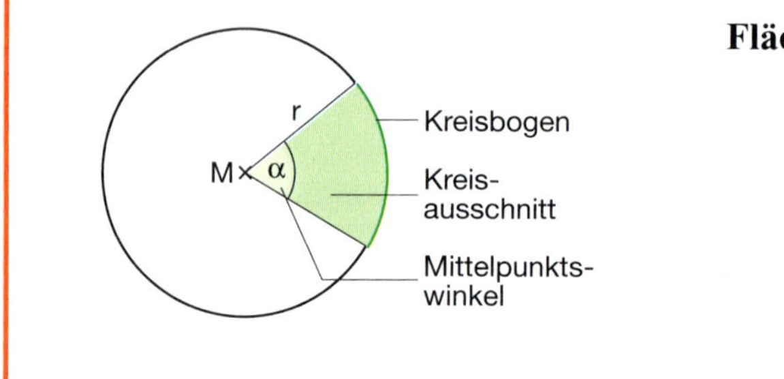

Flächeninhalt eines Kreisausschnitts

$$A_s = \frac{\pi \cdot r^2}{360°} \cdot \alpha$$

Länge eines Kreisbogens

$$b = \frac{\pi \cdot r}{180°} \cdot \alpha$$

1 Berechne den Flächeninhalt A_s und die Bogenlänge b eines Kreisausschnittes. Runde auf zwei Nachkommastellen.

	a)	b)	c)	d)	e)
α	34°	125°	200°	295°	315°
r	12 cm	34 mm	1,5 m	0,88 dm	3,4 m

2 Zur Überwachung eines Eingangsbereiches wird eine schwenkbare Videokamera eingesetzt. Die Kamera kann um 140° geschwenkt werden und kann auf 12 m genaue Aufnahmen liefern. Bestimme die Größe der Fläche, die von der Kamera erfasst wird.

3 Für die Neugestaltung eines Parks soll ein kreisförmiges Beet mit einem ringförmigen Rasen eingefasst werden.
a) Die Gärtner setzen auf einen Quadratmeter 15 Blumen. Wie viele Blumen können auf dem Beet gepflanzt werden?
b) Wie groß ist die Rasenfläche?

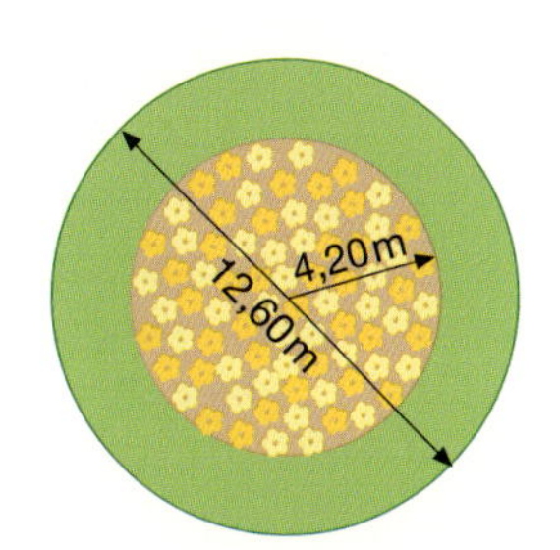

4 Das Ceranfeld eines Elektroherdes hat verschiedene Kochbereiche.
a) Berechne jeweils den Flächeninhalt der Kochzonen.
b) Bei den beiden anderen Kochzonen können jeweils weitere Ringe dazu geschaltet werden. Wie groß ist jeweils die Flächenzunahme?

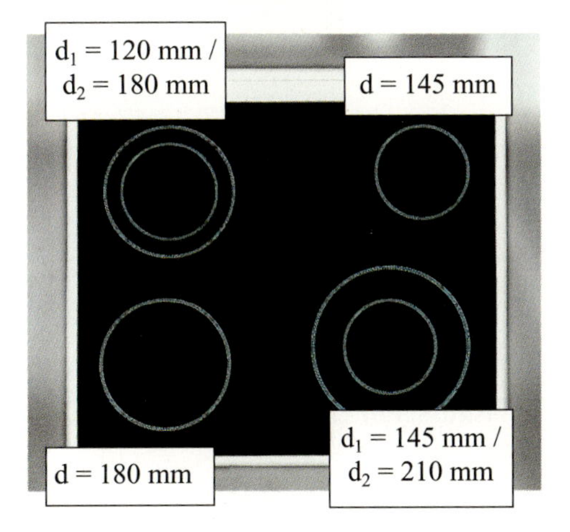

5

Der Heckscheibenwischer eines Autos hat eine Länge von 470 mm. Der Abstand vom Drehpunkt des Wischerarmes bis zum unteren Ende des Wischerblattes beträgt 24 cm. Der Scheibenwischer schwenkt in einem Winkel von 120°. Berechne die Fläche, die von dem Wischer erfasst wird.

6 Berechne die Entfernung zweier Punkte A und B auf dem Äquatorkreis (r = 6378 km). Der Winkel zwischen beiden Längenkreisen beträgt 1°.

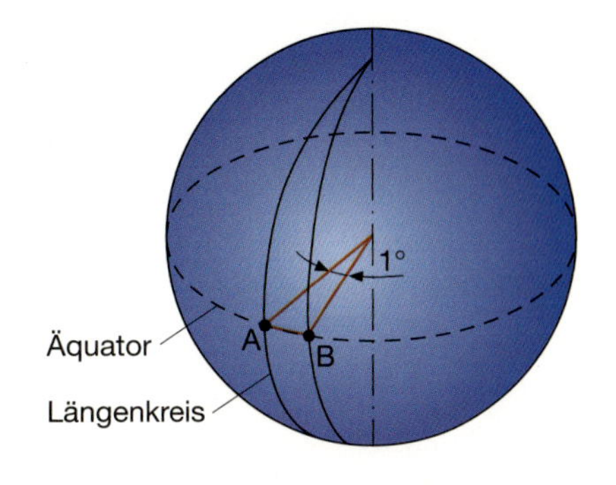

Für jeden Kreis ist das Verhältnis des Umfangs u zu seinem Durchmesser d gleich. Der Quotient u : d ist bei allen Kreisen konstant. Diese Zahl wird Kreiszahl genannt und mit dem griechischen Buchstaben π (lies: pi) bezeichnet: $u : d = \pi$

Umfang und Flächeninhalt

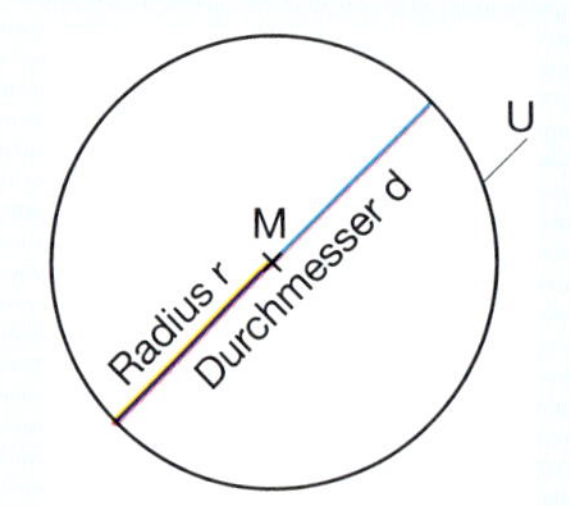

Umfang eines Kreises	Flächeninhalt eines Kreises
$\mathbf{u = \pi \cdot d}$	$\mathbf{A = \pi \cdot r^2}$
$\mathbf{u = 2 \cdot \pi \cdot r}$	$\mathbf{A = \pi \cdot \left(\frac{d}{2}\right)^2}$

Die Kreiszahl π lässt sich nicht als abbrechender oder periodischer Dezimalbruch darstellen: $\pi = 3{,}14159265358979328462643383279\ldots$.

Kreisring

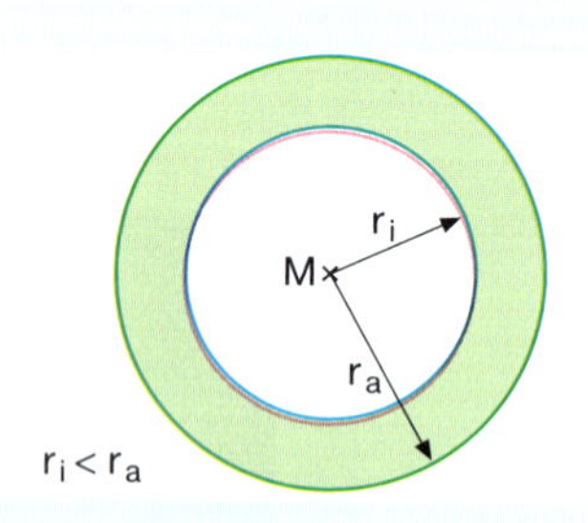

Flächeninhalt eines Kreisringes

$$\mathbf{A = r_a^2 \cdot \pi - r_i^2 \cdot \pi}$$

$$\mathbf{A = \pi \cdot (r_a^2 - r_i^2)}$$

Kreisausschnitt Kreisbogen

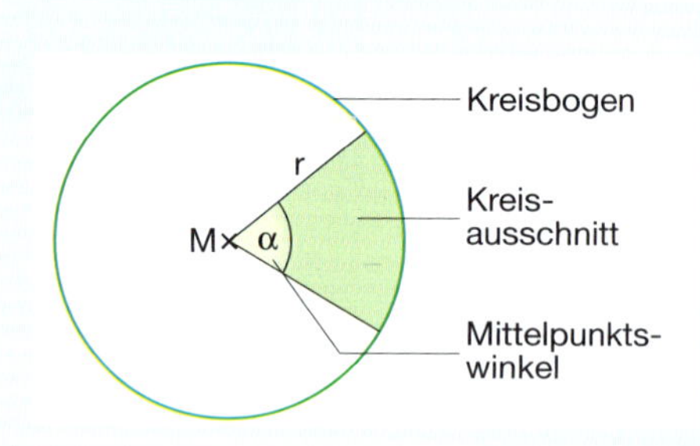

Flächeninhalt eines Kreisausschnitts

$$\mathbf{A_s} = \frac{\pi \cdot r^2}{360°} \cdot \alpha$$

Länge eines Kreisbogens

$$\mathbf{b} = \frac{\pi \cdot r}{180°} \cdot \alpha$$

1 Versuche, bei denen sich die **Ergebnisse** nicht sicher vorhersagen lassen, sondern zufällig zustande kommen, heißen **Zufallsexperimente.**
Wo wird ein Zufallsexperiment dargestellt, wo nicht? Begründe deine Antwort.

2 Welche Ergebnisse sind bei den folgenden Zufallsexperimenten möglich?
a) Ein Glücksrad mit den Ziffern 1 bis 8 wird einmal gedreht.
b) Eine Münze (Bild und Zahl) wird zweimal hintereinander geworfen.
c) Eine zufällig ausgewählte Person wird nach ihrem Geburtsjahr gefragt.
d) Eine zufällig ausgewählte Person wird nach ihrer Muttersprache gefragt.
e) Ein weißer und ein roter Würfel werden jeweils einmal geworfen.
f) Aus einer Urne mit fünf roten, drei gelben und vier grünen Kugeln werden zwei Kugeln gezogen.

1

Die Schülerinnen und Schüler wollen in Gruppen Fragebögen zu unterschiedlichen Themen entwerfen. Mithilfe der Fragebögen sollen dann Umfragen durchgeführt werden. Nenne weitere mögliche Themen für eine Umfrage in der Schule.

Verschiedene **Ergebnisse** lassen sich zu einem **Ereignis** zusammenfassen.

2 In einem Fragebogen wird auch nach der Anzahl der Geschwister gefragt. Dabei sind die vorgegebenen Antworten so formuliert, dass alle möglichen Ergebnisse erfasst werden können.

a) Ein zufällig ausgewählter Schüler wird nach der Anzahl seiner Geschwister gefragt. Nenne mögliche Ergebnisse, die zu der Antwort **„mehr als 5"** gehören.

b) Wodurch unterscheidet sich die Antwort **„mehr als 5"** von allen anderen Antworten?

Wie viele Geschwister hast du?

Bitte kreuze die richtige Antwort an!

0	☐	**1**	☐
2	☐	**3**	☐
4	☐	**5**	☐
mehr als 5	☐		

3

Wie lang ist dein Schulweg (in km)?

Bitte kreuze die richtige Antwort an!

0 km bis einschließl. 5 km ☐
über 5 km bis einschließl. 10 km ☐
über 10 km bis einschließl. 15 km ☐
über 15 km bis einschließl. 20 km ☐
über 20 km ☐

Entwerfe einen Fragebogen zum Thema „Schulweg von Schülerinnen und Schülern".
Formuliere Fragen und Antworten zu folgenden Stichpunkten: Schulweglänge, Schulwegdauer, Verkehrsmittel, Kosten, Wartezeiten.
Achte darauf, dass es zu jedem möglichen Befragungsergebnis auch jeweils eine Antwort gibt.

1

Eine Gruppe von Schülerinnen und Schülern möchte in ihrer Schule eine Umfrage zum Thema „Wie verbringe ich meine Freizeit?“ durchführen. Dazu wurde der folgende Fragebogen entworfen.

„Wie verbringst du deine Freizeit?“
Fragebogen

1. Gib dein Geschlecht an. männlich ☐ weiblich ☐
2. Gib dein Alter in Jahren an. ______
3. Wie viele Personen leben in eurem Haushalt? ______
4. Wie viele Kinder leben (mit dir) in eurem Haushalt? ______
5. Was unternimmst du gemeinsam mit deinen Freundinnen und Freunden?
   Du darfst mehrere Möglichkeiten ankreuzen.
   - Sport ☐
   - Kino ☐
   - Musik hören ☐
   - Spielen ☐
   - Sonstiges ☐
   - Bummeln/Herumfahren ☐
   - Disco/Party ☐
   - Fernsehen/Video ☐
   - Selber kreativ sein ☐

8. Mit wem verbringst du die meiste Zeit vor dem Fernseher?
   mit Freunden ☐ allein ☐

a) Überlege dir weitere Fragen zum Freizeitverhalten von Jugendlichen.
   Nicht jede Frage ist geeignet!

b) Wie muss der Fragebogen gestaltet werden, damit sich die Fragen auch gut auswerten lassen?

2 Die Angaben zum Lebensalter (in Jahren) wurden zunächst mithilfe einer **Strichliste** geordnet.

Lebensalter (Jahre)	
11	𝍸 II
12	𝍸 II
13	𝍸 𝍸 I
14	𝍸 IIII
15	𝍸 𝍸
16	𝍸 I

a) Wie viele Personen wurden insgesamt befragt?

b) Übertrage die **Häufigkeitstabelle** in dein Heft und trage die **absoluten Häufigkeiten** der einzelnen Altersangaben ein. Bestimme die zugehörigen **relativen Häufigkeiten** wie im Beispiel.

Lebensalter: *11 Jahre*

absolute Häufigkeit: *7*

Anzahl der Daten: *50*

relative Häufigkeit: $\frac{7}{50} = 0{,}14$

Häufigkeitstabelle

Lebensalter (Jahre)	absolute Häufigkeit	relative Häufigkeit
11	7	0,14
12		
13		
14		
15		
16		
Summe	50	

c) Addiere die relativen Häufigkeiten. Was fällt dir auf?

d) Du kannst die Ergebnisse der Befragung auch in einem **Säulen-** oder einem **Stabdiagramm** darstellen. Vervollständige das Stabdiagramm im Heft.

Säulendiagramm

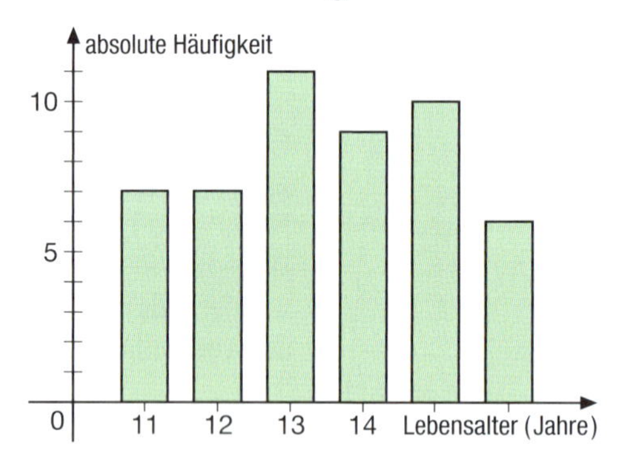

Stabdiagramm

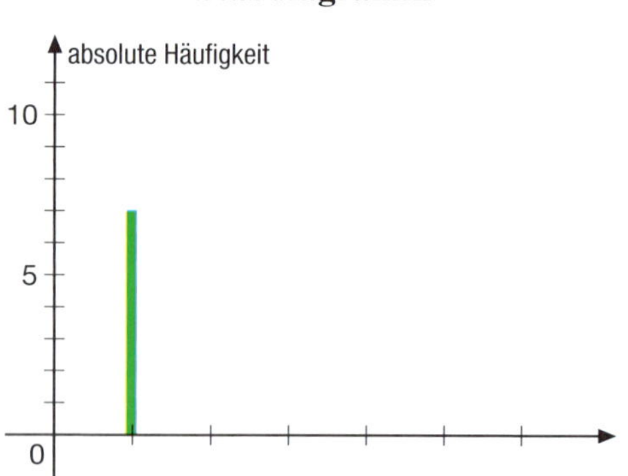

3 Die Antworten auf die Frage „Wie viele Personen leben mit dir in einem Haushalt?" wurden zunächst in einer **Urliste** gesammelt.

Urliste (Anzahl der Personen in einem Haushalt)

4 4 3 5 2 3 4 5 6 5 3 2 4 3 4 3 5 4 4 5 4 3 5 4 3
2 4 4 3 5 4 3 2 6 7 5 4 4 5 6 3 3 5 3 4 3 4 3 5 4

a) Ordne die Daten mithilfe einer Strichliste.

b) Bestimme die absoluten Häufigkeiten der einzelnen Anzahlen und trage sie in eine Häufigkeitstabelle ein.

c) Berechne die relativen Häufigkeiten als Dezimalbruch und in Prozent und trage sie ebenfalls in der Häufigkeitstabelle ein.

d) Stelle das Ergebnis in einem Säulendiagramm (Stabdiagramm) dar.

relative Häufigkeit: $\frac{4}{50} = 0{,}08$
relative Häufigkeit in Prozent: *8%*

4 In der Häufigkeitstabelle wird das Ergebnis der Befragung „Wie viele Kinder leben (mit dir) in diesem Haushalt?“dargestellt.

a) Ergänze die abgebildete Häufigkeitstabelle in deinem Heft.

b) Das Ergebnis der Umfrage soll in einem **Streifendiagramm (Blockdiagramm)** dargestellt werden.

Anzahl der Kinder	absolute Häufigkeit	relative Häufigkeit
1	18	■
2	20	■
3	7	■
4	3	■
5 und mehr	2	■
Summe	■	■

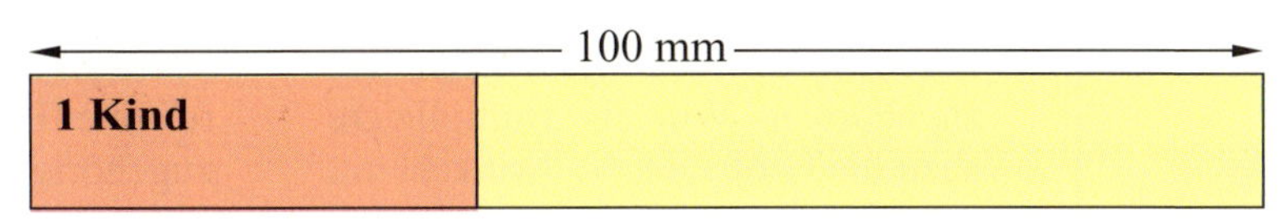

Begründe, warum in diesem Fall für die Gesamtlänge des Streifens 100 mm gewählt wurden. Zeichne das vollständige Streifendiagramm in dein Heft.

5 Die Schülerinnen und Schüler untersuchen zunächst die Fernsehgewohnheiten.

a) Lege eine Häufigkeitstabelle an und berechne die absoluten und relativen Häufigkeiten (auch in Prozent).

b) Stelle die Ergebnisse in einem Streifendiagramm (Gesamtlänge 100 mm) grafisch dar.

6 Zu der Frage, mit wem Schülerinnen und Schüler ihre Zeit vor dem Fernseher verbringen, wurden drei Antwortmöglichkeiten vorgegeben.
Es durfte nur eine Antwort angekreuzt werden.
Stelle die in der Häufigkeitstabelle zusammengefassten Daten in einem geeigneten Diagramm dar.
Begründe deine Entscheidung.

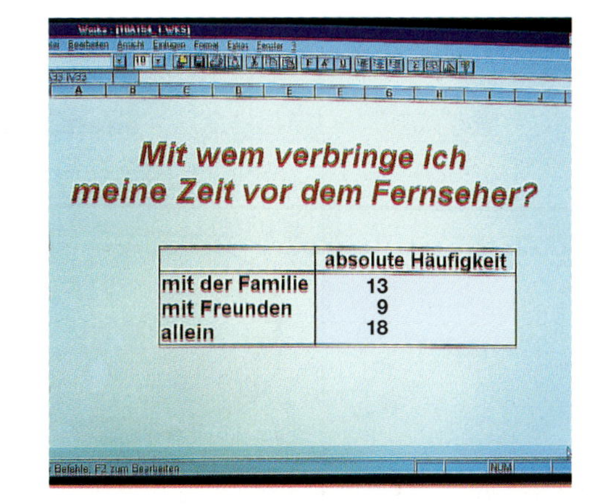

	absolute Häufigkeit
mit der Familie	13
mit Freunden	9
allein	18

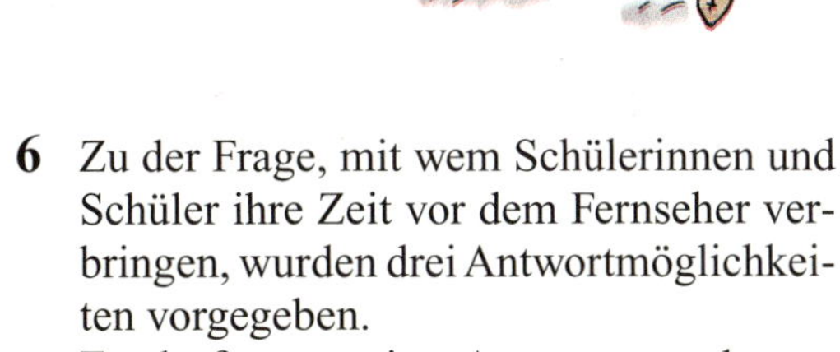

7 Führe selbst statistische Untersuchungen zu den Fernsehgewohnheiten von Schülern durch.

Hier wird der Zirkel gebraucht!

8 In diesem Fragebogen der Schülerzeitung wird auch nach der Anzahl der Videorekorder im Haushalt gefragt.
a) Ergänze die abgebildete Häufigkeitstabelle in deinem Heft.
b) So kannst du die in der Häufigkeitstabelle aufbereiteten Daten in einem **Kreisdiagramm** grafisch darstellen:

Anzahl der Videorecorder	absolute Häufigkeit	relative Häufigkeit
0	10	0,25
1	24	
2	5	
3 und mehr	1	
Summe		

Kreissektor (Kreisausschnitt)

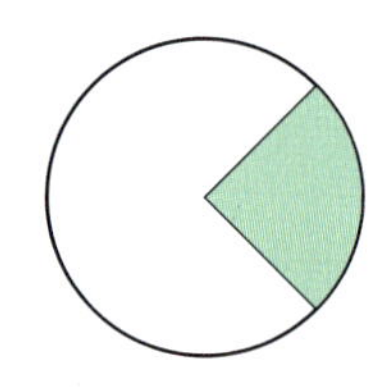

1. Berechne zu jeder Häufigkeit den zugehörigen Winkel. Multipliziere dazu die Größe des Vollwinkels mit der relativen Häufigkeit.
2. Zeichne jeden Winkel im Kreis ein und beschrifte den zugehörigen Kreissektor.

Vollwinkel: 360°
relative Häufigkeit der Anzahl 0: 0,25
zugehöriger Winkel: $360° \cdot 0{,}25 = 90°$

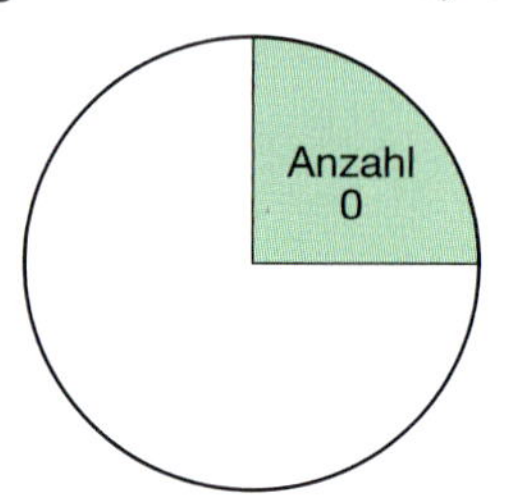

Vervollständige das Kreisdiagramm (Radius 5 cm) in deinem Heft.

9 Schülerinnen und Schülern wurde auch die Frage gestellt: „Wie viele Videofilme siehst du in der Woche?“.
a) Lege eine Häufigkeitstabelle an und berechne die absoluten und die relativen Häufigkeiten (auch in Prozent).
b) Stelle die Ergebnisse in einem Kreisdiagramm grafisch dar (Radius 5 cm).

Anzahl der Videofilme pro Woche	
0	卌 卌 III
1	卌 卌 卌 II
2	卌 III
3	卌 I
4	II
5 und mehr	IIII

10

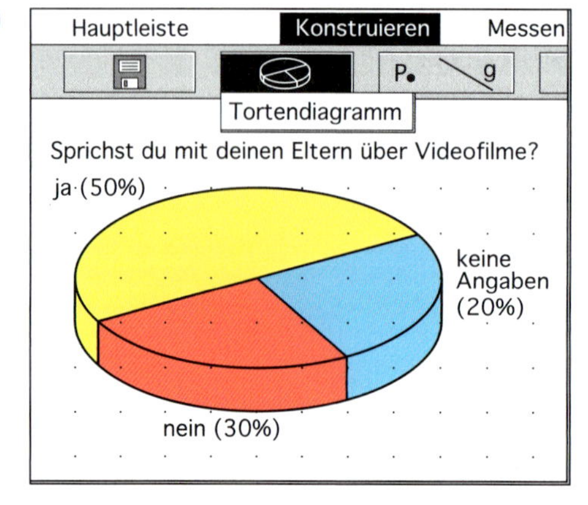

In der abgebildeten Grafik wird das Ergebnis einer Umfrage unter 60 Schülerinnen und Schülern dargestellt.
a) Berechne die absoluten Häufigkeiten.
b) Zeichne das zugehörige Kreisdiagramm (Radius 5 cm).

11 Führe selbst statistische Untersuchungen zum Thema „Videokonsum von Jugendlichen“ durch. Stelle die Ergebnisse grafisch dar.

12 Bei der Frage, welche Fernsehsendungen Schülerinnen und Schüler interessieren, konnten mehrere Antworten gegeben werden. Das Ergebnis der Umfrage wird in dem abgebildeten **Stängel-und Blätter-Diagramm** dargestellt.

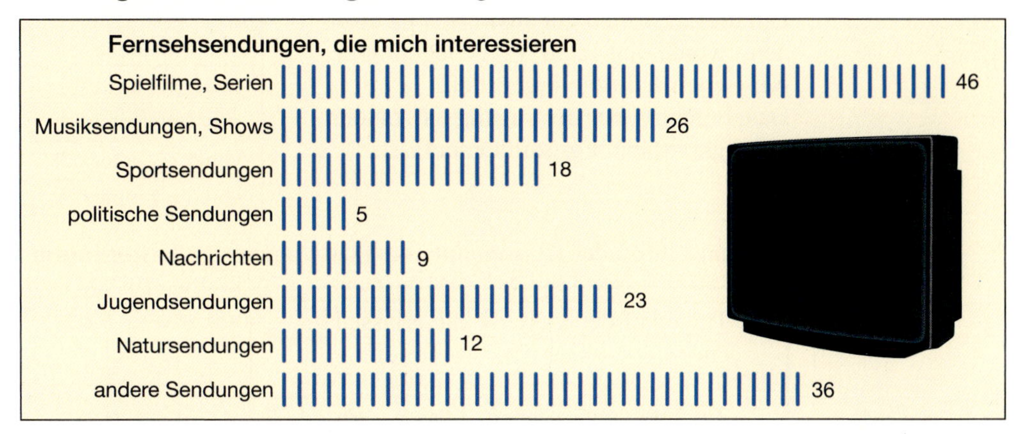

a) Wodurch wird die Länge der einzelnen **Blätter** bestimmt?
b) Befragt wurden insgesamt 50 Schülerinnen und Schüler. Berechne für jede angegebene Art der Fernsehsendung den Prozentsatz der Schülerinnen und Schüler.
c) Stelle diese relativen Häufigkeiten in einem Säulendiagramm dar.
d) Vergleiche die Darstellung im Stängel-und-Blätter-Diagramm mit der im Säulendiagramm. Was fällt dir auf?

13 In der Häufigkeitstabelle sind die Antworten von 50 Schülerinnen und Schüler auf die Frage „Was unternimmst du gemeinsam mit deinen Freundinnen oder Freunden?“ zusammengefasst.
Mehrere Antworten waren möglich.
a) Berechne zu jeder Antwortmöglichkeit die zugehörige relative Häufigkeit.
b) Zeichne das zugehörige Stängel-und-Blätter-Diagramm.

	absolute Häufigkeit
Sport	27
Bummeln/Herumfahren	26
Kino	20
Disco/Party	9
Musik hören	41
Fernsehen/Video	42
Spielen	26
Selber kreativ sein	6
Sonstiges	18

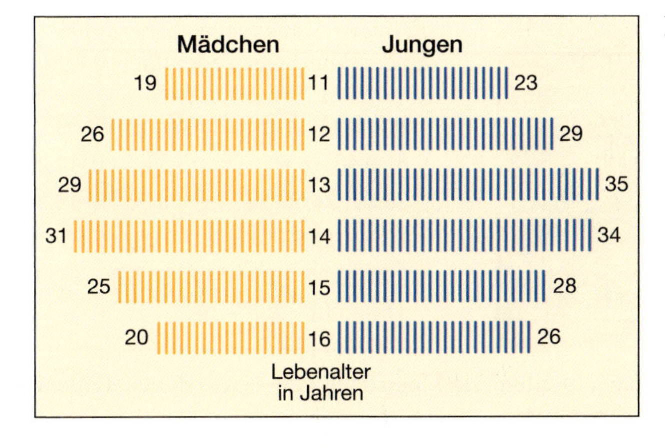

14 In dem Stängel-und-Blätter-Diagramm wird das Ergebnis einer statistischen Untersuchung zum Lebensalter von 150 Mädchen und 175 Jungen einer Schule dargestellt.
a) Berechne jeweils die relativen Häufigkeiten in Prozent. Runde auf ganze Zahlen.
b) Stelle die Ergebnisse für Mädchen und Jungen jeweils in einem Streifendiagramm dar (Gesamtlänge 100 mm).

15 80 Schülerinnen und Schüler wurden gefragt, wie viel Zeit sie täglich vor dem Fernseher verbringen.
Um die Antworten gut auswerten zu können, wurde auf dem Fragebogen eine **Klasseneinteilung** vorgegeben.
Das Ergebnis der Befragung ist in der Häufigkeitstabelle zusammengefasst.

Zeit	absolute Häufigkeit
von 0 bis unter 1 h	4
von 1 bis unter 2 h	15
von 2 bis unter 3 h	27
von 3 bis unter 4 h	19
von 4 bis unter 5 h	10
von 5 bis unter 6 h	4
von 6 bis unter 7 h	1

So kannst du zu der Klasseneinteilung das zugehörige **Histogramm** zeichnen:

1. Trage auf der x-Achse die Klassen ein.
2. Zeichne über jeder Klasse ein Rechteck. Bei gleich breiten Klassen entsprechen die Rechteckhöhen den absoluten oder relativen Häufigkeiten.

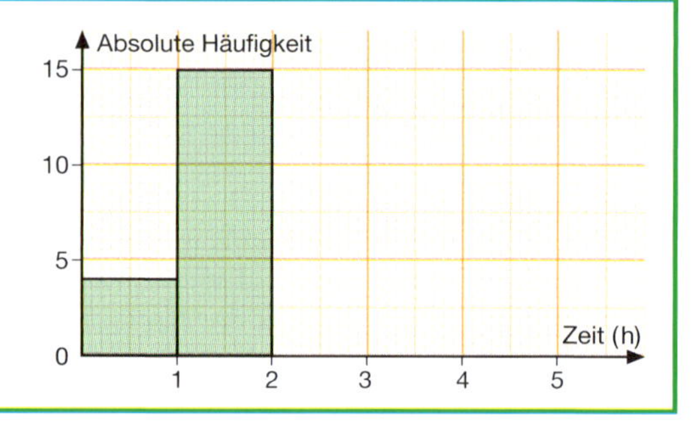

Zeichne das vollständige Histogramm in dein Heft.

16 In der Häufigkeitstabelle siehst du, wie lange die befragten Schülerinnen und Schüler am Tag ihren Computer benutzen. Zeichne zu der Klasseneinteilung das zugehörige Histogramm.

Zeit	relative Häufigkeit
von 0 bis unter 1 h	0,42
von 1 bis unter 2 h	0,28
von 2 bis unter 3 h	0,13
von 3 bis unter 4 h	0,10
von 4 bis unter 5 h	0,03
von 5 bis unter 6 h	0,03
von 6 bis unter 7 h	0,01

17 Die Schülerinnen und Schüler wurden auch gefragt, wie viel Euro sie in den letzten zwei Wochen für die Gestaltung ihrer Freizeit ausgegeben haben. Die Daten findest du in der abgebildeten Urliste.

Urliste (Ausgaben in EUR): 4,50 7,50 12,50 8 9,40 18,70 5,40 19,80 6,80 14,20 12 28,40 14,50 19 3,90 8,20 14 16,90 13 18,90 25,90 65,40 6,80 13,50 17,20 2,80 3,30 1,90 4,40 5 6,90 22 16,40 11,90 10 13,10 10,70 17 9,50

a) Wähle eine sinnvolle Klasseneinteilung und lege dazu eine Häufigkeitstabelle an.
b) Zeichne das zugehörige Histogramm.

18 Auch die Lesegewohnheiten von Schülerinnen und Schülern wurden untersucht. Dabei sollten sich die befragten Schülerinnen und Schüler auf einer Skala von **1** (Ich lese überhaupt nicht.) bis **5** (Ich lese viel.) einordnen.

Liest du in deiner Freizeit? überhaupt nicht 1 ○ 2 ○ 3 ○ 4 ○ 5 ○ viel

Mädchen

Liest du in deiner Freizeit?	
1	10
2	25
3	46
4	58
5	63

Jungen

Liest du in deiner Freizeit?	
1	32
2	40
3	48
4	22
5	26

Vergleiche die Ergebnisse miteinander. Stelle dazu das Befragungsergebnis jeweils für Jungen und Mädchen in einem Säulendiagramm dar. Ist bei einem Vergleich die absolute oder die relative Häufigkeit sinnvoller?

19 Schülerinnen und Schüler wurden gefragt: „Worüber sprichst du mit deinen Freundinnen oder Freunden in deiner Freizeit?“.
Das Ergebnis der Befragung ist in den Häufigkeitstabellen zusammengefasst. Bei der Beantwortung der Frage durften mehrere Antworten angekreuzt werden.

a) Stelle das Ergebnis für Jungen und Mädchen jeweils in einem Streifendiagramm dar (Gesamtlänge 15 cm).
b) Vergleiche die Streifendiagramme miteinander. Was fällt dir auf?

Worüber sprichst du mit deinen Freundinnen oder Freunden in deiner Freizeit?

	absolute Häufigkeit	
	Mädchen	Jungen
Musik/Gruppen	180	134
Sport	37	67
Jungen/Mädchen	155	85
Schule	80	72
Fernsehen	75	118
Videos/Kino	49	60
ganz andere Dinge	97	83

20 In der Tabelle siehst du, was die befragten 192 Schülerinnen und 168 Schüler mit ihren Eltern in ihrer Freizeit unternehmen. Vergleiche die Antworten von Jungen und Mädchen miteinander. Stelle dazu die relativen Häufigkeiten für Mädchen und Jungen jeweils in einem Kreisdiagramm dar (Radius 5 cm).

	absolute Häufigkeit	
	Mädchen	Jungen
Spiele	58	50
Spaziergänge	65	58
Einkaufsbummel	142	99
Fernsehen	114	113
Videos ansehen	34	32
Computer	8	19
etwas anderes	98	113
gar nichts	13	12

21

Welche Freizeitangebote werden von dir genutzt?							
	Sport-verein	Jugendclub, Jugendgruppe	Kino	Spielplatz, Fußballplatz	Schwimmbad, Eisbahn	etwas anderes	keine
absolute Häufigkeit	262	176	151	122	91	73	58

In der Häufigkeitstabelle siehst du das Ergebnis einer Befragung von 360 Schülerinnen und Schülern.

a) Bestimme die relative Häufigkeit der Schülerinnen und Schüler, die keines der Freizeitangebote nutzen.

b) Stelle die relativen Häufigkeiten der genutzten Freizeitmöglichkeiten grafisch dar.

22 Die Frage „Welche der angebotenen Freizeitmöglichkeiten findest du am besten?" wurde von 302 Schülerinnen und Schülern beantwortet.
Vergleiche die Antworten von Mädchen und Jungen miteinander.
Berechne dazu die relativen Häufigkeiten und stelle diese in einem Stängel-und-Blätter-Diagramm grafisch dar.

	absolute Häufigkeit	
	Mädchen	Jungen
Sportverein	54	61
Jugendclub/ Jugendgruppe	18	7
Kino	20	16
Spiel-/Fußballplatz	23	56
Schwimmbad/ Eisbahn	24	14
etwas anderes	9	0

23

Findest du die Freizeitangebote eher langweilig oder interessant?

langweilig 1 ○ 2 ○ 3 ○ 4 ○ 5 ○ interessant

Vergleiche die Ergebnisse für Mädchen und Jungen miteinander.
Bestimme dazu die relativen Häufigkeiten und stelle das Ergebnis für Jungen und Mädchen grafisch dar.

	absolute Häufigkeit	
	Mädchen	Jungen
1 (langweilig)	22	11
2	29	13
3	75	48
4	13	46
5 (interessant)	9	36

24 Führe selbst statistische Untersuchungen zum Freizeitverhalten von Jugendlichen durch.
Stelle die Ergebnisse auf einer Pinnwand grafisch dar.

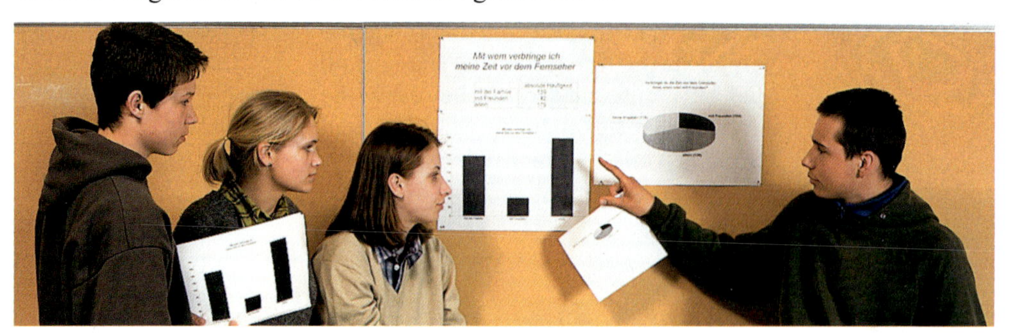

1 In den Schaubildern werden Umfrageergebnisse zur Freizeitgestaltung von Erwachsenen dargestellt.

a) Welche Informationen kannst du den Schaubildern entnehmen? Vergleiche die Schaubilder miteinander.

b) Vergleiche die Ergebnisse mit aktuellen Umfrageergebnissen zur Freizeitgestaltung von Erwachsenen.

c) Vergleiche die Ergebnisse mit Umfrageergebnissen zur Freizeitgestaltung von Jugendlichen.

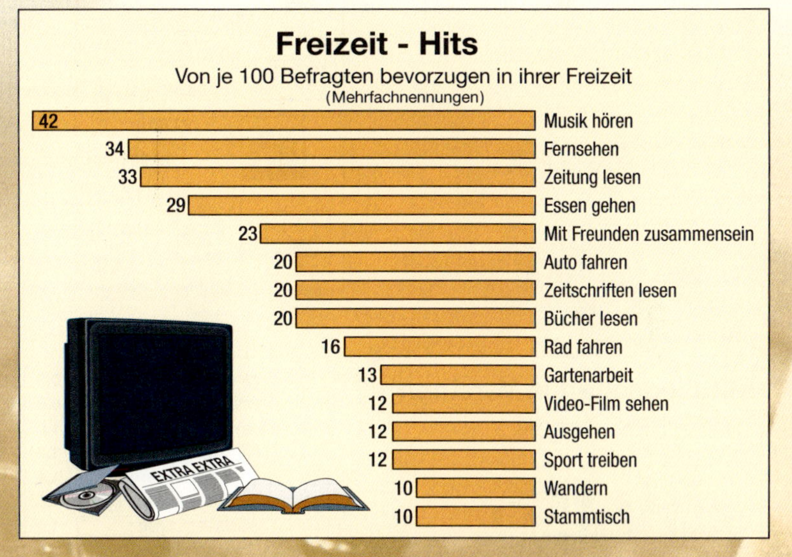

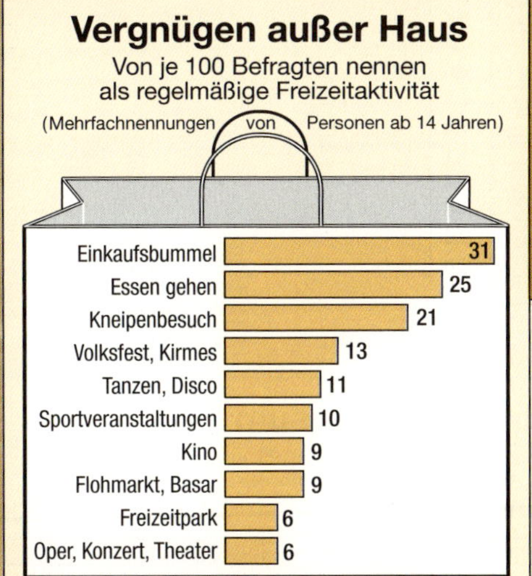

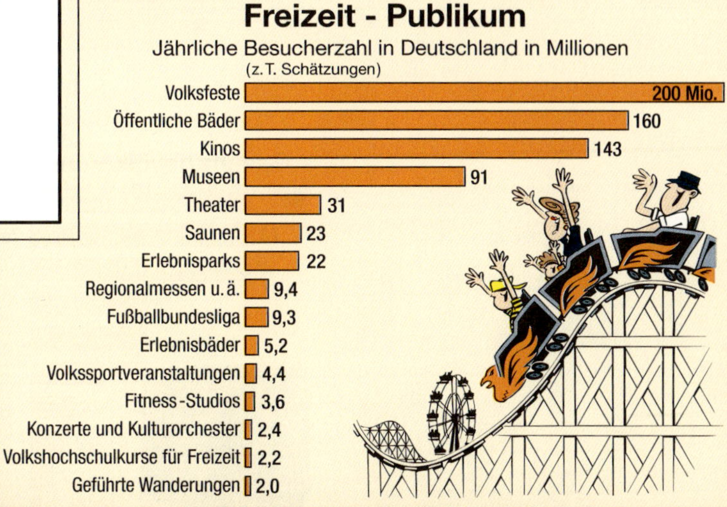

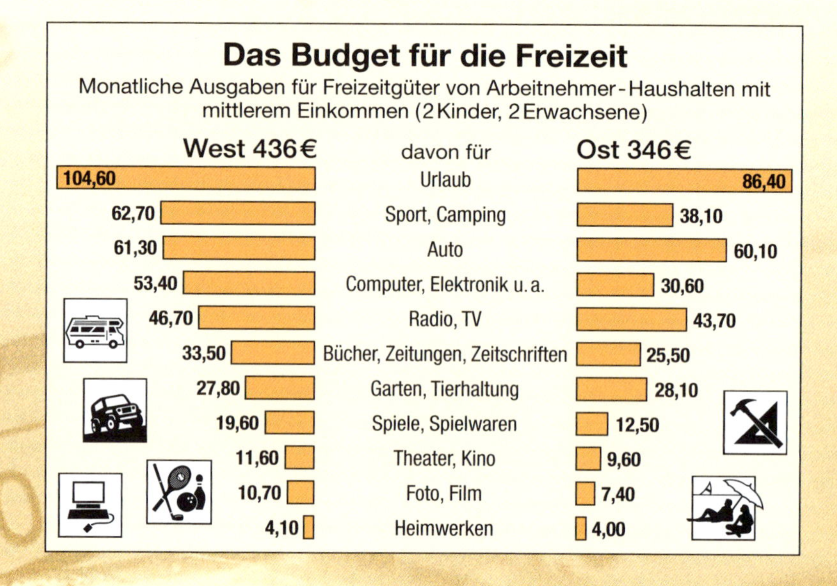
Das Budget für die Freizeit
Monatliche Ausgaben für Freizeitgüter von Arbeitnehmer-Haushalten mit mittlerem Einkommen (2 Kinder, 2 Erwachsene)
West 436 €
davon für
Ost 346 €
104,60 Urlaub 86,40
62,70 Sport, Camping 38,10
61,30 Auto 60,10
53,40 Computer, Elektronik u. a. 30,60
46,70 Radio, TV 43,70
33,50 Bücher, Zeitungen, Zeitschriften 25,50
27,80 Garten, Tierhaltung 28,10
19,60 Spiele, Spielwaren 12,50
11,60 Theater, Kino 9,60
10,70 Foto, Film 7,40
4,10 Heimwerken 4,00

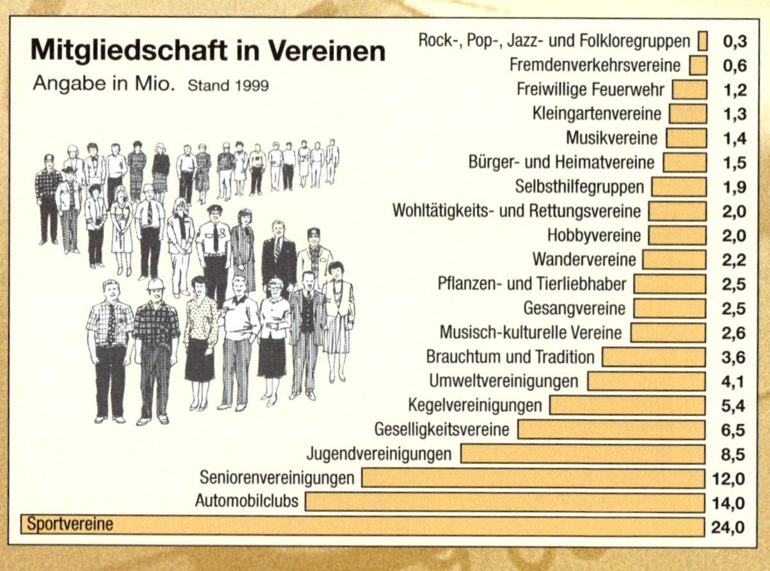
Mitgliedschaft in Vereinen
Angabe in Mio. Stand 1999
Rock-, Pop-, Jazz- und Folkloregruppen 0,3
Fremdenverkehrsvereine 0,6
Freiwillige Feuerwehr 1,2
Kleingartenvereine 1,3
Musikvereine 1,4
Bürger- und Heimatvereine 1,5
Selbsthilfegruppen 1,9
Wohltätigkeits- und Rettungsvereine 2,0
Hobbyvereine 2,0
Wandervereine 2,2
Pflanzen- und Tierliebhaber 2,5
Gesangvereine 2,5
Musisch-kulturelle Vereine 2,6
Brauchtum und Tradition 3,6
Umweltvereinigungen 4,1
Kegelvereinigungen 5,4
Geselligkeitsvereine 6,5
Jugendvereinigungen 8,5
Seniorenvereinigungen 12,0
Automobilclubs 14,0
Sportvereine 24,0

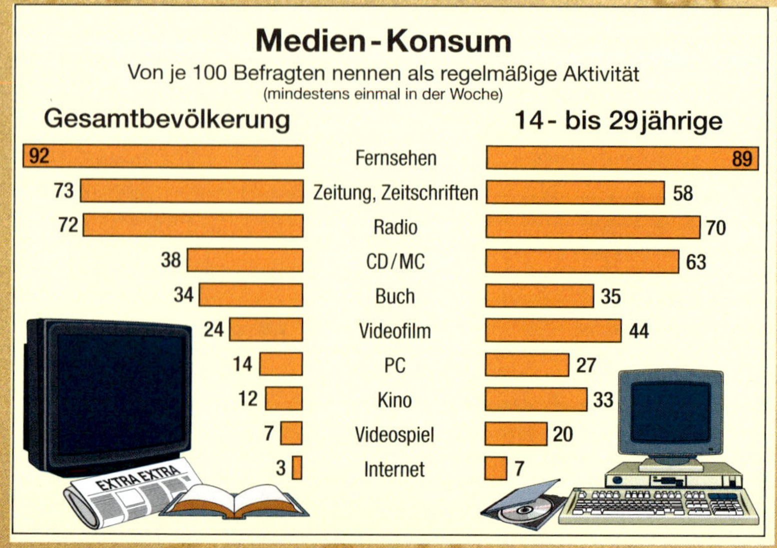
Medien-Konsum
Von je 100 Befragten nennen als regelmäßige Aktivität
(mindestens einmal in der Woche)
Gesamtbevölkerung
14- bis 29jährige
92 Fernsehen 89
73 Zeitung, Zeitschriften 58
72 Radio 70
38 CD/MC 63
34 Buch 35
24 Videofilm 44
14 PC 27
12 Kino 33
7 Videospiel 20
3 Internet 7
EXTRA EXTRA

1

45% schon einmal gelesen
30% schon davon gehört
25% noch nie davon gehört

Eine neue Jugendzeitschrift lässt in einer Untersuchung erfragen, wie bekannt die Zeitschrift bei den Jugendlichen ist. Das Ergebnis wird in der Zeitschrift in einem Schaubild dargestellt.

a) Was fällt dir an der Darstellung auf?
b) Zeichne ein zugehöriges Säulendiagramm und vergleiche.

2 Die Herstellerfirma des Motorrollers „Tycoon“ wirbt mit den Verkaufszahlen der letzten Monate: „Die Grafik belegt die Steigerung der Verkaufszahlen.“

a) Was fällt dir an der Darstellung auf?
b) Berechne die Steigerung von Januar bis Juli in Prozent.
c) Stelle die absoluten Häufigkeiten der Verkaufszahlen in einem vollständigen Säulendiagramm dar.

Tycoon-Verkaufszahlen
5000, 5200, 5400, 5600
Jan. Febr. März April Mai Juni

3 Die Jungen der 9c haben zu ihren Weitsprungergebnissen eine Klasseneinteilung vorgenommen und eine Häufigkeitstabelle angelegt. Sie stellen die Ergebnisse in dem abgebildeten Histogramm dar.

a) Was fällt dir an der Darstellung auf?
b) Die Messwerte der Klasse „von 420 bis unter 510 cm“ sind: 425, 438, 454, 461, 476, 505, 508.
   Teile die Klasse in drei gleich breite Klassen ein. Zeichne ein neues Histogramm.
c) Vergleiche beide Histogramme

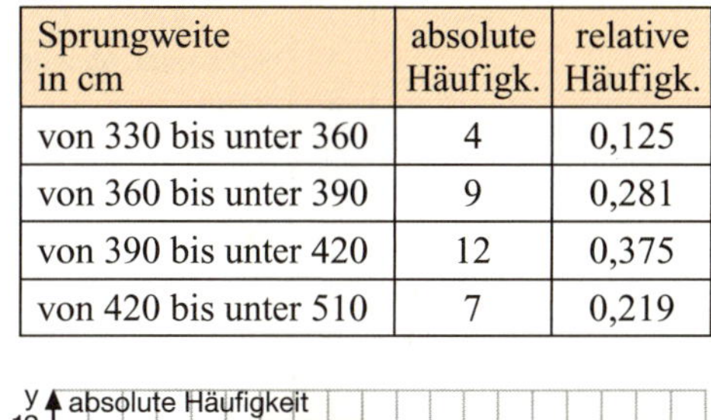

Sprungweite in cm	absolute Häufigk.	relative Häufigk.
von 330 bis unter 360	4	0,125
von 360 bis unter 390	9	0,281
von 390 bis unter 420	12	0,375
von 420 bis unter 510	7	0,219

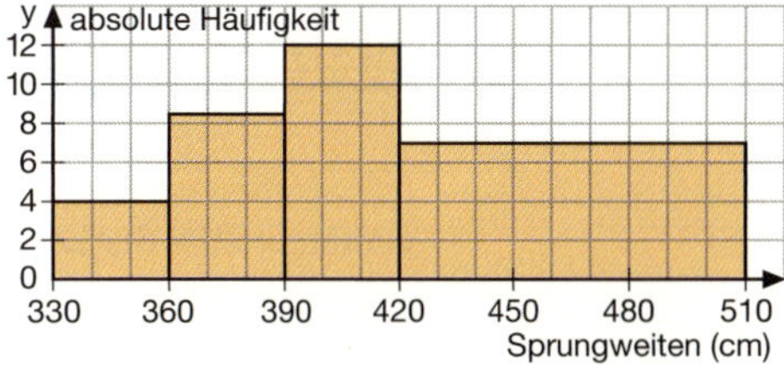

4

Jahr	Verkehrs-unfälle	Anteile der Verkehrsunfälle mit Personenschaden (%)
1996	7384	22,0
1997	8165	20,9
1998	9940	17,9
1999	9965	15,7
2000	11 076	16,4

Verkehrsunfälle mit Personenschaden deutlich zurückgegangen

(ewu) Wie aus einer heute vom Polizeipräsidium veröffentlichen Unfallstatistik hervorgeht, ist die Anzahl

a) Kann die Zeitung wirklich diese Behauptung aufstellen?
b) Berechne die Anzahl der Verkehrsunfälle mit Personenschäden für die einzelnen Jahre. Zeichne das zugehörige Stabdiagramm.
c) Wie muss die Behauptung der Zeitung umformuliert werden?

1 David und Thoren haben alle Lehrerinnen und Lehrer befragt, welches Verkehrsmittel sie für ihren Schulweg benutzen.
Sie haben die Fragebögen mithilfe von Strichlisten ausgewertet und die absoluten Häufigkeiten in ein Tabellenkalkulationsprogramm eingegeben.

a) Beschreibe, wie sie mithilfe des Programms die Summe der absoluten Häufigkeiten bestimmt haben.

Datei Bearbeiten Ansicht Einfügen

B7 = =SUMME(B2:B6)

	A	B	C	D
1	**Verkehrsm.**	**absolute Häufigkeit**		
2	zu Fuß	5		
3	Fahrrad	7		
4	Bus/Bahn	9		
5	Moped/Roller	3		
6	PKW	55		
7	**Summe**	79		
8				
9				
10				
11				
12				

b) In der Abbildung siehst du, wie David und Thoren die relative Häufigkeit mithilfe einer Formel bestimmt haben. Beschreibe, wie sie vorgegangen sind.

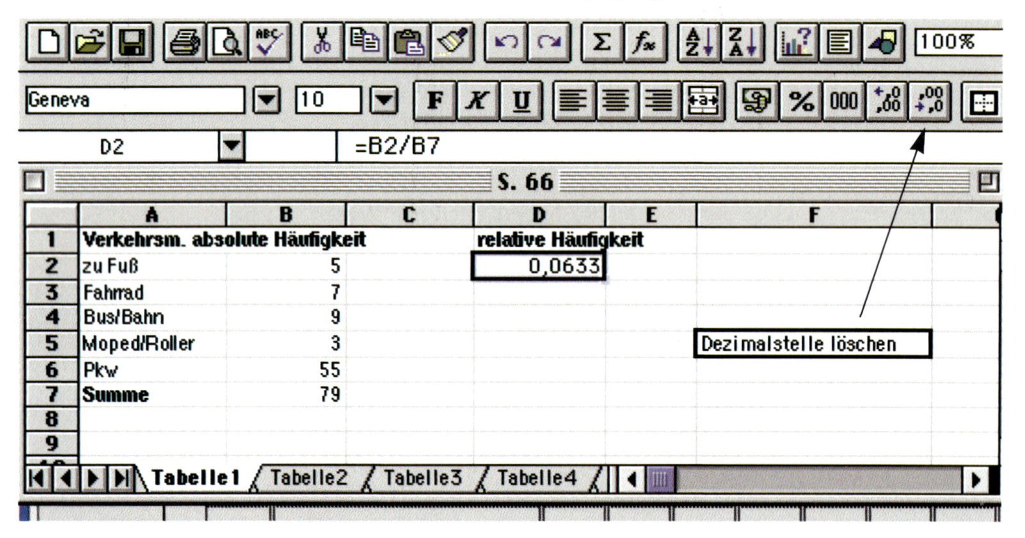

Geneva 10 100%

D2 =B2/B7

S. 66

	A	B	C	D	E	F
1	**Verkehrsm.**	**absolute Häufigkeit**		**relative Häufigkeit**		
2	zu Fuß	5		0,0633		
3	Fahrrad	7				
4	Bus/Bahn	9				
5	Moped/Roller	3				Dezimalstelle löschen
6	Pkw	55				
7	**Summe**	79				
8						
9						

Tabelle1 Tabelle2 Tabelle3 Tabelle4

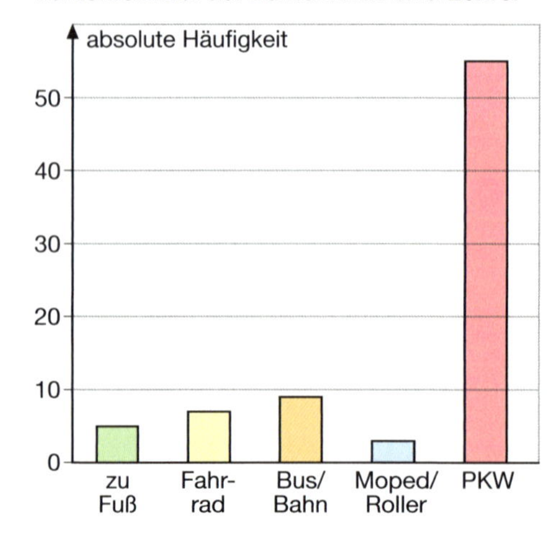

c) Gib die Daten wie David und Thoren in das Tabellenkalkulationsprogramm ein. Bestimme die fehlenden relativen Häufigkeiten.
Gib die Ergebnisse auf drei Nachkommastellen gerundet an. Benutze dazu die Schaltfläche **„Dezimalstelle löschen“.**

d) Bestimme auch die Summe der relativen Häufigkeiten.

e) Markiere die Zellen **A1** bis **A6** und **B1** bis **B6** und erstelle mithilfe des Diagrammassistenten das abgebildete Säulendiagramm.

2 Auch Schülerinnen und Schüler wurden gefragt, welches Verkehrsmittel sie für ihren Schulweg benutzen.
Die Ergebnisse der Befragung wurden zunächst in einer Strichliste zusammengefasst.

a) Gib die Daten in ein Tabellenkalkulationsprogramm ein. Bestimme die Summe der absoluten Häufigkeiten.

b) Bestimme die relativen Häufigkeiten auf drei Nachkommastellen genau. Bestimme die Summe der relativen Häufigkeiten.

c) Erstelle mithilfe des Diagrammassistenten ein Säulendiagramm.

Verkehrsmittel der Schülerinnen u. Schüler	
Verkehrsmittel	absolute Häufigkeit
zu Fuß	𝍸 𝍸 𝍸 𝍸 𝍸 𝍸 𝍸 𝍸 𝍸
Fahrrad	𝍸 𝍸 𝍸 𝍸 𝍸 𝍸 𝍸 III
Bus/Bahn	𝍸 II
Moped/Roller Motorrad	𝍸 𝍸 𝍸
PKW	𝍸 𝍸

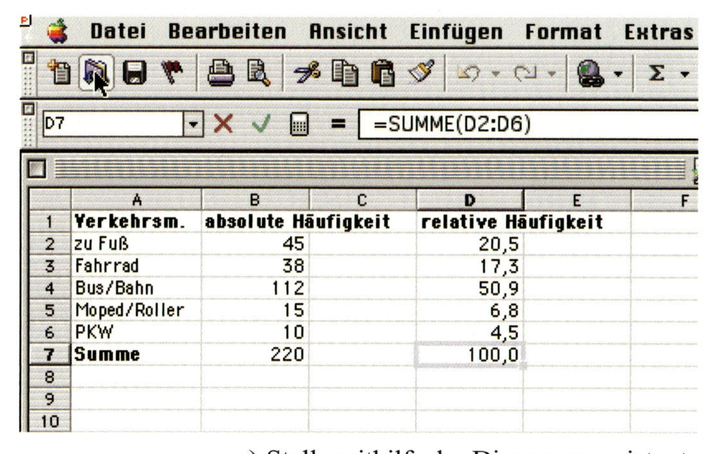

	A	B	C	D	E	F
1	**Verkehrsm.**	**absolute Häufigkeit**		**relative Häufigkeit**		
2	zu Fuß	45		20,5		
3	Fahrrad	38		17,3		
4	Bus/Bahn	112		50,9		
5	Moped/Roller	15		6,8		
6	PKW	10		4,5		
7	**Summe**	220		100,0		
8						
9						
10						

d) Gib mithilfe der Menüpunkte **„%“** und **„Dezimalstelle hinzufügen“** die relativen Häufigkeiten in Prozent auf eine Nachkommastelle genau an.

e) Stelle mithilfe des Diagrammassistenten die absoluten (relativen) Häufigkeiten auch in anderen Diagrammformen dar. Markiere dazu vorher die zugehörigen Zellbereiche.

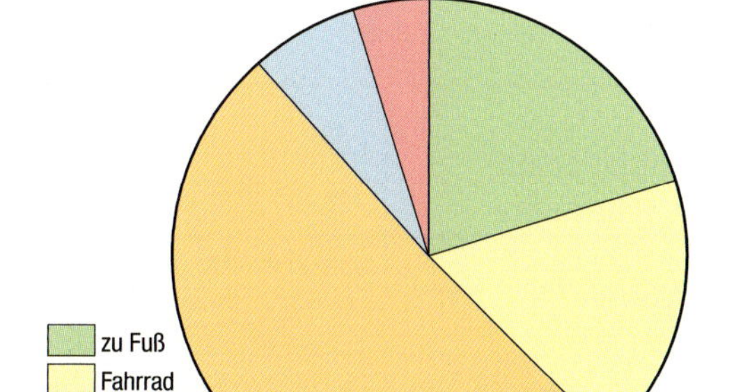

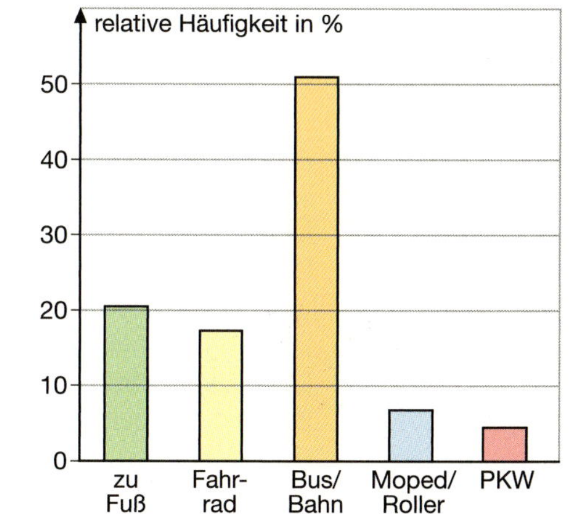

f) Von weiteren befragten Schülerinnen und Schülern kamen 23 zu Fuß, 18 mit dem Fahrrad, 48 mit Bus und Bahn, 5 mit dem Roller und 6 wurden mit dem PKW gebracht. Ergänze die absoluten Häufigkeiten in deiner Tabelle.

1 Eine statistische Untersuchung zum „Freizeitverhalten“ in der Klasse 9a ergab das unten abgebildete Ergebnis.
Ist die Behauptung richtig? Begründe.

Fernsehzeiten an einem Wochentag:
16 Mädchen insgesamt 42 h
13 Jungen insgesamt 38 h

2

Überprüfe die Behauptung.

Körpergröße der Jungen (cm)

175 157 159 157 168 160 183 176
169 176 173 182 190

Körpergröße der Mädchen (cm)

169 163 156 178 162 171 166 167
173 172 161 171 155 180

Arithmetisches Mittel

Körpergewicht (kg)

57 48 54 62 45 73

Handelt es sich bei Daten um Zahlen, kannst du das **arithmetische Mittel $\bar{x}$** (*lies:* x quer) berechnen.

Arithmetisches Mittel:

$$\bar{x} = \frac{57 + 48 + 54 + 62 + 45 + 73}{6}$$

$$\bar{x} = 56{,}5$$

$$\bar{x} = \frac{\text{Summe aller Daten}}{\text{Anzahl der Daten}}$$

3 Anja hat an zehn Tagen die Zeitdauer aufgeschrieben, die sie für ihre Hausaufgaben benötigt.
Berechne das arithmetische Mittel.

Dauer der Hausaufgaben (min)

29 44 48 65 32 38 37 33 58 63

4 Die 13 Mädchen der Klasse 9a lassen sich gemeinsam auf einer Pkw-Waage wiegen. Ihr Gesamtgewicht beträgt 630 kg. Das Gesamtgewicht der 15 Jungen beträgt 832 kg. Berechne für Mädchen und Jungen jeweils das Durchschnittsgewicht. Runde auf eine Nachkommastelle.

5 Anja, Mareike und Tina wollen gemeinsam ihren Geburtstag feiern. Für die Vorbereitung hat Anja 23 EUR, Mareike 19 EUR und Tina 26 EUR ausgegeben.
a) Berechne die durchschnittlichen Kosten für die Vorbereitung.
b) Wer muss noch Geld bezahlen, wer bekommt noch Geld?

6 Die Schülerinnen und Schüler der 9a haben in 50 Haushalten nach der Anzahl der vorhandenen Fernseher gefragt. Berechne das arithmetische Mittel. Es gibt unterschiedliche Rechenwege.

Anzahl der Fernseher	absolute Häufigkeit
1	24
2	14
3	9
4	3

7 Eine Befragung nach der Kinderzahl führte zu dem in der Häufigkeitstabelle dargestellten Ergebnis. So kannst du mithilfe der absoluten Häufigkeiten das arithmetische Mittel berechnen:

1. Multipliziere jede Anzahl mit der zugehörigen absoluten Häufigkeit.
2. Addiere die berechneten Produkte.
3. Dividiere die Summe durch die Anzahl der Daten.

Anzahl der Kinder	absolute Häufigkeit	Produkt
1	**19**	1 · **19**
2	**21**	2 · **21**
3	**6**	3 · **6**
4	**3**	4 · **3**
5	**1**	5 · **1**
Summe	**50**	**96**

$$\bar{x} = \frac{1 \cdot \mathbf{19} + 2 \cdot \mathbf{21} + 3 \cdot \mathbf{6} + 4 \cdot \mathbf{3} + 5 \cdot \mathbf{1}}{50}$$

$\bar{x} = 1{,}92$

Stichprobe
Stichprobenumfang

Bei einer anderen Befragung wurden 40 Schülerinnen und Schüler befragt.
In der Statistik wird auch gesagt: Es wurde eine **Stichprobe** vom **Umfang** 40 gewählt.
Das Ergebnis der Befragung wird in der Häufigkeitstabelle dargestellt.
Berechne das arithmetische Mittel.

Anzahl der Kinder	absolute Häufigkeit
1	**16**
2	**14**
3	**6**
4	**3**
5	**1**

8

a) Lege eine Häufigkeitstabelle an.
b) Berechne das arithmetische Mittel mithilfe der absoluten Häufigkeiten.

9 Bei einer Verkehrszählung wurde die Anzahl der Personen pro Pkw in einer Urliste erfasst.
a) Lege eine Häufigkeitstabelle an.
b) Berechne das arithmetische Mittel $\bar{x}$ mithilfe der absoluten Häufigkeiten.

Anzahl der Personen pro Pkw

1 1 2 1 2 1 1 1 2 3 4 5 1 1 2 1
2 2 1 1 3 4 4 1 1 2 2 2 1 1 4 1
2 1 1 1 2 2 1 1 1 2 3 4 2 2 4 1
1 2

1 Steffi nimmt an einem Weitsprungwettbewerb teil. Von fünf Versuchen ist einer ungültig.
a) Berechne das arithmetische Mittel.
b) Ordne die Sprungweiten der Größe nach. Beginne mit der kleinsten Weite. Bestimme die Weite, die genau in der Mitte steht.
c) Vergleiche diese Weite mit dem arithmetischen Mittel. Welcher Wert beschreibt Steffis Sprungleistungen besser?

Urliste (Sprungweite in cm)				
485	479	0	495	486

2 Insbesondere bei **statistischen Untersuchungen mit stark abweichenden Werten (Ausreißern)** ist es sinnvoll, als Mittelwert den **Zentralwert (Median)** zu wählen. So kannst du bei statistischen Untersuchungen den Zentralwert $\tilde{x}$ (*lies:* x Schlange) bestimmen:

Zentralwert (Median)

Ungerade Anzahl von Daten:

Urliste (Sprungweite in cm)				
466	473	442	0	449

Geordnete Urliste:

0 442 449 466 473

Bei einer ungeraden Anzahl von Daten ist der Zentralwert $\tilde{x}$ der mittlere Wert in der geordneten Urliste.

Zentralwert: $\tilde{x} = 449$

Gerade Anzahl von Daten:

Urliste (Sprungweite in cm)					
495	434	0	467	459	443

Geordnete Urliste:

0 434 443 459 467 495

Bei einer geraden Anzahl von Daten liegt der Zentralwert $\tilde{x}$ zwischen den beiden mittleren Werten in der geordneten Urliste.

Zentralwert: $\tilde{x} = \frac{443 + 459}{2} = 451$

Bestimme den Zentralwert $\tilde{x}$.

a)

Urliste (Sprungweite in cm)						
432	0	0	453	422	455	438

b)

Urliste (Sprungweite in cm)					
464	466	0	472	453	482

3 In der Urliste ist das Lebensalter von Teilnehmern an einem Computerkurs angegeben.

Urliste (Lebensalter in Jahren)											
14	15	13	15	14	16	15	14	15	13	43	13

a) Bestimme den Zentralwert.
b) Berechne das arithmetische Mittel.

4 Geschwindigkeitsmessungen der Polizei auf einer Autobahn ergaben die in der Urliste aufgeschriebenen Messwerte.
a) Bestimme den Zentralwert.
b) Berechne das arithmetische Mittel.

Urliste (Geschwindigkeit in $\frac{km}{h}$)							
89	95	61	43	106	112	189	102
73	98	89	99	123	116	105	178
90	77	87	56	132	109	198	126

1 Annette hat aufgeschrieben, wie lange sie mit dem Fahrrad für ihren Schulweg braucht. Dabei musste sie auch die Reifenpanne am 13. Tag berücksichtigen.

Dauer des Schulwegs (min)										
17	19	20	18	22	23	21	22	20	19	18
22	46	19	18							

a) Bestimme den Zentralwert.
b) Berechne das arithmetische Mittel.
c) Welcher Mittelwert kennzeichnet die Dauer des Schulwegs besser?

2

In einem Zufallsexperiment wollen zehn Schülerinnen und Schüler untersuchen, wie oft beim Würfeln die Augenzahl „Sechs“ fällt. Dazu würfelt jeder von ihnen fünfzigmal mit seinem Würfel.

Würfe mit Augenzahl „Sechs“									
8	10	7	6	6	7	8	8	25	9

a) Bestimme den Zentralwert.
b) Berechne das arithmetische Mittel.
c) Welchen Mittelwert hältst du für sinnvoll? Begründe deine Antwort.

3 Mit einem Echolot wird auf Schiffen die Wassertiefe gemessen. Dazu werden Schallwellen ausgesendet, vom Meeresboden reflektiert und wieder empfangen.
Die folgenden Messwerte wurden am gleichen Ort aufgenommen: 1225,8 m; 1226,2 m; 1225,4 m; 1225,0 m; 1226,3 m; 866,4 m; 1226,8 m.
a) Bestimme den Zentralwert und berechne das arithmetische Mittel.
b) Wie wirkt sich der Messfehler auf den Zentralwert, wie auf das arithmetische Mittel aus?

4 In der Häufigkeitstabelle sind zusätzlich die Stellen eingetragen, an denen die einzelnen Werte in der zugehörigen geordneten Urliste stehen.
a) Überlege wie in den Beispielen, an welcher Stelle der Zentralwert steht, und gib den Zentralwert an.

Anzahl der Kinder	absolute Häufigkeit	Stelle
1	10	1 bis 10
2	9	11 bis 19
3	5	20 bis 24
4	1	25

1. Beispiel: Anzahl der Daten 29

Der Zentralwert $\tilde{x}$ steht an der 15. Stelle.

2. Beispiel: Anzahl der Daten 30

Der Zentralwert $\tilde{x}$ steht zwischen der 15. und 16. Stelle.

b) Berechne das arithmetische Mittel. Vergleiche Zentralwert und arithmetisches Mittel.

1 Petra oder Kristina sollen die Schule im Weitsprung vertreten. Vor dem Wettkampf machen beide noch einmal sieben Probesprünge. Wer von beiden soll am Wettkampf teilnehmen?

Sprungweiten von Petra (in cm):						
489	485	492	497	498	492	505

Sprungweiten von Kristina (in cm):						
470	516	518	474	520	468	492

2 In den Urlisten findest du die von André und Jan beim Kugelstoßen erzielten Weiten.

Urliste (von André erzielte Werte in m)				
8,39	7,87	8,12	8,40	8,16

Urliste (von Jan erzielte Werte in m)				
8,45	7,64	8,03	8,68	8,14

a) Bei welchem Schüler ist die Differenz zwischen der größten und der kleinsten erzielten Weite am größten?
b) Berechne für die beiden Schüler jeweils das arithmetische Mittel der erzielten Weiten. Vergleiche jeweils das arithmetischen Mittel mit den erzielten Weiten. Was fällt dir auf?
c) Wer von beiden erbringt die konstanteren Leistungen? Begründe.

75-Meter-Zeiten (s)				
12,1	12,3	12,6	12,7	12,8

Bei statistischen Untersuchungen ist es oft sinnvoll, auch die **Streuung** der einzelnen Werte zu berücksichtigen.

Spannweite

Die **Spannweite** gibt die Differenz zwischen dem größten und dem kleinsten Wert an.

Spannweite: $12{,}8 - 12{,}1 = 0{,}7$

mittlere lineare Abweichung

Die **mittlere lineare Abweichung** $\bar{s}$ ist das arithmetische Mittel der Abweichungen von $\bar{x}$.

Zeiten (s)	Abweichung von $\bar{x}=12{,}5$
12,1	0,4
12,3	0,2
12,6	0,1
12,7	0,2
12,8	0,3

Mittlere lineare Abweichung $\bar{s}$:

$$\bar{s} = \frac{\text{Summe der Abweichungen von } \bar{x}}{\text{Anzahl aller Daten}}$$

$$\bar{s} = \frac{0{,}4 + 0{,}2 + 0{,}1 + 0{,}2 + 0{,}3}{5} = 0{,}24$$

3 Vergleiche die von Birthe und Janina beim Kugelstoßen erzielten Weiten. Berechne dazu jeweils die Spannweite, das arithmetische Mittel $\bar{x}$ und die mittlere lineare Abweichung $\bar{s}$. Was stellst du fest?

Urliste (erzielte Weiten in m)						
Birthe:	5,35	5,20	5,15	5,40	5,60	
Janina:	5,25	5,45	5,05	5,55	5,30	5,50

1

a) Vergleiche die sportlichen Leistungen der Mädchen (Jungen) in den Klassen 9b und 9c miteinander. Berechne dazu jeweils das arithmetische Mittel x, die Spannweite und die mittlere lineare Abweichung $\overline{s}$.

b) Ist der Unterschied in den sportlichen Leistungen bei den Jungen größer als bei den Mädchen? Begründe deine Antwort.

9b												
Mädchen												
100 m-Zeiten (s)	16,3	17,1	16,2	16,9	16,7	18,4	16,4	17,3	16,0	16,8	16,4	17,0
Sprungweiten (cm)	3,33	3,55	3,52	2,87	3,58	3,01	3,61	3,47	3,69	3,51	3,71	3,11
Kugelstoßen (m)	6,75	5,40	5,40	4,25	5,20	4,80	5,00	4,45	6,00	6,15	5,30	4,30
Jungen												
100 m-Zeiten (s)	16,4	13,4	13,9	14,7	14,0	14,3	15,7	15,6	14,0	13,2	13,2	17,0
Sprungweiten (cm)	4,33	4,67	4,07	4,29	4,25	4,65	3,67	3,43	4,51	4,57	4,67	3,59
Kugelstoßen (m)	9,20	10,51	10,22	7,50	6,80	8,39	7,90	7,70	7,90	7,80	9,20	6,50

9c												
Mädchen												
100 m-Zeiten (s)	16,5	17,2	16,3	16,7	16,9	18,3	16,5	17,5	16,1	16,7	16,6	17,5
Sprungweiten (cm)	3,63	3,15	3,42	3,17	3,28	2,91	3,41	3,37	3,79	3,61	3,64	3,22
Kugelstoßen (m)	5,75	6,40	6,40	5,25	5,40	4,95	5,20	5,00	6,15	5,75	5,25	5,05
Jungen												
100 m-Zeiten (s)	14,1	15,5	15,3	14,9	16,4	16,2	13,5	13,7	15,6	15,2	14,9	15,8
Sprungweiten (cm)	4,19	3,83	3,89	4,01	3,73	3,61	4,43	4,39	3,65	3,70	4,00	3,48
Kugelstoßen (m)	8,75	8,95	7,90	8,95	9,50	8,20	9,95	9,15	7,95	8,50	8,70	7,90

Bei **statistischen Untersuchungen** werden **Daten** durch Befragung, Beobachtung oder Experiment gesammelt.
Die in einer **Urliste** gesammelten Daten können mithilfe einer **Strichliste** geordnet und dann in einer **Häufigkeitstabelle** dargestellt werden.

Häufigkeitstabelle

Lebensalter (Jahre)	absolute Häufigk.	relative Häufigkeit	
		Bruch	Prozent
12	23	0,23	23 %
13	26	0,26	26 %
14	19	0,19	19 %
15	18	0,18	18 %
16	14	0,14	14 %
Summe	100	1,00	100 %

Die **relative Häufigkeit** jedes Ergebnisses gibt den Anteil der Versuche mit diesem Ergebnis an.
Die relative Häufigkeit kann als Bruch, Dezimalbruch und in Prozent angegeben werden.

$$\textbf{relative Häufigkeit} = \frac{\textbf{absolute Häufigkeit}}{\textbf{Anzahl der Daten}}$$

Die in einer Häufigkeitstabelle aufbereiteten Daten können in verschiedenen Diagrammformen grafisch dargestellt werden.

Säulendiagramm

absolute Häufigkeit
20
10
0
12 13 14 15 16 Jahre

Streifendiagramm

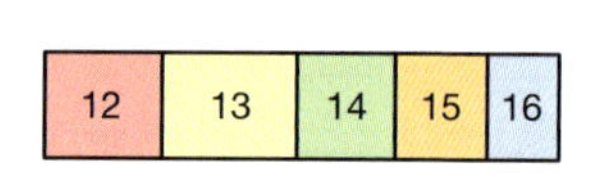

Kreisdiagramm

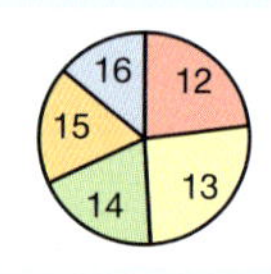

Mittelwerte

Handelt es sich bei den Daten um Zahlen, kannst du das **arithmetische Mittel $\bar{x}$** berechnen.
Insbesondere bei statistischen Untersuchungen mit stark abweichenden Werten (Ausreißern) ist es sinnvoll, als Mittelwert den **Zentralwert (Median)** $\tilde{x}$ zu wählen.

$$\bar{x} = \frac{\textbf{Summe aller Daten}}{\textbf{Anzahl der Daten}}$$

Bei einer ungeraden Anzahl von Daten ist der Zentralwert der mittlere Wert in der geordneten Urliste, bei einer geraden Anzahl von Daten liegt er zwischen den beiden mittleren Werten.

Streumaße

Die **Spannweite** gibt die Differenz zwischen dem größten und dem kleinsten Stichprobenwert an.
Die **mittlere lineare Abweichung $\bar{s}$** ist das arithmetische Mittel der Abweichungen von x.

$$\bar{s} = \frac{\textbf{Summe der Abweichungen von } \bar{x}}{\textbf{Anzahl der Daten}}$$

9 Darstellen geometrischer Körper

1 a) Nenne Gegenstände aus deiner Umwelt, die die Form eines Quaders, einer Pyramide, eines Zylinders oder eines Kegels haben.

Quader und Pyramide

Quader

Kegel

Zylinder

Pyramide

Zylinder und Kegel

b) Beschreibe die einzelnen geometrischen Körper (ebene oder gekrümmte Begrenzungsflächen, Form der Flächen …).

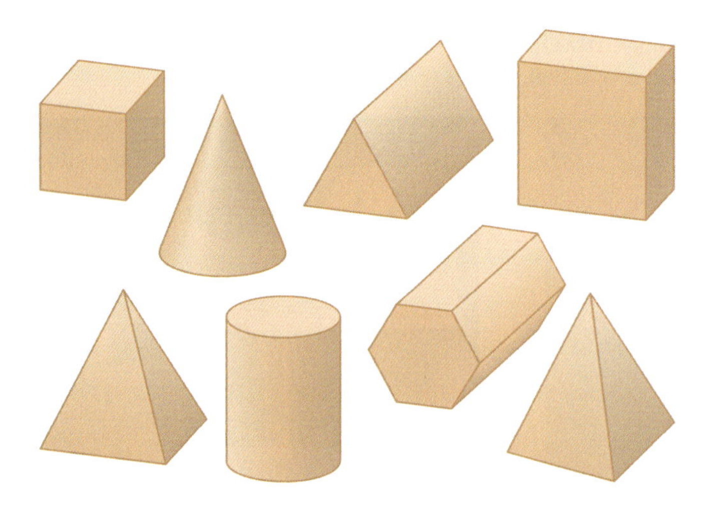

2 Wie heißen die Körper? Ordne die Namensschilder richtig zu.

3 Kantenmodelle und Netze (Abwicklung) eines geometrischen Körpers können dir helfen, seine Eigenschaften zu erkennen.

Baue jeweils ein Kantenmodell eines Würfels, eines Quaders und einer Pyramide mit einer quadratischen Grundfläche.
Benutze dazu kleine Holzstäbe, Drahtstücke oder Trinkhalme.

1 Um von Körpern (z. B. Werkstücken, Gebäuden, ...) eine anschauliche Vorstellung zu erhalten, werden Körper häufig als Schrägbild dargestellt.
Die folgenden Abbildungen zeigen zwei verschiedene Schrägbilddarstellungen eines Quaders.

Kavalierperspektive

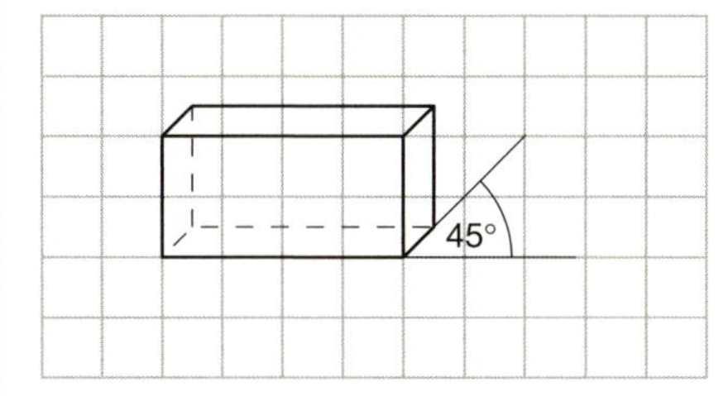

Parallel zur Zeichenebene verlaufende Kanten werden unverkürzt gezeichnet.

Senkrecht nach hinten verlaufende Kanten werden unter einem Winkel von 45° und in halber Länge gezeichnet.

Isometrische Projektion*

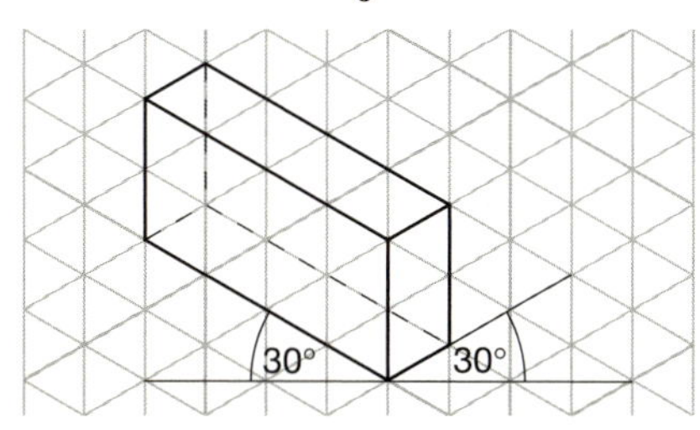

Alle Kanten werden unverkürzt gezeichnet.

Die senkrechten Kanten werden auch senkrecht gezeichnet. Die anderen Kanten werden unter einem Winkel von 30° dargestellt.

Die unten abgebildeten Körper sind auf Isometriepapier gezeichnet. Das Papier ist mit einem Raster aus gleichseitigen Dreiecken bedruckt. Die Dreiecke haben eine Seitenlänge von 0,5 cm.
Zeichne die einzelnen Körper in Kavalierperspektive. Entnimm der Abbildung die notwendigen Längen.

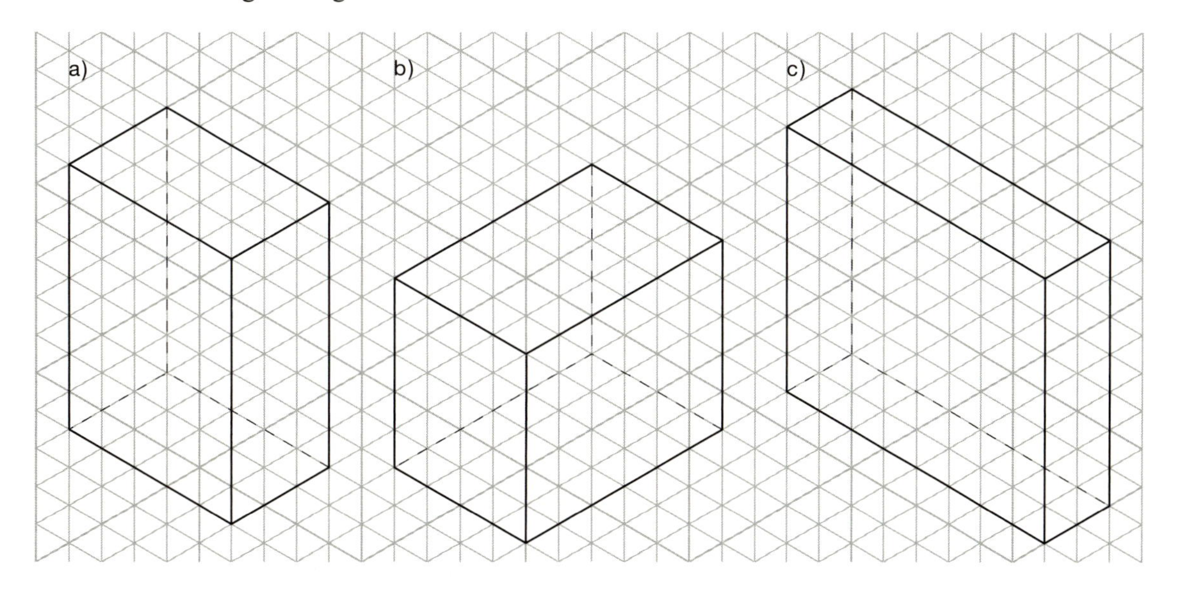

* Isometrie (giech.): Längengleichheit

2

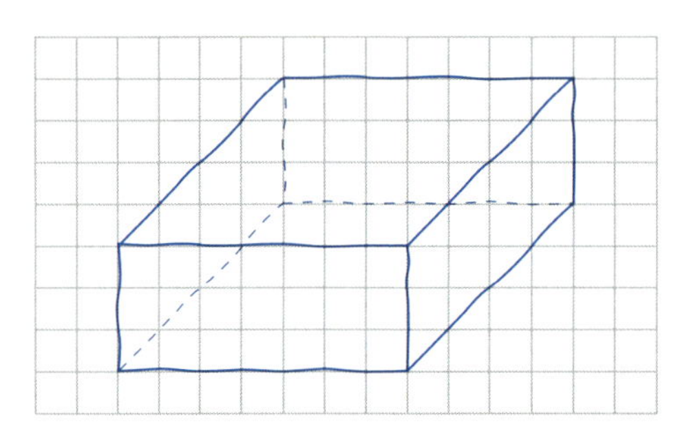

Zeichne die Vorderfläche. Benutze die Gitterlinien.

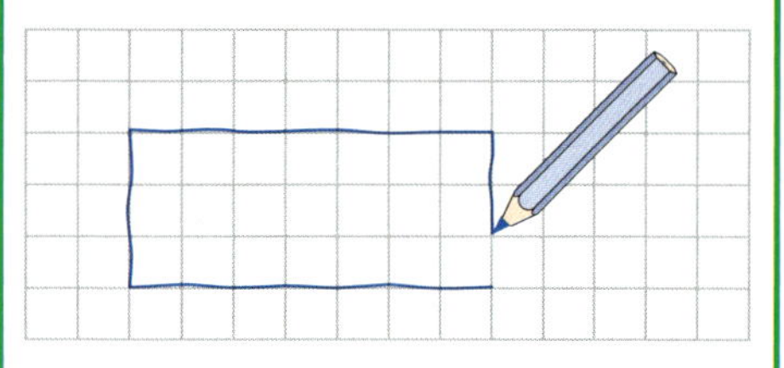

Zeichne senkrecht nach hinten verlaufende Kanten auf Kästchendiagonalen.

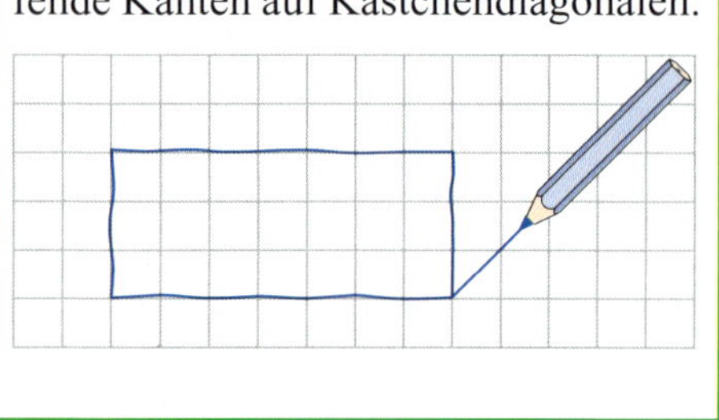

Ein Quader ist 6 cm lang, 4 cm breit und 3 cm hoch. Zeichne ein Schrägbild des Quaders zunächst als Freihandskizze. Stelle anschließend den Quader in Kavalierperspektive dar.

3

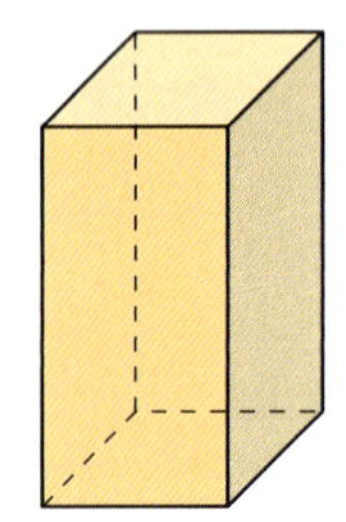

Der Quader steht auf seiner kleinsten Seitenfläche.

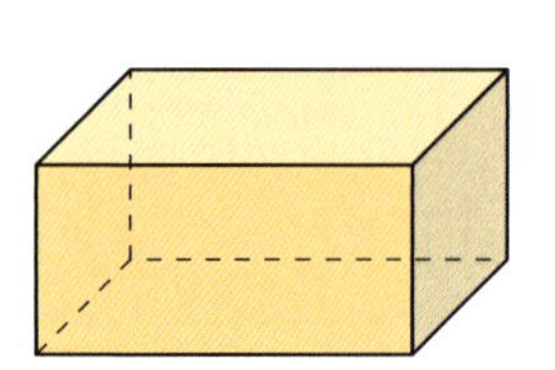

Der Quader liegt auf seiner größten Seitenfläche.

Zeichne von einem Quader zwei verschiedene Schrägbilder in Kavalierperspektive.
Stelle dazu den Quader jeweils auf eine andere Seitenfläche.

	a)	b)	c)
Kantenlänge a	7,6 cm	4,2 cm	64 mm
Kantenlänge b	5,4 cm	6,8 cm	52 mm
Kantenlänge c	2,6 cm	3,4 cm	50 mm

4 a) Auf dem Foto siehst du ein dreiseitiges Prisma. Welche Form haben die einzelnen Begrenzungsflächen?

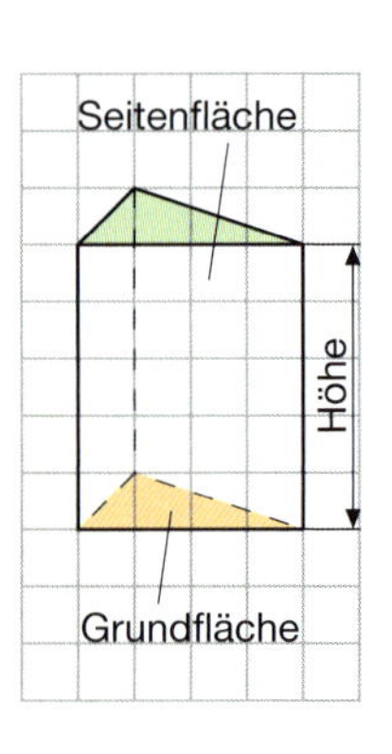

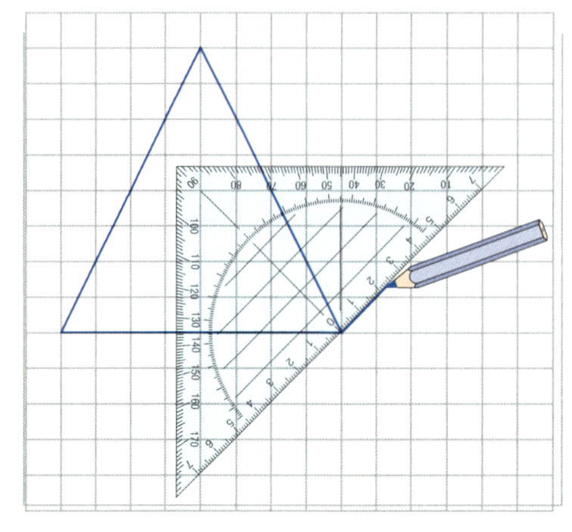

b) Das abgebildete gleichschenklige Dreieck ist die Grundfläche eines liegenden Prismas. Die Höhe dieses Prismas beträgt 8 cm.

Übertrage die Zeichnung in dein Heft und ergänze sie zu einem Schrägbild des Prismas in Kavalierperspektive.

5 Das abgebildete Vieleck ist die Grundfläche eines liegenden Prismas. Übertrage die Grundfläche in dein Heft und ergänze sie zu einem Schrägbild in Kavalierperspektive.

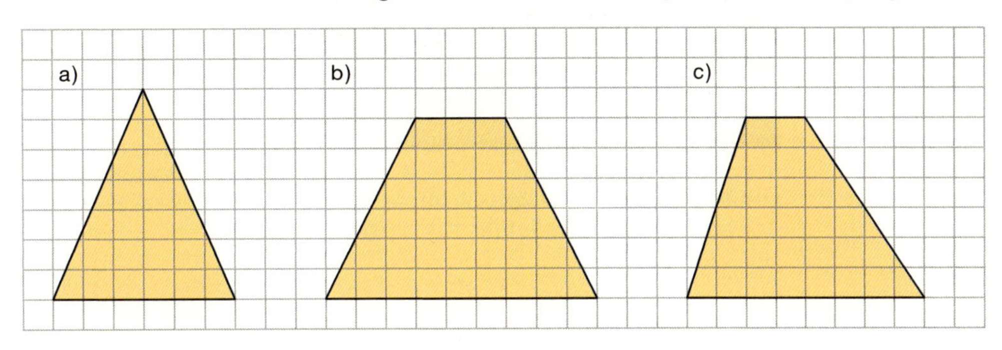

Höhe des Prismas: 10 cm   Höhe des Prismas: 9 cm   Höhe des Prismas: 11 cm

6

a) Was meinst du? Begründe deine Antwort.
b) Übertrage die abgebildeten Prismen in dein Heft.
Zeichne von jedem Prisma ein weiteres Schrägbild in Kavalierperspektive. Lege dazu das Prisma auf eine andere Seitenfläche.

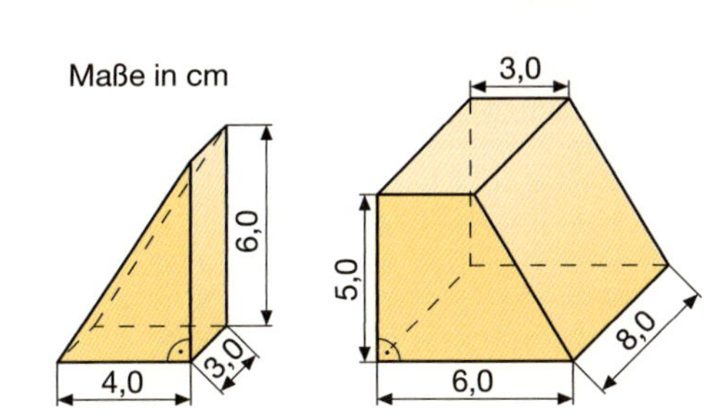

7 Zeichne von dem Körper ein Schrägbild in Kavalierperspektive. Fertige deine Zeichnung im Maßstab 1 : 10 an.

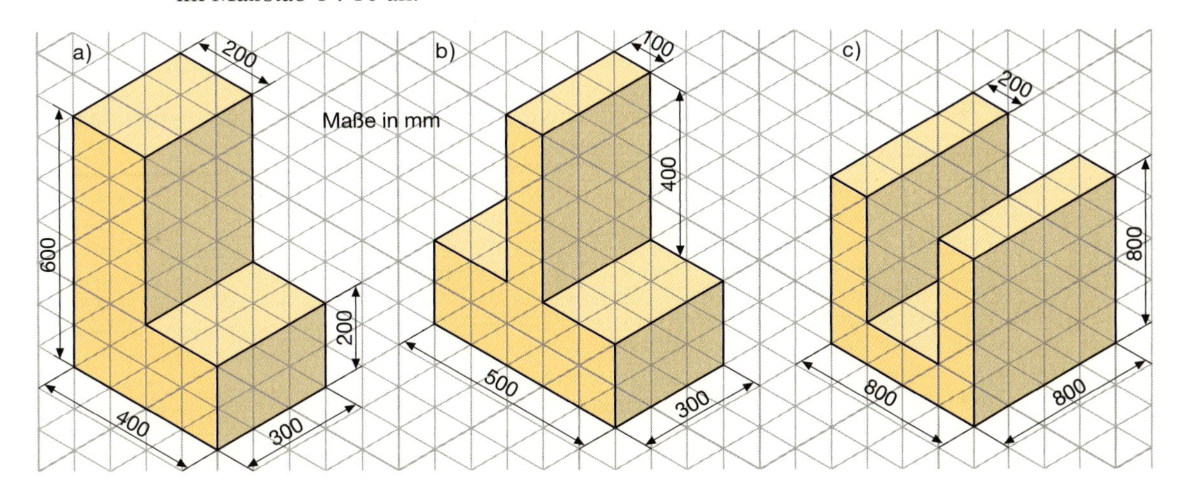

8

Auf dem Foto siehst du ein Prisma aus Glas. Die Grundfläche des Prismas ist ein gleichschenklig-rechtwinkliges Dreieck. Das Prisma steht auf seiner Grundfläche.

Die folgenden Bilder zeigen dir, wie du das abgebildete Schrägbild des Prismas zeichnen kannst.

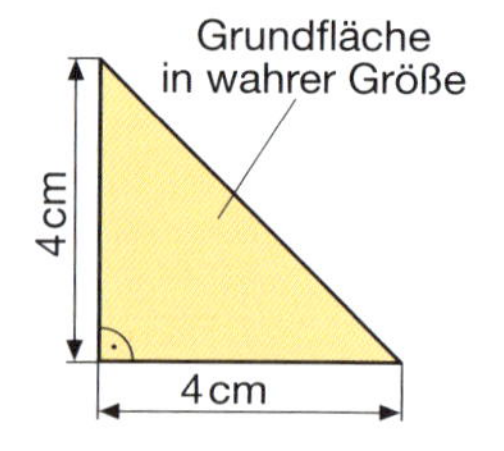

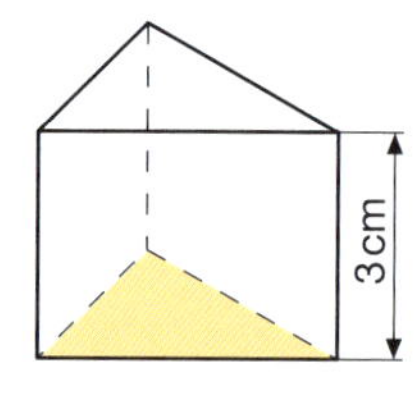

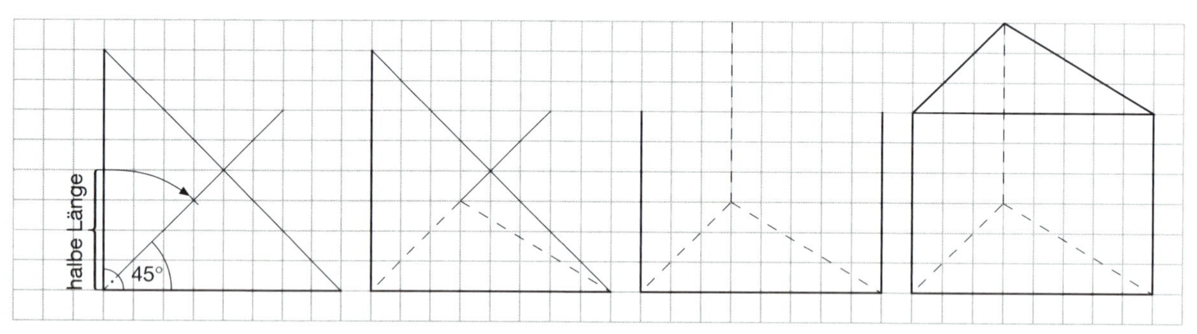

Zeichne ebenso das Schrägbild eines Prismas. Übertrage dazu zunächst die abgebildete Grundfläche des Prismas in dein Heft.

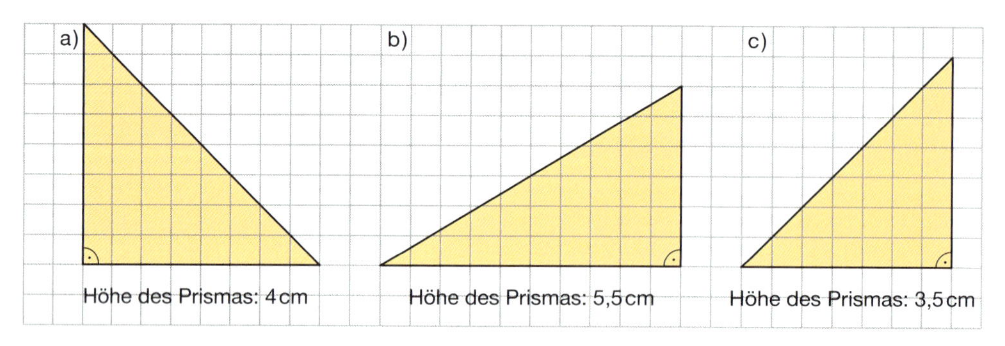

9 Beschreibe anhand der Abbildungen, wie du das Schrägbild einer Pyramide mit quadratischer Grundfläche zeichnen kannst.

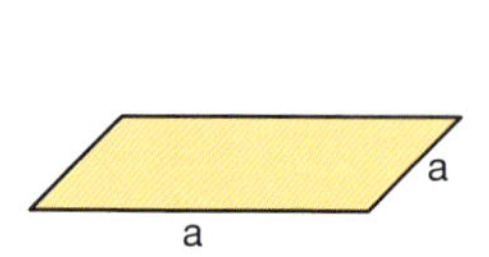

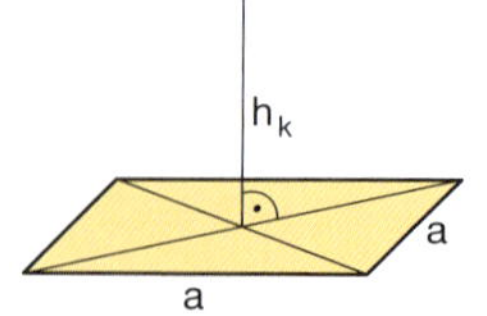

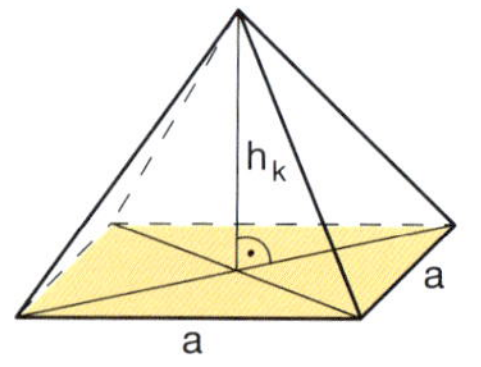

10 Zeichne eine Pyramide mit quadratischer Grundfläche in Kavalierperspektive.

	a)	b)	c)	d)
a	4 cm	5 cm	3,8 cm	6,4 cm
h_k	3 cm	5 cm	4,6 cm	2,2 cm

1

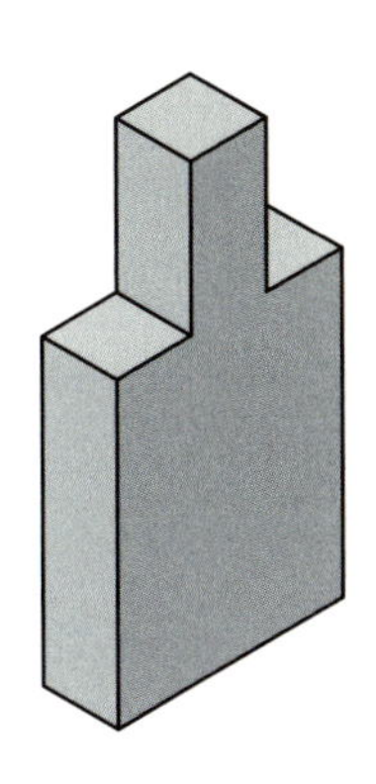

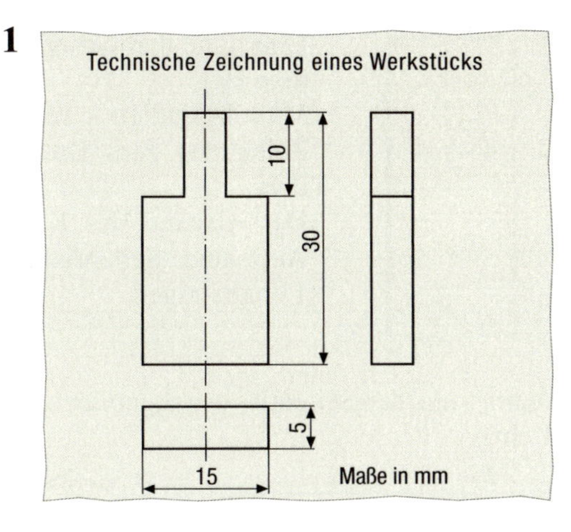

Schrägbilder vermitteln dir eine räumliche Vorstellung eines Körpers.

In technischen Berufen werden Zeichnungen benötigt, die eindeutige Angaben über die Form, die Größe und die Abmessungen eines Werkstücks enthalten.
In diesen technischen Zeichnungen wird ein Werkstück in Draufsicht, Vorderansicht und Seitenansicht dargestellt.

Die folgenden Abbildungen zeigen, wie durch Betrachten eines Quaders von vorn die Vorderansicht, von oben die Draufsicht und von links die Seitenansicht gewonnen werden.

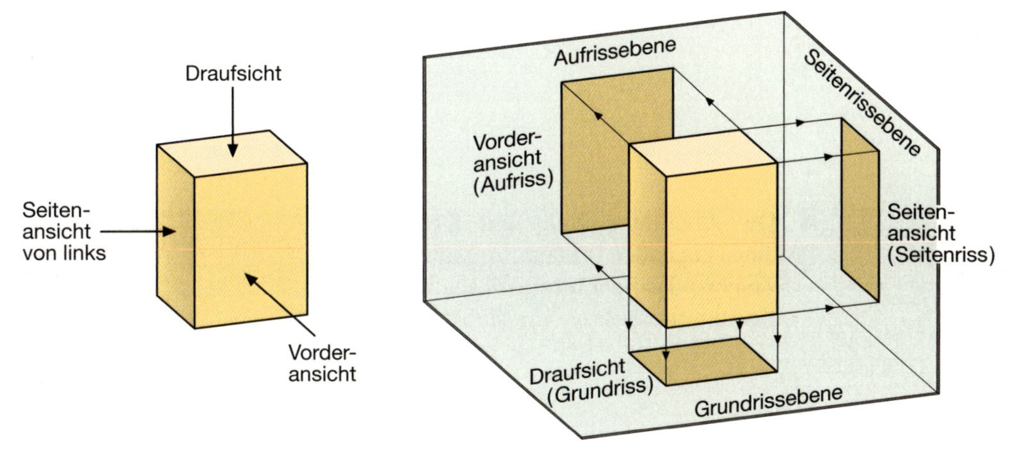

Klappst du in Gedanken die Zeichenebenen in eine Ebene, so kannst du wie abgebildet das Dreitafelbild des Körpers zeichnen.

Dreitafelbild eines Quaders

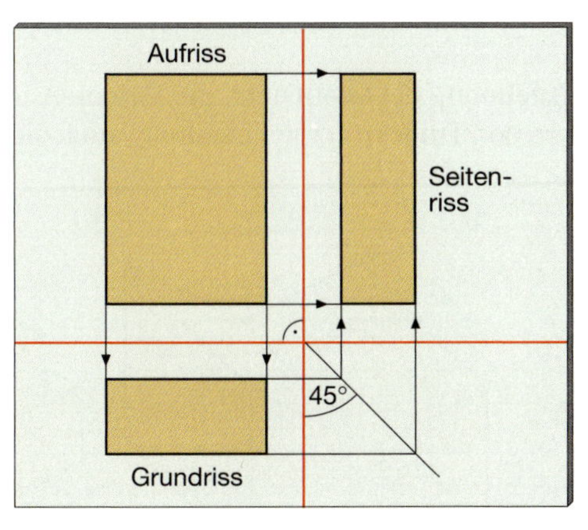

Technische Zeichnung eines Quaders

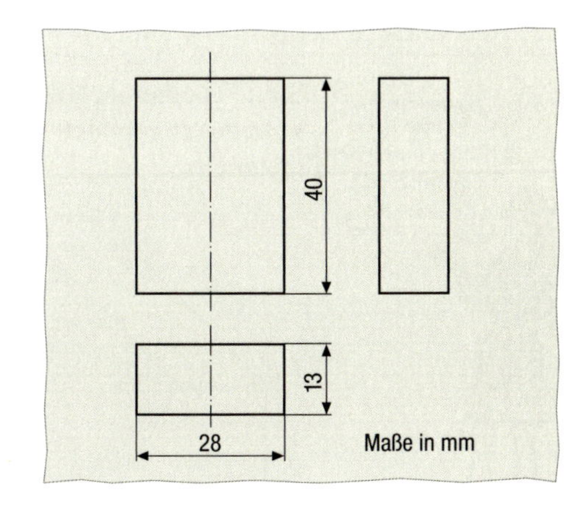

Vergleiche die beiden Zeichnungen miteinander. Was fällt dir auf?

5
4
2
Maße in cm

2 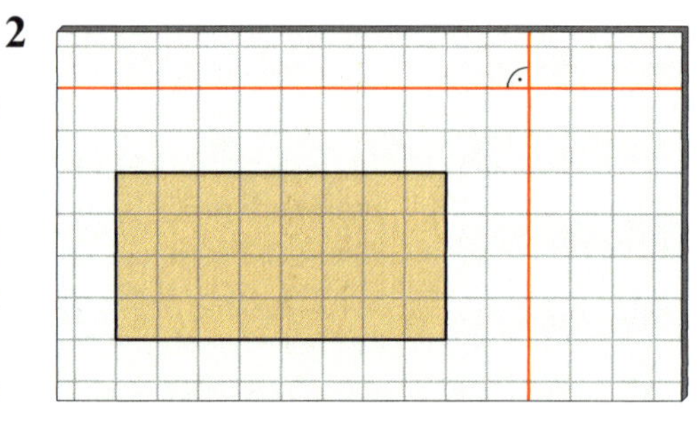

Übertrage den Grundriss des Quaders in dein Heft.
Vervollständige anschließend deine Zeichnung zum Dreitafelbild des Quaders.
Der Abstand des Körpers zur Grund-, Auf- und Seitenrissebene soll jeweils 1 cm betragen.

3 Zeichne den Grundriss, den Aufriss und den Seitenriss des abgebildeten Quaders (Abstand zu den Rissebenen: jeweils 1 cm).

a)

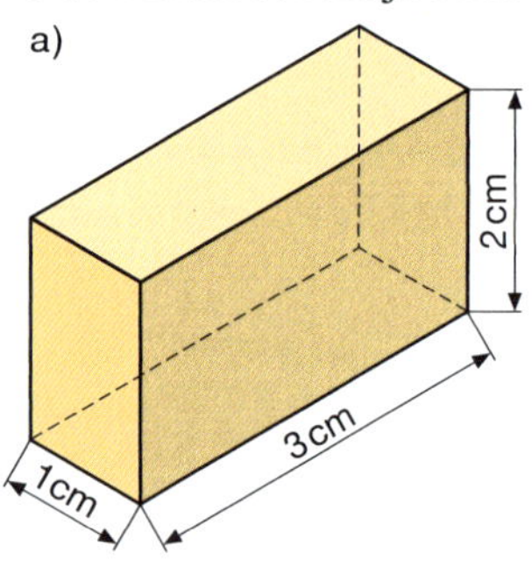

b)

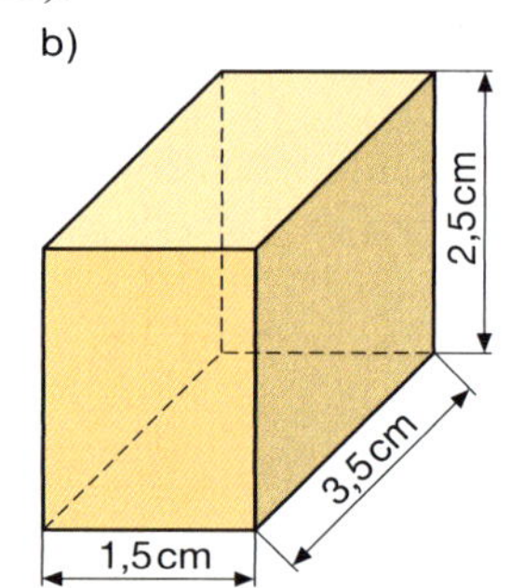

c)

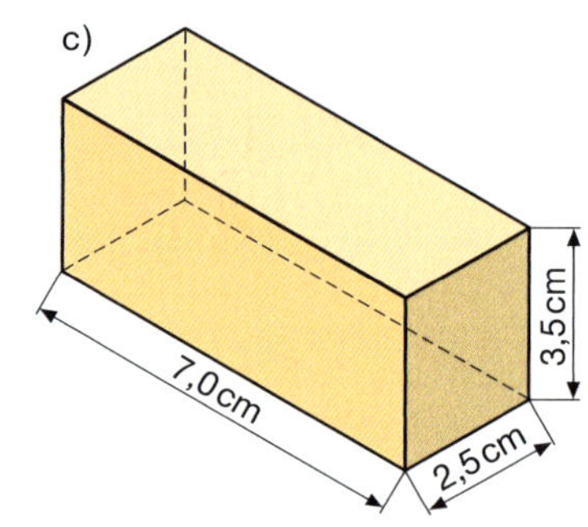

4 Die Abbildung zeigt das Dreitafelbild eines liegenden Prismas im Maßstab 1 : 2. Zeichne das Schrägbild dieses Prismas in Kavalierperspektive im Maßstab 1 : 1.

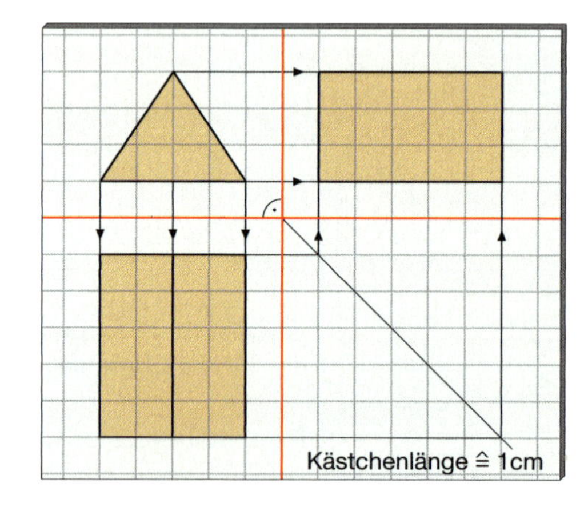

Verdeckte Kanten werden gestrichelt gezeichnet.

5 Stelle in einer technischen Zeichnung die Draufsicht, die Vorderansicht und die Seitenansicht des abgebildeten Körpers dar. Trage in deine Zeichnung auch die Maßzahlen in Millimeter ein.

a)

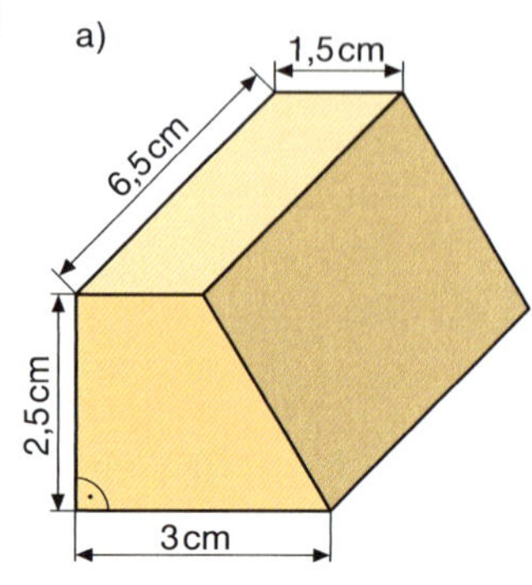

b)

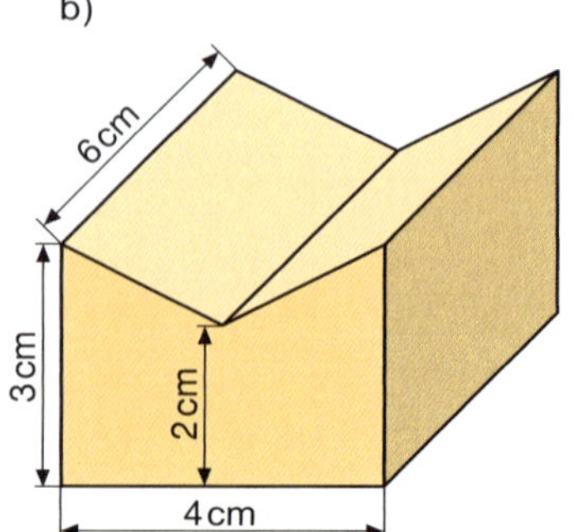

c)

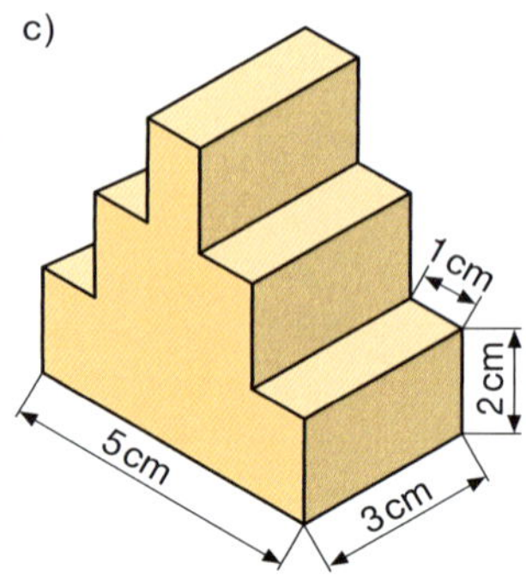

6

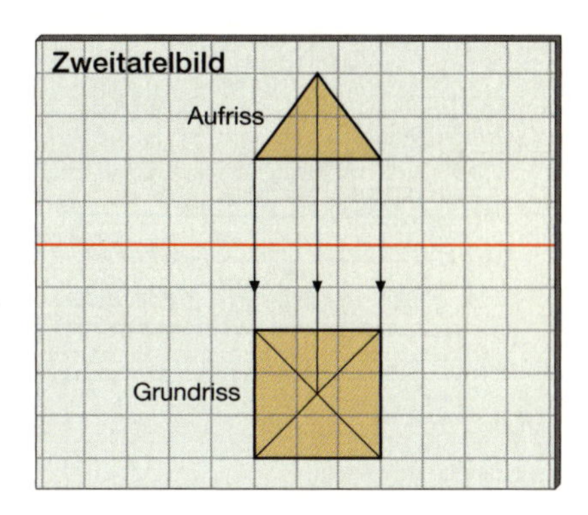

Musst du von einem Körper alle drei Ansichten zeichnen, um seine Form eindeutig darzustellen? Begründe deine Antwort anhand der Abbildungen.

7

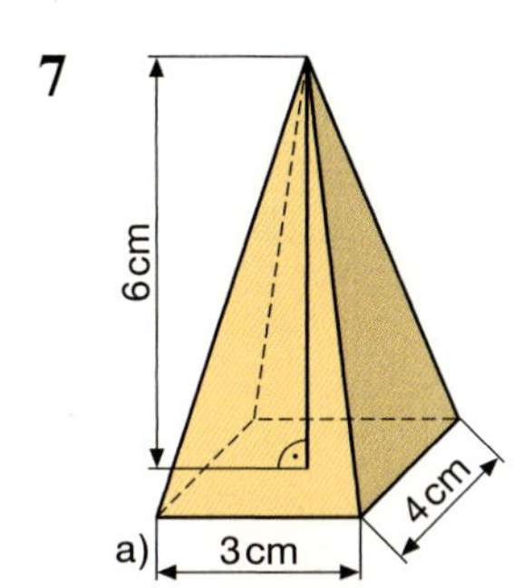

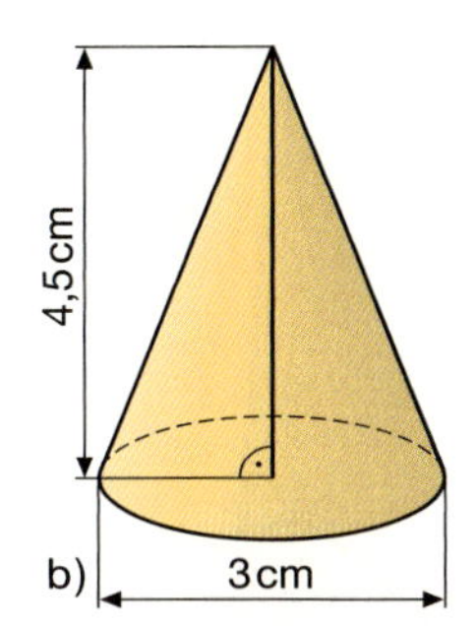

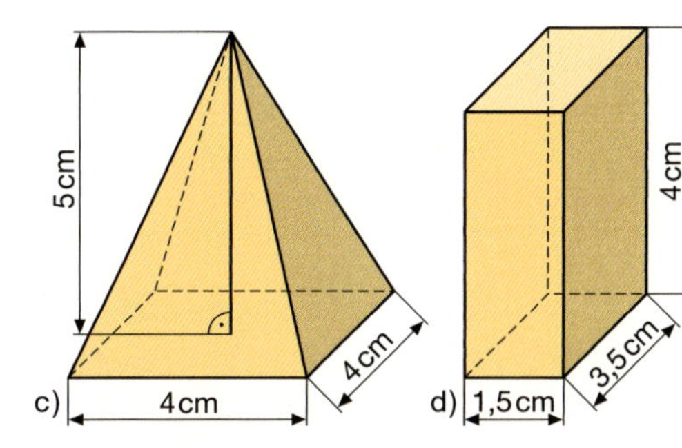

Zeichne ein Zweitafel- oder ein Dreitafelbild des Körpers. Überlege zunächst, wie viele Ansichten für eine eindeutige Darstellung der Körperform notwendig sind.

8

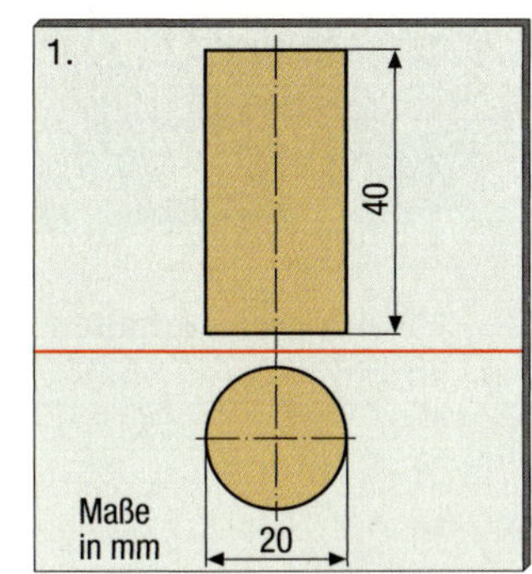

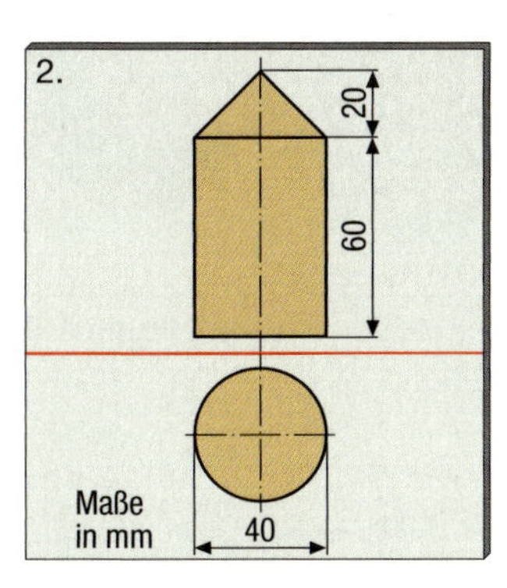

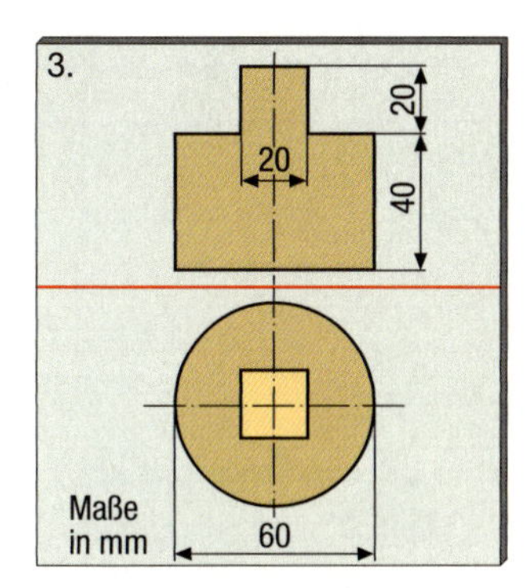

a) Anastasia hat von drei Werkstücken die Draufsicht und die Vorderansicht dargestellt. Welche geometrischen Körper erkennst du jeweils?

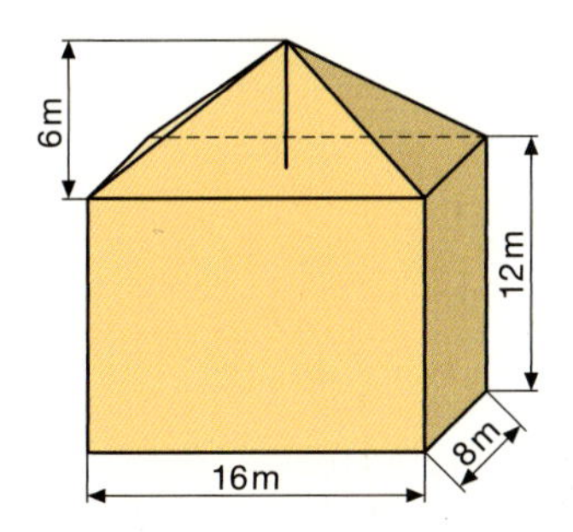

b) Zeichne in einem geeigneten Maßstab das Schrägbild des abgebildeten Körpers in Kavalierperspektive.

c) Stelle anschließend in einer technischen Zeichnung die Draufsicht, die Vorderansicht und die Seitenansicht des Körpers dar.

10 Berechnen geometrischer Körper

Das Entsorgungszentrum berechnet die Gebühren für angelieferte Abfälle nach Kubikmetern.

Bei der Planung eines Hauses wird auch die Größe des „umbauten Raumes" ermittelt.

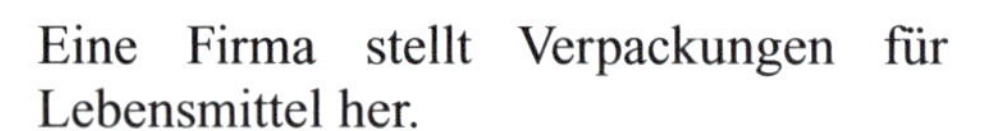

Eine Firma stellt Verpackungen für Lebensmittel her.

Eisenträger erhalten einen Schutzanstrich.

Der Lärmschutzwall eines Neubaugebietes soll verlängert werden.
Ein Fuhrunternehmen setzt Lastwagen ein, um die Erde anzufahren.

1 Formuliere zu jedem Beispiel eine geeignete Aufgabe. Überlege zunächst, wo das Volumen und wo der Oberflächeninhalt eines Körpers berechnet werden muss.

Quader

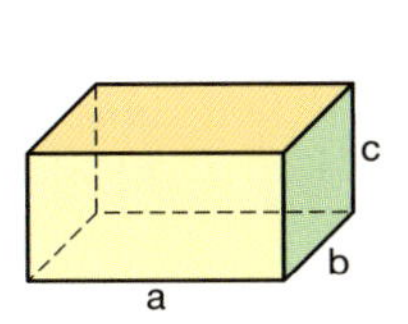

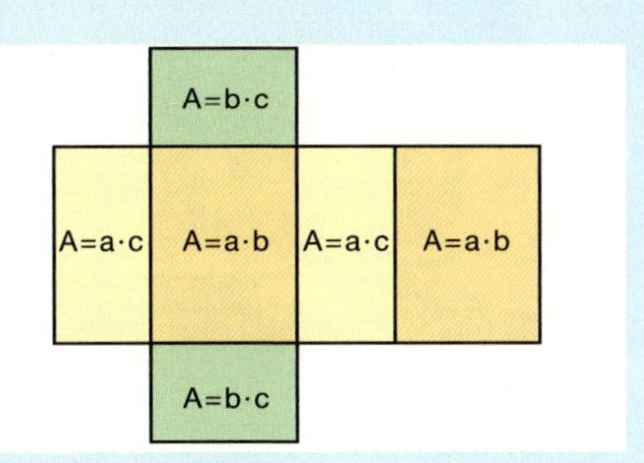

Volumen
$V = a \cdot b \cdot c$

Oberflächeninhalt
$O = 2 \cdot a \cdot b + 2 \cdot b \cdot c + 2 \cdot a \cdot c$
$O = 2 \cdot (a \cdot b + b \cdot c + a \cdot c)$

Würfel

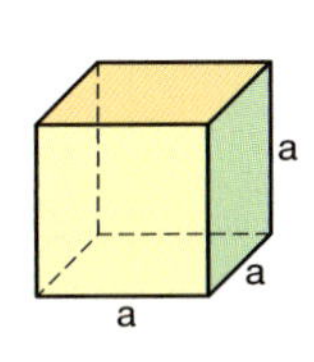

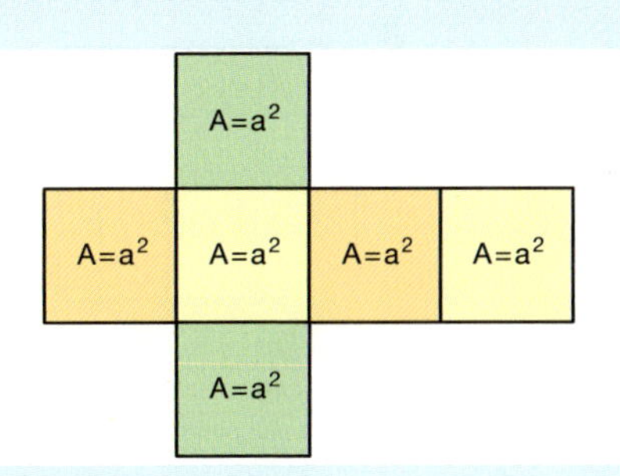

Volumen
$V = a \cdot a \cdot a$
$V = a^3$

Oberflächeninhalt
$O = 6 \cdot a^2$

Prisma

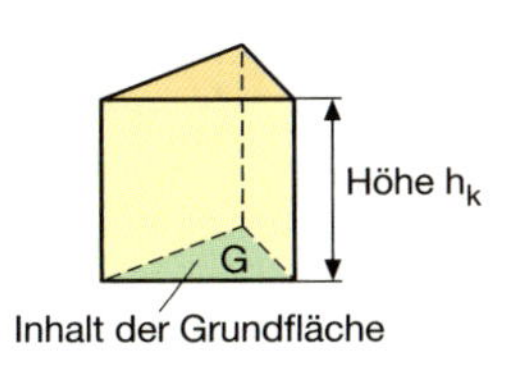

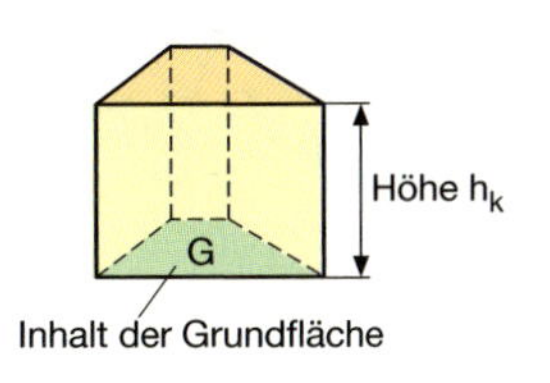

Volumen: $V = G \cdot h_K$

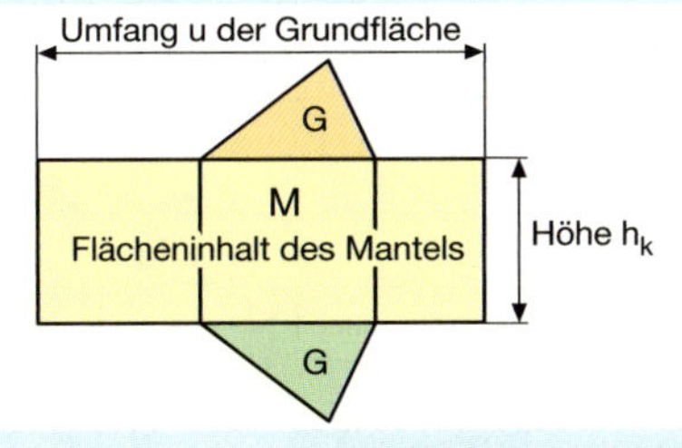

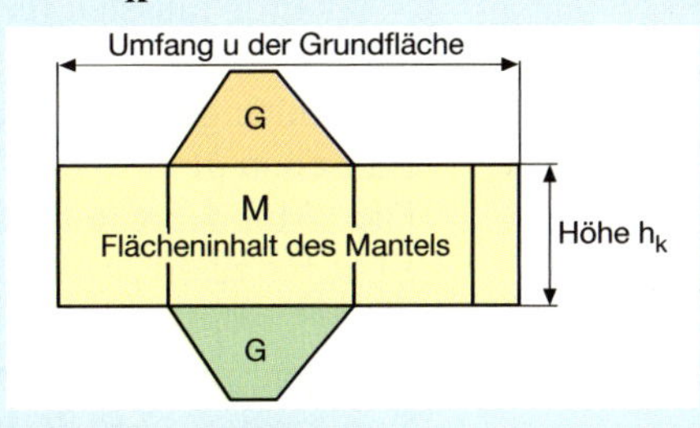

Flächeninhalt des Mantels: $M = u \cdot h_k$
Oberflächeninhalt des Prismas: $O = 2 \cdot G + M$

1 a) Die Grundfläche eines Prismas ist häufig ein Rechteck, ein Quadrat, ein Dreieck oder ein Trapez.
Übertrage das Tafelbild in dein Heft. Zeichne anschließend ein Dreieck und ein Trapez. Notiere die zugehörige Flächeninhaltsformel.

b) Berechne jeweils das Volumen des Prismas. Bestimme zunächst den Inhalt seiner Grundfläche.

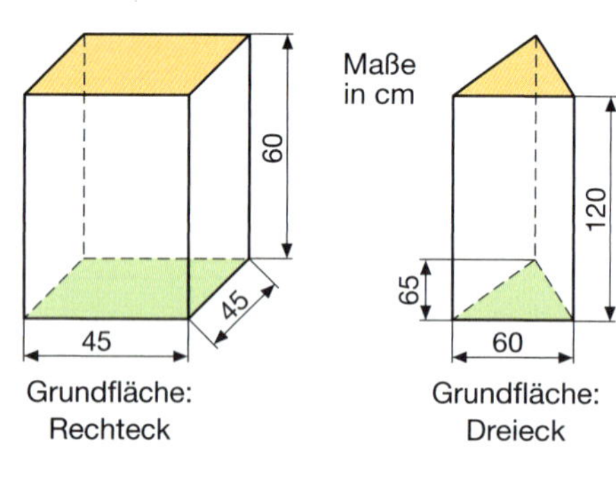

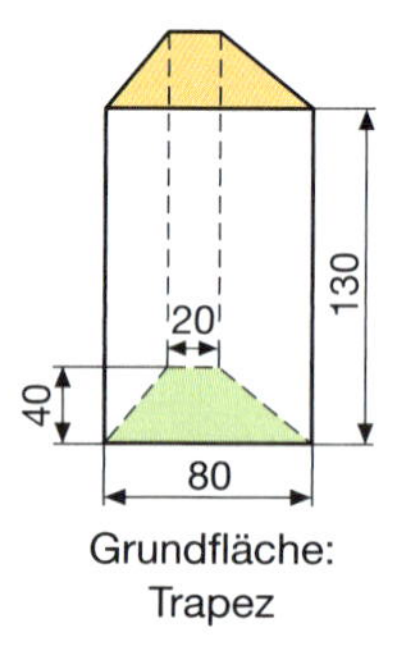

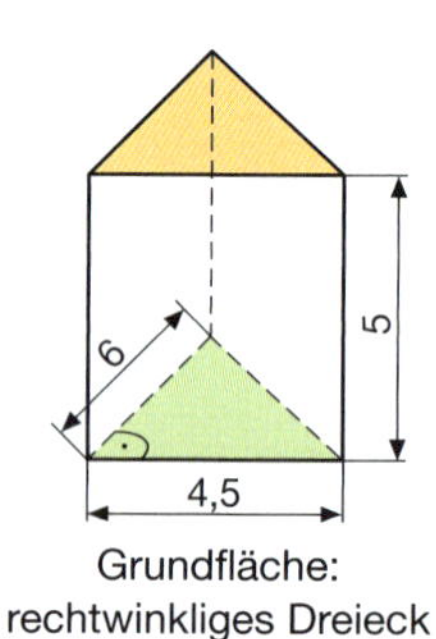

2

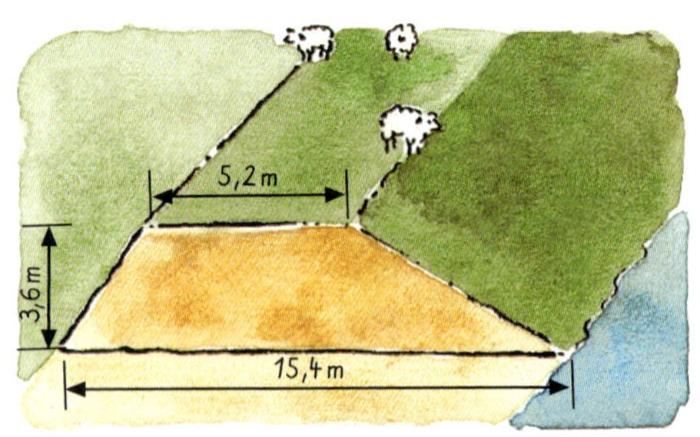

1 m	= 10 dm
1 dm	= 10 cm
1 cm	= 10 mm
1 m	= 100 cm
1 km	= 1000 m

a) Ein Kanal hat einen trapezförmigen Querschnitt mit den angegebenen Maßen. Wie viel Kubikmeter Wasser enthält ein 15 km langer Kanalabschnitt?

b) In der obigen Abbildung siehst du den Querschnitt eines Deiches. Wie viel Kubikmeter Erde mussten für einen 12 km langen Deichabschnitt aufgeschüttet werden?

3 Der Anhänger wird 30 cm hoch mit Bauschutt gefüllt.
Die Mülldeponie berechnet 7,5 EUR bis zu einer Abfallmenge von 0,5 m^3. Wird diese Menge überschritten, müssen je angefangenen Kubikmeter 27 EUR bezahlt werden.

1

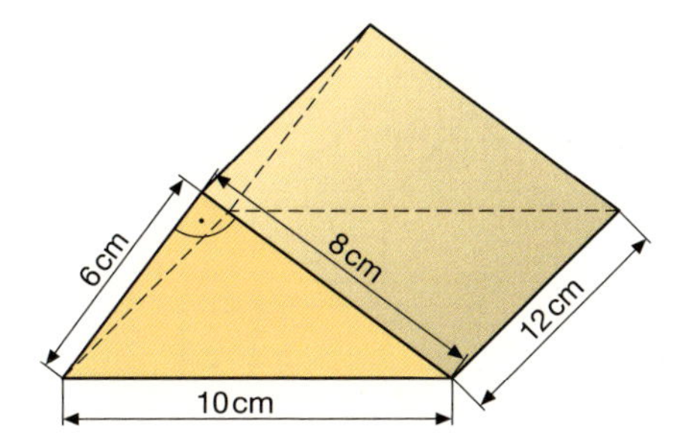

a) In den Abbildungen wird gezeigt, wie du das Netz eines Prismas erhältst. Berechne den Flächeninhalt des Mantels. Beschreibe deinen Lösungsweg.

b) Die Grundfläche des Prismas ist ein rechtwinkliges Dreieck. Berechne den Flächeninhalt der Grundfläche. Bestimme anschließend den Oberflächeninhalt des Prismas.

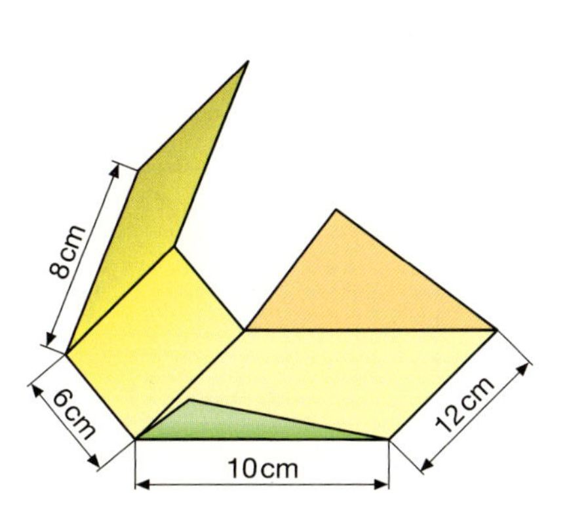

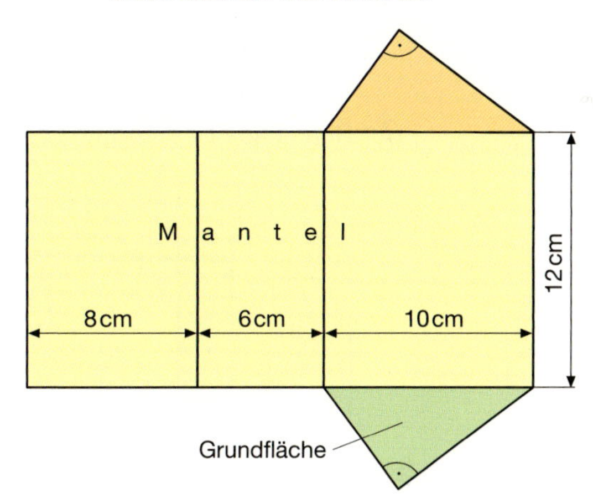

2 Die Abbildung zeigt das Netz des Prismas. Berechne den Oberflächeninhalt.

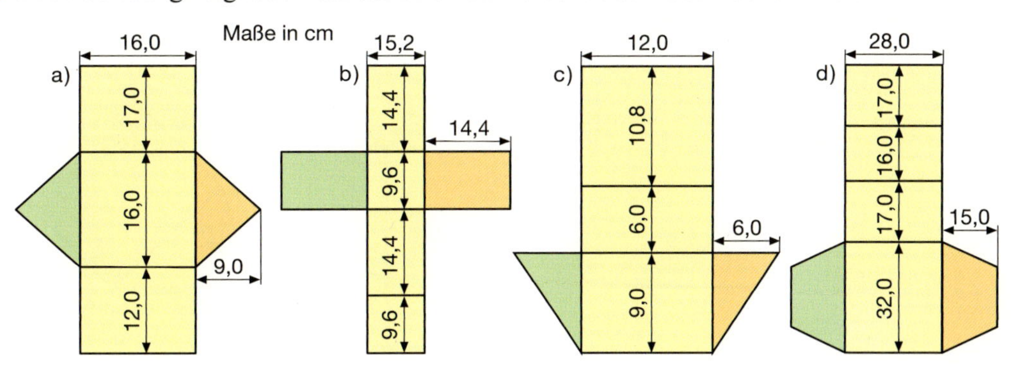

3 Berechne den Oberflächeninhalt des Prismas.

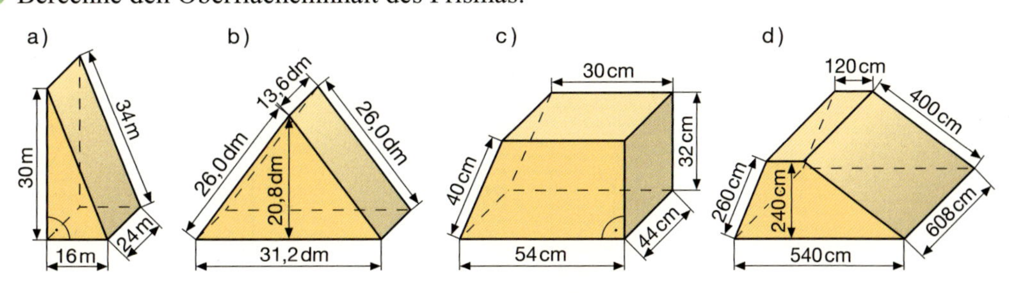

L zu Nr. 2 und 3: 960960; 3016; 864; 2400; 9552; 363,6; 1006,08; 1780,48

1 Die Abbildung zeigt das Netz eines Prismas. Berechne den Oberflächeninhalt.

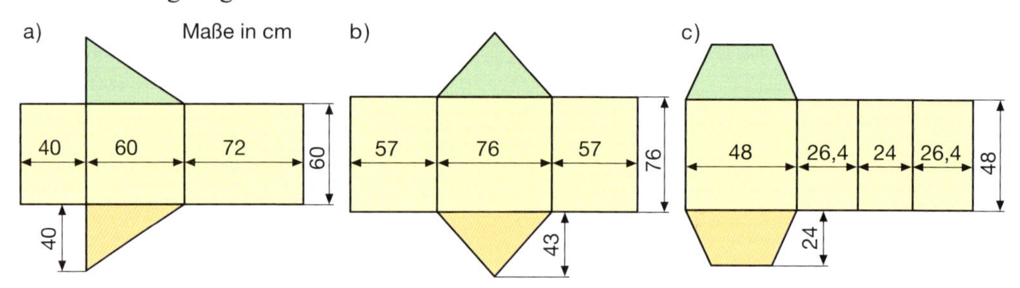

2 Berechne das Volumen des Prismas. Bestimme zunächst den Inhalt seiner Grundfläche.

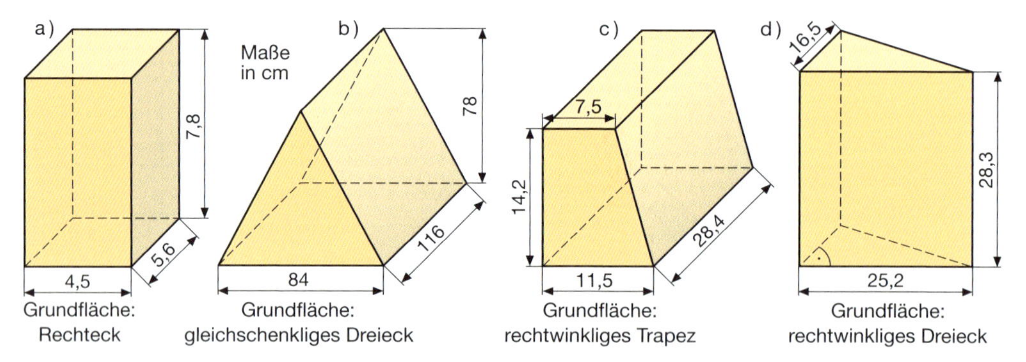

3 Bestimme das Volumen und den Oberflächeninhalt des Prismas.

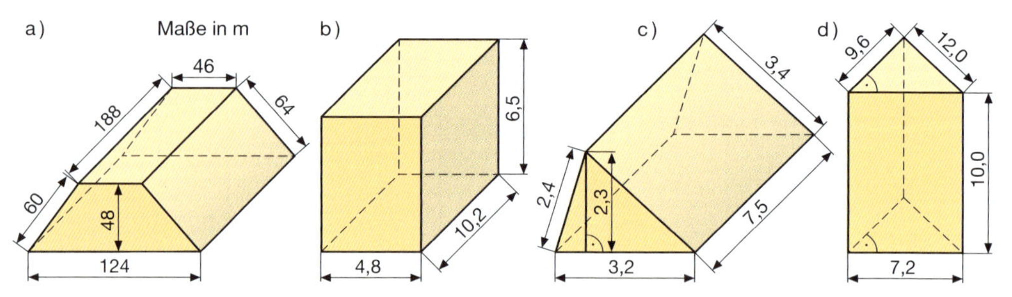

4 Zeichne zunächst das Schrägbild des abgebildeten Prismas in Kavalierperspektive. Berechne anschließend das Volumen und den Oberflächeninhalt des Prismas. Fehlende Kantenlängen entnimm deiner Zeichnung.

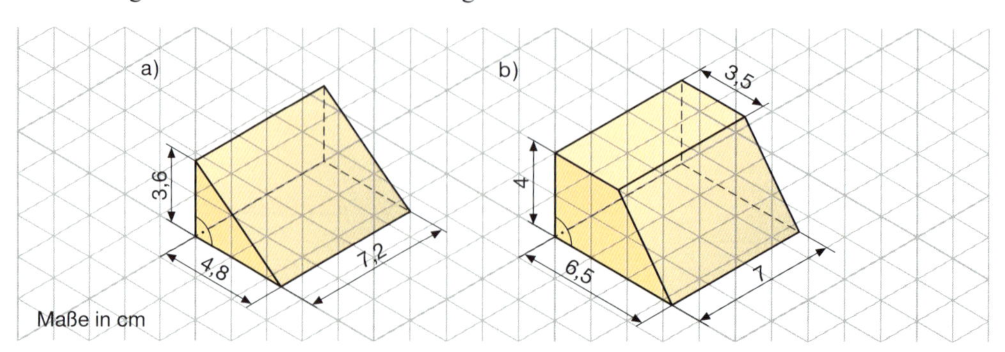

5

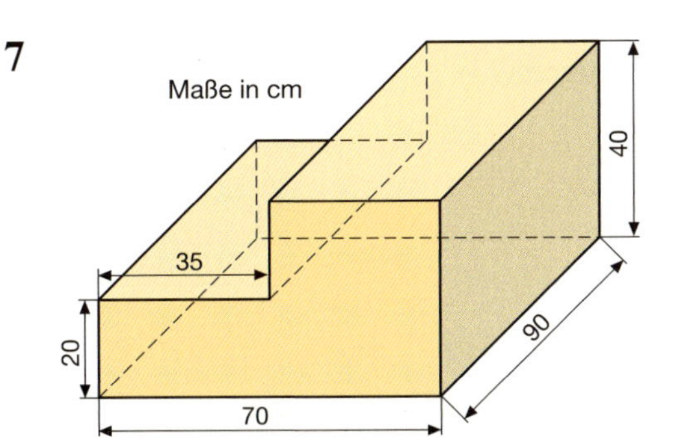

Die Abbildung zeigt den Querschnitt eines Deiches.

a) Wie viel Kubikmeter Erde müssen für einen 8,5 km langen Deichabschnitt angefahren werden?

b) Ein Baufahrzeug kann 15 m^3 Material transportieren. Wie viele Fuhren werden insgesamt benötigt?

6 Ein quaderförmiges Schwimmbecken ist 12 m lang und 5 m breit (Innenmaße). Die Wassertiefe soll 1,20 m betragen. Wie viel Liter Wasser müssen dafür eingefüllt werden?

$1\ dm^3 = 1\ l$

7

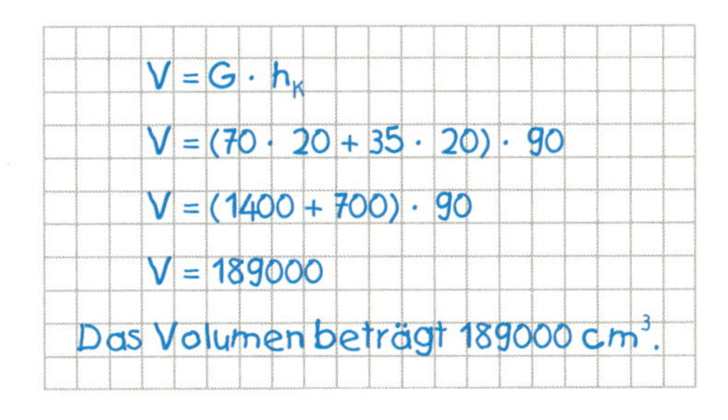

a) Erläutere, wie im Beispiel das Volumen des Körpers berechnet wird.

b) Berechne jeweils das Volumen des abgebildeten Körpers.

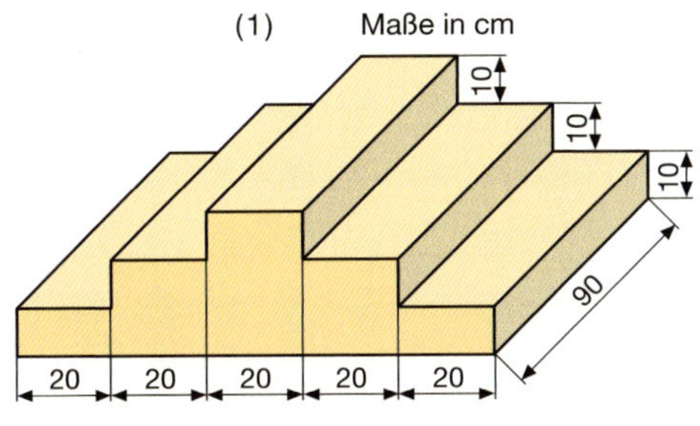

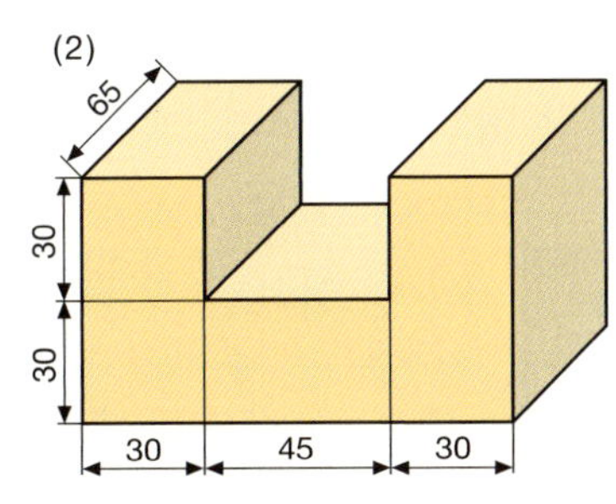

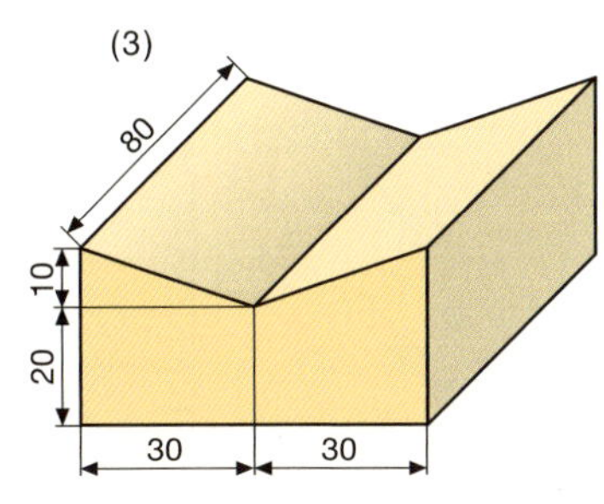

8 a) Berechne das Volumen des Wohnhauses und das Volumen der Garage.

b) Die Baukosten für das Wohnhaus betragen 431 984 EUR. Wie viel Euro wurden für einen Kubikmeter des umbauten Raumes bezahlt?

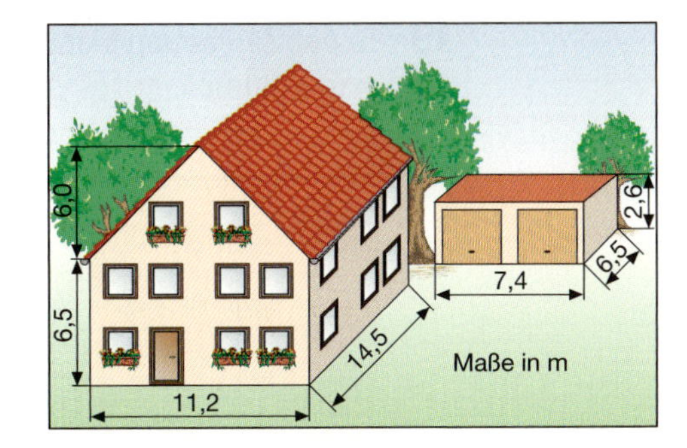

9 Familie Schmidt hat für ihren Sohn Jonas einen 3 m langen und 2,5 m breiten Sandkasten angelegt. Es wurden 3 m^3 Sand angeliefert. Wie hoch ist der Sandkasten gefüllt?

10

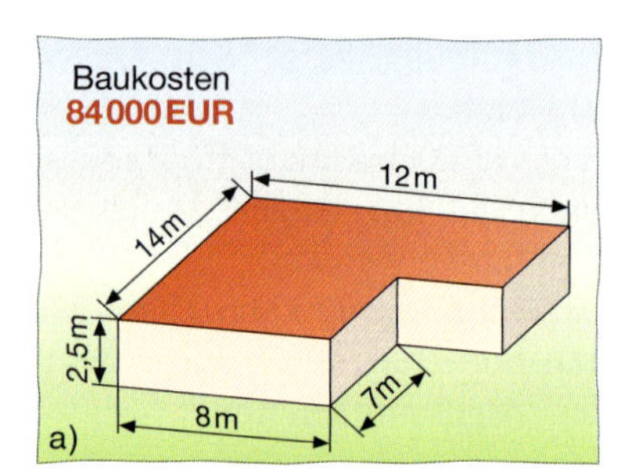

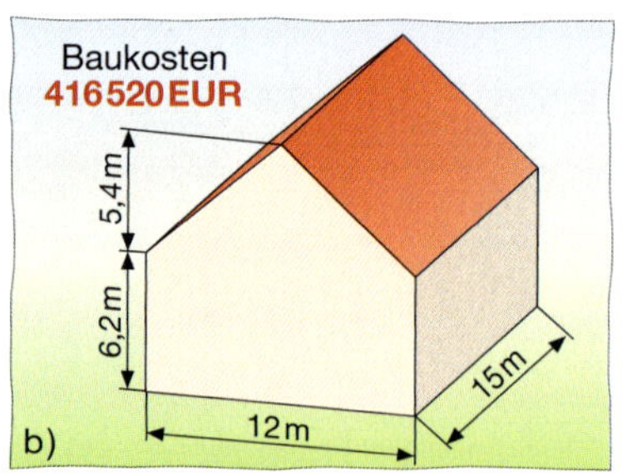

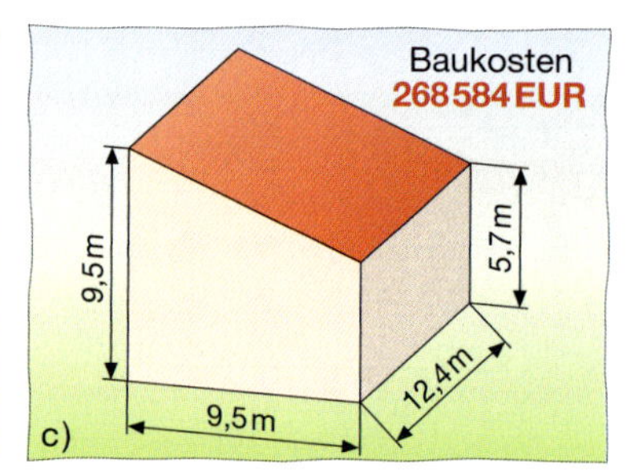

Wie viel Euro mussten für einen Kubikmeter umbauten Raum bezahlt werden?

11 Wie viel Quadratzentimeter Blech werden zur Herstellung des Behälters benötigt? Für Verschnitt müssen 10 % hinzugerechnet werden.

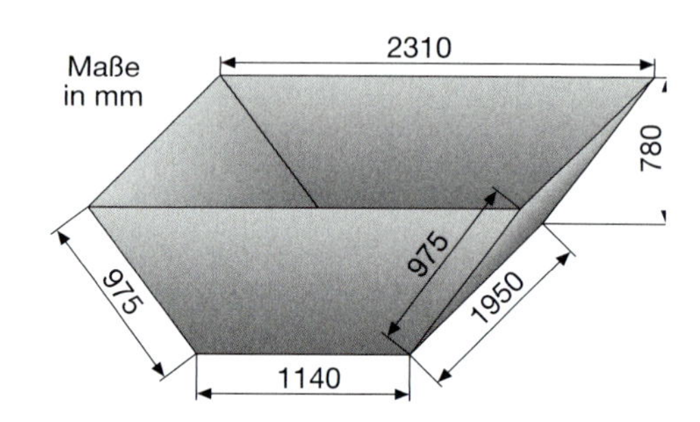

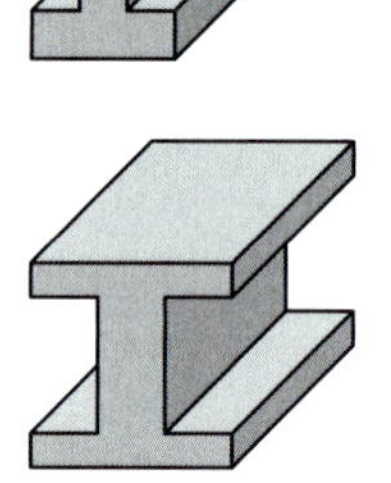

12 Die Abbildung zeigt den Querschnitt eines Eisenträgers. Seine Oberfläche soll mit einer Schutzfarbe gestrichen werden. Für 1 m^2 Fläche werden 0,2 kg Farbe verbraucht. Wie viel Kilogramm Farbe wird insgesamt für den Träger benötigt?

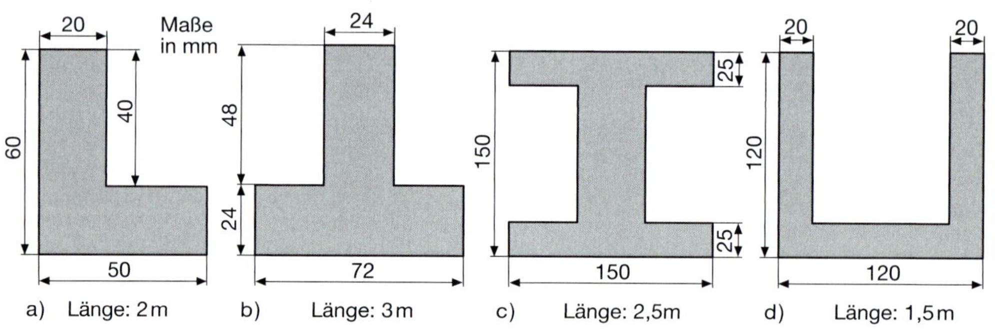

13 In der Zeichnung siehst du die Draufsicht und Vorderansicht eines Werkstücks. Berechne sein Volumen.

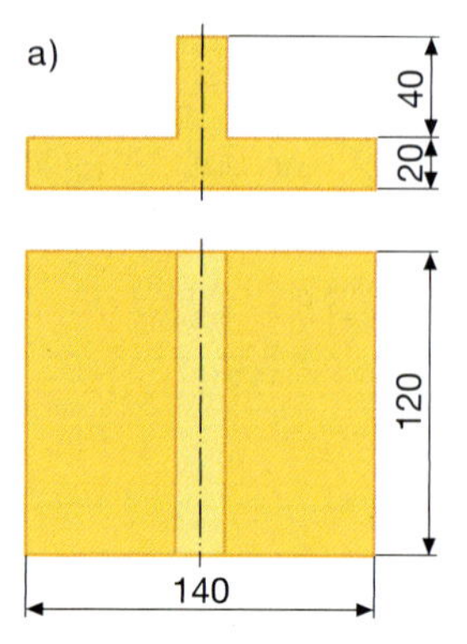

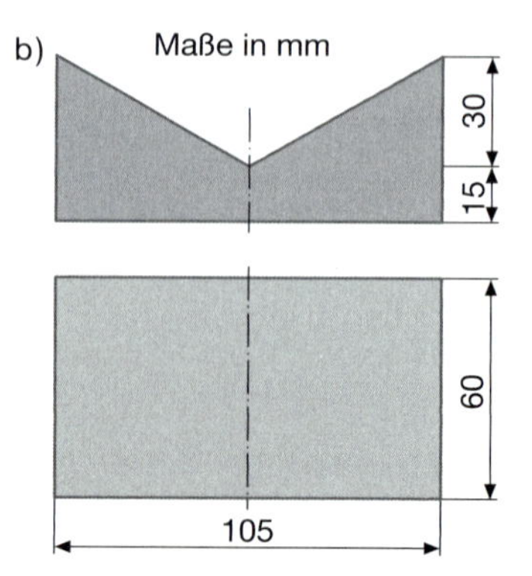

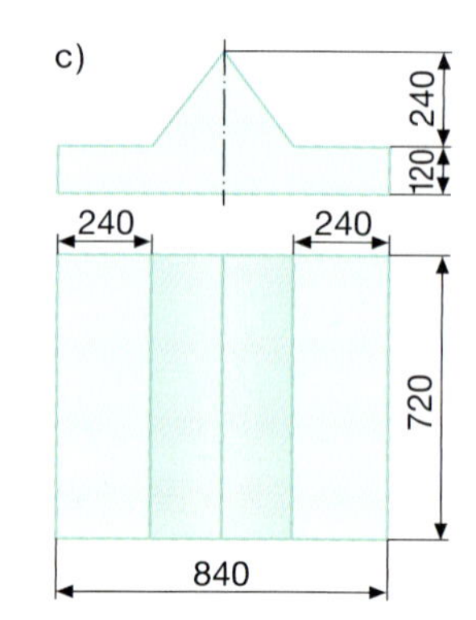

1

Statt Masse sagt man oft Gewicht.

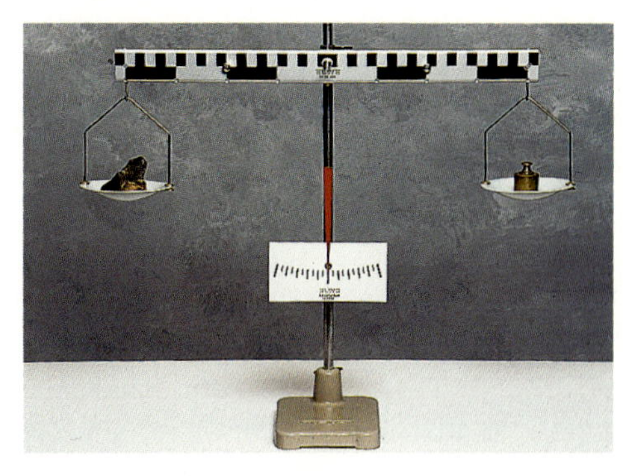

a) Beschreibe anhand der Fotos, wie hier die Masse und das Volumen eines Körpers bestimmt wird.

b) Im Physikunterricht sind die Masse und das Volumen verschiedener Körper ermittelt worden. Die Messergebnisse findest du in der Tabelle.
Wie viel Gramm wiegt 1 cm^3 des Körpers? Runde auf eine Nachkommastelle. Was fällt dir auf?

Körper	Masse (g)	Volumen (cm^3)
A	41	15
B	249	22
C	49	18
D	242	34
E	136	12
F	178	20
G	206	29

Dichte = $\frac{\text{Masse}}{\text{Volumen}}$

$\varrho = \frac{m}{V}$

Griechischer Buchstabe: rho (ϱ)

Aus einem Physikbuch:
Jeder Stoff hat eine bestimmte Dichte. Die Dichte eines Stoffes – angegeben in $\frac{g}{cm^3}$ – gibt die Masse von 1 cm^3 des Stoffes in Gramm an.

Dichte von Eisen: $\varrho = 7{,}8\,\frac{g}{cm^3}$

1 cm^3 Eisen hat eine Masse von 7,8 g.

Dichte von Gold: $\varrho = 19{,}3\,\frac{g}{cm^3}$

1 cm^3 Gold hat eine Masse von 19,3 g.

Stoff	Dichte in $\frac{g}{cm^3}$
Gold	19,3
Blei	11,3
Kupfer	8,9
Eisen	7,2 bis 7,9
Aluminium	2,7
Quecksilber	13,6
Zink	7,1
Glas	2,5
Beton	1,8 bis 2,2
Holz	0,5 bis 0,9
Kork	0,2
Styropor	0,03 bis 0,04
Wasser	1

c) Um die Masse eines Körpers zu berechnen, musst du das Volumen des Körpers mit seiner Dichte multiplizieren ($m = \varrho \cdot V$).
Bestimme jeweils die Masse des abgebildeten Körpers. Berechne dazu zunächst das Volumen des Körpers.

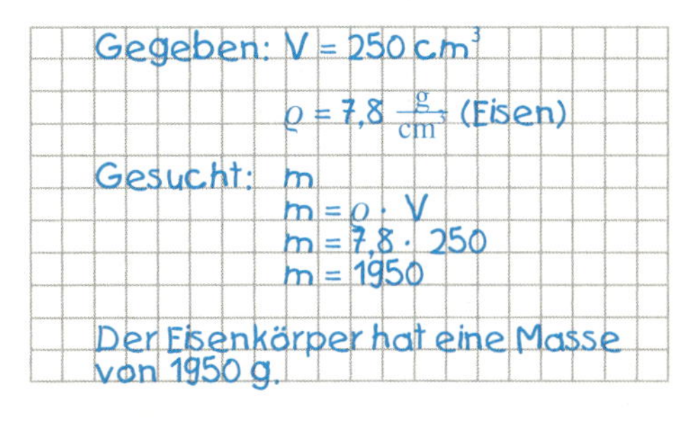

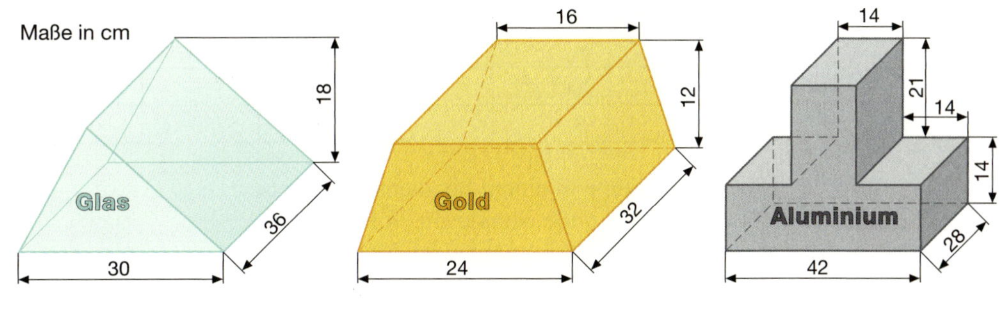

2 Dichte von Sand: $\varrho = 1{,}6\ \frac{g}{cm^3}$

1 cm^3 Sand hat eine Masse von 1,6 g.

1000 cm^3 Sand haben eine Masse von 1600 g.
oder:
1 dm^3 Sand hat eine Masse von 1,6 kg.

1000 dm^3 Sand haben eine Masse von 1600 kg.
oder:
1 m^3 Sand hat eine Masse von 1,6 t.

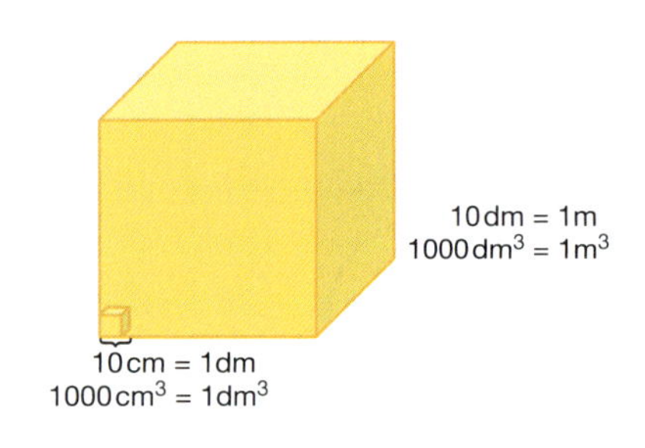

a) Wie schwer sind die abgebildeten Styroporplatten ($\varrho = 0{,}03\ \frac{g}{cm^3}$)?
b) Das Flachdach einer Garage soll eine 5 cm hohe Kiesschicht erhalten. Berechne die Masse dieser Schicht. (Kies: $\varrho = 1{,}9\ \frac{g}{cm^3}$).
c) Ein Lastwagen darf mit nur 3 t beladen werden. Wie viel Kubikmeter kann er mit einer Fuhre transportieren?

3 Die Abbildung zeigt die Querschnitte zweier jeweils 2 m langer Eisenträger.
a) Darf ein Lastwagen mit einer erlaubten Zuladung von 6 t gleichzeitig 200 Eisenträger einer Sorte transportieren (Eisen: $\varrho = 7{,}8\ \frac{g}{cm^3}$)?
b) Wie viele Träger einer Sorte dürfen höchstens aufgeladen werden?

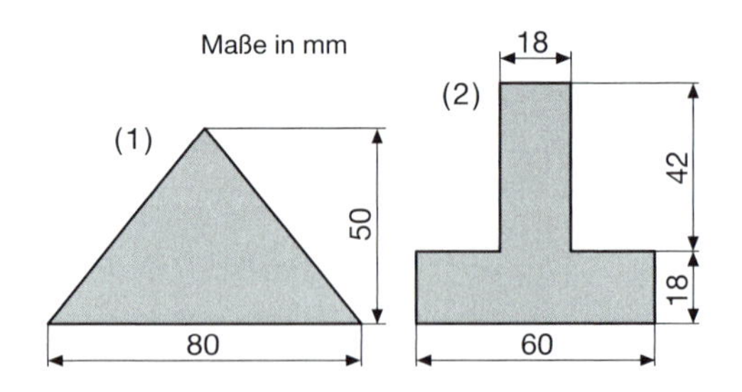

4 Berechne die fehlenden Größen eines Prismas in deinem Heft. Achte auf die Einheiten.

	a)	b)	c)	d)	e)	f)	g)
Grundfläche G	120 cm^2	280 dm^2	67,5 m^2	820 dm^2	8,4 cm^2	■	0,75 m^2
Höhe h_K	12 cm	15 dm	3,2 m	1,4 m	■	8,6 dm	■
Volumen V	■	■	■	■	25,2 cm^3	■	■
Dichte ϱ	10,5 $\frac{g}{cm^3}$	7,1 $\frac{g}{cm^3}$	■	■	21,5 $\frac{g}{cm^3}$	2,7 $\frac{g}{cm^3}$	8,9 $\frac{g}{cm^3}$
Masse m	■	■	604,8 t	5740 kg	■	522,45 kg	5,34 t

Eine Horrorraupe in einem Versuchslabor frisst so viel, dass sie jede Stunde ihr Volumen verdoppeln kann. Nach 6 Stunden ist das Versuchsglas voll. Nach wie viel Stunden war es nur halb voll?

1

Die Abbildung zeigt einen Zylinder. Beschreibe die Form der Grund- und Deckfläche und deren Lage zueinander.

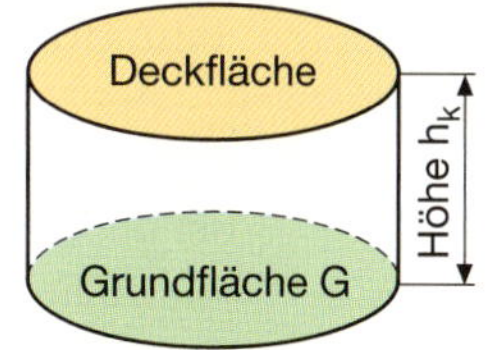

2

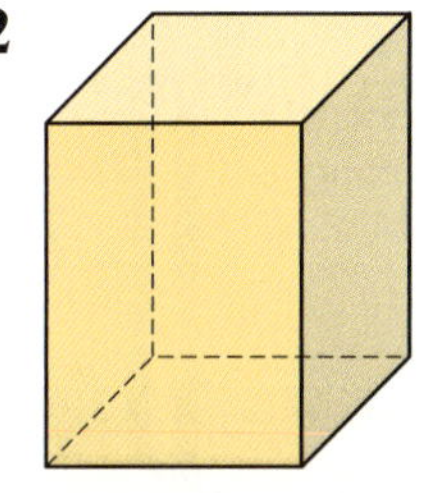

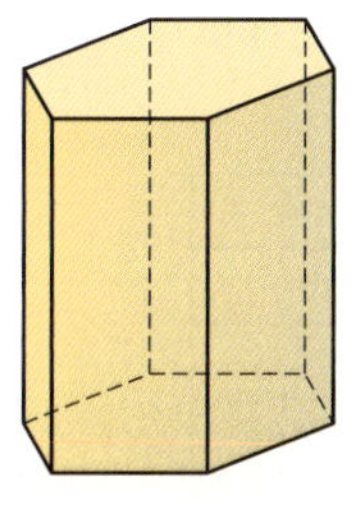

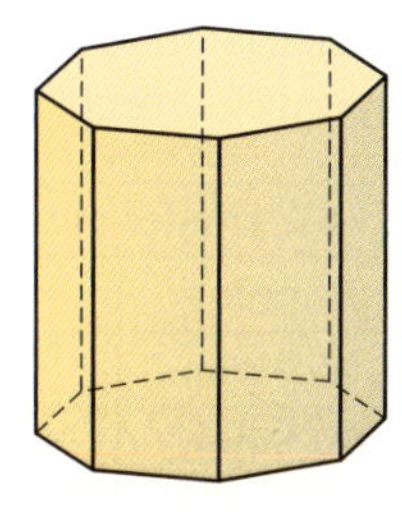

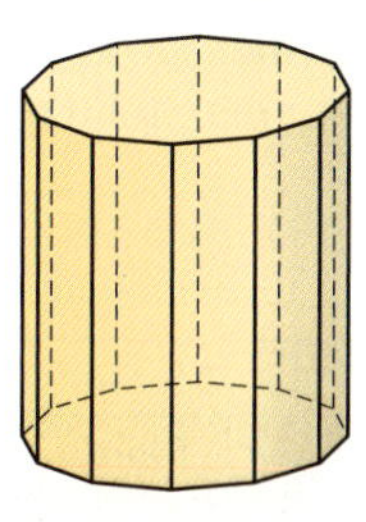

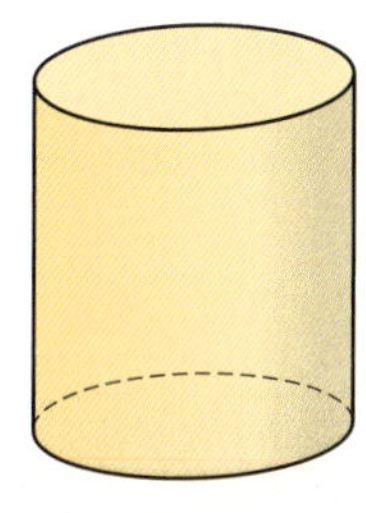

Für das Volumen eines Prismas gilt: $V = G \cdot h_k$. Begründe anhand der abgebildeten Körper, warum diese Formel auch für das Volumen eines Zylinders gilt.

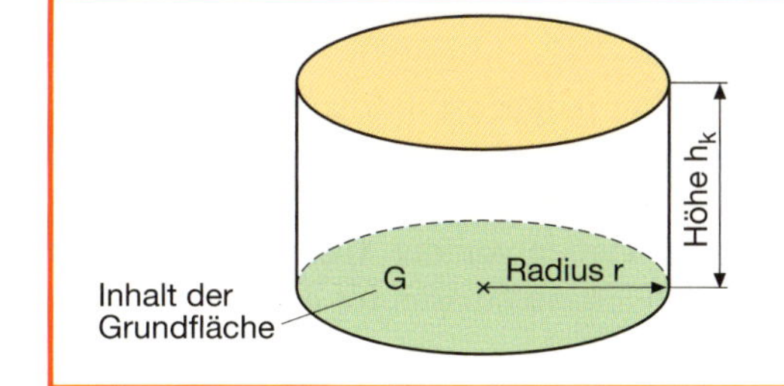

Volumen des Zylinders:

$$V = G \cdot h_k$$

$$V = \pi \cdot r^2 \cdot h_k$$

3 Berechne das Volumen eines Zylinders. Runde sinnvoll

	a)	b)	c)	d)
r	5 cm	4,5 cm	0,4 cm	0,5 cm
h_K	10 cm	8 cm	12 m	10 m

4 Berechne das Volumen des Zylinders.

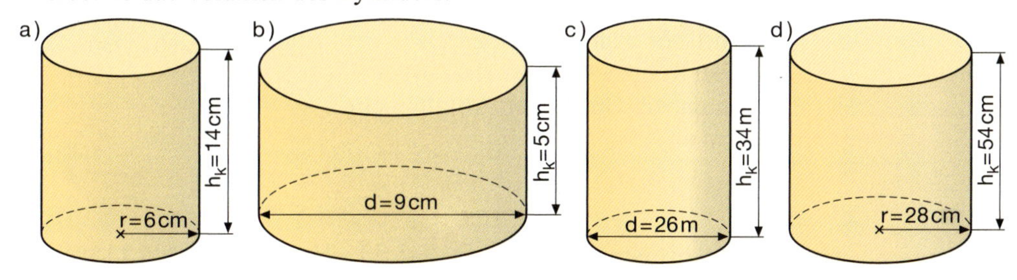

5 Berechne das Volumen des Zylinders in deinem Heft.
Achte auf die Einheiten.

	a)	b)	c)	d)
r	14 mm	1,8 m	■	■
d	■	■	1240 mm	37,6 cm
h_k	5000 mm	4,8 dm	2 mm	6,4 dm

6 Der Durchmesser einer 9,6 cm hohen Konservendose beträgt ebenfalls 9,6 cm. Überprüfe durch eine Rechnung, ob das aufgedruckte Fassungsvermögen von 0,7 Liter richtig angegeben ist.

7 Einer der größten zylindrischen Getreidesilos hat einen Innendurchmesser von 9 m und eine Höhe von 37 m. Berechne das Fassungsvermögen in Hektoliter.

8 Der Hubraum eines Verbrennungsmotors ist der Raum, den der Kolben im Zylinder durchläuft (s. Abbildung).
Berechne jeweils die Größe des Hubraumes in Liter. Runde dein Ergebnis auf eine Stelle nach dem Komma.

Modellbezeichnung	4-Zylinder-Ottomotor	
	Bohrung	Hub
Merkur	75,0 mm	72,0 mm
Mars	79,5 mm	95,5 mm
Pluto	81,0 mm	90,3 mm

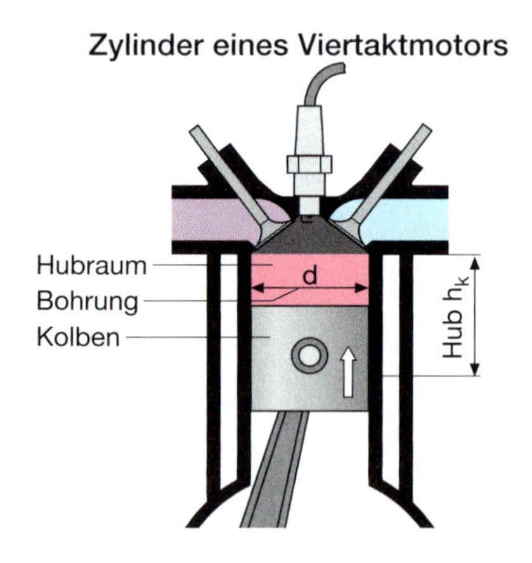

9 Ein 48 m tiefer Brunnen (d = 1,8 m) ist zu zwei Drittel mit Wasser gefüllt. Wie viel Kubikmeter Wasser sind in dem Brunnen?

10 Durch ein Gebirge soll ein 7,2 km langer zylindrischer Stollen mit einem Durchmesser von 6,0 m getrieben werden. Die Leistung der eingesetzten Tunnelbohrmaschine wird mit 30 m Vortrieb pro Tag angenommen.
a) Wie viel Kubikmeter Gestein werden von der Maschine täglich losgebrochen?
b) Wie viel Kubikmeter Abbruchgestein müssen für die gesamte Tunnellänge abtransportiert werden?

11 Frau Krewer will acht runde Marmorplatten in ihrem Auto transportieren. Sie darf, um das zulässige Gesamtgewicht ihres Fahrzeuges nicht zu überschreiten, nur 355 kg zuladen. Jede Marmorplatte hat einen Durchmesser von 1 m, eine Dicke von 2,5 cm und eine Dichte von 2,7 $\frac{g}{cm^3}$. Berechne die Masse der Marmorplatten.

12 Aus dem abgebildeten Kantholz soll ein Rundstab mit der größtmöglichen Querschnittfläche gedrechselt werden.
Wie viel Kubikzentimeter Holzabfall entstehen dabei? Gib diesen Abfall auch in Prozent an.

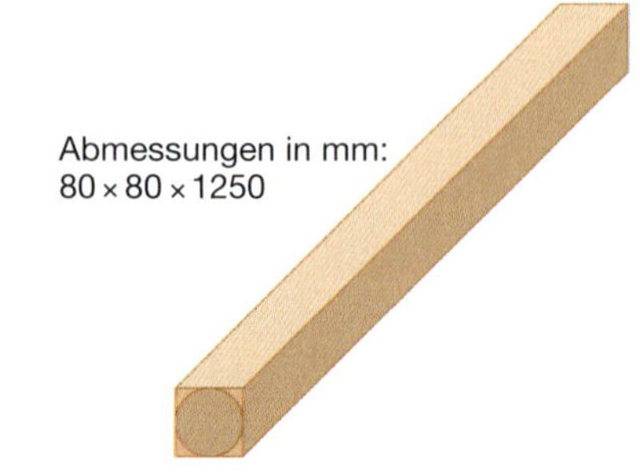

L zu Nr. 9 bis Nr. 12: 203 575,2; 848,23; 21,5; 81,43; 424,115; 1716,81

1

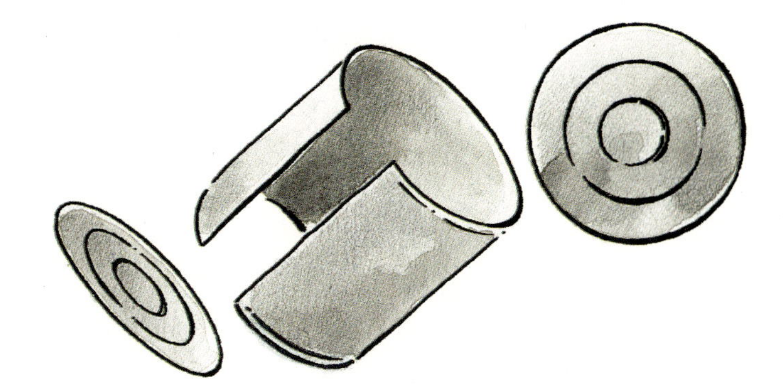

Um den Materialbedarf für die Herstellung einer zylindrischen Konservendose zu ermitteln, muss ihr Oberflächeninhalt berechnet werden.

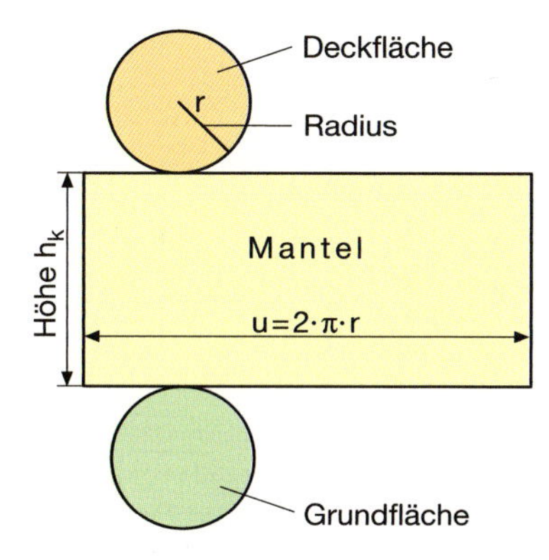

Die Abbildung zeigt das Netz eines Zylinders. Die Oberfläche setzt sich aus dem Mantel und zwei gleich großen Kreisflächen zusammen.

a) Welche Form hat der Mantel? Begründe, warum für den Flächeninhalt M des Mantels gilt:
$M = 2 \cdot \pi \cdot r \cdot h_k$.

b) Wie viel Quadratmeter Weißblech werden für die Herstellung der abgebildeten Konservendose mindestens benötigt?

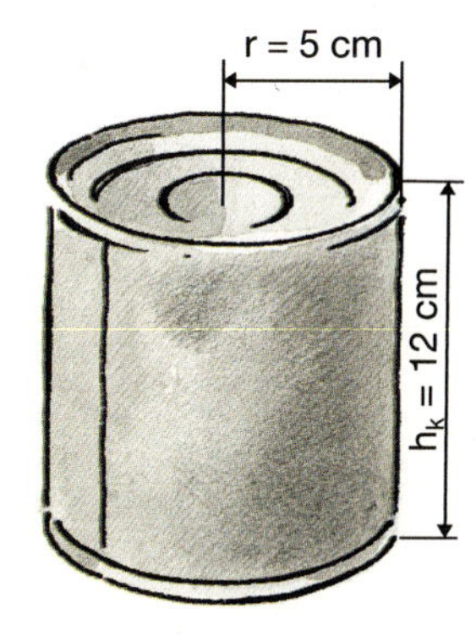

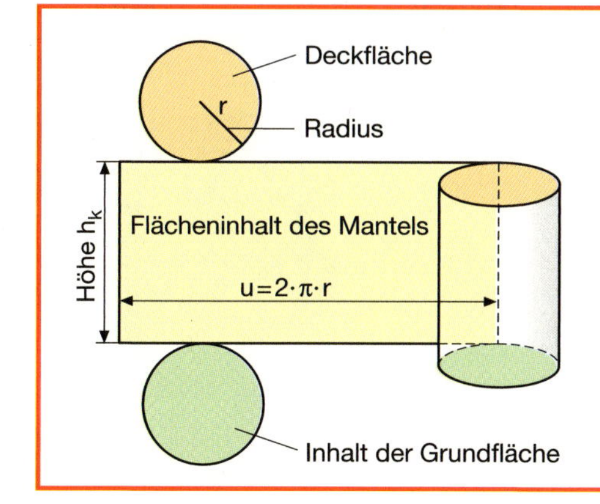

Flächeninhalt des Mantels

$$M = u \cdot h_k$$

$$M = 2 \cdot \pi \cdot r \cdot h_k$$

Oberflächeninhalt des Zylinders

$$O = 2 \cdot G + M$$

$$O = 2 \cdot \pi \cdot r^2 + 2 \cdot \pi \cdot r \cdot h_k$$

2 Wie viel Quadratzentimeter Blech werden für die Herstellung einer Dose mindestens benötigt? Runde dein Ergebnis auf zwei Nachkommastellen.

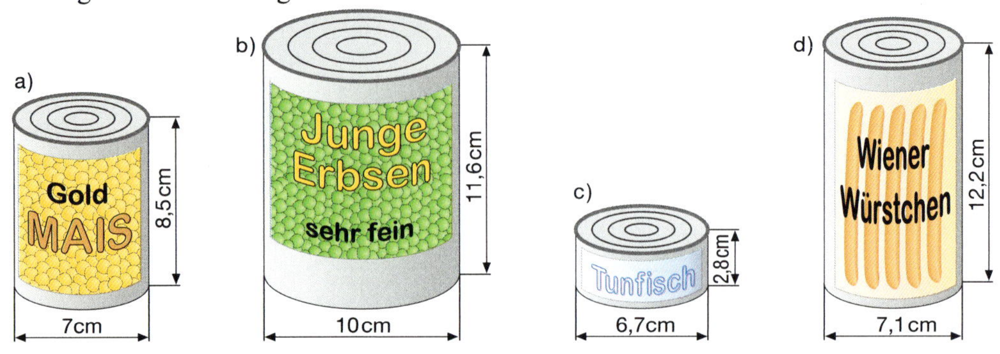

3 Berechne den Flächeninhalt des Mantels und den Oberflächeninhalt des Zylinders mit den angegebenen Maßen. Notiere deine Ergebnisse im Heft. Runde sinnvoll.

	a)	b)	c)	d)	e)	f)	g)
Radius r	10,6 cm	0,48 m	▪	▪	12,5 cm	▪	▪
Durchmesser d	▪	▪	37 dm	4,28 m	▪	14,5 dm	886 mm
Körperhöhe h_k	21,2 cm	1,20 m	48 dm	2,32 m	3,6 cm	63,8 dm	124 mm

4 Wie groß ist die Werbefläche der abgebildeten zylinderförmigen Litfaßsäule?

5 Eine Firma wird beauftragt für 80 000 zylindrische Dosen jeweils einen Papiermantel anzufertigen. Der Durchmesser einer Dose beträgt 7,8 cm, ihre Höhe misst 10,6 cm. Wie viel Quadratmeter Papier müssen insgesamt bedruckt werden?

6 Olaf baut in einem Einkaufszentrum 385 Blechdosen zu einer Pyramide auf. Wie viel Quadratmeter Blech sind zum Herstellen dieser Dosen verarbeitet worden? Addiere für Verschnitt 12 % hinzu.

L zu Nr. 2 bis 6 (ungeordnet): 21,2; 0,96; 59,97; 48,82; 18,5; 2,14; 1264,49; 25; 7,25; 7729,89; 2117,94; 2077,98; 10,56; 3236,55; 1 578 217; 443; 5,07; 521,50; 351,31; 129,45; 263,89

1

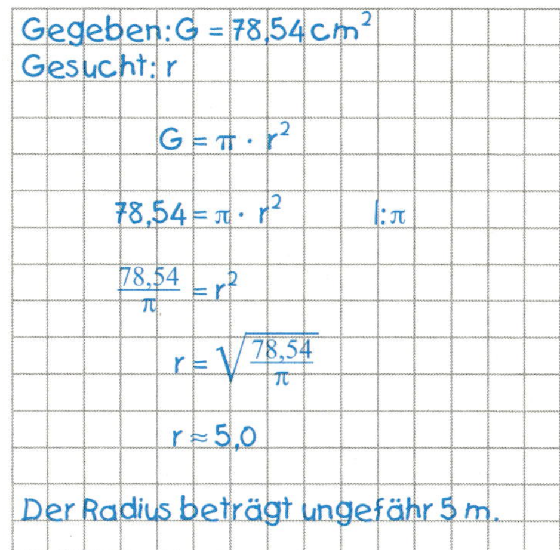

Gegeben: $M = 527{,}79\ cm^2$; $r = 7\ cm$
Gesucht: h_K

$$M = 2 \cdot \pi \cdot r \cdot h_K$$

$$527{,}79 = 2 \cdot \pi \cdot 7 \cdot h_K \quad |:(2 \cdot \pi \cdot 7)$$

$$\frac{527{,}79}{2 \cdot \pi \cdot 7} = h_K$$

$$h_K \approx 12{,}0$$

Die Höhe beträgt ungefähr 12 cm.

Berechne die fehlenden Größen eines Zylinders (r, d, h_k, M, O).

a) $d = 7{,}4$ cm; $h_k = 12{,}6$ cm
b) $M = 4{,}5\ dm^2$; $r = 0{,}2$ dm
c) $M = 94{,}25\ m^2$; $h_k = 6$ m
d) $G = 452{,}39\ m^2$; $h_k = 12$ m
e) $u = 89{,}5$ cm; $h_k = 28{,}7$ cm
f) $M = 153{,}94\ cm^2$; $u = 22$ cm

2 Der Grundflächeninhalt G eines Zylinders beträgt 452,39 dm^2, sein Oberflächeninhalt O ist 2261,95 m^2 groß. Berechne r und h_K des Zylinders.

3 So kannst du aus dem Volumen $V = 532\ cm^3$ und der Höhe $h_k = 8$ cm eines Zylinders den Radius r der Grundfläche bestimmen:

1. Notiere die zugehörige Formel. Setze für V und h_K jeweils den gegebenen Wert ein.

$$V = \pi \cdot r^2 \cdot h_k$$
$$532 = \pi \cdot r^2 \cdot 8$$

2. Löse die Formel nach r auf.

$$532 = \pi \cdot r^2 \cdot 8 \quad |:(\pi \cdot 8)$$
$$\frac{532}{\pi \cdot 8} = r^2$$
$$r = \sqrt{\frac{532}{\pi \cdot 8}}$$

3. Berechne r mithilfe des Taschenrechners.

$$r = \sqrt{\frac{532}{\pi \cdot 8}}$$

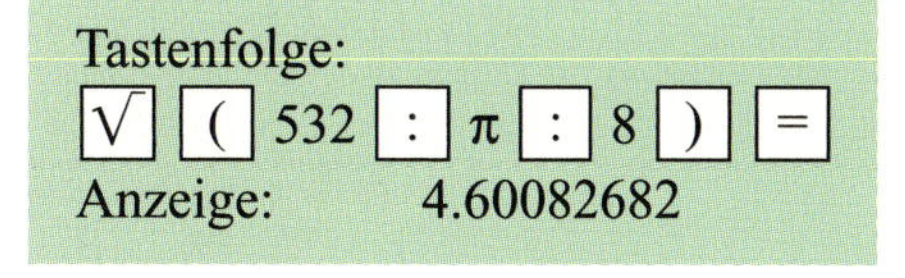

$r \approx 4{,}6$

Der Radius beträgt ungefähr 4,6 cm.

Das Volumen eines Zylinders beträgt 16 964,6 cm^3 und seine Höhe 24 cm. Berechne den Radius.

4 Berechne die fehlenden Größen eines Zylinders (r, d, h_K, O, V).

a) $r = 7{,}4$ cm; $h_k = 12{,}5$ cm
b) $V = 10\,000\ cm^3$; $h_k = 25{,}3$ cm
c) $V = 1379{,}10\ m^3$; $r = 7{,}60$ m
d) $V = 2827{,}43\ cm^3$; $h_k = 225$ cm
e) $V = 3{,}80\ m^3$; $d = 1{,}10$ m
f) $G = 24{,}6\ cm^2$; $h_k = 13{,}5$ cm

5 Ein neuer zylinderförmiger Gasbehälter soll ein Fassungsvermögen von 17241 m^3 erhalten. An seinem zukünftigen Standort steht eine 616 m^2 große kreisförmige Grundfläche zur Verfügung. Berechne den Radius und die Höhe des Behälters.

1

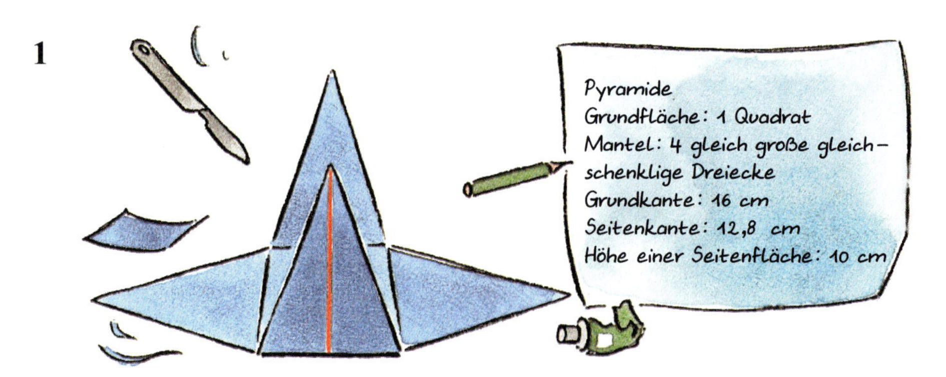

Anja und Holger haben aus dünnem Karton eine Pyramide angefertigt. Sie notieren die Flächen, aus denen sich die Oberfläche der Pyramide zusammensetzt. Außerdem messen sie jeweils die Länge einer Grundkante, einer Seitenkante und die Höhe einer Seitenfläche.

Beschreibe anhand der Abbildung, welche Messung sie anschließend durchführen.

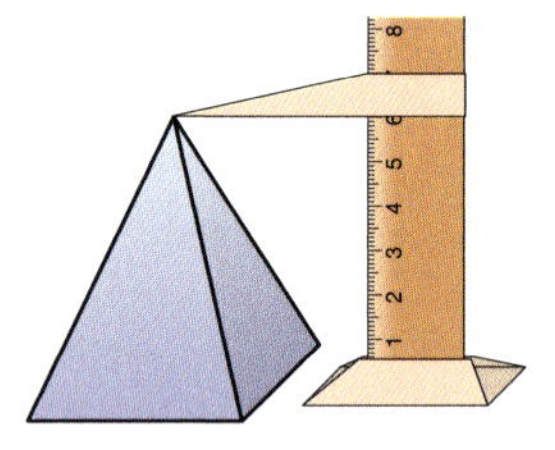

2 Beschreibe die Pyramide, die sich aus dem abgebildeten Netz falten lässt (Form der Grundfläche, Anzahl und Form der Seitenflächen, ...).

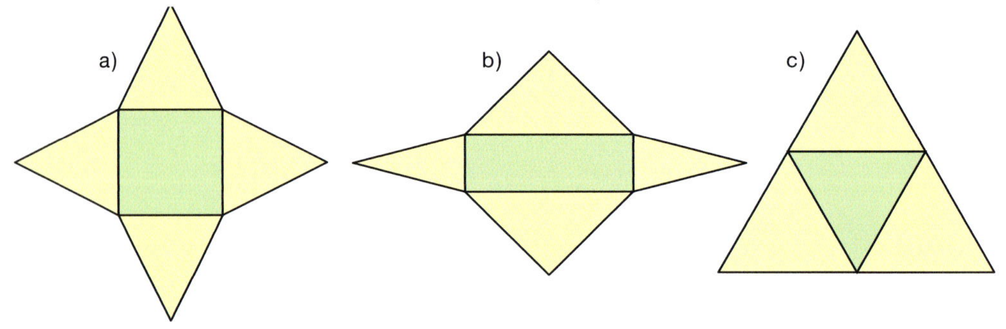

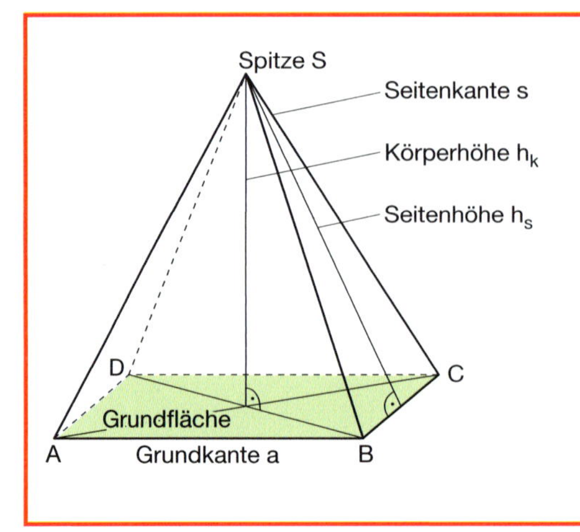

Die **Grundfläche** einer Pyramide ist ein **Vieleck,** ihre **Seitenflächen** sind **Dreiecke.**
Eine Pyramide mit einem Quadrat (Rechteck) als Grundfläche heißt **quadratische (rechteckige) Pyramide.**
Die Verbindung einer Ecke der Grundfläche mit der Spitze S der Pyramide heißt **Seitenkante s.**
Die Senkrechte von der Spitze S auf eine Grundkante heißt **Seitenhöhe h_s.**
Der Abstand der Spitze von der Grundfläche heißt **Höhe h_k.**

1

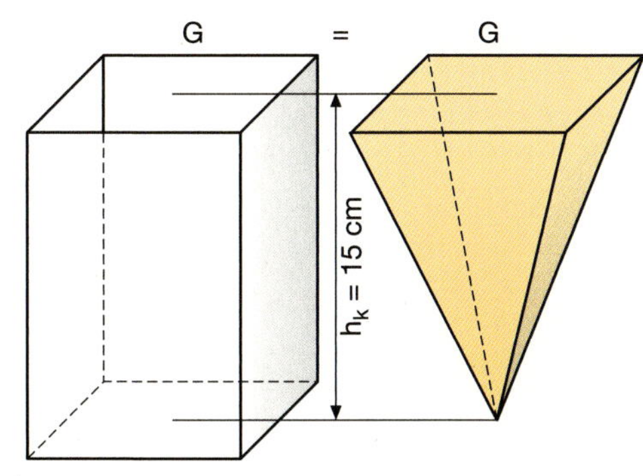

Die Grundfläche und die Höhe des Prismas und der Pyramide sind jeweils gleich groß.

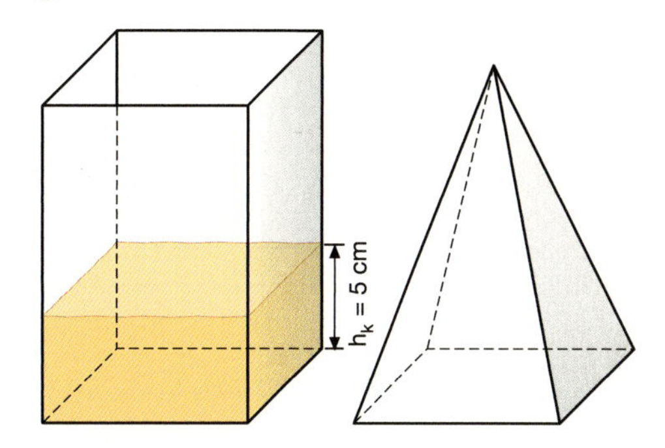

Um das Volumen der Pyramide zu bestimmen, füllt Nina die Pyramide mit Sand. Anschließend schüttet sie den Inhalt der Pyramide in das Prisma.

Vergleiche das Volumen der Pyramide mit dem Volumen des Prismas. Stelle eine Formel für das Volumen der Pyramide auf.

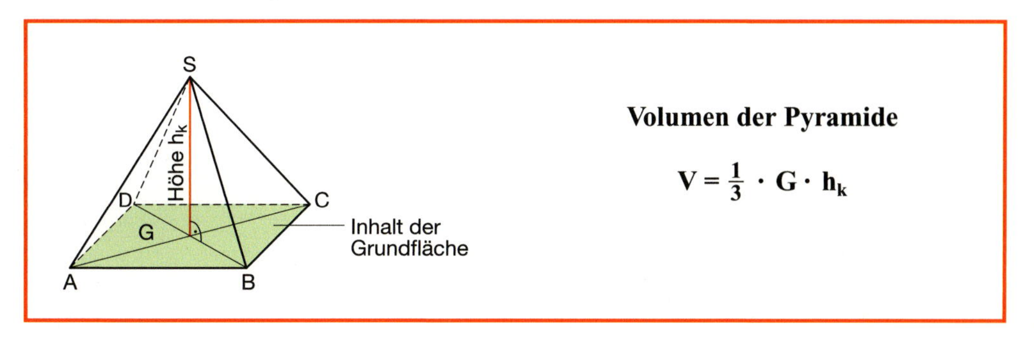

Volumen der Pyramide

$$V = \frac{1}{3} \cdot G \cdot h_k$$

2 Die Grundfläche der abgebildeten Pyramide ist ein Quadrat. Berechne das Volumen der Pyramide.

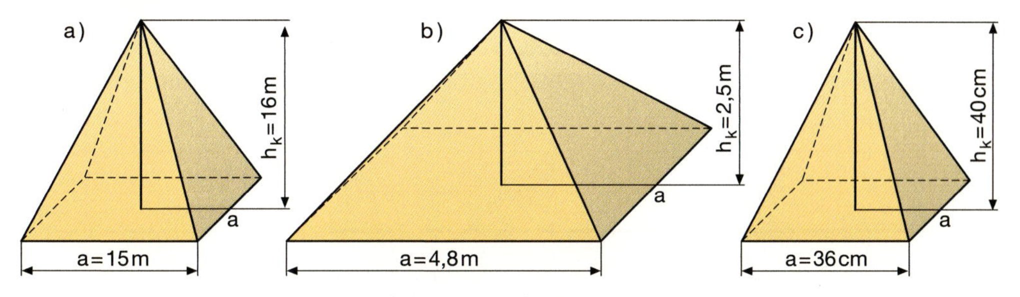

3

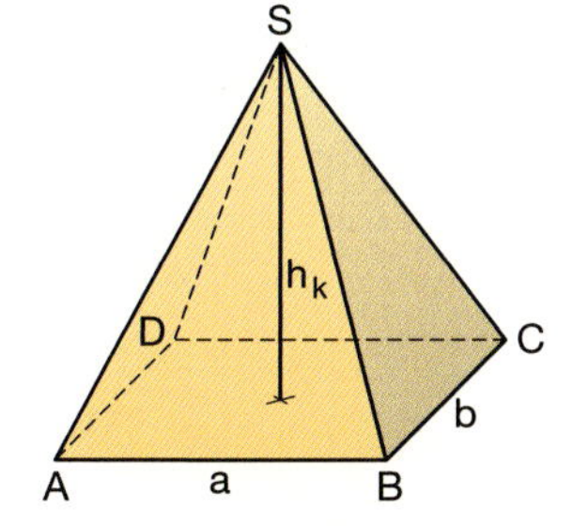

Berechne das Volumen der rechteckigen Pyramide.

	a)	b)	c)
Grundkante a	10,8 cm	1,40 m	240 mm
Grundkante b	7,2 cm	1,90 m	1200 mm
Körperhöhe h_k	9,6 cm	2,10 m	1000 mm

4 Die Grundfläche der abgebildeten Pyramide ist ein Dreieck. Bestimme das Volumen der Pyramide.

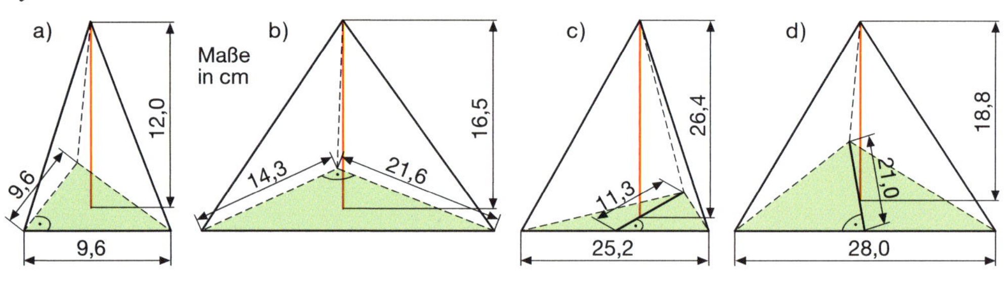

L 849,42; 1842,4; 1252,944; 184,32

5 Die Baukosten für ein Haus werden anhand des umbauten Raumes berechnet. Für den ausgebauten pyramidenförmigen Dachraum mussten 25 920 EUR bezahlt werden. Bestimme die Baukosten für $1\,m^3$ des umbauten Dachraumes.

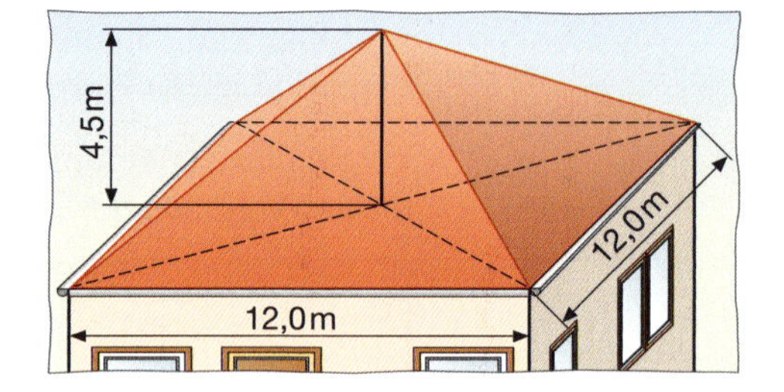

6 Das abgebildete Gebäude wird für 439 936 Euro verkauft.
Wie viel Euro mussten für einen Kubikmeter umbauten Raumes bezahlt werden?

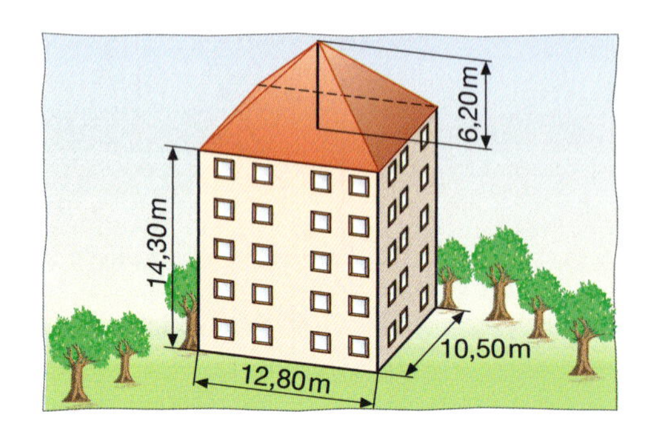

Cheops-Pyramide
Seitenlänge: 230 m
Höhe: 137 m (ursprünglich 146,5 m)

7 Die Cheopspyramide ist die größte aller ägyptischen Pyramiden. Sie ist aus über 2 Millionen Felsblöcken erbaut worden.

a) Die quadratische Grundfläche der Pyramide ist ungefähr 5,3 ha groß. Überprüfe diese Angabe durch eine Rechnung.

b) Berechne das Gewicht der Pyramide in Tonnen. Die Dichte der verwendeten Steine soll 2,7 $\frac{g}{cm^3}$ betragen.

1

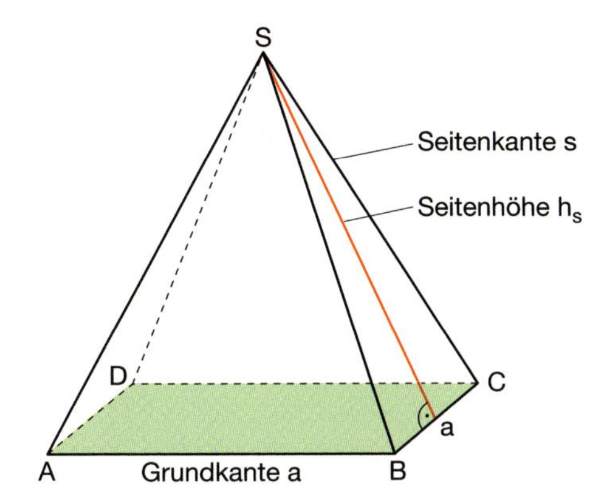

h_s
a
a

a = 5,0 cm
h_s = 4,7 cm

a) Aus welchen Flächen setzt sich die Oberfläche einer Pyramide zusammen?

b) Erläutere, wie Milena den Flächeninhalt M des Mantels berechnet hat. Findest du einen kürzeren Lösungsweg?

c) Berechne den Oberflächeninhalt der abgebildeten Pyramide.

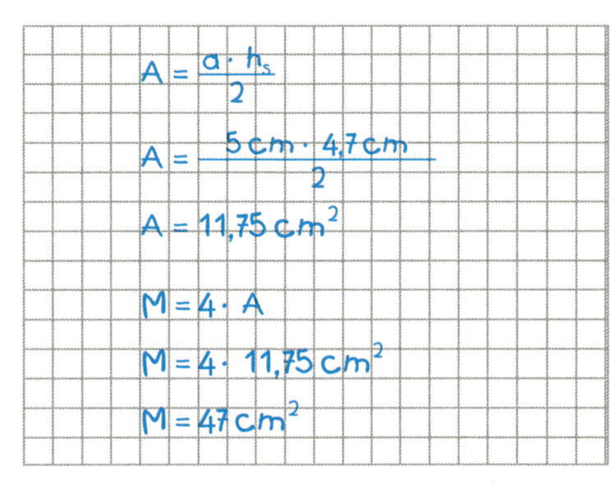

2 Die Abbildung zeigt das Netz einer Pyramide. Berechne den Oberflächeninhalt.

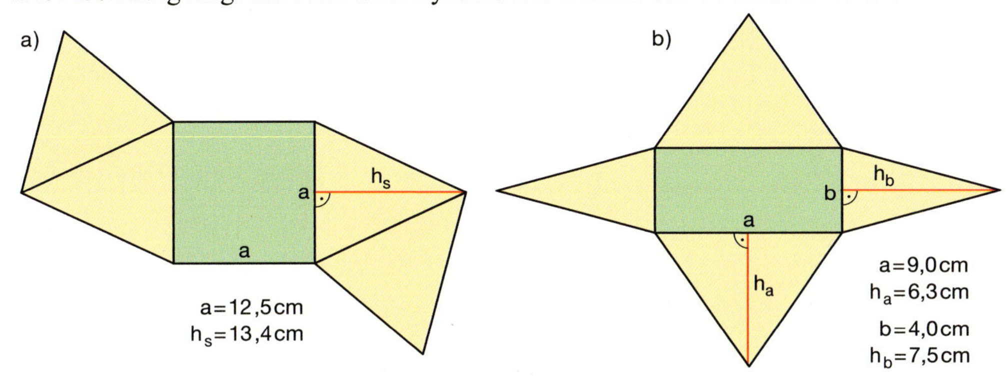

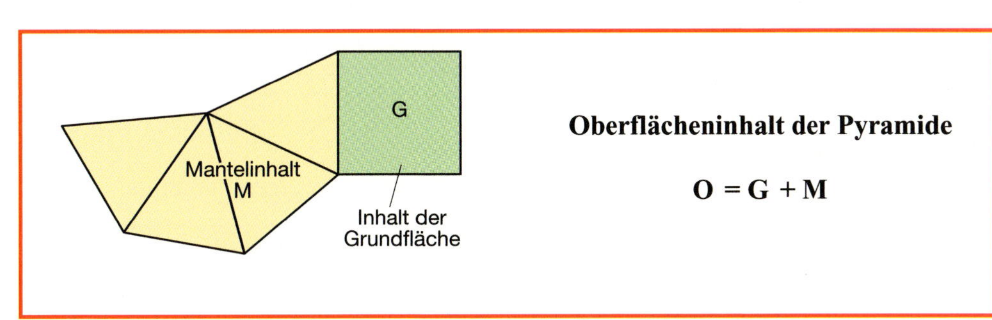

Oberflächeninhalt der Pyramide

O = G + M

3 Berechne den Oberflächeninhalt der quadratischen Pyramide.

	a)	b)	c)	d)	e)	f)	g)
Grundkante a	4,0 cm	5,0 cm	13,8 dm	8,40 m	1250 mm	56,8 dm	12,60 m
Seitenhöhe h_s	3,6 cm	5,8 cm	21,2 dm	13,70 m	2095 mm	42,3 dm	6,60 m

4 Ein pyramidenförmiges Turmdach hat als Grundfläche ein Quadrat. Der Umfang der Grundfläche beträgt 33,60 m. Die Seitenhöhe einer dreieckigen Dachfläche ist 9,60 m lang. Das Dach soll neu eingedeckt werden. Für einen Quadratmeter werden 16 Ziegel benötigt.
Wie viele Ziegel müssen für die gesamte Dachfläche eingekauft werden?

5 Die Grundfläche des abgebildeten Pavillons ist ein regelmäßiges Sechseck. Das Dach soll einen Belag aus Zinkblech erhalten. Der Dachdecker verlangt für das Eindecken 100 EUR pro Quadratmeter. Für Verschnitt müssen 10 % hinzugerechnet werden.
Wie viel EUR kostet das Eindecken der gesamten Dachfläche?

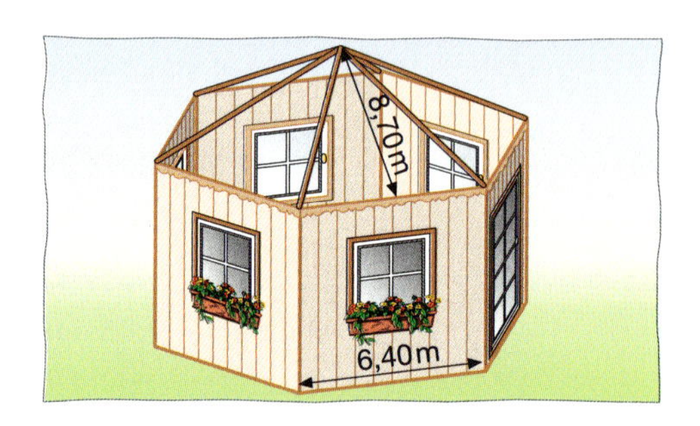

L zu Nr. 3 bis Nr. 5 (ungeordnet): 83; 325,08; 775,56; 2581; 8031,52; 18374,4; 44,8; 300,72; 6800000

6 Ein Pyramidendach mit einem regelmäßigen Achteck als Grundfläche soll einen Belag aus Kupferblech erhalten. Die Grundkante ist 3,20 m, die Seitenhöhe einer dreieckigen Dachfläche 11,10 m lang.
a) Berechne den Inhalt der gesamten Dachfläche.
b) Ein Quadratmeter der eingedeckten Fläche wird vom Dachdecker mit 130 EUR berechnet. Für Verschnitt addiert er 14 % hinzu.

7 

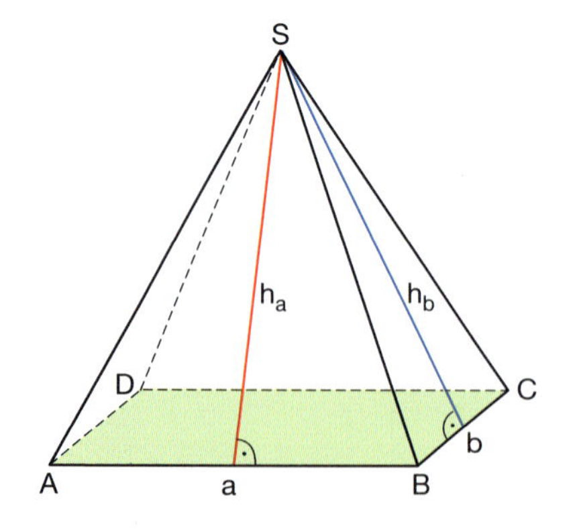

Gegeben: a = 9,4 cm; b = 4,6 cm
h_a = 9,3 cm; h_b = 10,2 cm
Gesucht: O

$$O = a \cdot b + 2 \cdot \frac{a \cdot h_a}{2} + 2 \cdot \frac{b \cdot h_b}{2}$$

$$O = 9{,}4 \cdot 4{,}6 + 2 \cdot \frac{9{,}4 \cdot 9{,}3}{2} + 2 \cdot \frac{4{,}6 \cdot 10{,}2}{2}$$

$$O = 43{,}24 + 87{,}42 + 46{,}92$$

$$O = 177{,}58$$

Der Oberflächeninhalt beträgt 177,58 cm².

Berechne den Oberflächeninhalt der rechteckigen Pyramide.

	a)	b)	c)	d)	e)	f)	g)
Grundkante a	5,0 cm	8,70 m	24,50 m	130 dm	3,60 m	9500 mm	36,8 cm
Grundkante b	3,0 cm	5,30 m	16,80 m	460 dm	5,20 m	4700 mm	72,4 cm
Seitenhöhe h_a	4,3 cm	4,60 m	15,50 m	596 dm	3,00 m	6444 mm	125,3 cm
Seitenhöhe h_b	4,7 cm	5,80 m	17,90 m	554 dm	2,34 m	7653 mm	121,4 cm

1 In dem Beispiel wird aus dem Volumen und der Körperhöhe einer quadratischen Pyramide die Länge der Grundkante a bestimmt.

Berechne die Länge der Grundkante a.
a) $V = 24000\ cm^3$; $h_k = 125\ cm$
b) $V = 604{,}80\ m^3$; $h_k = 5{,}60\ m$
c) $V = 2304\ dm^3$; $h_k = 12\ dm$
d) $V = 2937{,}6\ m^3$; $h_k = 15{,}30\ m$

Gegeben: $V = 192\ cm^3$; $h_k = 9\ cm$
Gesucht: a

$V = \frac{1}{3} \cdot G \cdot h_k$

$192 = \frac{1}{3} \cdot a^2 \cdot 9 \quad | \cdot 3$

$576 = a^2 \cdot 9 \quad | : 9$

$64 = a^2$

$a = \sqrt{64}$

$a = 8$

Die Grundkante a ist 8 cm lang.

2 Berechne die fehlenden Größen der quadratischen Pyramide in deinem Heft.

	a)	b)	c)	d)	e)	f)
Grundkante a	7,8 cm	2,4 dm			19,2 m	4,8 cm
Körperhöhe h_k	5,2 cm	0,5 dm	8 m	16 mm		
Seitenhöhe h_S	6,5 cm	1,3 dm	17 m	20 mm	10,4 m	5,1 cm
Oberflächeninhalt O						
Volumen V			$2400\ m^3$	$3072\ mm^3$	$4975{,}2\ m^3$	$34{,}56\ cm^3$

3 Wie hoch ist eine Pyramide mit rechteckiger Grundfläche (a = 24 cm; b = 18 cm) und einem Volumen V = 3024 cm?

4 Frau Bredemeier will ihr Haus mit Dachziegeln neu eindecken. Für einen Quadratmeter der Dachfläche werden 15 Ziegel benötigt.
Wie viele Ziegel wird sie mindestens bestellen?

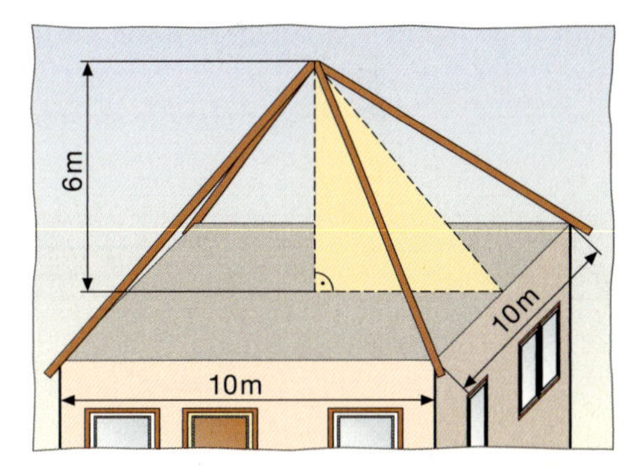

5 In der Abbildung siehst du die Draufsicht und Vorderansicht einer Pyramide. Berechne das Volumen.

a)

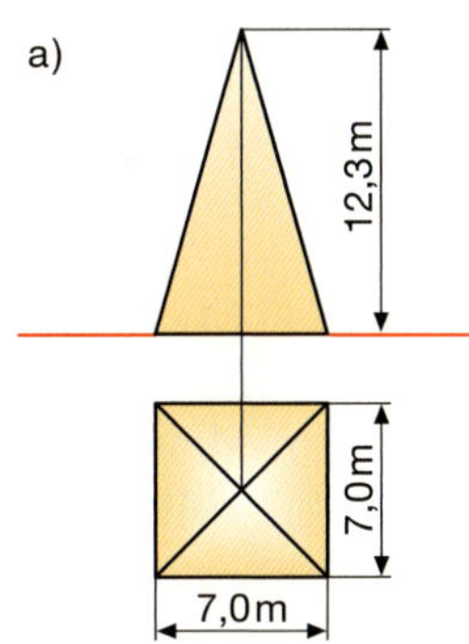

b)

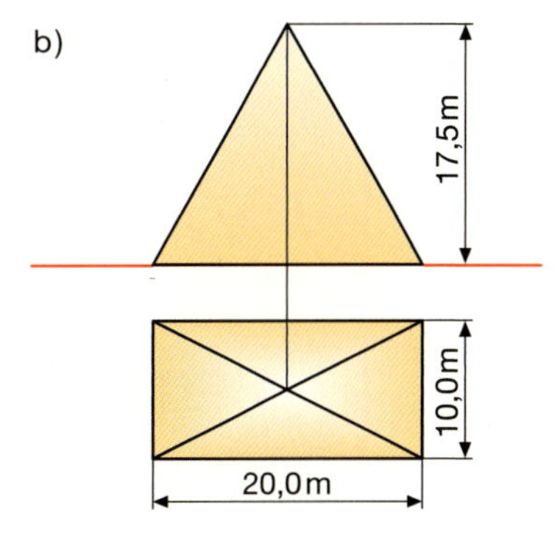

1

In der Abbildung wird Sand zu einem Kegel aufgeschüttet. Nenne weitere Schüttgüter, die ähnlich gleichmäßige Schüttkegel bilden.
Welche Gegenstände in deiner Umwelt haben ebenfalls die Form eines Kegels?

2 Die abgebildeten Körper sind **gerade Kreiskegel.**
Beschreibe die Begrenzungsflächen des Kegels.

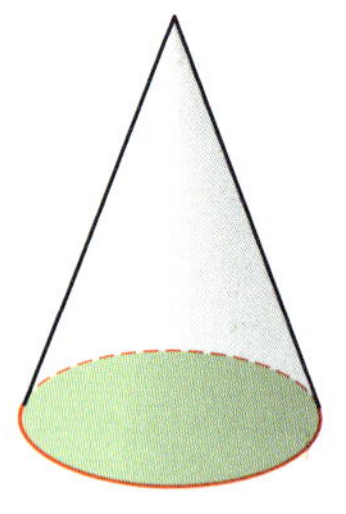

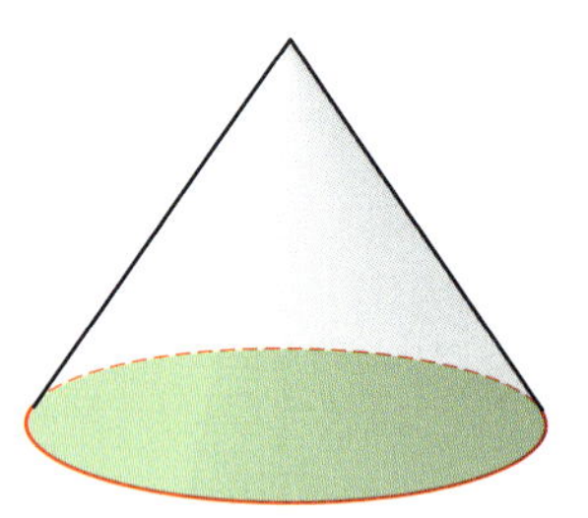

3 Zeigen die Zeichnungen jeweils das Netz eines Kegels? Übertrage die einzelnen Netze in doppelter Größe in dein Heft, schneide sie aus und versuche daraus einen Kegel zu bilden.
Beschreibe die entstandenen Körper.

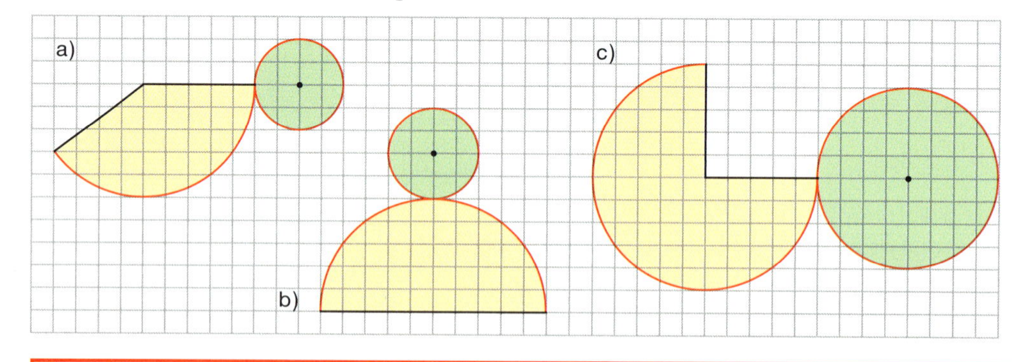

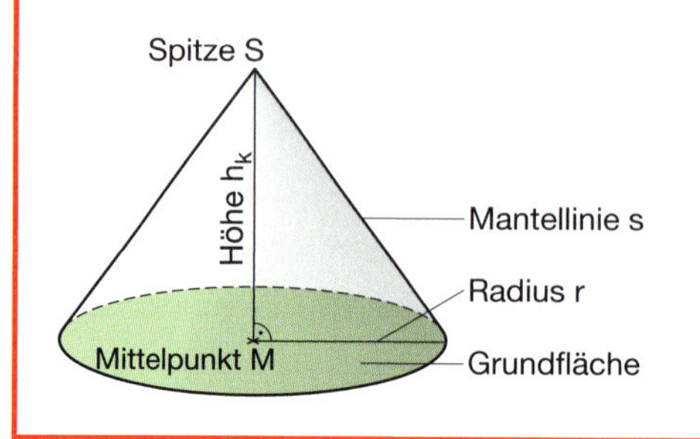

Die Grundfläche eines **geraden Kreiskegels** ist eine **Kreisfläche.**
Die Strecke, die die Spitze S mit einem Punkt des Grundkreises verbindet, heißt **Mantellinie s.**
Der Abstand zwischen der Spitze S und dem Mittelpunkt M des Grundkreises heißt **Höhe h_k** des Kegels.

1 Die Grundfläche und die Höhe des Kegels und des Zylinders sind jeweils gleich groß. Der Kegel wird mit Wasser gefüllt. Danach wird das Wasser in den Zylinder gegossen. Um den Zylinder vollständig zu füllen, muss dieser Vorgang zweimal wiederholt werden.

Vergleiche das Volumen des Kegels mit dem Volumen des Zylinders. Stelle eine Formel für das Volumen des Kegels auf.

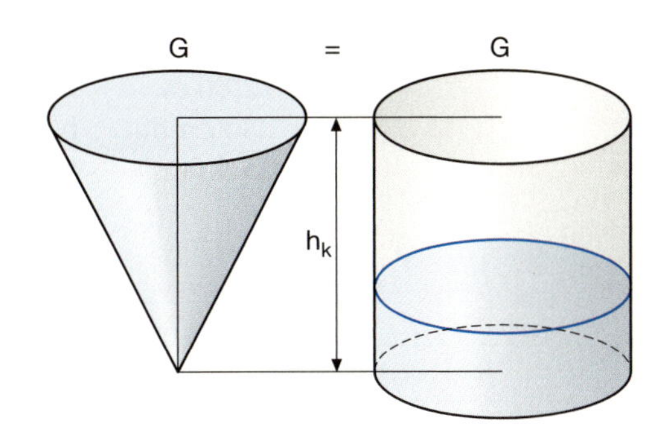

2

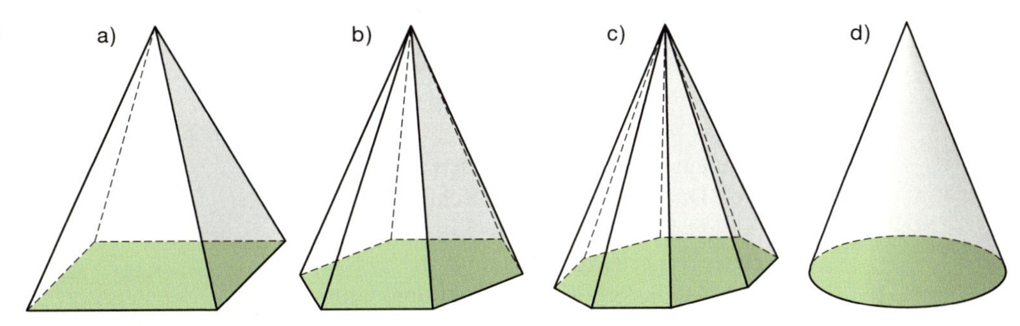

a) Beschreibe jeweils die Grundfläche der abgebildeten Körper.
b) Für das Volumen der Pyramide gilt: $V = \frac{1}{3} \cdot G \cdot h_k$. Begründe, warum diese Formel auch für das Volumen des Kegels gilt.

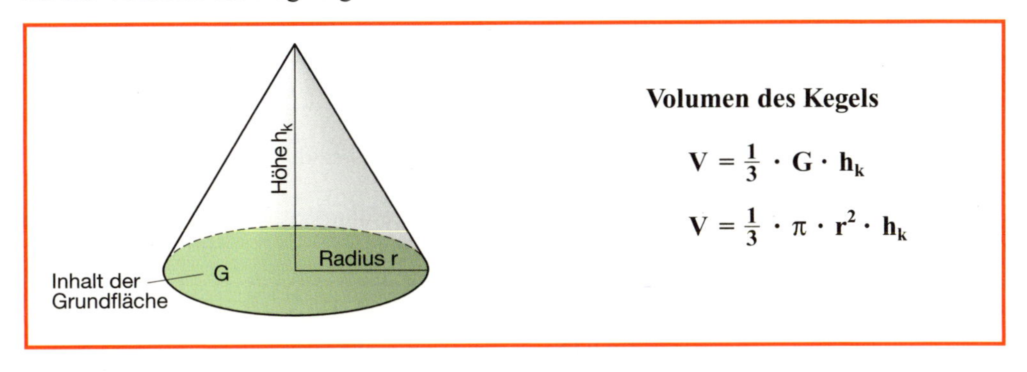

Volumen des Kegels

$$V = \frac{1}{3} \cdot G \cdot h_k$$

$$V = \frac{1}{3} \cdot \pi \cdot r^2 \cdot h_k$$

3 Berechne das Volumen des Kegels.

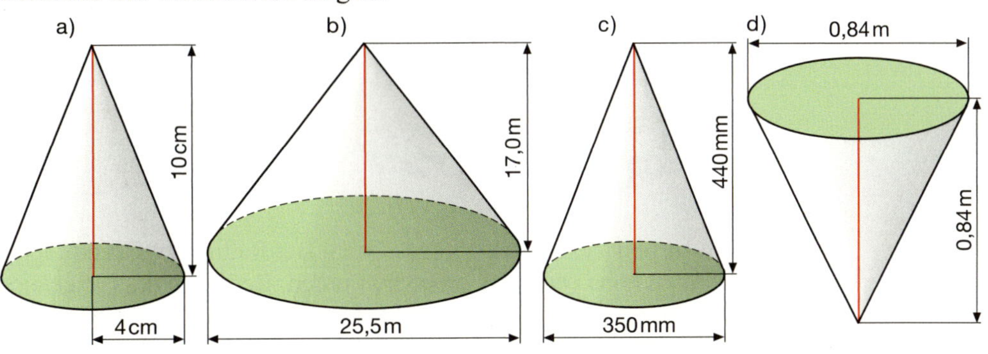

4 Berechne das Volumen des Kegels mit den angegebenen Größen. Achte auf die Einheiten.

a) $r = 12{,}80$ m; $h_k = 15{,}60$ m
b) $d = 56$ cm; $h_k = 34$ cm
c) $r = 2800$ mm; $h_k = 280$ cm
d) $d = 7{,}80$ m; $h_k = 1560$ cm
e) $r = 25{,}4$ cm; $h_k = 628$ mm
f) $d = 128$ m; $h_k = 940$ dm

5

Das abgebildete schwimmende Seezeichen begrenzt die Steuerbordseite eines Fahrwassers.
Berechne das Volumen dieser Spitztonne.

6 Körniges Material (Sand, Kohle, …) lässt sich zu einem Kegel aufschütten.

a) Der Durchmesser eines Schüttkegels beträgt 18 m, seine Höhe 5 m. Berechne sein Volumen.
b) Ein Sandkegel hat ein Volumen von 232 m^3. Seine Höhe beträgt 3,25 m. Wie groß ist die Grundfläche des Kegels?

7 Ein Sandkegel ist 4,50 m hoch. Sein Durchmesser beträgt 19,20 m. Berechne die Masse des Kegels (Sand: $\varrho = 1{,}6\,\frac{t}{m^3}$).

8 Ein Sandkegel ist 2,80 m hoch. Sein Umfang beträgt 37,70 m.

a) Berechne das Volumen des Kegels.
b) Wie oft muss ein Lastwagen (Ladefähigkeit: 9 t) fahren, um den Sandkegel vollständig abzutragen (Sand: $\varrho = 1{,}6\,\frac{t}{m^3}$)?

9

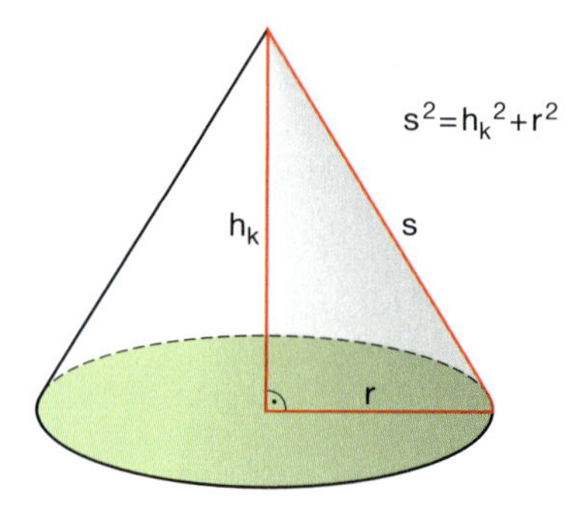

a) Ein Turm hat ein kegelförmiges Dach. Der Radius der Grundfläche beträgt 7,50 m. Das 12,50 m hohe Dach soll erneuert werden. Berechne die Länge eines Dachsparrens.
b) Der Radius der Grundfläche eines kegelförmigen Daches beträgt 16 m, die Länge eines Dachsparrens 20 m. Welches Volumen hat der Dachraum?

1 Wird der **Mantel** eines Kegels längs einer Mantellinie aufgeschnitten und abgerollt, so entsteht ein **Kreisausschnitt.**

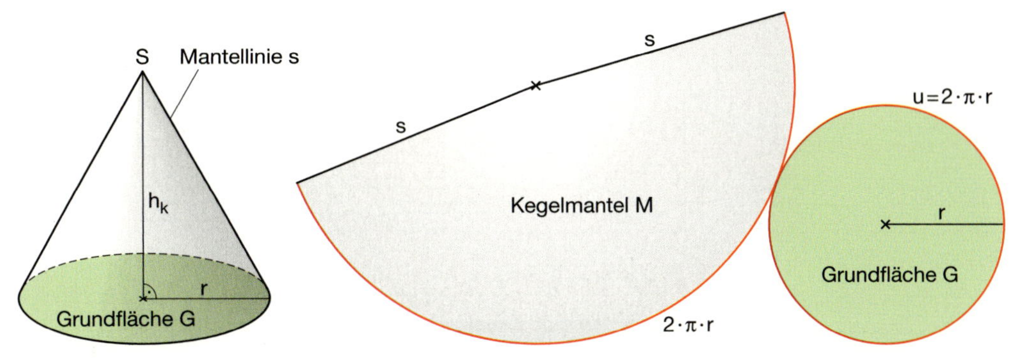

a) Beschreibe, wie in den folgenden Abbildungen der Mantel eines Kegels zerlegt und anschließend wieder zusammengesetzt wird.

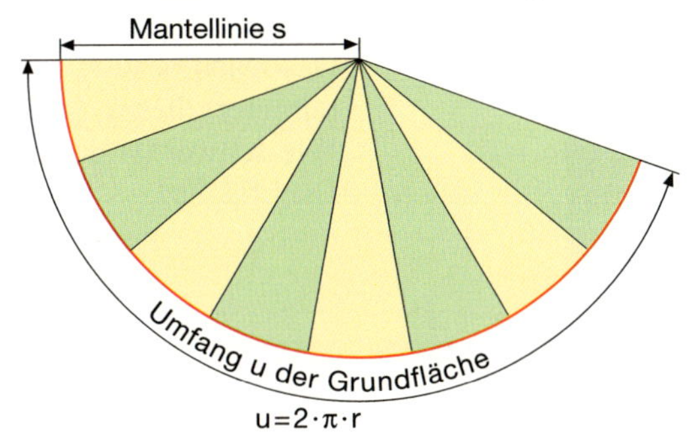

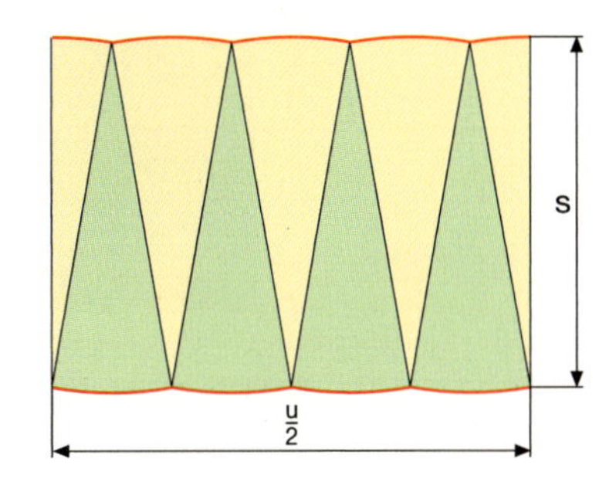

b) Wenn du diese Zerlegung des Mantels in immer mehr Teile vornimmst, so nähert sich die zusammengesetzte Figur einem Rechteck. Erläutere, wie anhand der Abbildungen die Formel für den Flächeninhalt M des Kegelmantels hergeleitet wird.

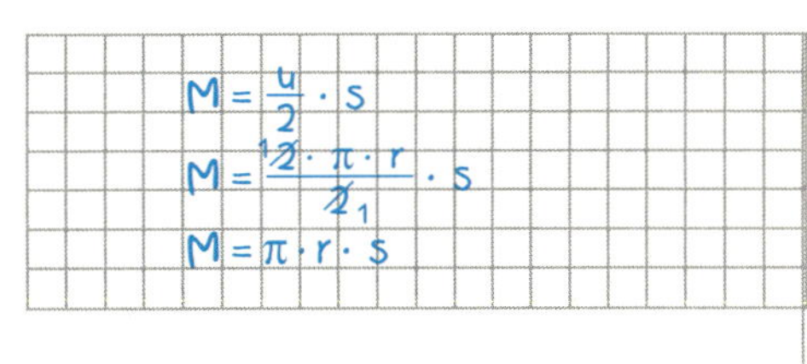

2 Der Radius r eines Kegels beträgt 3,4 cm, seine Mantellinie misst 7,6 cm. Berechne zunächst den Flächeninhalt des Mantels und anschließend den Oberflächeninhalt des Kegels.

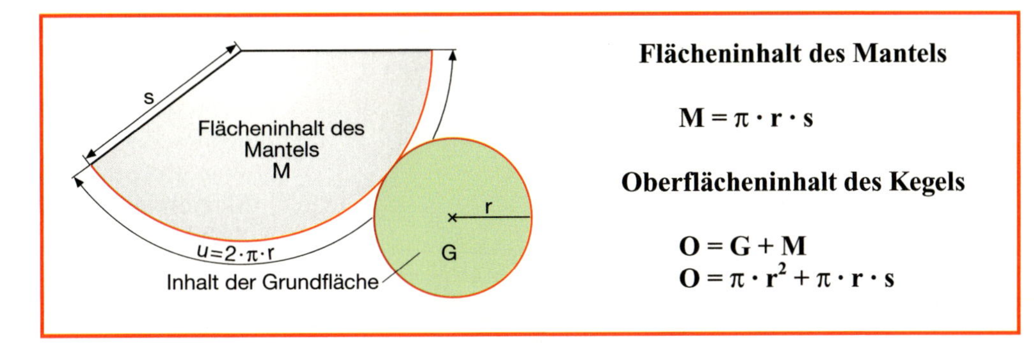

Flächeninhalt des Mantels

$$\mathbf{M = \pi \cdot r \cdot s}$$

Oberflächeninhalt des Kegels

$$\mathbf{O = G + M}$$
$$\mathbf{O = \pi \cdot r^2 + \pi \cdot r \cdot s}$$

3 Berechne den Flächeninhalt des Kegelmantels und den Oberflächeninhalt des Kegels.

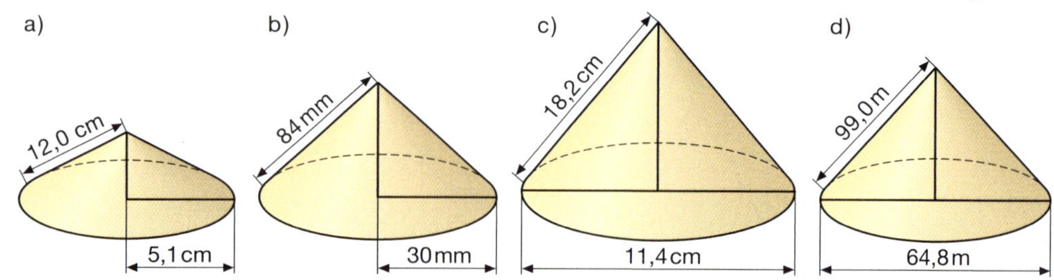

4

Das aufgespannte Dach eines Sonnenschirms hat ungefähr die Form eines Kegelmantels. Seine Mantellinie ist 1,60 m lang. Der Durchmesser beträgt 3 m.
Das Dach besteht aus Dralon. Ein Quadratmeter dieses Materials wiegt 285 g. Wie schwer ist der Stoff für die gesamte Dachfläche?

5 Ein Turm hat die Form eines Zylinders mit aufgesetztem Dach.
Das Dach soll einen Belag aus Kupferblech erhalten. Der Dachdecker verlangt für das Eindecken 140 EUR pro Quadratmeter. Für Verschnitt müssen 15 % hinzugerechnet werden.
Wie viel Euro kostet das Eindecken der gesamten Dachfläche?

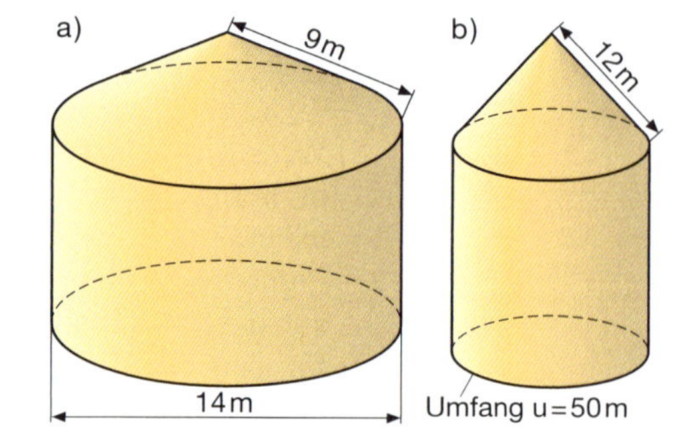

6

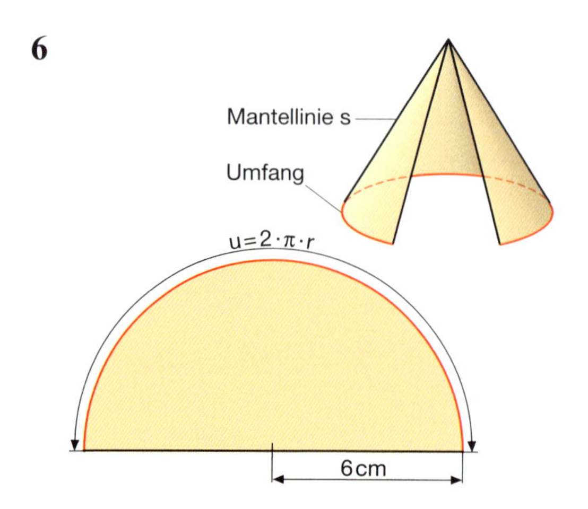

Ein offener Kegel wird längs einer Mantellinie aufgeschnitten. Die abgebildete Halbkreisfläche zeigt den Mantel des Kegels.

a) Bestimme den Umfang der Kegelgrundfläche. Berechne anschließend den Radius der Grundfläche.
b) Wie groß ist der Flächeninhalt des Mantels und der Oberflächeninhalt des Kegels?

1 Berechne das Volumen und den Oberflächeninhalt des Kegels.

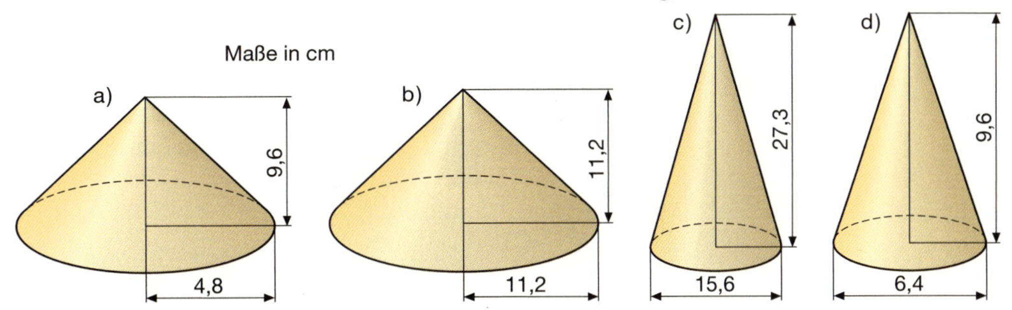

2 In südlichen Ländern wird Salz durch Verdunsten von Meerwasser gewonnen.

a) Der Durchmesser eines Salzkegels beträgt 5,40 m, seine Höhe 1,90 m. Berechne sein Volumen.

b) Bestimme die Masse des Salzkegels (Salz: $\varrho = 2{,}16\ \frac{\text{g}}{\text{cm}^3}$).

3 Ein Sandkegel ist 5 m hoch. Sein Umfang beträgt 61 m. Berechne das Volumen des Kegels.

4 Berechne die Masse des abgebildeten Werkstücks. Überlege zunächst, aus welchen einzelnen geometrischen Körpern sich das Werkstück zusammensetzt.

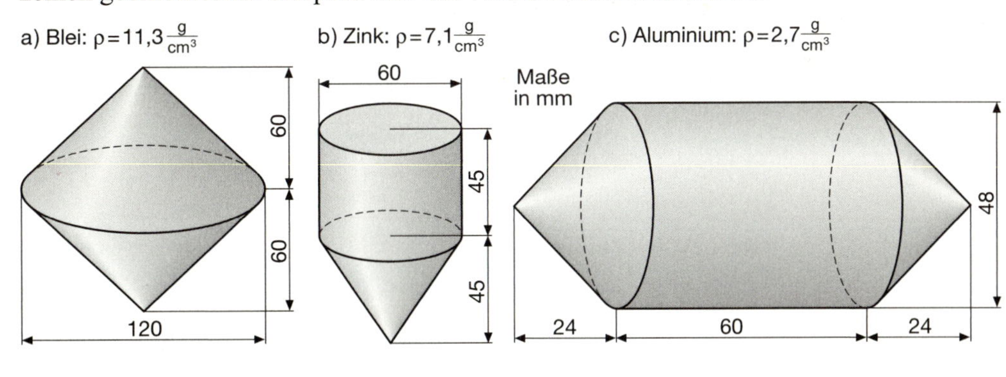

5 Berechne zunächst mithilfe des Satzes von Pythagoras die fehlenden Größen r, h_k oder s eines Kegels.
Bestimme anschließend das Volumen und den Oberflächeninhalt des Kegels.

a) r = 57,6 dm; h_k = 108,0 dm
b) h_k = 51,2 m; s = 108,8 m
c) h_k = 4,5 cm; s = 5,1 cm
d) r = 61,5 m; h_k = 82,0 m

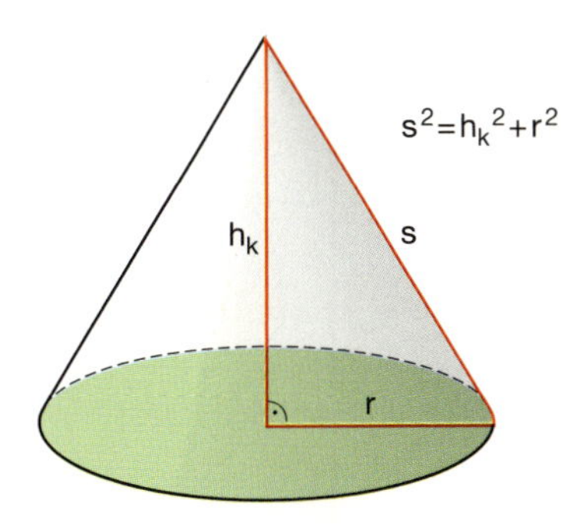

1

a) Schwarze Fünfecke und weiße Sechsecke bilden die Oberfläche eines Fußballs.
Ein Ball mit einem Durchmesser von 22 cm hat einen Oberflächeninhalt von ungefähr 1520 cm^2.

b) Ein kugelförmiger Gasbehälter hat einen Innendurchmesser von 18 m. Er fasst ungefähr 3000 m^3 Gas.

Nenne weitere Beispiele, in denen das Volumen oder der Oberflächeninhalt einer Kugel berechnet werden muss.

2 Das Volumen einer Kugel kannst du mit der Formel $V = \frac{4}{3} \cdot \pi \cdot r^3$, ihren Oberflächeninhalt mit der Formel $O = 4 \cdot \pi \cdot r^2$ berechnen.

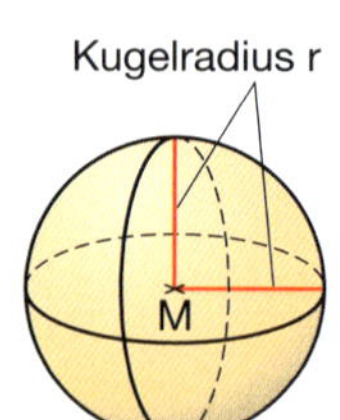

Gegeben: r = 6 cm
Gesucht: V

$V = \frac{4}{3} \cdot \pi \cdot r^3$

$V = \frac{4}{3} \cdot \pi \cdot 6^3$

Tastenfolge 4 [÷] 3 [x] π [x] 6 [x^3] [=]

Anzeige 904.7786842

$V \approx 904{,}78$

Das Volumen beträgt ungefähr 904,78 cm^3.

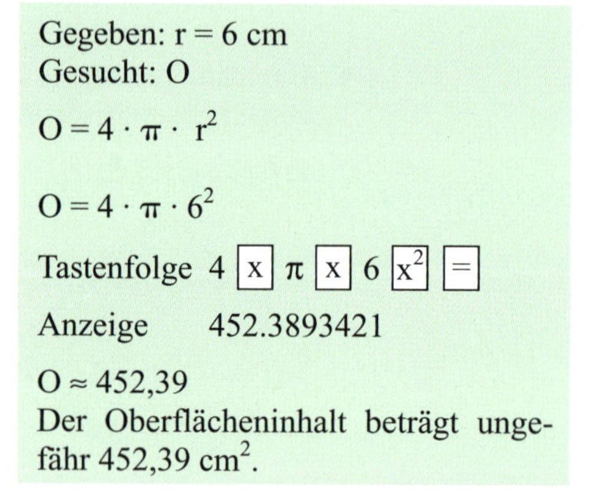

Gegeben: r = 6 cm
Gesucht: O

$O = 4 \cdot \pi \cdot r^2$

$O = 4 \cdot \pi \cdot 6^2$

Tastenfolge 4 [x] π [x] 6 [x^2] [=]

Anzeige 452.3893421

$O \approx 452{,}39$

Der Oberflächeninhalt beträgt ungefähr 452,39 cm^2.

Berechne das Volumen und den Oberflächeninhalt einer Kugel mit r = 5 cm (12 cm; 25 dm; 1 m).

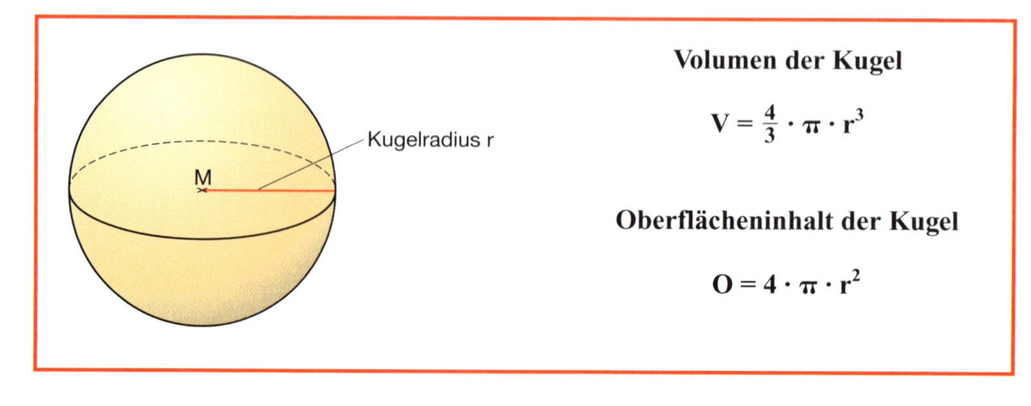

Volumen der Kugel

$$V = \frac{4}{3} \cdot \pi \cdot r^3$$

Oberflächeninhalt der Kugel

$$O = 4 \cdot \pi \cdot r^2$$

1 Das Atomium in Brüssel wurde anlässlich der Weltausstellung 1958 gebaut. Jede Kugel hat einen Durchmesser von 18 m. Berechne das Volumen einer Kugel.

2 Berechne das Volumen und den Oberflächeninhalt der Kugel.
a) $r = 5{,}4$ cm; b) $r = 3{,}8$ dm; c) $r = 76$ mm; d) $d = 9{,}8$ cm; e) $d = 1{,}2$ m

3 Wie viel Quadratzentimeter Material sind für die Herstellung der einzelnen Ballhüllen mindestens erforderlich?

	Volleyball	Fußball	Basketball
Durchmesser	21,0 cm	22,2 cm	24,6 cm

4 Die Kuppel einer Sternwarte hat die Form einer Halbkugel. Wie viel Euro kostet der Außenanstrich der Kuppel, wenn der Preis für einen Quadratmeter 80 EUR beträgt?

5 Berechne die Masse der einzelnen Metallkugeln. Entnimm die Maße der Tabelle.

	Aluminium	Kupfer	Gold	Platin
d	20 cm	100 cm	4,8 cm	0,1 m
ϱ	$2{,}7\ \frac{g}{cm^3}$	$8{,}9\ \frac{g}{cm^3}$	$19{,}3\ \frac{g}{cm^3}$	$21{,}4\ \frac{g}{cm^3}$

6 a) Eine Bleikugel mit $d = 18$ cm wird eingeschmolzen. Wie viele Kugeln mit $d = 1{,}8$ cm lassen sich aus der Bleikugel herstellen?
b) Ein Werkstück aus Blei (Blei: $\varrho = 11{,}3\ \frac{g}{cm^3}$) hat eine Masse von 100 kg. Berechne die Anzahl der Kugeln mit $d = 1$ cm, die sich aus dem Werkstück gießen lassen.

7 Wie viel Quadratkilometer (km^2) der Erde werden von Wasserflächen bedeckt, wie viel Quadratmeter sind Festland.
Obwohl die Erde kein vollkommen kugelförmiger Körper ist, kannst du zum Lösen der Aufgabe die Formel für den Oberflächeninhalt der Kugel benutzen.

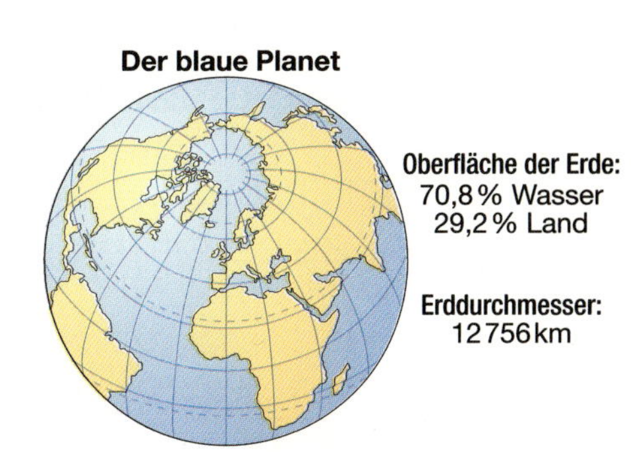

8

a) Der Durchmesser eines kugelförmigen Freiballons beträgt 36 m. Er wird mit Helium gefüllt. Wie viel Kubikmeter Helium werden benötigt?
b) Ein Liter Helium wiegt 0,1785 g. Berechne das Gewicht des Gases.
c) Ein Quadratmeter Stoff der Hülle wiegt 45 g. Wie schwer ist die Ballonhülle?

9 Der Durchmesser der Erde beträgt ungefähr 12 756 km. Deutschland hat eine Fläche von 356 850 km². Wievielmal wird die Fläche Deutschlands in die Erdoberfläche passen?

Innendurchmesser

d

10 Der Innendurchmesser eines kugelförmigen Öltanks misst 1,56 m.
a) Die Innenfläche des Tanks wird neu beschichtet. Wie viel Quadratmeter werden bearbeitet?
b) Nach Abschluss der Arbeiten wird der Tank zu drei Viertel gefüllt. Wie viel Liter Öl enthält er dann?

11

In der Leichtathletik müssen Frauen das Kugelstoßen mit einer 4 kg schweren Stahlkugel, Männer mit einer 7,256 kg schweren Stahlkugel durchführen (Stahl $\varrho = 7{,}9\ \frac{g}{cm^3}$). Verena misst bei einer Wettkampfkugel für Frauen einen Umfang von 31,4 cm, bei einer Kugel für die Männer 37,7 cm. Rechne.

12 Aus dem abgebildeten Holzwürfel soll eine möglichst große Kugel gedrechselt werden.
Wie groß ist das Volumen der Kugel?
Berechne den Abfall in Prozent.

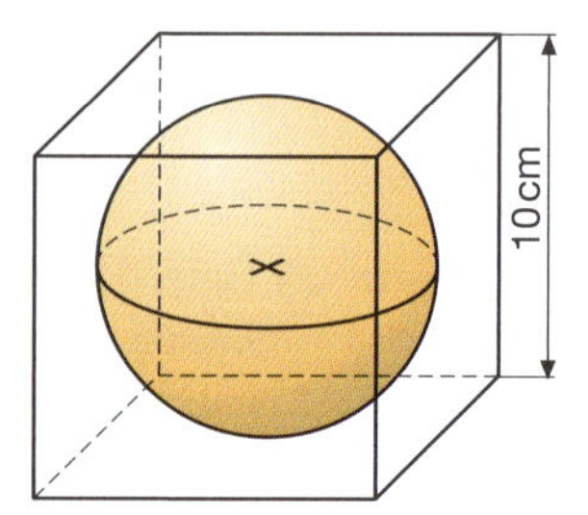

13 Berechne jeweils das Volumen und den Oberflächeninhalt der abgebildeten Körper. Begründe anhand deiner Ergebnisse, warum viele Behälter kugelförmig gebaut werden.

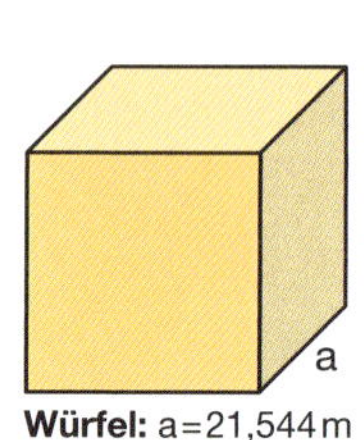

Würfel: a = 21,544 m

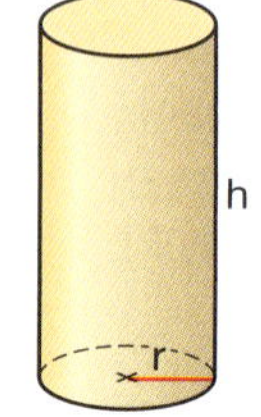

Zylinder: r = 11,675 m; h = 23,365 m

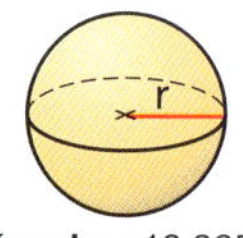

Kugel: r = 13,365 m

Zylinder

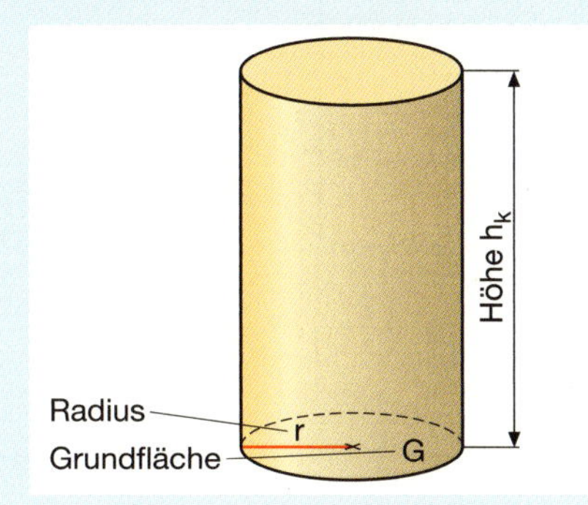

Volumen:
$V = G \cdot h_k$
$V = \pi \cdot r^2 \cdot h_k$

Flächeninhalt des Mantels:
$M = u \cdot h_k$
$M = 2 \cdot \pi \cdot r \cdot h_k$

Oberflächeninhalt:
$O = 2 \cdot G + M$
$O = 2 \cdot \pi \cdot r^2 + 2 \cdot \pi \cdot r \cdot h_k$

Pyramide

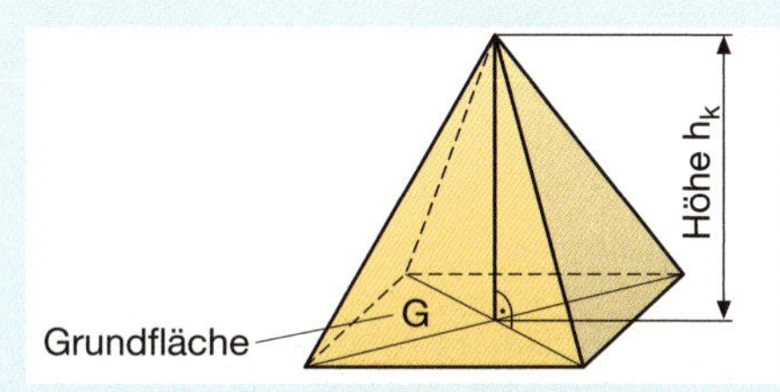

Volumen:
$V = \frac{1}{3} \cdot G \cdot h_k$

Oberflächeninhalt:
$O = G + M$

Kegel

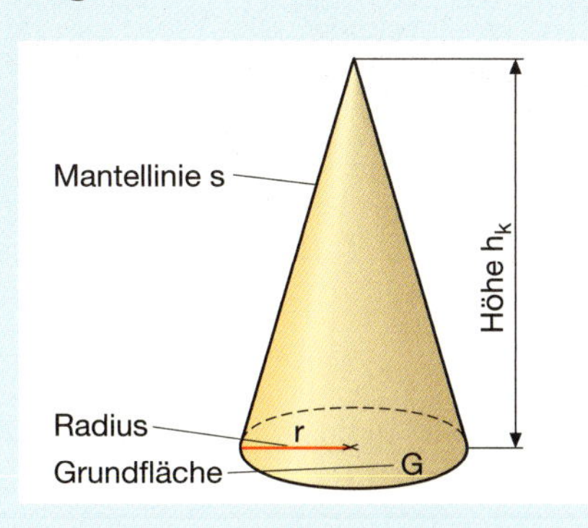

Volumen:
$V = \frac{1}{3} \cdot G \cdot h_k$
$V = \frac{1}{3} \cdot \pi \cdot r^2 \cdot h_k$

Flächeninhalt des Mantels:
$M = \pi \cdot r \cdot s$

Oberflächeninhalt:
$O = G + M$
$O = \pi \cdot r^2 + \pi \cdot r \cdot s$

Kugel

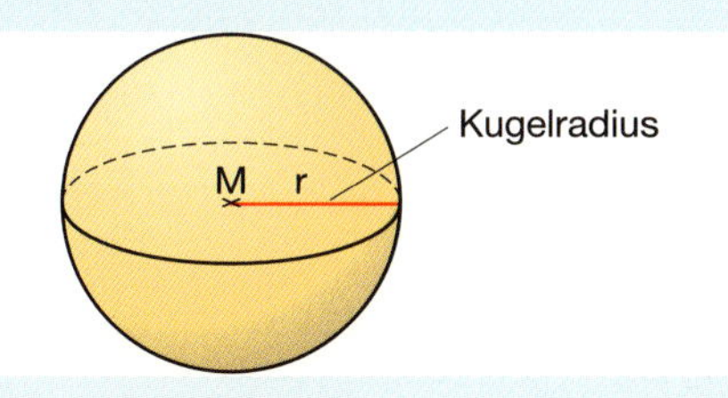

Volumen:
$V = \frac{4}{3} \cdot \pi \cdot r^3$

Oberflächeninhalt:
$O = 4 \cdot \pi \cdot r^2$

11 Wiederholung und Berufseignungstests

Brüche

Der **Nenner** eines **Bruches** gibt an, in wie viele gleich große Teile das Ganze eingeteilt wurde.
Der **Zähler** gibt an, wie viele Teile genommen werden.

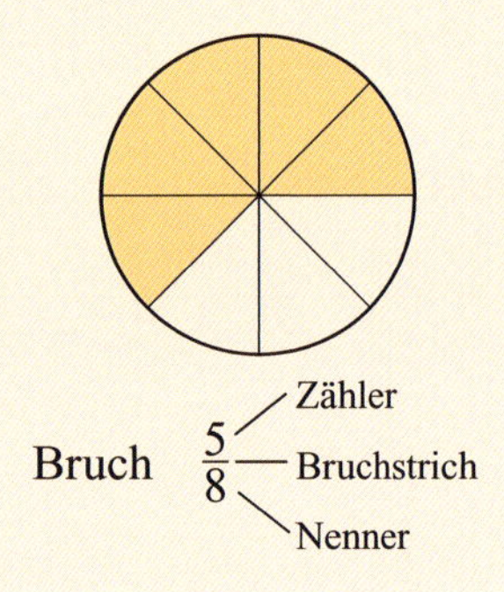

Erweitern von Brüchen

$\frac{5}{8} = \frac{5 \cdot 3}{8 \cdot 3} = \frac{15}{24}$

Zähler und Nenner werden mit der gleichen Zahl multipliziert.

Kürzen von Brüchen

$\frac{15}{24} = \frac{15 : 3}{24 : 3} = \frac{5}{8}$

Zähler und Nenner werden durch die gleiche Zahl dividiert.

Dezimalbrüche

Ein Dezimalbruch ist ein Bruch mit dem Nenner 10, 100, 1000, …

$0{,}9 = \frac{9}{10}$ $\quad 0{,}37 = \frac{37}{100}$ $\quad 0{,}231 = \frac{231}{1000}$

$0{,}4 = \frac{4}{10} = \frac{2}{5}$ $\quad 0{,}2 = \frac{2}{10} = \frac{1}{5}$

$0{,}25 = \frac{25}{100} = \frac{1}{4}$ $\quad 0{,}75 = \frac{75}{100} = \frac{3}{4}$

$\frac{7}{50} = \frac{14}{100} = 0{,}14$ $\quad \frac{13}{25} = \frac{52}{100} = 0{,}52$

$\frac{3}{20} = \frac{15}{100} = 0{,}15$ $\quad \frac{3}{8} = \frac{375}{1000} = 0{,}375$

1 Welcher Bruchteil ist gefärbt (weiß)?

a) 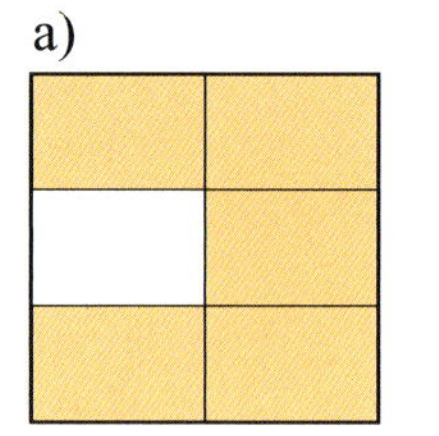
b) 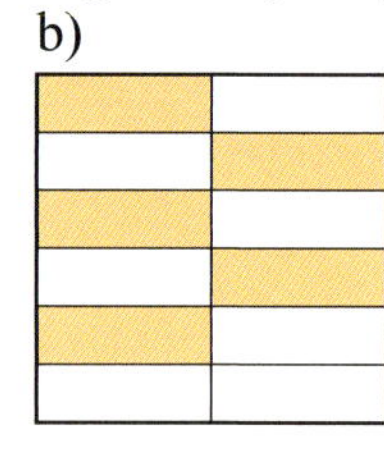
c) 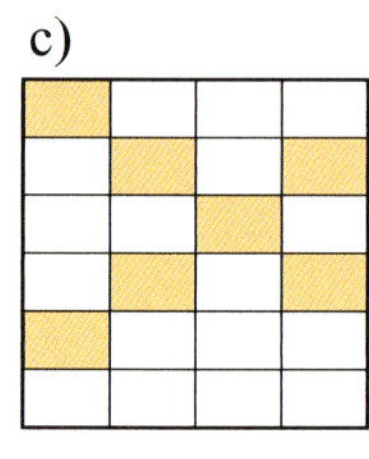

d) 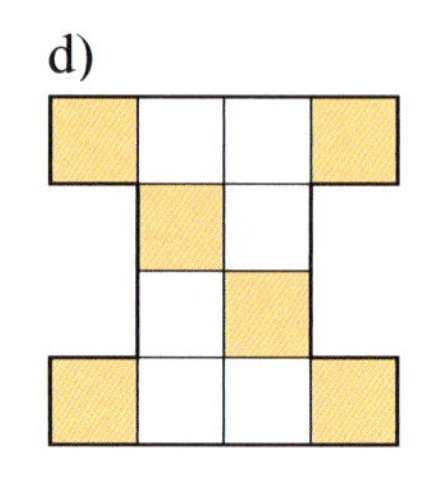
e) 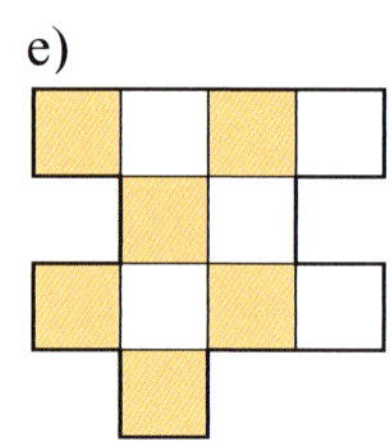
f) 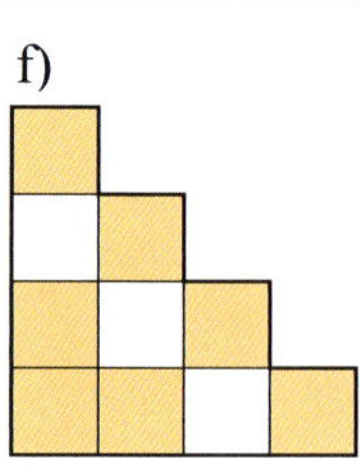

2 Erweitere mit 4 (5, 6, 7).

$\frac{6}{7}$ $\quad \frac{3}{8}$ $\quad \frac{7}{9}$ $\quad \frac{1}{12}$ $\quad \frac{7}{13}$ $\quad \frac{6}{11}$

3 Erweitere auf den angegebenen Nenner.

a) $\frac{2}{3} = \frac{\square}{24}$ $\quad \frac{3}{4} = \frac{\square}{32}$ $\quad \frac{4}{7} = \frac{\square}{35}$

b) $\frac{5}{6} = \frac{\square}{36}$ $\quad \frac{7}{16} = \frac{\square}{64}$ $\quad \frac{4}{15} = \frac{\square}{90}$

4 Kürze so weit wie möglich.

a) $\frac{16}{24}$ $\quad \frac{20}{32}$ $\quad \frac{16}{64}$ $\quad \frac{20}{24}$ $\quad \frac{18}{32}$

b) $\frac{36}{64}$ $\quad \frac{32}{128}$ $\quad \frac{27}{90}$ $\quad \frac{72}{144}$ $\quad \frac{51}{85}$

5 Schreibe als Bruch.

a) 0,7 0,6 0,31 0,67 0,07
b) 0,71 0,23 0,462 0,486 0,071
c) 0,5179 0,0407 0,0358 0,0061 0,0307

6 Schreibe als Dezimalbruch.

a) $\frac{1}{10}$ $\quad \frac{7}{10}$ $\quad \frac{23}{100}$ $\quad \frac{9}{100}$ $\quad \frac{107}{1000}$

b) $\frac{17}{1000}$ $\quad \frac{3}{1000}$ $\quad \frac{149}{1000}$ $\quad \frac{77}{100}$ $\quad \frac{77}{1000}$

7 Erweitere und schreibe als Dezimalbruch.

a) $\frac{1}{2}$ $\quad \frac{4}{5}$ $\quad \frac{11}{50}$ $\quad \frac{3}{20}$ $\quad \frac{13}{50}$

b) $\frac{17}{20}$ $\quad \frac{5}{8}$ $\quad \frac{9}{25}$ $\quad \frac{101}{500}$ $\quad \frac{117}{200}$

c) $\frac{9}{200}$ $\quad \frac{6}{125}$ $\quad \frac{11}{40}$ $\quad \frac{1}{250}$ $\quad \frac{39}{40}$

Eine **gemischte Zahl** besteht aus einer **natürlichen Zahl** und einem **echten Bruch.**

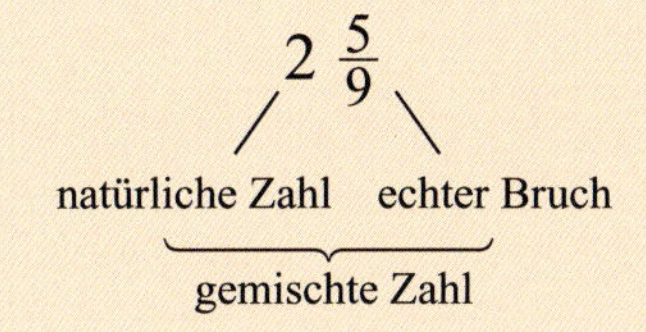

$\frac{17}{40} = 17 : 40 = \blacksquare$

17 : 40 = 0,425
170
160
100
80
200
200
0

$\frac{7}{11} = 7 : 11 = \blacksquare$

$7 : 11 = 0{,}6363\ldots = 0{,}\overline{63}$
70
66
40
33
70
66
40…

Runden von Dezimalbrüchen

Beim Runden eines Dezimalbruchs auf eine bestimmte Stelle kommt es nur auf die nachfolgende Stelle an.
Steht dort die Ziffer 0, 1, 2, 3, 4, wird **ab**gerundet.
Steht dort die Ziffer 5, 6, 7, 8, 9, wird **auf**gerundet.

Runden auf Zehntel:
$0{,}248 \approx 0{,}2$ $0{,}951 \approx 1{,}0$

Runden auf Hundertstel:
$0{,}4239 \approx 0{,}42$ $0{,}7462 \approx 0{,}75$

1 Schreibe als Bruch.

a) $3\frac{1}{3}$ $4\frac{2}{5}$ $6\frac{4}{5}$ $7\frac{3}{8}$ $9\frac{7}{100}$

b) 3,7 4,37 5,723 6,019 5,003

2 Schreibe als gemischte Zahl.

a) $\frac{17}{3}$ $\frac{25}{4}$ $\frac{31}{9}$ $\frac{42}{5}$ $\frac{100}{9}$

b) 2,3 7,07 19,301 17,051 22,001

3 Bestimme den Dezimalbruch durch Division.

a) $\frac{3}{4}$ $\frac{1}{8}$ $\frac{7}{8}$ $\frac{23}{40}$ $\frac{9}{16}$

b) $\frac{11}{16}$ $\frac{10}{32}$ $\frac{19}{20}$ $\frac{47}{200}$ $\frac{97}{125}$

c) $\frac{15}{32}$ $\frac{33}{80}$ $\frac{7}{80}$ $\frac{1}{32}$ $\frac{77}{80}$

d) $\frac{11}{8}$ $\frac{73}{40}$ $\frac{35}{16}$ $\frac{47}{32}$ $\frac{107}{40}$

4 Bestimme den Dezimalbruch durch Division. Du erhältst einen periodischen Dezimalbruch.

a) $\frac{5}{6}$ $\frac{1}{11}$ $\frac{19}{30}$ $\frac{61}{90}$ $\frac{15}{99}$

b) $\frac{17}{18}$ $\frac{7}{12}$ $\frac{19}{33}$ $\frac{15}{22}$ $\frac{23}{24}$

c) $\frac{29}{33}$ $\frac{50}{22}$ $\frac{18}{37}$ $\frac{16}{11}$ $\frac{29}{12}$

d) $3\frac{1}{6}$ $4\frac{5}{11}$ $1\frac{13}{33}$ $6\frac{17}{99}$ $4\frac{20}{37}$

5 Runde auf Zehntel.

a) 0,46 0,73 0,654 0,736 0,59
b) 1,64 2,97 1,849 3,048 3,9914
c) 21,787 34,949 21,691 25,95 59,97
d) $0{,}0\overline{3}$ $0{,}0\overline{8}$ 0,007 5,099 1,999

6 Runde auf Hundertstel.

a) 0,515 0,376 0,613 0,739 0,544
b) 2,776 3,828 3,565 7,795 4,444
c) 26,976 6,9449 7,9051 6,8838 6,9949
d) $0{,}\overline{5}$ $0{,}\overline{7}$ $3{,}\overline{4}$ $2{,}\overline{59}$ $11{,}\overline{51}$

7 Runde auf Tausendstel.

a) 0,7345 0,87646 0,96251 0,66654
b) 2,45791 3,90953 0,00033 8,699522
c) 9,99952 0,00349 $6{,}\overline{6}$ $0{,}\overline{7}$

Addition (Subtraktion) von Brüchen

$\frac{3}{11} + \frac{7}{11} = \frac{10}{11}$

$\frac{5}{8} + \frac{1}{3} = \frac{15}{24} + \frac{8}{24} = \frac{23}{24}$

$\frac{7}{11} - \frac{3}{11} = \frac{4}{11}$

$\frac{5}{8} - \frac{1}{3} = \frac{15}{24} - \frac{8}{24} = \frac{7}{24}$

Die Brüche müssen vor dem Addieren (Subtrahieren) so erweitert werden, dass sie den gleichen Nenner haben. Dann werden die Zähler addiert (subtrahiert). Der Nenner ändert sich nicht.

Addition von Dezimalbrüchen

Beim schriftlichen Addieren gilt:
Komma unter Komma.

2,88 + 0,354 + 6,6 = ▢

2,88
0,354
6,6
1 1
9,834

2,88 + 0,354 + 6,6 = 9,834

Subtraktion von Dezimalbrüchen

Beim schriftlichen Subtrahieren gilt:
Komma unter Komma.

3,8 – 2,567 – 0,84 = ▢

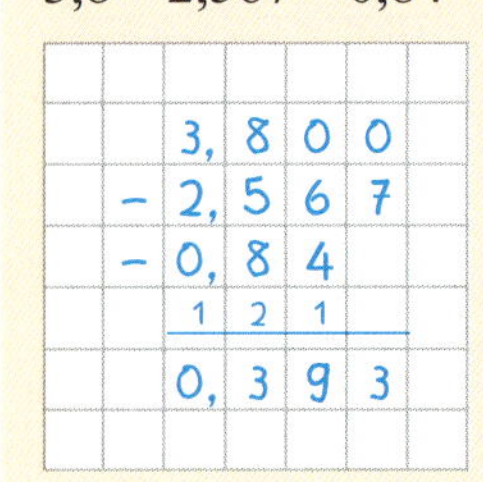

3,8 – 2,567 – 0,84 = 0,393

1 Bestimme den Hauptnenner und addiere. Kürze das Ergebnis, wenn möglich.

a) $\frac{8}{15} + \frac{2}{15}$ $\quad \frac{3}{20} + \frac{7}{20}$ $\quad \frac{1}{2} + \frac{1}{3}$

b) $\frac{2}{3} + \frac{1}{4}$ $\quad \frac{3}{16} + \frac{1}{4}$ $\quad \frac{3}{8} + \frac{5}{12}$

c) $2\frac{5}{8} + 3\frac{1}{6}$ $\quad 4\frac{7}{12} + \frac{2}{3}$ $\quad 5\frac{5}{6} + 2\frac{7}{9}$

2 Bestimme den Hauptnenner und subtrahiere. Kürze das Ergebnis, wenn möglich.

a) $\frac{8}{15} - \frac{2}{15}$ $\quad \frac{7}{20} - \frac{3}{20}$ $\quad \frac{1}{2} - \frac{1}{3}$

b) $\frac{2}{3} - \frac{1}{4}$ $\quad \frac{7}{8} - \frac{5}{12}$ $\quad \frac{7}{9} - \frac{5}{8}$

c) $3\frac{2}{3} - 1\frac{4}{15}$ $\quad 4\frac{13}{27} - \frac{17}{18}$ $\quad 6\frac{11}{16} - 1\frac{2}{9}$

3 Schreibe richtig untereinander und addiere.

a) 8,35 + 4,09 + 1,74
2,47 + 3,35 + 4,84
3,88 + 4,51 + 3,87

b) 3,77 + 6,4 + 0,561
0,753 + 1,76 + 2,6
2,8 + 0,786 + 4,55

c) 11,48 + 5,043 + 11,6
62,35 + 5,784 + 13,6
64,3 + 256,1 + 1,768

d) 0,436 + 0,97 + 0,6
1,875 + 5,6 + 3,4
12,5 + 8,204 + 17,32

e) 13,8 + 12,5 + 33,7 + 34,6 + 17,5
6,87 + 0,64 + 2,88 + 0,95 + 9,83
10,85 + 42,04 + 30,06 + 11,64 + 42,22

4 Schreibe richtig untereinander und subtrahiere.

a) 12,7 – 7,3
27,5 – 8,9
47,8 – 18,8

b) 6,46 – 2,89
3,52 – 2,39
5,36 – 4,59

c) 5,3 – 3,18
6,8 – 4,94
10,3 – 6,28

d) 5,7 – 1,562 – 3,3
4,2 – 0,875 – 2,4
4,81 – 2,5 – 0,965

e) 52,087 – 23,8 – 16,09
50,7 – 30,05 – 20,006
13,92 – 5,842 – 7,4

5 Berechne.

a) 38,6 – 6,095 + 0,07 – 5,469 + 6
b) 120 – 13,8 + 22,04 – 0,3258 + 5
c) 19,45 – 13,67 + 4,306 – 7,435 +1,04
d) 653 – 8,45 – 94,7 – 0,648 + 30
e) 357,07 – 5,077 – 61,08 + 0,6735
f) 5,09 + 53,795 + 0,061 – 43,009 – 9,040

Multiplizieren von Brüchen

$\frac{5}{8} \cdot \frac{4}{15} = \frac{\overset{1}{\cancel{5}} \cdot \overset{1}{\cancel{4}}}{\underset{2}{\cancel{8}} \cdot \underset{3}{\cancel{15}}} = \frac{1}{6}$

$\frac{2}{13} \cdot 5 = \frac{2 \cdot 5}{13 \cdot 1} = \frac{10}{13}$

Der Zähler wird mit dem Zähler und der Nenner mit dem Nenner multipliziert.

Dividieren von Brüchen

$\frac{5}{8} : \frac{7}{16} = \frac{5 \cdot \overset{2}{\cancel{16}}}{\underset{1}{\cancel{8}} \cdot 7} = \frac{10}{7} = 1\frac{3}{7}$

$\frac{3}{8} : 5 = \frac{3 \cdot 1}{8 \cdot 5} = \frac{3}{40}$

Wir dividieren durch einen Bruch, indem wir mit seinem Kehrwert multiplizieren.

Multiplizieren von Dezimalbrüchen

Beim Multiplizieren gilt: Das Ergebnis hat so viele Stellen nach dem Komma wie beide Faktoren zusammen.

	3 Stellen							2 Stellen	
	0,	0	4	6	·	0,	6	8	
					2	7	6		
						3	6	8	
					1	1			
			0,	0	3	1	2	8	
				5 Stellen					

Dividieren von Dezimalbrüchen

Bei beiden Zahlen wird das Komma um so viele Stellen nach rechts verschoben, dass die zweite Zahl eine ganze Zahl wird.

1,932 : 0,14 = ▢
193,2 : 14 = 13,8
<u>14</u>
 53
 <u>42</u>
 112
 <u>112</u>
  0

Beim Überschreiten des Kommas wird im Ergebnis das Komma gesetzt.

1 Berechne. Kürze vor dem Ausrechnen.

a) $\frac{4}{9} \cdot \frac{1}{4}$ $\quad\frac{5}{9} \cdot \frac{3}{10}$ $\quad\frac{7}{8} \cdot \frac{4}{21}$ $\quad\frac{4}{9} \cdot \frac{18}{19}$

b) $\frac{5}{11} \cdot \frac{11}{20}$ $\quad\frac{6}{13} \cdot \frac{26}{33}$ $\quad\frac{7}{12} \cdot \frac{9}{14}$ $\quad\frac{8}{9} \cdot \frac{7}{12}$

c) $\frac{1}{4} \cdot 12$ $\quad\frac{7}{9} \cdot 6$ $\quad 21 \cdot \frac{4}{7}$ $\quad 15 \cdot \frac{3}{10}$

2 Berechne. Kürze vor dem Ausrechnen.

a) $\frac{5}{9} : \frac{5}{6}$ $\quad\frac{7}{8} : \frac{5}{12}$ $\quad\frac{4}{11} : \frac{8}{33}$ $\quad\frac{2}{9} : \frac{8}{15}$

b) $\frac{7}{24} : \frac{3}{8}$ $\quad\frac{32}{35} : \frac{10}{21}$ $\quad\frac{33}{49} : \frac{11}{14}$ $\quad\frac{14}{25} : \frac{21}{40}$

c) $\frac{5}{7} : 10$ $\quad\frac{8}{13} : 12$ $\quad 36 : \frac{9}{10}$ $\quad 24 : \frac{12}{17}$

3 Multipliziere im Kopf.

a) 0,7 · 4; 0,3 · 6; 0,6 · 9
b) 2,5 · 2; 1,5 · 3; 4,5 · 6
c) 0,6 · 11; 0,4 · 10; 0,35 · 2

d) 0,6 · 0,7; 0,7 · 0,8; 0,5 · 0,8
e) 0,06 · 0,4; 0,07 · 0,4; 0,13 · 0,3
f) 0,006 · 0,3; 0,002 · 0,16; 0,014 · 0,5

4 Multipliziere schriftlich.

a) 5,8 · 7; 6,5 · 8; 7,8 · 5
b) 4,97 · 7; 3,65 · 9; 7,06 · 9
c) 4,65 · 28; 7,38 · 35; 5,89 · 97

d) 5,6 · 7,4; 4,8 · 8,7; 2,6 · 8,3
e) 0,86 · 7,8; 3,72 · 4,5; 5,4 · 0,76
f) 0,76 · 7,6; 0,48 · 7,95; 2,47 · 0,944

5 Berechne im Kopf.

a) 57,4 : 10; 5,67 : 10; 6,06 : 10; 0,2 : 10
b) 334,5 : 100; 4,559 : 100; 55,421 : 100; 0,045 : 100
c) 53,45 : 1000; 6,79 : 1000; 0,43 : 1000; 0,097 : 1000

6 Dividiere.

a) 2,492 : 0,7; 8,912 : 1,6; 0,0896 : 3,2
b) 0,8675 : 0,25; 13,398 : 0,29; 0,0282 : 0,015
c) 0,10572 : 0,04; 333,409 : 0,59; 0,60214 : 0,023

Test 1

Löse die Aufgaben im Heft. Notiere den Kennbuchstaben des Lösungsvorschlags, der mit deiner Lösung übereinstimmt. Für die Lösung der Aufgaben hast du eine Bearbeitungszeit von 45 Minuten.

Aufgabe		
1. 1 532,50 + 79,05 + 423,96 + 24 005,33	a b c d	26 041,19 26 041,29 26 040,84 25 941,84
2. 1522,35 − 762,68	a b c d	759,66 749,67 760,07 759,67
3. Welche Zahl ist um genau 10 000 größer als 99 090 891?	a b c d	99 100 891 99 090 891 99 101 891 99 100 991
4. 3697,23 + ▢ = 7091,50	a b c d	3494,27 3394,17 3394,27 3395,27
5. 98 784 − 8 755 − 32 108 − 2 614	a b c d	55 307 55 207 45 307 55 308
6. 634,8 · 34,6	a b c d	21 964,88 21 964,08 21 864,08 21 963,88
7. 2592 : 20,25	a b c d	128 12,8 1280 118
8. 26 · 14 = 13 · ▢	a b c d	13 52 21 28

Aufgabe		
9. Verwandle in eine gemischte Zahl und kürze so weit wie möglich. $\frac{156}{132}$	a b c d	$1\frac{1}{3}$ $1\frac{3}{17}$ $1\frac{1}{6}$ $1\frac{2}{11}$
10. Verwandle in eine Dezimalzahl. $\frac{9}{8}$	a b c d	1,125 1,075 $1,\overline{1}$ $0,\overline{8}$
11. $\frac{5}{6} + \frac{3}{8}$	a b c d	$\frac{19}{24}$ $1\frac{5}{24}$ 1 $\frac{8}{14}$
12. $2\frac{2}{3} - 2\frac{7}{15}$	a b c d	$-\frac{3}{15}$ 0 $\frac{1}{5}$ $\frac{1}{15}$
13. $10\frac{1}{4} - 8{,}2$	a b c d	$2\frac{1}{4}$ 2 2,05 $2\frac{1}{5}$
14. $3\frac{2}{5} \cdot 7\frac{1}{3}$	a b c d	$24\frac{4}{15}$ $24\frac{2}{15}$ $24\frac{14}{15}$ $24\frac{7}{15}$
15. $14\frac{2}{3} : 15\frac{5}{6}$	a b c d	$\frac{88}{95}$ 0,8 0,88 $\frac{8}{9}$
16. $\frac{3}{5} : 0{,}0006$	a b c d	1,0 0,01 100 1000

18 Kiwis kosten 3,42 EUR.

Anzahl ⟶ Preis

Anzahl	Preis (EUR)
18	3,42
36	6,84
54	10,26
18	3,42
9	1,71
6	1,14

(·2: 18 ⟶ 36, 3,42 ⟶ 6,84; ·3: 18 ⟶ 54, 3,42 ⟶ 10,26; :2: 18 ⟶ 9, 3,42 ⟶ 1,71; :3: 18 ⟶ 6, 3,42 ⟶ 1,14)

doppelte Anzahl ⟶ **doppelter** Preis
dreifache Anzahl ⟶ **dreifacher** Preis

Hälfte d. Anzahl ⟶ **Hälfte** d. Preises
Drittel d. Anzahl ⟶ **Drittel** d. Preises

Diese Zuordnung ist **proportional.**

Dreisatz

18 Kiwis kosten 3,42 EUR.
Wie viel kosten 7 Kiwis?

Anzahl	Preis (EUR)
18	3,42
1	0,19
7	1,33

(:18: 18 ⟶ 1, 3,42 ⟶ 0,19; ·7: 1 ⟶ 7, 0,19 ⟶ 1,33)

18 Kiwis kosten 3,42 EUR.
1 Kiwi kostet 3,42 EUR : 18 = 0,19 EUR.
7 Kiwis kosten 0,19 EUR · 7 = 1,33 EUR.

1 Die folgenden Zuordnungen sind proportional. Berechne die fehlenden Werte.

a)

kg	EUR
4	34,72
2	
8	

b)

kg	EUR
3	17,97
6	
9	

c)

l	km
2	45
4	
6	
1	

d)

l	km
8	128
4	
2	
1	

e)

kg	EUR
2,5	17,45
1	
3,5	
7,6	

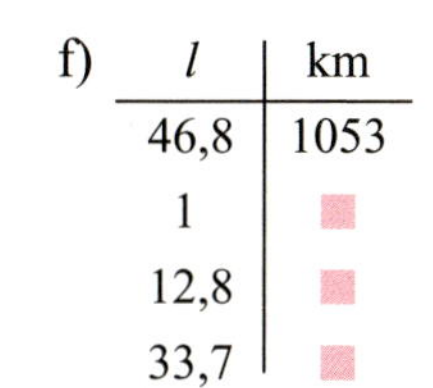

f)

l	km
46,8	1053
1	
12,8	
33,7	

2 Eine Mauer von 15 m Länge kann in 10 Tagen errichtet werden. Wie viele Tage werden für eine gleich starke Mauer von 21 m Länge benötigt?

3 Torben legt mit seinem Fahrrad eine Strecke von 8,5 km in 34 Minuten zurück. Wie weit fährt er bei gleicher Durchschnittsgeschwindigkeit in 42 (50, 8, 120) Minuten?

4 Anna möchte für den Urlaub in der Schweiz 45 EUR in Franken einwechseln. Ihre Mutter erhielt für 600 EUR auf der Bank 924 Franken. Wie viel Franken bekommt Anna?

5 500 g Schinken kosten beim Schlachter 8,50 EUR. Frau Hechler kauft für 3,74 EUR Schinken. Wie viel Gramm Schinken hat sie erhalten?

6 Ein Dachdecker bestellt für ein 150 m^2 großes Dach 2700 Dachziegel. Wie viele Dachziegel benötigt er für ein Dach von 240 m^2?

7 Frau Brenner bekommt für 37,5 Stunden Arbeit einen Lohn von 371,25 EUR. Wie viel Euro erhält sie für 44 Stunden Arbeit?

8 Für das Sportabzeichen muss Lisa 3000 m in 19 min laufen. Eine Runde auf dem Sportplatz ist 400 m lang. Wie viel Zeit hat sie durchschnittlich für eine Runde zur Verfügung?

Eine Rolle Schnur lässt sich in sechs jeweils 1,20 m lange Stücke zerschneiden.

Anzahl → Länge pro Stück

Anzahl	Länge (m)
6	1,20
3	2,40
2	3,60
6	1,20
12	0,60
18	0,40

(:2 und :3 bei Anzahl; ·2 und ·3 bei Länge)

Hälfte d. Anzahl → **doppelte** Länge
Drittel d. Anzahl → **dreifache** Länge

doppelte Anzahl → **Hälfte** d. Länge
dreifache Anzahl → **Drittel** d. Länge

Diese Zuordnung ist **antiproportional.**

Dreisatz

Eine Rolle Schnur lässt sich in sechs jeweils 1,20 m lange Stücke zerschneiden. Wie lang ist jedes Stück bei fünf gleich langen Stücken?

Anzahl	Länge (m)
6	1,20
1	7,20
5	1,44

(:6 und ·5 bei Anzahl; ·6 und :5 bei Länge)

Bei sechs Stücken hat jedes eine Länge von 1,20 m.
Die ganze Schnur hat eine Länge von $6 \cdot 1{,}20 \text{ m} = 7{,}20 \text{ m}$.
Bei fünf Stücken hat jedes eine Länge von $7{,}20 \text{ m} : 5 = 1{,}44 \text{ m}$.

1 Die folgenden Zuordnungen sind antiproportional. Berechne die fehlenden Werte.

a)

Anzahl	Tage
3	180
6	■
12	■
15	■

b)

Anzahl	Tage
18	7
6	■
9	■
2	■

c)

Anzahl	Tage
16	13
8	■
2	■
1	■

d)

cm	cm
12	36
24	■
60	■
1	■

e)

cm	cm
33,6	17,5
1	■
60	■

f)

cm	cm
126,4	90,0
1	■
80,0	■

2 Eine Busreise kostet für eine Gruppe von 50 Personen 51,98 EUR pro Person. Sechs Personen fallen am Abreisetag wegen Krankheit aus. Wie viel EUR muss nun jeder Teilnehmer zahlen?

3 Wenn eine 75-Watt-Glühlampe 240 Stunden lang brennt, betragen die Kosten für die elektrische Energie 2,52 EUR. Wie lange kann eine 12-Watt-Energiesparlampe bei gleichen Energiekosten brennen?

4 Familie Kurz plant ihren Sommerurlaub. Wenn die täglichen Kosten 120 EUR betragen, reicht das gesparte Urlaubsgeld für 14 Tage. Wie viel EUR darf Familie Kurz täglich ausgeben, wenn sie drei Wochen in Urlaub fahren will?

5 Bei einer Durchschnittsgeschwindigkeit von $80\,\frac{\text{km}}{\text{h}}$ braucht ein Fahrzeug für eine Autobahnstrecke eine Zeit von 3 h 30 min. Wie lange braucht es für die gleiche Strecke bei einer Durchschnittsgeschwindigkeit von $100\,\frac{\text{km}}{\text{h}}$?

6 Bei einem Benzinverbrauch von 3,5 Liter auf 100 km kann Frederic mit seinem Motorrad 360 km weit fahren. Fährt eine zweite Person mit, beträgt der Benzinverbrauch 4,5 Liter auf 100 km. Wie weit kommt Frederic dann mit einer Tankfüllung?

Der Anteil an einer Gesamtgröße wird häufig in **Prozent** (%) angegeben.

$\frac{1}{100} = 1\%$ $\frac{14}{100} = 14\%$ $\frac{116}{100} = 116\%$

Prozentsatz gesucht

18 m von 120 m

$\mathbf{p\,\% = \frac{P \cdot 100}{G}\,\%}$

$p\,\% = \frac{18 \cdot 100}{120}\,\%$

$p\,\% = 15\,\%$

Prozentwert gesucht

35 % von 250 kg

$\mathbf{P = \frac{G \cdot p}{100}}$

$P = \frac{250 \cdot 35}{100}$ kg

$P = 87{,}5$ kg

Grundwert gesucht

30 % ≙ 120 EUR

$\mathbf{G = \frac{P \cdot 100}{p}}$

$G = \frac{120 \cdot 100}{30}$ EUR

$G = 400$ EUR

Vermehrter Grundwert

alter Preis: 13,80 EUR
Preiserhöhung: 20 %

alter Preis —· 1,20→ **neuer Preis**; **neuer Preis** —: 1,20→ **alter Preis**

13,80 EUR —· 1,20→ 16,56 EUR; 16,56 EUR —: 1,20→ 13,80 EUR

Verminderter Grundwert

alter Preis: 24,20 EUR
Preisermäßigung: 10 %

alter Preis —· 0,9→ **neuer Preis**; **neuer Preis** —: 0,9→ **alter Preis**

24,20 EUR —· 0,9→ 21,78 EUR; 21,78 EUR —: 0,9→ 24,20 EUR

1 Berechne den Prozentsatz (p %)

a) 28 EUR von 56 EUR
14 EUR von 70 EUR
12 EUR von 120 EUR
25 EUR von 500 EUR
8 EUR von 200 EUR

b) 12 m von 48 m
18 m von 45 m
15 m von 40 m
24 m von 40 m
16 m von 20 m

c) 39 kg von 65 kg
12,5 kg von 62,5 kg
13,5 kg von 75 kg
19,2 kg von 128 kg
0,84 kg von 10,5 kg

d) 15,7 a von 62,8 a
34,5 a von 150 a
40 a von 125 a
48,28 a von 56,8 a
7,35 a von 245 a

2 Berechne den Prozentwert (P).

a) 5 % von 300 EUR (700 EUR; 240 EUR; 88 EUR)
b) 25 % von 96 t (140 t; 34 t; 10,6 t; 0,56 t; 1,1 t)
c) 60 % von 12,8 m (126 m; 28,5 m; 37,5 m; 7 m)
d) 13 % von 115 EUR (25 EUR; 1200 EUR;7 EUR)
e) 176 % von 23,5 m (76,3 m; 19,7 m; 112,6 m; 2 m)

3 Berechne den Grundwert (G).

a) 7 % ≙ 14 kg (56,7 kg; 12,6 kg; 213,5 kg; 0,7 kg)
b) 19 % ≙ 43,7 t (54,91 t; 2,28 t; 1,064 t; 0,38 t)
c) 62,5 % ≙ 40 m (12,5 m; 0,35 m; 100 m; 2,6 m)
d) 120 % ≙ 14,4 a (2448 a; 4,8 a; 156 a; 2,52 a)
e) 275 % ≙ 430,1 EUR (40,7 EUR; 12,1 EUR)

4 Berechne den fehlenden Wert.

	a)	b)	c)
Alter Preis	14,50 EUR	■	45,50 EUR
Preiserhöhung	16 %	8 %	■
Neuer Preis	■	38,88 EUR	50,96 EUR

5 Berechne den fehlenden Wert.

	a)	b)	c)
Alter Preis	45 EUR	■	45,80 EUR
Preisermäßigung	11 %	20 %	■
Neuer Preis	■	79,92 EUR	43,51 EUR

6 Frau Peters verkauft ihr 4 Jahre altes Auto für 12 090 EUR. Das sind 65 % des ursprünglichen Kaufpreises. Wie teuer war der Neuwagen? Wie viel Euro beträgt der Wertverlust?

7 Herr Kunz zahlte bisher 620 EUR Miete. Wie viel Euro zahlt Herr Kunz nach einer Mieterhöhung von 4,5 %?

8 Von den insgesamt 800 Schülerinnen und Schülern einer Schule sind 440 Mädchen. Berechne den Prozentsatz.

Zinssatz gesucht

K = 500 EUR, Z = 16 EUR, p % = ▪

$$\mathbf{p\,\% = \frac{Z \cdot 100}{K}\,\%}$$

$$p\,\% = \frac{16 \cdot 100}{500}\,\%$$

p % = 3,2 %

Zinsen gesucht

K = 650 EUR, p % = 3 %, Z = ▪

$$\mathbf{Z = \frac{K \cdot p}{100}}$$

$$Z = \frac{650 \cdot 3}{100}\ \text{EUR}$$

Z = 19,50 EUR

Kapital gesucht

Z = 32 EUR, p % = 2,5 %, K = ▪

$$\mathbf{K = \frac{Z \cdot 100}{p}}$$

$$K = \frac{32 \cdot 100}{2{,}5}\ \text{EUR}$$

K = 1280 EUR

Tageszinsen

$$\mathbf{Z = \frac{K \cdot p}{100} \cdot \frac{n}{360}}$$

n gibt hier die Zahl der Zinstage an.
1 Jahr = 360 Zinstage

Monatszinsen

$$\mathbf{Z = \frac{K \cdot p}{100} \cdot \frac{n}{12}}$$

n gibt hier die Zahl der Zinsmonate an. 1 Jahr = 12 Zinsmonate

Zinseszinsen

K = 200 EUR, p % = 5 %

Kapital nach 1 Jahr:
$K_1 = 200 \cdot 1{,}05$ EUR

Kapital nach 2 Jahren:
$K_2 = 200 \cdot 1{,}05^2$ EUR

Kapital nach 3 Jahren:
$K_3 = 200 \cdot 1{,}05^3$ EUR

Kapital nach n Jahren:
$\mathbf{K_n = 200 \cdot 1{,}05^n}$ **EUR**

1 Berechne den Zinssatz.

	a)	b)	c)	d)	e)
Kapital (EUR)	1200	245	1680	740	1580
Zinsen (EUR)	48	7,35	100,80	37	50,56

	f)	g)	h)	i)	k)
Kapital (EUR)	280	650	2170	235	45,80
Zinsen (EUR)	9,80	16,25	97,65	6,11	2,52

2 Berechne die Zinsen für ein Jahr. Runde auf zwei Stellen nach dem Komma.
a) 400 EUR (450 EUR, 1100 EUR) zu 3,5 %
b) 720 EUR (86,50 EUR, 390 EUR) zu 4,5 %
c) 1240 EUR (2365 EUR, 745 EUR) zu 6,25 %
d) 268 EUR (346,20 EUR, 894,10 EUR) zu 3,2 %

3 Berechne das Kapital.
a) 145 EUR (28 EUR, 7,56 EUR) Zinsen bei 4 %
b) 75 EUR (43,50 EUR, 7,74 EUR) Zinsen bei 3 %
c) 9,80 EUR (16,10 EUR, 7 EUR) Zinsen bei 3,5 %
d) 25,56 EUR (565,65 EUR) Zinsen bei 4,5 %

4 Berechne die Zinsen. Runde auf zwei Stellen nach dem Komma.
a) 860 EUR zu 3 % für 32 (12; 8; 67; 135) Tage
b) 1300 EUR zu 3,5 % für 58 (99; 168; 264) Tage
c) 1530 EUR zu 2,5 % für 79 (245; 345; 91) Tage
d) 368,50 EUR zu 4,5 % für 5 (7; 9; 11) Monate
e) 932,60 EUR zu 3,75 % für 7 (3; 5; 10) Monate

5 Berechne die Zinsen, die für das angegebene Darlehen zu zahlen sind. Runde sinnvoll.
a) 560 EUR zu 12,5 % für 23 (36; 57; 19) Tage
b) 2430 EUR zu 16,5 % für 112 (214; 317) Tage
c) 845 EUR zu 15,75 % für 7 (8; 3; 5; 9) Monate
d) 1000 EUR zu 16,25 % für 2 (6; 10; 11) Monate

6 Frau Lamm überzieht 21 Tage lang ihr Konto um 3200 EUR. Wie viel Euro Zinsen muss sie bei einem Zinssatz von 12,75% dafür bezahlen?

7 Herr Vahle hat eine Hypothek von 60 000 EUR zu einem Zinssatz von 5,5 %. Wie viel Euro Zinsen muss er monatlich bezahlen?

8 Ein Kapital von 3500 EUR wird zu einem Zinssatz von 6 % (5,5 %; 4,75 %) fest angelegt. Berechne, auf welchen Wert das Kapital nach 12 (15; 20; 35) Jahren angewachsen ist.

Test 2

Löse die Aufgaben im Heft. Notiere den Kennbuchstaben des Lösungsvorschlags, der mit deiner Lösung übereinstimmt. Für die Lösung der Aufgaben hast du eine Bearbeitungszeit von 45 Minuten.

Aufgabe		
1. 3 kg Äpfel kosten 5,85 EUR. Wie viel EUR kosten 5 kg?	a b c d	9,75 EUR 10,25 EUR 10,85 EUR 9,85 EUR
2. Eine Stange von 0,875 m Länge wirft einen Schatten von 0,6 m Länge. Wie hoch ist ein Turm, der einen Schatten von 48 m Länge wirft?	a b c d	87,5 m 55 m 60 m 70 m
3. Drei Handwerker benötigen für einen Dachausbau 12 Tage. Wie viele Tage benötigen vier Handwerker?	a b c d	10 Tage 8 Tage 9 Tage 15 Tage
4. Ein Maler streicht in sechs Tagen eine Fläche von 396 m^2. Wie viel Quadratmeter kann er in acht Tagen streichen?	a b c d	628 m^2 528 m^2 352 m^2 452 m^2
5. Vier Motoren benötigen in sechs Stunden 84 kWh elektrischer Energie. Wie viel kWh elektrischer Energie benötigen sie in zehn Stunden?	a b c d	120 kWh 144 kWh 140 kWh 50,4 kWh
6. Ein Radfahrer legt in drei Tagen eine Strecke von 360 km zurück. Welchen Weg legt er in fünf Tagen zurück?	a b c d	400 km 500 km 600 km 216 km
7. Eine Straße wird auf einer Seite mit 451 Bäumen in einem Abstand von jeweils 8 m bepflanzt. Wie viele Bäume werden benötigt, wenn der Abstand 9 m beträgt?	a b c d	600 401 400 501
8. Ein Bau könnte von 72 Arbeitern in 91 Tagen fertig gestellt werden. Wie viele Arbeiter müssen zusätzlich eingestellt werden, damit der Bau in 84 Tagen fertig ist?	a b c d	24 8 12 6
9. An einer Schule mit insgesamt 580 Schülerinnen und Schülern kommen 203 Schülerinnen und Schüler mit dem Fahrrad zur Schule. Wie viel Prozent sind das?	a b c d	35 % 45 % 40 % 33 %

10. Ein Händler bietet an: Stereoanlage für 490 EUR, bei Barzahlung 2,5 % Rabatt. Wie hoch ist der Barzahlungspreis?	a b c d	475,00 EUR 477,50 EUR 477,75 EUR 475,75 EUR
11. Ein Obsthändler setzt den Preis für 1 kg Äpfel von 2,25 EUR auf 1,80 EUR herab. Um wie viel Prozent wurde reduziert?	a b c d	10 % 20 % 25 % 30 %
12. Ein Artikel, der für 2 EUR eingekauft wurde, wird für 3,20 EUR verkauft. Wie viel Prozent beträgt die Erhöhung?	a b c d	50% 37,75% 60% 6%
13. Ein Sparvertrag mit 2400 EUR wird mit 3,5 % verzinst. Wie hoch sind die Zinsen nach 4 Monaten?	a b c d	28,00 EUR 84,00 EUR 42,00 EUR 21,00 EUR
14. 3500 EUR Sparguthaben bringen in drei Monaten 26,25 EUR Zinsen. Wie hoch ist der Zinssatz?	a b c d	2 % 3 % 4 % 5 %
15. Welches Kapital muss angelegt werden, um bei einem Zinssatz von 8 % in einer Woche 1050 EUR Zinsen zu erhalten?	a b c d	675 000 EUR 500 000 EUR 1 000 000 EUR 682 500 EUR
16. Ein Sparer erhält für sein Guthaben von 7200 EUR für einen Tag 1 EUR Zinsen. Zu welchem Zinssatz ist das Geld angelegt?	a b c d	2,5 % 4 % 5 % 4,5 %
17. Ute leiht sich von ihrer Freundin 20 EUR. Nach einem Monat gibt sie ihr 21 EUR zurück. Welchem Jahreszinssatz entspricht das?	a b c d	10 % 60 % 30 % 5 %

Wird eine Zahl mit sich selbst multipliziert, ist das Ergebnis das **Quadrat der Zahl.** Die Rechenoperation heißt **Quadrieren.**

$16 \cdot 16 = 16^2 = 256$
$(-9) \cdot (-9) = (-9)^2 = 81$
$3{,}1 \cdot 3{,}1 = 3{,}1^2 = 9{,}61$
$\frac{3}{4} \cdot \frac{3}{4} = \left(\frac{3}{4}\right)^2 = \frac{9}{16}$

Die Umkehrung des Quadrierens wird als **Quadratwurzelziehen** bezeichnet. Die Zahl unter dem Wurzelzeichen heißt **Radikand.**

$\sqrt{64} = 8$, denn $8^2 = 64$

$\sqrt{1{,}96} = 1{,}4$, denn $1{,}4^2 = 1{,}96$

$\sqrt{\frac{9}{25}} = \frac{3}{5}$, denn $\left(\frac{3}{5}\right)^2 = \frac{9}{25}$

Das Ziehen der Quadratwurzel aus einer negativen Zahl ist nicht zulässig.

Große Zahlen können als Produkt einer Zahl zwischen 1 und 10 und einer Zehnerpotenz mit positivem Exponenten dargestellt werden.

$100\,000 = 10 \cdot 10 \cdot 10 \cdot 10 \cdot 10 = 10^5$
$2\,000\,000 = 2 \cdot 1\,000\,000 = 2 \cdot 10^6$
$3\,240\,000 = 3{,}24 \cdot 1\,000\,000 = 3{,}24 \cdot 10^6$

$5\,670\,000\,000 = 5{,}67 \cdot 10^9$
$236\,710\,000\,000\,000 = 2{,}3671 \cdot 10^{14}$

Kleine Zahlen können als Produkt einer Zahl zwischen 1 und 10 und einer Zehnerpotenz mit negativem Exponenten dargestellt werden.

$0{,}00001 = \frac{1}{100\,000} = \frac{1}{10^5} = 10^{-5}$

$0{,}00073 = 7{,}3 \cdot \frac{1}{10\,000} = 7{,}3 \cdot 10^{-4}$

$0{,}00000237 = 2{,}37 \cdot \frac{1}{1\,000\,000} = 2{,}37 \cdot 10^{-6}$

$0{,}000000000123 = 1{,}23 \cdot 10^{-10}$
$0{,}0000000000004297 = 4{,}297 \cdot 10^{-13}$

1 Berechne.
a) 11^2 17^2 19^2 $(-9)^2$ $(-12)^2$ $(-13)^2$ $(-14)^2$
b) 30^2 50^2 80^2 120^2 140^2 $(-100)^2$ $(-180)^2$
c) 300^2 600^2 900^2 1100^2 1300^2 1700^2
d) $1{,}6^2$ $1{,}5^2$ $0{,}7^2$ $0{,}1^2$ $0{,}03^2$ $(-0{,}6)^2$ $(-1{,}9)^2$
e) $\left(\frac{1}{3}\right)^2$ $\left(\frac{2}{3}\right)^2$ $\left(\frac{5}{6}\right)^2$ $\left(\frac{3}{8}\right)^2$ $\left(-\frac{3}{4}\right)^2$ $\left(-\frac{3}{7}\right)^2$

2 Berechne. Runde auf zwei Nachkommastellen.
a) $3{,}45^2$ $0{,}785^2$ $0{,}97^2$ $1{,}07^2$ $(-2{,}85)^2$ $(-0{,}65)^2$
b) $54{,}65^2$ $121{,}89^2$ $(-208{,}08)^2$ $(-32{,}07)^2$ $(-72{,}01)^2$

3 Berechne.
a) $\sqrt{169}$ $\sqrt{225}$ $\sqrt{324}$ $\sqrt{361}$ $\sqrt{144}$ $\sqrt{196}$ $\sqrt{256}$
b) $\sqrt{1{,}44}$ $\sqrt{2{,}25}$ $\sqrt{0{,}64}$ $\sqrt{0{,}81}$ $\sqrt{0{,}09}$ $\sqrt{2{,}89}$ $\sqrt{0{,}01}$
c) $\sqrt{\frac{4}{9}}$ $\sqrt{\frac{9}{49}}$ $\sqrt{\frac{36}{49}}$ $\sqrt{\frac{25}{81}}$ $\sqrt{\frac{64}{121}}$ $\sqrt{\frac{1}{169}}$ $\sqrt{\frac{16}{225}}$

4 Gib zwei aufeinander folgende natürliche Zahlen an, zwischen denen die Wurzel liegt.
a) $\sqrt{88}$ b) $\sqrt{45}$ c) $\sqrt{150}$ d) $\sqrt{250}$ e) $\sqrt{300}$

5 Bestimme die fehlende Zahl.
a) $\sqrt{1296} = ■$ b) $\sqrt{■} = 31$ c) $\sqrt{■} = 0{,}45$

6 Schreibe mithilfe von Zehnerpotenzen.
a) 700 000; 13 000 000; 3 560 000; 2 300 000
b) 146 000 000; 2 569 000 000; 34 675 000 000
c) 0,003; 0,00045; 0,000000361; 0,000000233
d) 0,0000037124; 0,0000005641; 0,0000000531

7 Schreibe ohne Zehnerpotenzen.
a) $4{,}5 \cdot 10^3$; $7{,}12 \cdot 10^4$; $3{,}93 \cdot 10^6$; $3{,}762 \cdot 10^5$
b) $7{,}895 \cdot 10^7$; $8{,}91233 \cdot 10^9$; $1{,}9635 \cdot 10^{10}$

8 Schreibe als Dezimalbruch.
a) $5 \cdot 10^{-3}$; $8 \cdot 10^{-4}$; $4 \cdot 10^{-5}$; $7 \cdot 10^{-6}$; $9 \cdot 10^{-7}$
b) $7{,}5 \cdot 10^{-8}$; $8{,}71 \cdot 10^{-5}$ $5{,}325 \cdot 10^{-9}$; $2{,}8649 \cdot 10^{-10}$

9 Wandle um in Watt (W).
a) 21 kW b) 20 MW c) 13 GW d) 0,8 TW

10 Wandle um in Meter (m)
a) 6 mm b) 12 µm c) 45 pm d) 231 nm

Wenn du zwei **Terme,** die eine **Variable** enthalten, durch ein **Gleichheitszeichen** verbindest, entsteht eine **Gleichung.**

Variable: x
1. Term: $2x + 7$
2. Term: $3x - 4$

Gleichung: $2x + 7 = 3x - 4$

Die **Lösungsmenge einer Gleichung** ändert sich **nicht,** wenn du **auf beiden Seiten dieselbe Zahl (denselben Term) addierst, auf beiden Seiten dieselbe Zahl (denselben Term) subtrahierst.**

$x - 9 = 13 \mid +9$
$x = 22$ $\quad L = \{22\}$

$3x + 4 = 2x - 5 \mid -2x$
$x + 4 = -5 \mid -4$
$x = -9$ $\quad L = \{-9\}$

Die **Lösungsmenge einer Gleichung** ändert sich **nicht,** wenn du **auf beiden Seiten dieselbe Zahl (ungleich Null) multiplizierst, beide Seiten durch dieselbe Zahl (ungleich Null) dividierst.**

$-4x = -16 \mid :(-4)$
$x = 4$ $\quad L = \{4\}$

$\frac{1}{3}x - \frac{2}{3} = 5 \mid \cdot 3$
$x - 2 = 15 \mid +2$
$x = 17$ $\quad L = \{17\}$

Gleichartige Summanden (Terme) kannst du zusammenfassen.

$3x + 4x + 27 - 35 = 20$
$7x \quad - \quad 8 \quad = 20$

Eine Gleichung hat **keine Lösung,** wenn beim Umformen eine **falsche Aussage** entsteht.
Eine Gleichung ist **allgemeingültig,** wenn **jede Zahl** eine **Lösung** der Gleichung ist.

1 Bestimme die Lösungsmenge.

a) $x - 7 = 23$; $x - 11 = 13$; $34 = x - 22$
b) $x + 3 = 12$; $x + 7 = 4$; $13 = x - 14$
c) $3x = 2x + 5$; $6x = 5x - 11$; $-8x = 9x + 8$

2 Bestimme die Lösungsmenge.

a) $6x = 144$; $13x = 143$; $0{,}4x = 20$
b) $-3x = -101$; $-12x = 96$; $-1{,}4x = -70$
c) $\frac{1}{3}x = 19$; $-\frac{1}{4}x = -15$; $32 = \frac{1}{5}x$

3 Löse die Gleichung.

a) $8x + 4 = 5x + 16$; $9x + 3 = 2x + 24$; $4x + 7 = 2x + 25$
b) $4x - 11 = 37 - 8x$; $8x - 12 = 18 - 7x$; $7x - 25 = 55 - 3x$
c) $17x - 41 = 2x - 11$; $-3x + 7 = -7x + 15$; $13x + 34 = 6x - 15$
d) $15 - 6x = 27 - 8x$; $66 - 9x = 78 - 15x$; $11x + 17 = 15x + 29$

4 Fasse gleichartige Summanden zusammen. Bestimme dann die Lösungsmenge.

a) $2x - 8 + 7x + 3 = 31$; $4x + 14 + 3x + 16 = 51$; $43 + 3x - 30 + x = 25$; $3x + 21 + 5x - 15 = 22$
b) $7x + 4 - 2x + 1 = 0$; $8x + 9 - 5x + 7 = 40$; $6x - 12 + 4x - 22 = 4$; $11x - 7 - 11 + x = 42$

5 Bestimme die Lösungsmenge.

a) $6(x + 4) = 4x - 14$; $7(2x + 3) = 9x - 4$; $6x - 14 = 7(3x + 8)$; $-7x - 27 = -5(3x - 1)$
b) $5(x - 3) = 3(x + 7)$; $6(x - 7) = 9(x - 5)$; $-2(x + 6) = 4(x + 8)$; $-4(3x - 6) = -7(x - 2)$

6 Bestimme die Lösungsmenge.

a) $\frac{3}{7}x + \frac{2}{3} = \frac{5}{21}$; $\frac{5}{6} + \frac{1}{3}x = \frac{1}{2}x$
b) $\frac{3}{8}x - \frac{3}{4} = \frac{1}{4}x + \frac{3}{4}$; $-\frac{5}{6}x + 33 = \frac{1}{4}x + \frac{1}{2}$

7 Addierst du zum Vierfachen einer Zahl 7, so erhältst du 135. Wie heißt die Zahl?

8 Das Fünffache einer Zahl, vermindert um 70, ist gleich dem Dreifachen, vermehrt um 10.

9 Ein Sparguthaben soll wie folgt aufgeteilt werden: Anne erhält $\frac{2}{5}$, Britta $\frac{3}{10}$ des Guthabens und Tim den Rest von 1500 EUR. Wie viel Euro erhält jeder?

10 Der Umfang eines Rechtecks beträgt 72 cm. Die längere Seite soll doppelt so groß sein wie die kürzere. Wie lang sind die Seiten?

Test 3

Löse die Aufgaben im Heft. Notiere den Kennbuchstaben des Lösungsvorschlags, der mit deiner Lösung übereinstimmt. Für die Lösung der Aufgaben hast du eine Bearbeitungszeit von 45 Minuten.

Aufgabe		Lösungsvorschlag
1. $(-11)^2$	a b c d	22 121 2048 -121
2. $0{,}07^2$	a b c d	0,0014 0,014 0,0049 0,049
3. $\sqrt{144}$	a b c d	72 12 -12 -72
4. $\sqrt{\frac{16}{81}}$	a b c d	$\frac{4}{9}$ $\frac{8}{9}$ $-\frac{8}{9}$ $-\frac{4}{9}$
5. $2{,}6 \cdot 10^4$	a b c d	104 260 2 600 26 000
6. $3{,}1 \cdot 10^{-5}$	a b c d	$-0{,}00031$ $-0{,}00031$ 0,00031 0,000031
7. $3x + 12 = 36$	a b c d	$L = \{6\}$ $L = \{12\}$ $L = \{8\}$ $L = \{16\}$
8. $9x - 4x - 2x - 43 = 8$	a b c d	$L = \{10\}$ $L = \{13\}$ $L = \{-12\}$ $L = \{17\}$

Aufgabe		Lösungsvorschlag
9. $6(x-5) = 3(x+4)$	a b c d	$L = \{14\}$ $L = \{13\}$ $L = \{3\}$ $L = \{76\}$
10. $\frac{-3x}{5} = -2(x-14)$	a b c d	$L = \{28\}$ $L = \{20\}$ $L = \{39\frac{1}{5}\}$ $L = \{-20\}$
11. Addiert man zu einer Zahl $2\frac{3}{7}$, so erhält man $5\frac{1}{2}$. Wie heißt die Zahl?	a b c d	$3\frac{1}{14}$ $2\frac{4}{5}$ $3\frac{1}{7}$ $2\frac{13}{14}$
12. Von welcher Zahl ist der sechste Teil, vermehrt um 3, genau so groß wie der fünfte Teil, vermindert um 3?	a b c d	90 5 180 30
13. Der Großvater schenkt Tim und Arnd zusammen 215 EUR. Tim soll 7 EUR mehr erhalten als Arnd. Wie groß ist Tims Anteil?	a b c d	113 EUR 108 EUR 111 EUR 115 EUR
14. 300 EUR sollen so verteilt werden, dass A ein Viertel erhält, B die Hälfte und C den Rest. Wie viel EUR erhält C?	a b c d	75 EUR 125 EUR 150 EUR 100 EUR
15. Bei einem Rechteck mit dem Umfang 168 cm ist eine Seite 8 cm länger als die andere. Bestimme die Längen der Seiten.	a b c d	36 cm, 44 cm 38 cm, 46 cm 40 cm, 48 cm 39 cm, 45 cm
16. Kaninchen und Fasane eines Stalles haben zusammen 35 Köpfe und 98 Füße. Wie viel Kaninchen sind es?	a b c d	14 21 18 15

Masseeinheiten

1 t = 1000 kg 1 kg = 0,001 t
1 kg = 1000 g 1 g = 0,001 kg
1 g = 1000 mg 1 mg = 0,001 g

Im Alltag ist der Begriff „Gewicht“ an Stelle von Masse gebräuchlich.

15 kg + 560 g + 480 mg
= 15000 g + 560 g + 0,48 g
= 15560,48 g

8,2 t + 360 kg + 4 t
= 8,2 t + 0,36 t + 4 t
= 12,56 t

Längeneinheiten

1 km = 1000 m 1 m = 0,001 km
1 m = 10 dm 1 dm = 0,1 m
1 dm = 10 cm 1 cm = 0,1 dm
1 cm = 10 mm 1 mm = 0,1 cm

13,86 km + 34 m
= 13 860 m + 34 m
= 13 894 m

18 km + 1450 m + 125 dm
= 18 km + 1,450 km + 0,0125 km
= 19,4625 km

Flächeneinheiten

1 km^2 = 100 ha 1 ha = 0,01 km^2
1 ha = 100 a 1 a = 0,01 ha
1 a = 100 m^2 1 m^2 = 0,01 a
1 m^2 = 100 dm^2 1 dm^2 = 0,01 m^2
1 dm^2 = 100 cm^2 1 cm^2 = 0,01 dm^2
1 cm^2 = 100 mm^2 1 mm^2 = 0,01 cm^2

Hektar (ha), Ar (a)

Raumeinheiten (Volumeneinheiten)

1 m^3 = 1000 dm^3 1 dm^3 = 0,001 m^3
1 dm^3 = 1000 cm^3 1 cm^3 = 0,001 dm^3
1 cm^3 = 1000 mm^3 1 mm^3 = 0,001 cm^3

1 Wandle in die Einheit um, die in Klammern steht.

a) 13 kg (g); 43 g (mg); 11 t (kg)
b) 26 g (mg); 65 t (kg); 3 kg (g)
c) 7000 g (kg); 33 000 mg (g); 87 000 kg (t)
d) 2,4 kg (g); 3,5 t (kg); 13,2 g (mg)
e) 3,87 t (kg); 4,06 g (mg); 4,75 kg (g)
f) 0,123 kg (g); 0,0465 t (kg); 0,0034 t (kg)
g) 1245 g (kg); 7632 kg (t); 4310 g (kg)
h) 255 g (kg); 200 kg (t); 340 mg (g)
i) 46 kg (t); 77 g (kg); 8 g (kg)

2 Wandle zuerst in die gleiche Einheit um.

a) 12 kg + 870 g + 540 g; 1450 g + 17 kg + 6 kg; 4 t + 3500 kg + 870 kg
b) 33 kg − 2480 g; 7 t − 580 kg; 1 t − 45 kg

3 Wandle in die Einheit um, die in Klammern steht.

a) 27 cm (mm); 2,35 m (cm); 5,30 m (cm); 73 cm (m)
b) 61 dm (cm); 230 mm (cm); 18 mm (cm); 5,34 m (dm)
c) 5 m (cm); 3,4 km (m); 450 m (km); 5,4 cm (mm)

4 Wandle in die kleinere Einheit um und berechne.

a) 6,3 m + 45 cm; 4,9 cm + 22 mm; 3,67 m + 8 cm
b) 12 km + 1256 m + 2,1 km; 4,72 m + 99 cm + 1 m; 7,89 km + 563 m + 0,6 km

5 Wandle in die Einheit um, die in Klammern steht.

a) 132 dm^2 (cm^2); 5 ha (a); 7 km^2 (ha)
b) 4 cm^2 (mm^2); 3,82 m^2 (dm^2); 3,67 m^2 (cm^2)
c) 6,5 a (m^2); 3,94 ha (a); 5,6 ha (m^2)

6 Wandle in die nächstgrößere Einheit um.

a) 20 000 cm^2; 12 438 mm^2; 6,853 dm^2
b) 3467 dm^2; 45,9 a; 156,89 ha
c) 23,8 ha; 7,5 mm^2; 31,8 cm^2

7 Wandle in die Einheit um, die in Klammern steht.

a) 5 dm^3 (cm^3); 13 cm^3 (mm^3); 5,3 m^3 (cm^3)
b) 3 cm^3 (mm^3); 1,8 m^3 (dm^3); 0,453 m^3 (dm^3)
c) 1100 dm^3 (m^3); 3000 cm^3 (dm^3); 800 mm^3 (cm^3)
d) 4,1 cm^3 (mm^3); 0,04 km^3 (m^3); 0,013 m^3 (dm^3)
e) 1,02 dm^3 (m^3); 0,2 dm^3 (mm^3); 0,0031 m^3 (dm^3)
f) 0,03 m^3 (dm^3); 0,01 m^3 (cm^3); 0,071 m^3 (cm^3)

Würfel

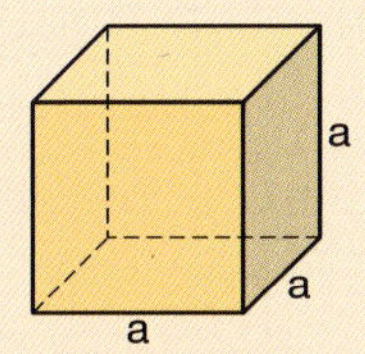

Volumen (Rauminhalt):
$V = a \cdot a \cdot a = a^3$

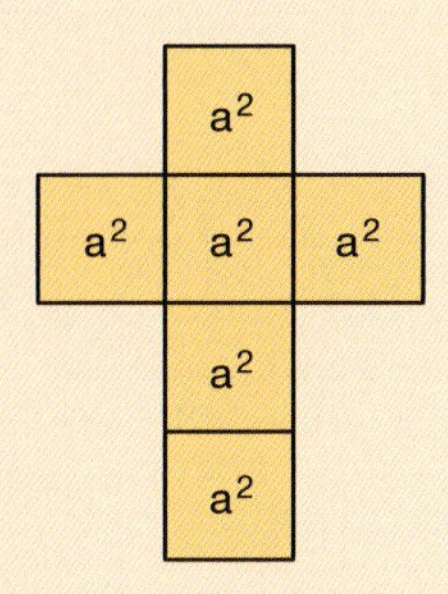

Oberflächeninhalt: $O = 6 \cdot a^2$

Quader

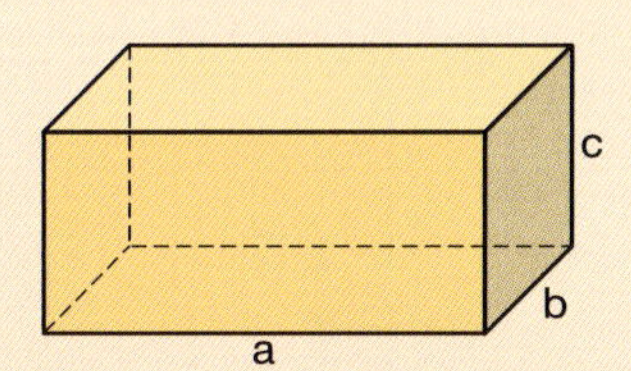

Volumen (Rauminhalt):
$V = a \cdot b \cdot c$

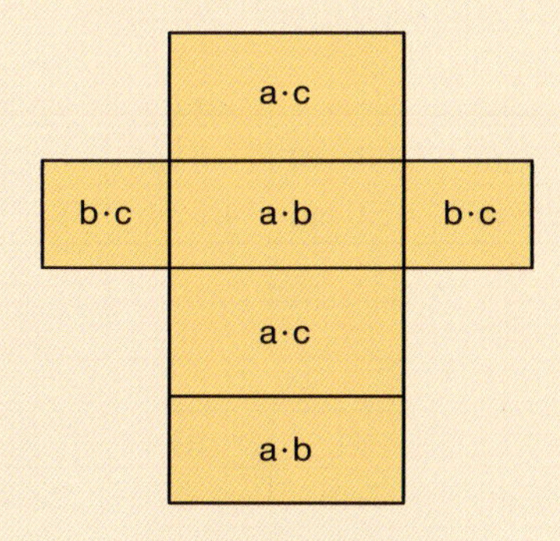

Oberflächeninhalt:
$O = 2 \cdot a \cdot b + 2 \cdot b \cdot c + 2 \cdot a \cdot c$
$O = 2 \cdot (a \cdot b + b \cdot c + a \cdot c)$

1 Zeichne das Netz des Würfels. Berechne das Volumen und den Oberflächeninhalt.

a) 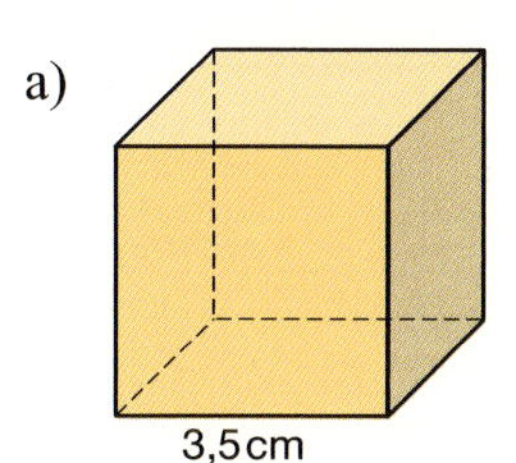

b) 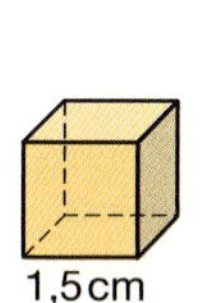

2 Berechne das Volumen und den Oberflächeninhalt eines Würfels mit der Kantenlänge 2,5 m (4,8 dm; 12,6 cm).

3 Ein Würfel hat einen Oberflächeninhalt von 37,5 dm² (1176 cm²; 34,56 mm²). Gib die Kantenlänge an.

4 Zeichne das Netz des Quaders. Berechne das Volumen und den Oberflächeninhalt.

a) b)

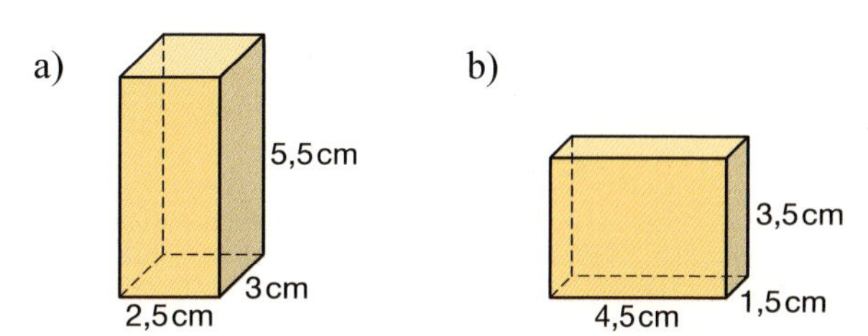

5 Berechne das Volumen und den Oberflächeninhalt des Quaders.

	a)	b)	c)	d)
Kantenlänge a	6 cm	3 m	12 cm	0,8 m
Kantenlänge b	2 cm	7 m	15 cm	3,1 m
Kantenlänge c	5 cm	2 m	25 cm	4,3 m

	e)	f)	g)	h)
Kantenlänge a	7,5 cm	1,2 m	12,3 m	8,6 dm
Kantenlänge b	4,5 cm	2,7 m	10,1 m	12 cm
Kantenlänge c	0,8 cm	0,6 m	5,2 m	30 mm

6 Ein Holzwürfel (Dichte $\varrho = 0{,}7\,\frac{g}{cm^3}$) hat eine Kantenlänge von 12 cm. Berechne die Masse des Würfels.

7 Ein Aluminiumquader (Dichte $\varrho = 2{,}7\,\frac{g}{cm^3}$) hat die Kantenlängen a = 6 cm, b = 8 cm und c = 24 cm. Berechne die Masse des Quaders.

Prisma

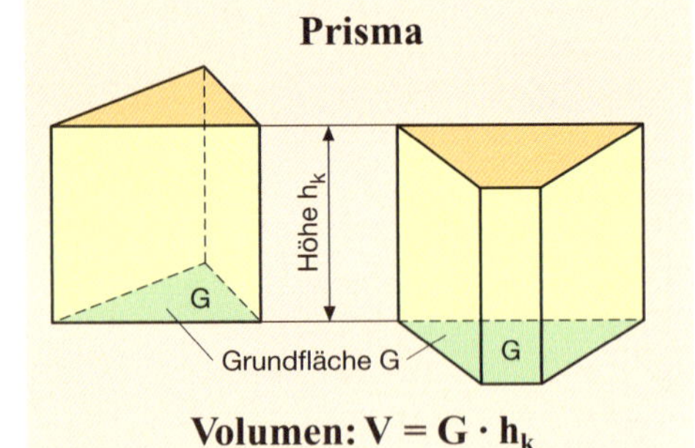

Volumen: $V = G \cdot h_k$

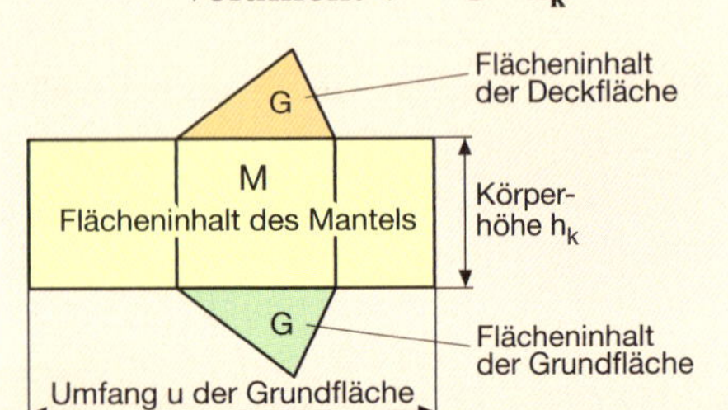

Flächeninhalt des Mantels:
$M = u \cdot h_k$

Oberflächeninhalt des Prismas:
$O = 2 \cdot G + M$

Zylinder

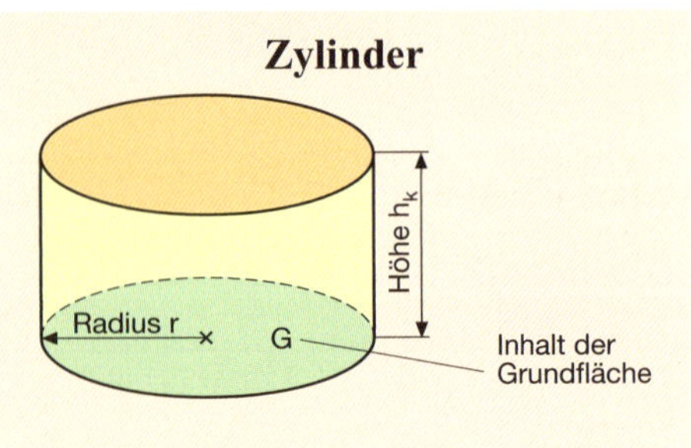

Volumen: $V = G \cdot h_k = \pi \cdot r^2 \cdot h_k$

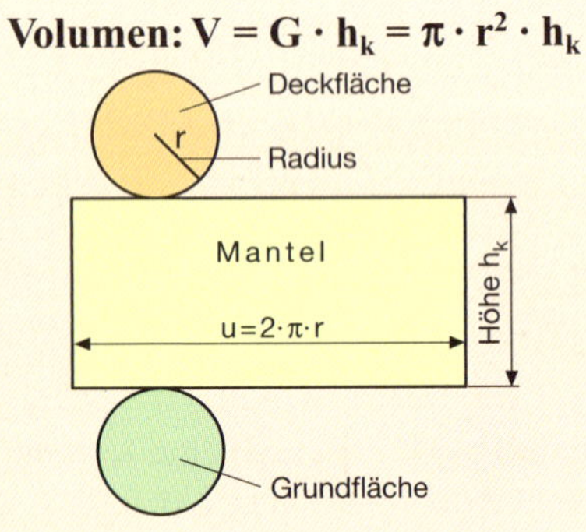

Flächeninhalt des Mantels:
$M = u \cdot h_k = 2 \cdot \pi \cdot r \cdot h_k$

Oberflächeninhalt des Zylinders:
$O = 2 \cdot G + M$
$O = 2 \cdot \pi \cdot r^2 + 2 \cdot \pi \cdot r \cdot h_k$

1 Bestimme das Volumen und den Oberflächeninhalt des Prismas (Maße in cm).

a) 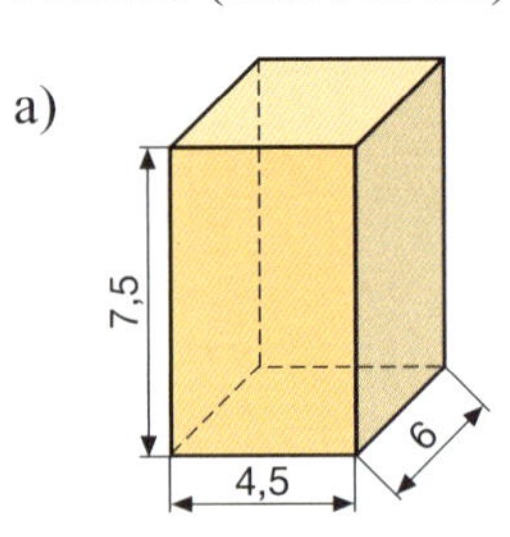

b) 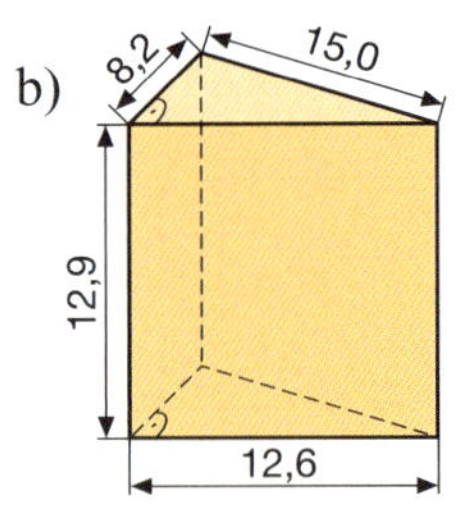

c) 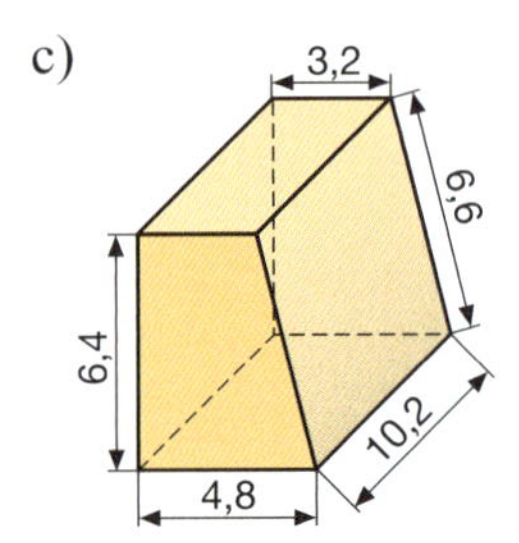

d) 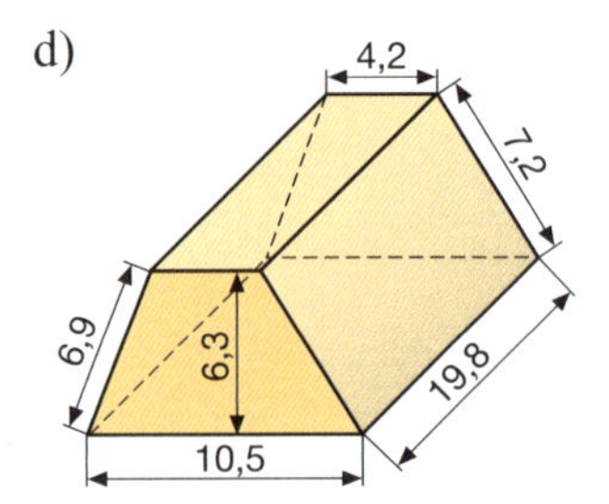

2 Die Abbildung zeigt dir den Querschnitt eines 2,5 m langen Eisenträgers (Maße in cm). Seine Oberfläche soll mit Schutzfarbe gestrichen werden. Wie viel Kilogramm Farbe benötigt man insgesamt, wenn auf einem Quadratmeter 0,2 kg Farbe verstrichen werden?

a) 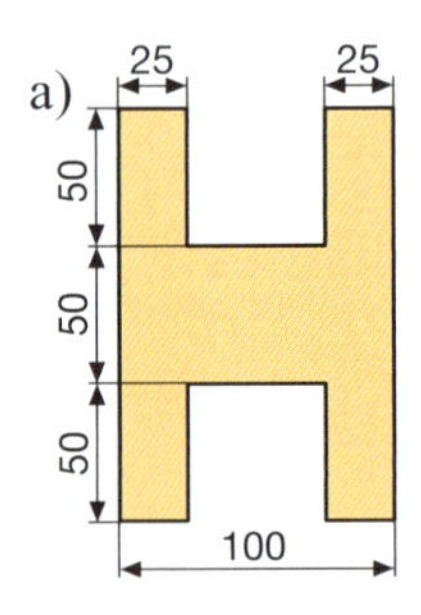

b) 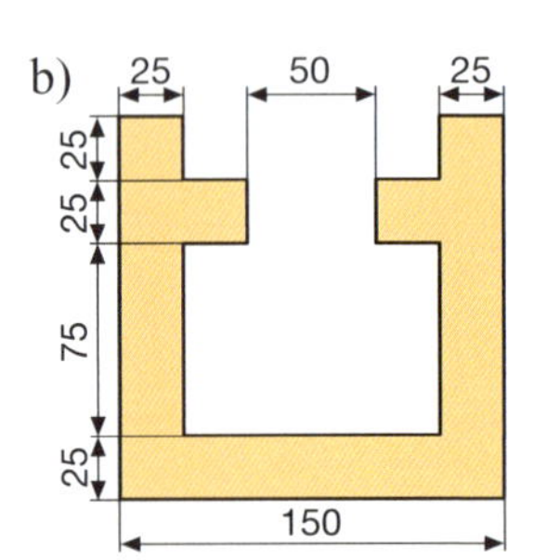

3 Berechne die fehlenden Größen eines Zylinders.

	a)	b)	c)	d)
Radius	0,5 m	18,6 cm	0,6 cm	2,3 m
Höhe	2,5 m	42,0 cm	4,5 cm	8,7 m
Volumen	■	■	■	■
Oberflächeninhalt	■	■	■	■

	e)	f)	g)	h)
Radius	1 m	2cm	■	2,5 m
Höhe	■	■	1,7 cm	■
Volumen	13,5 m^3	■	30 cm^3	■
Oberflächeninhalt	■	75,4 cm^2	■	86,4 m^3

Pyramide

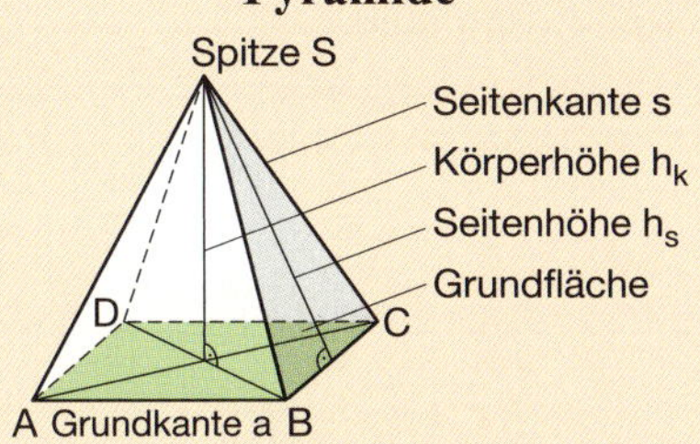

Volumen der Pyramide:

$$V = \frac{1}{3} \cdot G \cdot h_k$$

Oberflächeninhalt der Pyramide:

$$O = G + M$$

Kegel

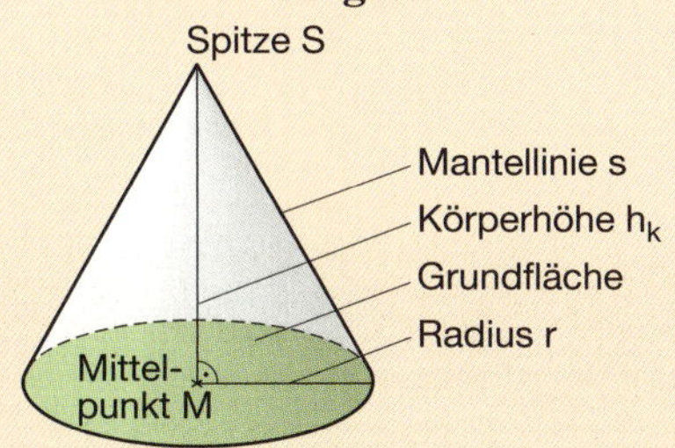

Volumen:

$$V = \frac{1}{3} \cdot G \cdot h_k = \frac{1}{3} \cdot \pi \cdot r^2 \cdot h_k$$

Flächeninhalt des Mantels:

$$M = \pi \cdot r \cdot s$$

Oberflächeninhalt des Kegels:

$$O = G + M$$

$$O = \pi \cdot r^2 + \pi \cdot r \cdot s$$

Kugel

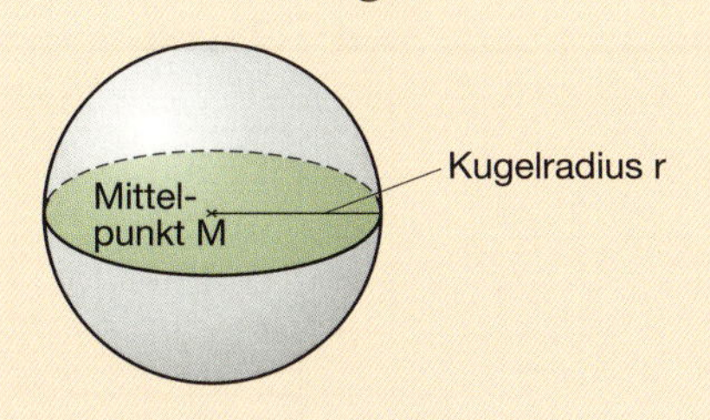

Volumen: $V = \frac{4}{3} \cdot \pi \cdot r^3$

Oberflächeninhalt:

$$O = 4 \cdot \pi \cdot r^2$$

1 Berechne die fehlenden Größen einer quadratischen Pyramide.

	a)	b)	c)	d)
Grundkante a	5,6 cm	2,6 dm	■	2,4 m
Körperhöhe h_k	6,3 cm	4,1 dm	4,4 cm	■
Seitenhöhe h_s	6,9 cm	4,3 dm	4,7 cm	3,7 m
Oberflächeninhalt	■	■	■	■
Volumen	■	■	16,0 cm^3	6,72 m^3

2 Wie hoch ist eine Pyramide mit rechteckiger Grundfläche (a = 22 cm; b = 34 cm) und einem Volumen V = 10 472 cm^3?

3 Berechne das Volumen und den Oberflächeninhalt des Kegels (Maße in cm).

a)

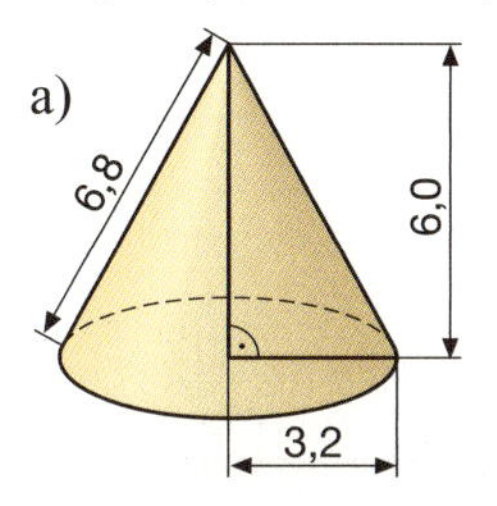

b)

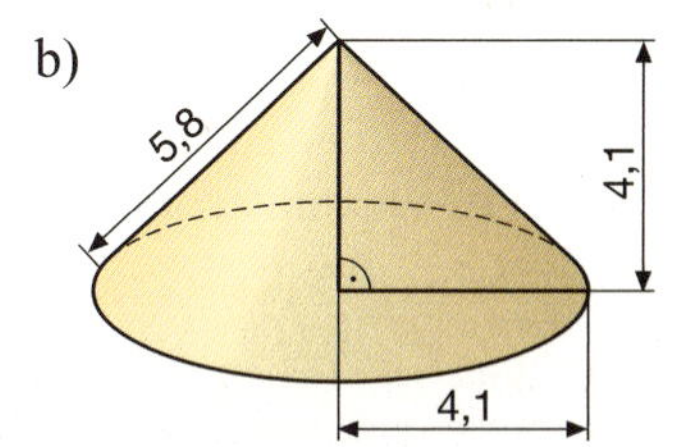

c)

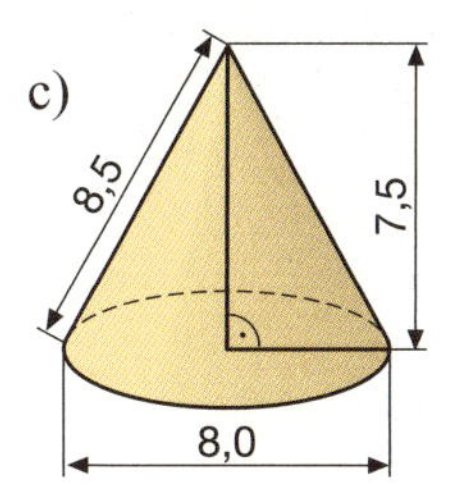

d)

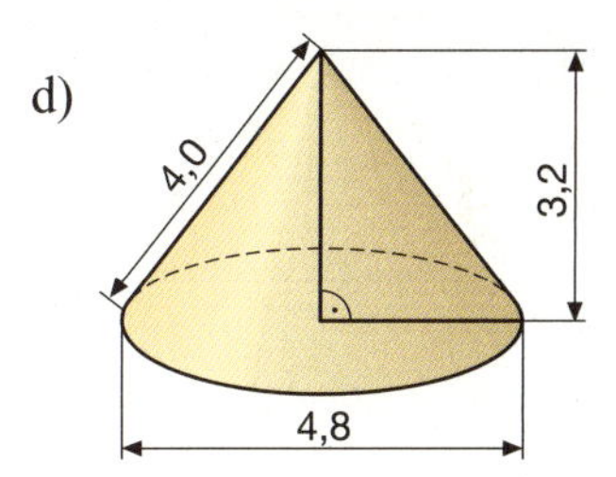

4 Ein Kegel ist 1,5 m hoch. Sein Umfang beträgt 3,77 m. Berechne das Volumen des Kegels.

5 Berechne die fehlenden Größen der Kugel.

	a)	b)	c)	d)
Radius	5,6 cm	2,6 dm	■	■
Volumen	■	■	■	■
Oberflächeninhalt	■	■	8 m^2	18 dm^2

6 Der Durchmesser einer Eisenkugel beträgt 20 cm. Berechne die Masse der Kugel (Dichte $\varrho = 7{,}5\,\frac{g}{cm^3}$).

7 Der Durchmesser eines kugelförmigen Freiballons beträgt 34 m. Ein Quadratmeter Stoff der Ballonhülle wiegt 60 g. Wie schwer ist die Hülle?

Test 4

Löse die Aufgaben im Heft. Notiere den Kennbuchstaben des Lösungsvorschlags, der mit deiner Lösung übereinstimmt. Für die Lösung der Aufgaben hast du eine Bearbeitungszeit von 45 Minuten.

Aufgabe		
1. Wie viel Meter sind 84 321 cm?	a b c d	843,21 84,321 8432,1 8,4321
2. Wie viel Kilometer sind 8 km 50 m?	a b c d	8,50 8,05 8,005 8,0050
3. Wie viel Quadratmeter sind 25 ha?	a b c d	2 500 25 000 250 250 000
4. Wie viel Quadratzentimeter sind 6 dm^2 280 mm^2?	a b c d	602,8 600,28 60 028 6 002,8
5. Wie viel Liter sind 2,5 m^3?	a b c d	250 2 500 25 000 25
6. Wie viel Kubikzentimeter sind 1 *l* 250 mm^3?	a b c d	1 000,25 100,025 10 000,25 100,25
7. Wie viel Kilogramm sind 7,5 t?	a b c d	75 750 7 500 75 000
8. Wie viel Gramm sind $1\frac{1}{4}$ kg?	a b c d	12 500 1 250 125 1 400
9. Wie viele Platten mit einer Länge von 20 cm und einer Breite von 10 cm werden zum Auslegen einer Fläche von 40 m^2 benötigt?	a b c d	4000 2000 400 200

Aufgabe		Lösung
10. Wie viel Kubikzentimeter fasst ein Quader, der 2 m lang, 12 cm breit und 4 dm hoch ist?	a b c d	96 960 9 600 96 000
11. Ein 4,2 ha großes Feld soll in sechs große Baugrundstücke aufgeteilt werden. Wie groß ist jedes Grundstück (in m^2)?	a b c d	7000 700 70 600
12. Wie viele kleine Würfel passen höchstens in den großen Würfel? a = 6 cm; a = 12 cm	a b c d	4 8 12 16
13. Wie viel Quadratmeter müssen an der Hauswand verputzt werden? (12 m; 5 m; 7 m)	a b c d	72 60 42 84
14. Ein zylindrischer Wasserbehälter hat einen Radius von 92,5 cm und eine Höhe von 3 m. Wie viel Kubikmeter enthält er, wenn er zu 75 % gefüllt ist?	a b c d	≈ 6,048 ≈ 60,48 ≈ 24,19 ≈ 2,419
15. Der Dachraum eines Turmdaches hat die Form eines Kegels mit einem Durchmesser d = 4,8 m und der Höhe h = 6 m. Wie groß ist das Volumen (in m^3)?	a b c d	≈ 36,2 ≈ 362 ≈ 48,3 ≈ 483
16. Ein Wasserrohr hat den Innendurchmesser von d = 2,5 cm. Wie viel Liter Wasser strömen in einer Minute durch das Rohr, wenn sich das Wasser mit einer Geschwindigkeit von $v = 0{,}8\ \frac{m}{s}$ bewegt?	a b c d	≈ 23 600 ≈ 23,6 ≈ 49 100 ≈ 49,1
17. Ein kegelförmiger Messbecher mit einem Durchmesser von d = 15 cm soll 500 cm^3 fassen. Wie groß muss die Mindesthöhe sein?	a b c d	≈ 8,5 ≈ 4,5 ≈ 17 ≈ 9
18. Um welchen Faktor ändert sich das Volumen eines Zylinders, wenn der Radius r und die Höhe h verdoppelt werden?	a b c d	2 4 8 16

1 Gib für jeden abgebildeten Körper die Anzahl seiner Begrenzungsflächen an.
(Bearbeitungszeit: 3 Minuten)

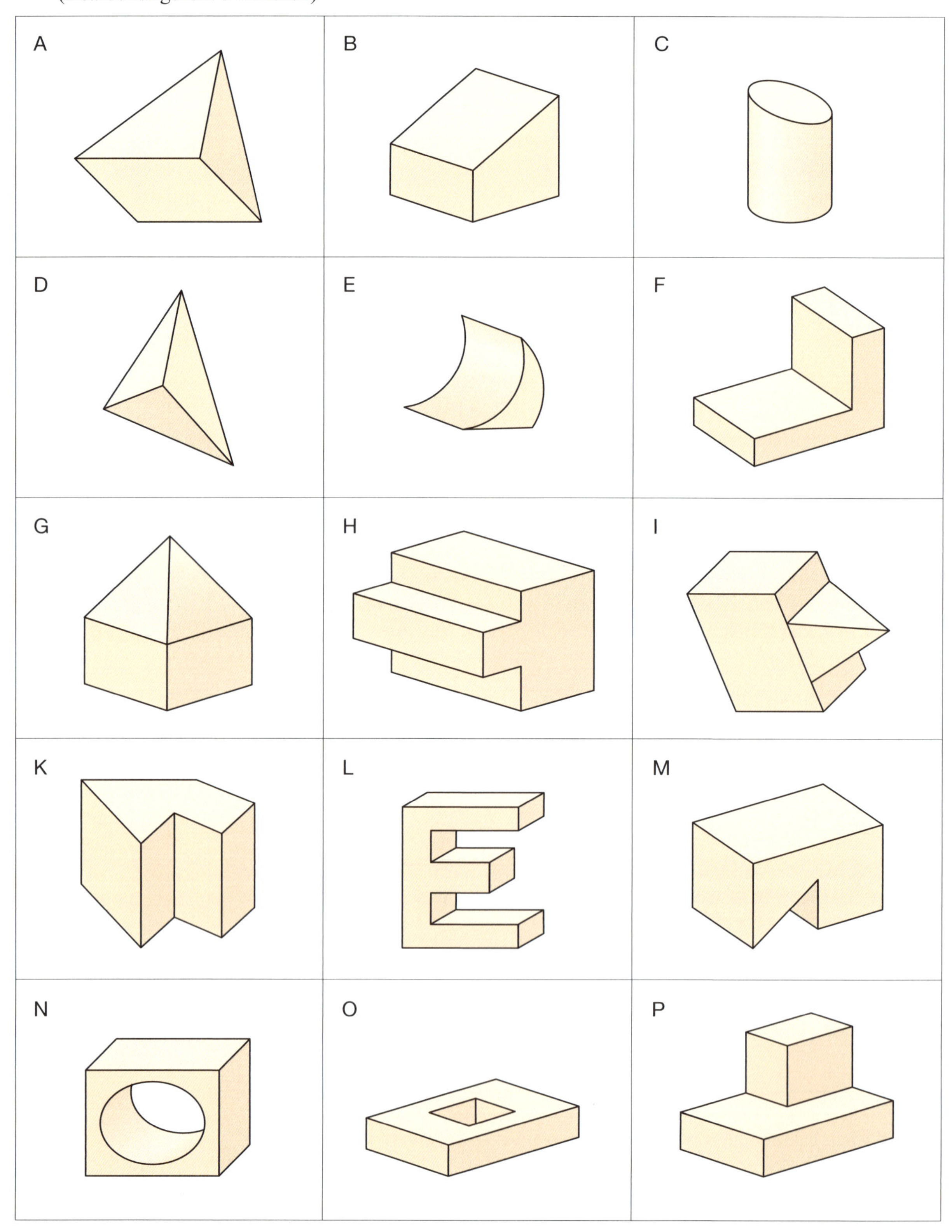

2 Gib die Nummer des Körpers an, der aus dem abgebildeten Stück Karton gefaltet werden kann. (Bearbeitungszeit: 3 Minuten)

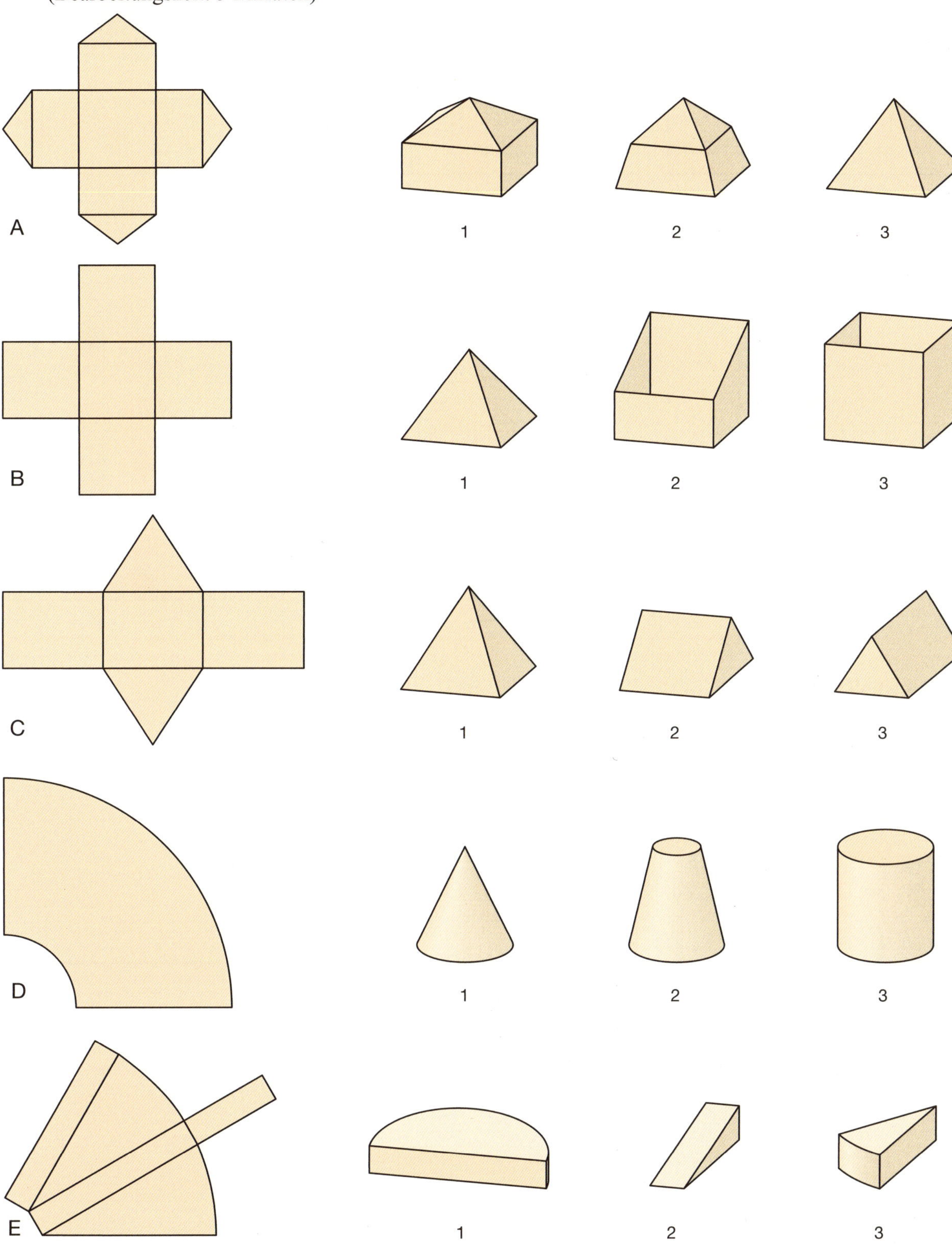

3 Gib die Nummer des Körpers an, der aus dem abgebildeten Stück Karton gefaltet werden kann. (Bearbeitungszeit: 2 Minuten)

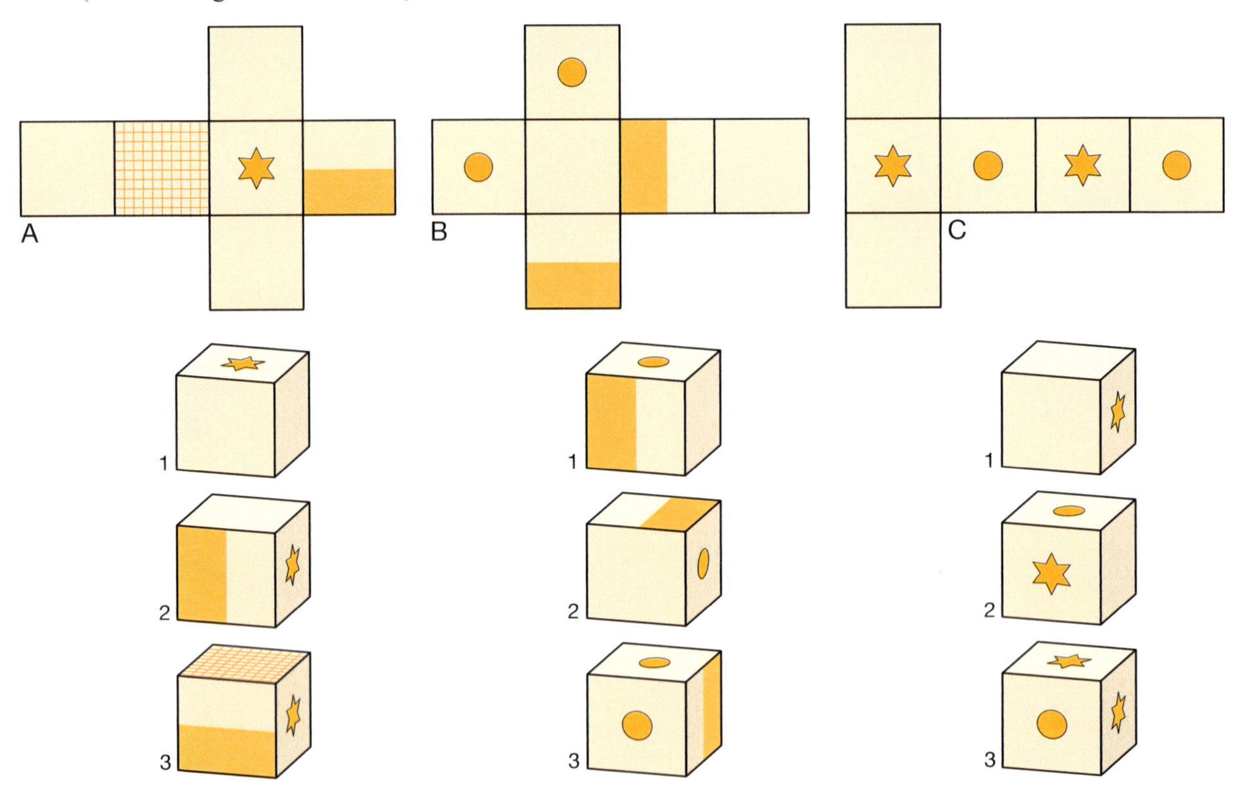

Lösungen der Tests

Test Nr. 1
1c; 2d; 3a; 4c; 5a; 6b; 7a; 8d; 9d; 10a; 11b; 12c; 13c; 14c; 15a; 16d

Test Nr. 2
1a; 2d; 3c; 4b; 5c; 6c; 7b; 8d; 9a; 10c; 11b; 12c; 13a; 14b; 15d; 16b; 17b

Test Nr. 3
1b; 2c; 3b; 4a; 5d; 6d; 7c; 8d; 9a; 10b; 11a; 12c; 13c; 14a; 15b; 16a

Test Nr. 4
1a; 2b; 3d; 4a; 5b; 6a; 7c; 8b; 9b; 10d; 11a; 12b; 13a; 14a; 15a; 16b; 17a; 18c

Test Nr. 5
Aufgabe 1: A5; B6; C3; D4; E5; F8; G9; H10; I11; K8; L14; M8; N7; O10; P9
Aufgabe 2: A1; B3; C2; D2; E3
Aufgabe 3: A2; B3; C2

12 Lernkontrollen

Quadratzahlen Quadratwurzeln Zehnerpotenzen

A

1 Welche Zahl wurde quadriert? Es gibt zwei Lösungen.
a) 144 b) 225 c) 289 d) $\frac{49}{121}$ e) 0,25 f) 0,01 g) 0,0625

2 Bestimme die Quadratwurzel.
a) $\sqrt{121}$ b) $\sqrt{256}$ c) $\sqrt{484}$ d) $\sqrt{\frac{196}{324}}$ e) $\sqrt{\frac{169}{361}}$ f) $\sqrt{0,04}$ g) $\sqrt{2,25}$

3 Berechne
a) $3^2 + 5^2$ b) $14^2 - 7^2$ c) $8^2 + 12^2 - 6^2$ d) $0,5^2 + 0,4^2$ e) $20^2 - 6^2 - 1,5^2$

4 Schreibe ohne Zehnerpotenzen.
a) $8 \cdot 10^3$ b) $2,4 \cdot 10^4$ c) $1,58 \cdot 10^6$ d) $5,34 \cdot 10^3$ e) $9,876 \cdot 10^9$

5 Schreibe als Dezimalbruch.
a) $9 \cdot 10^{-3}$ b) $7,3 \cdot 10^{-5}$ c) $5,68 \cdot 10^{-4}$ d) $3,4297 \cdot 10^{-1}$

6 Schreibe die Zahl mithilfe von Zehnerpotenzen.
a) 5 863 900 b) 200 345 339 000 c) 0,34534 d) 0,00398332

7 Gib die Größe in der angegebenen Einheit an.
a) 8 kg (g) b) 3 MW (W) c) 15 mm (m) d) 28 µm (m)

1 Bestimme die fehlende Größe.
a) $\sqrt{5329} = \square$ b) $\sqrt{\square} = 37$ c) $\sqrt{57,1536} = \square$ d) $\sqrt{\square} = 0,81$ e) $(\sqrt{100})^2 = \square$

2 Berechne mit dem Taschenrechner. Runde auf zwei Stellen nach dem Komma.
a) $16,31^2$ b) $7,75^2$ c) $13,56^2$ d) $3,425^2$ e) $214,75^2$ f) $0,2753^2$

3 Berechne mit dem Taschenrechner.
a) $3,5 \cdot 10^7 \cdot 3452$ b) $2,244 \cdot 10^{-7} \cdot 2332 \cdot 10^9$ c) $1,9876 \cdot 10^{23} \cdot 9,99 \cdot 10^{-17}$

4 Das Herz eines Menschen schlägt etwa 70-mal in der Minute. Wie oft schlägt das Herz in 65 Jahren? Gib das Ergebnis mithilfe von Zehnerpotenzen an.

5 Wissenschaftler haben festgestellt, dass sich ein Gletscher etwa $2,74 \cdot 10^{-2}$ cm am Tag bewegt. In welcher Zeitspanne legt er 100 m zurück?

6 Der österreichische Chemiker Joseph Loschmidt (1821–1895) hat herausgefunden, dass in 23 g Natrium etwa $6,022 \cdot 10^{23}$ Natriumatome enthalten sind. Wie viele Natriumione sind in 345 g Natrium enthalten?

7 Ein quadratisches Grundstück mit einer Fläche von 1190 m^2 soll eingezäunt werden. Wie groß ist der Umfang des Grundstückes?

8 Berechne den Flächeninhalt der Figuren. Welche Seitenlänge hat jeweils ein flächengleiches Quadrat?
a) Rechteck: a = 32 cm, b = 8 cm
b) Dreieck: g = 13 m, h = 4,5 m
c) Trapez: a = 21 cm, c = 14 cm, h = 35 cm

1 Berechne die fehlende Seitenlänge in einem Dreieck ABC.
a) $b = 10{,}4$ m; $c = 7{,}8$ m; $\alpha = 90°$
b) $a = 11{,}0$ cm; $c = 26{,}4$ cm; $\beta = 90°$
c) $b = 12{,}6$ cm; $c = 17{,}4$ cm; $\gamma = 90°$
d) $a = 20{,}4$ m; $c = 18{,}0$ m; $\alpha = 90°$

2 Eine Seilbahn überwindet von der Talstation bis zur Bergstation einen Höhenunterschied von 1218 m. Wie lang muss das Halteseil der Bahn mindestens sein?

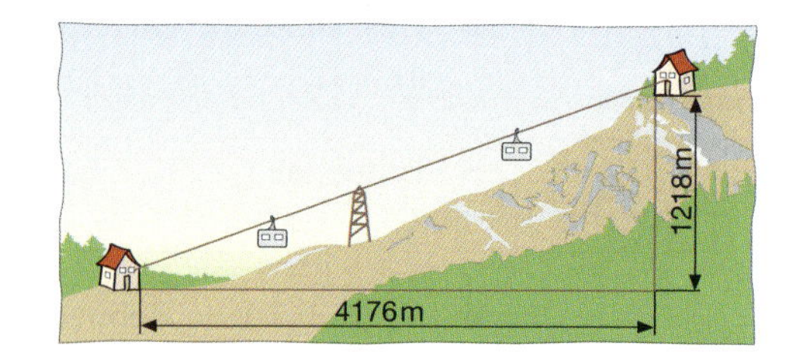

3 Eine 6,20 m lange Leiter wird an eine Hauswand gelehnt. Das untere Leiterende steht dabei 1,90 m von der Wand entfernt. In welcher Höhe liegt die Leiter an der Hauswand an?

4 Berechne die fehlenden Größen eines Rechtecks ABCD.

	a)	b)	c)
a	270 cm	288 m	28 cm
b	144 cm		
e		360 m	
A			1260 cm^2

5 Auf einer Karte (Maßstab 1 : 50 000) wird ein rechtwinkliges Dreieck ABC markiert. Die Länge der Hypotenuse $\overline{BC}$ beträgt 17 cm. Die Kathete $\overline{AB}$ wird mit 8 cm gemessen. Bestimme die tatsächliche Länge $\overline{AC}$ (in m).

1 Berechne die fehlende Seitenlänge in einem Dreieck ABC.
a) $a = 8{,}2$ m; $c = 1{,}8$ m; $\alpha = 90°$
b) $a = 6{,}3$ m; $b = 22{,}5$ m; $\beta = 90°$

2 Die Fläche eines Satteldaches soll mit Dachziegeln eingedeckt werden. Für einen Quadratmeter der Dachfläche werden 15 Ziegel benötigt. Wie viele Ziegel müssen für die gesamte Dachfläche mindestens eingekauft werden?

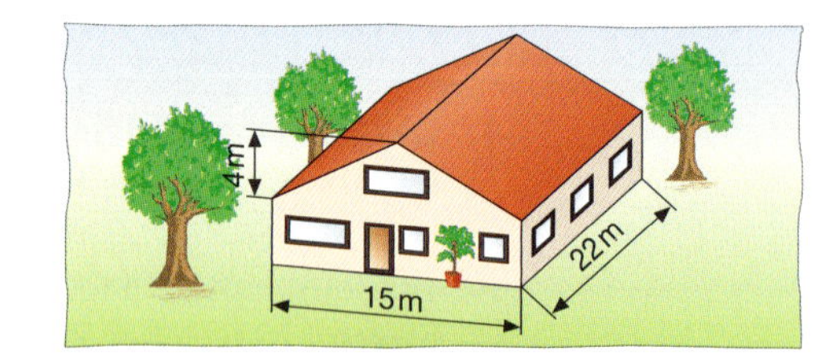

3 Das abgebildete Pultdach soll einen Belag aus Zinkblech erhalten.
Der Dachdecker verlangt für das Eindecken 90 EUR pro Quadratmeter. Für Verschnitt rechnet er 12 % der Fläche hinzu.
Wie viel Euro kostet das Eindecken der Dachfläche?

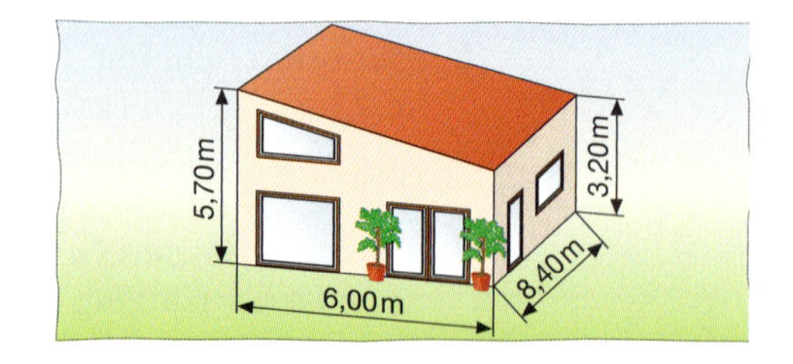

4 Berechne die fehlenden Größen in einem gleichschenkligen Dreieck ABC (a = b).

	a)	b)	c)
a	2,5 dm		
c	4,8 dm	40 m	
h_c		21 m	31,2 cm
A			405,6 cm^2

1 Berechne die fehlenden Größen in deinem Heft.

	a)	b)	c)	d)	e)	f)
G	120 kg	280 EUR	■	60 m	1,9 kg	■
p%	30 %	■	35 %	■	13 %	27 %
P	■	126 EUR	147 t	147 m	■	72,2 EUR

2 Ein Motorrad kostet beim Händler 8640 EUR. Beim Kauf erhält Frau Gunkel einen Rabatt von 7 %. Wie viel Euro muss sie noch bezahlen?

3 Zur Herstellung von 500 kg Lötzinn werden 187,5 kg Zinn und 312,5 kg Blei benötigt. Berechne jeweils den prozentualen Anteil der beiden Metalle.

4 Ein kunststoffverarbeitender Betrieb soll 1800 Karteikästen herstellen. Wie viele Kästen müssen mindestens produziert werden, wenn mit einem Ausschuss von 4,5 % gerechnet wird?

5 Für die erzielten Abschlüsse in Höhe von 20 000 EUR, 18 000 EUR und 23 000 EUR erhält der Versicherungskaufmann Dalke 134,20 EUR. Wie viel Promille der gesamten Versicherungssumme hat er erhalten?

6 Ein Kaufhaus gewährt wegen einer Umbaumaßnahme einen Preisnachlass von 18 % und bei Barzahlung noch 2 % Rabatt auf den ermäßigten Preis. Eine Musikanlage kostete 830 EUR. Wie hoch ist der Preis bei Barzahlung?

1 Berechne die fehlenden Größen in deinem Heft.

	a)	b)	c)	d)	e)	f)
K	600 EUR	■	2800 EUR	■	580 EUR	1375 EUR
P%	7 %	3 %	■	4,5 %	■	6,4 %
Z	■	76,50 EUR	84 EUR	175,5	78,3 EUR	■

2 Herr Geier hat ein Sparkonto von 9250 EUR bei der Bank eröffnet. Das Guthaben wird mit 3,5 % verzinst. Wie viel Euro erhält Herr Geier nach einem Jahr gutgeschrieben?

3 Für den Kauf einer Eigentumswohnung muss Familie Reuter Geld bei der Sparkasse leihen. Die Sparkasse berechnet einen Zinssatz von 6,25 %. Die Familie kann jährlich 4200 EUR an Zinsen zahlen. Wie hoch ist unter diesen Bedingungen der mögliche Kreditbetrag?

4 Berechne die Zinsen.
a) 14 520 EUR zu 5 % für 8 Monate
b) 35 550 EUR zu 7,45 % für 145 Tage

5 Frau Kummer überzieht ihr Konto um eine Rechnung von 2300 EUR bezahlen zu können. Es werden 12,75 % Zinsen berechnet. Nach 18 Tagen kann Frau Kummer diesen Kredit zurückzahlen. Wie viel Zinsen muss sie zahlen?

6 Frau Lis legt einen Betrag von 8400 EUR für vier Jahre zu einem Zinssatz von 3,75 % bei ihrer Hausbank an. Wie hoch ist nach Ende dieser Laufzeit ihr Kapital?

1 Ergänze die Tabelle.

	Maßstab	Zeichnung	Wirklichkeit
a)	1 : 100	5 cm	
b)	1 : 10 000	7,5 cm	
c)	1 : 5000		2000 m
d)	5 : 1	20 cm	
e)	8 : 1		2 cm

2 Ein Rechteck ist 6,6 cm lang und 4,8 cm breit.
a) Zeichne das Rechteck verkleinert im Maßstab 1 : 3.
b) Zeichne das Rechteck vergrößert im Maßstab 2 : 1.

3 Zeichne die Strecke $\overline{AB}$ mit A (1 | 0) und B (0 | 2) in ein Koordinatensystem (Einheit 1 cm). Vergrößere sie durch eine zentrische Streckung von Z (0 | 0) aus mit dem Streckungsfaktor k = 3. Gib die Koordinaten der Bildpunkte an.

4 Berechne den Streckungsfaktor k und die Länge der Bildstrecke $\overline{A'B'}$.
a) $\overline{ZA} = 10$ cm; $\overline{ZA'} = 40$ cm; $\overline{AB} = 12$ cm
b) $\overline{ZA} = 24$ cm; $\overline{ZA'} = 12$ cm; $\overline{AB} = 60$ cm

5 Zeichne das Rechteck ABCD mit A (– 2 | – 6), B (13 | – 6), C (13 | 3) und D (– 2 | 3) in ein Koordinatensystem (Einheit 0,5 cm). Strecke das Rechteck an Z (– 5 | 0) mit $k = \frac{1}{3}$.
Gib die Koordinaten der Bildpunkte an.

1 In einer Zeichnung mit dem Maßstab 1 : 100 ist eine Strecke 5 cm lang. Welchen Maßstab muss man wählen, um die Strecke in der Zeichnung doppelt (zehnfach) so groß darstellen zu können?

2 In einem Koordinatensystem (Einheit 1 cm) ist das Dreieck ABC als Originalfigur gegeben. Ein Eckpunkt des Dreiecks ist das Streckungszentrum Z. Konstruiere die Bildfigur. Gib die Koordinaten der Bildpunkte an.

	a)	b)
Z	(– 3 | – 1,5)	(4 | – 3)
k	2	0,5
A	(– 3 | – 1,5)	(– 4 | – 3)
B	(2 | – 1,5)	(4 | – 3)
C	(– 1 | 1)	(3 | 1)

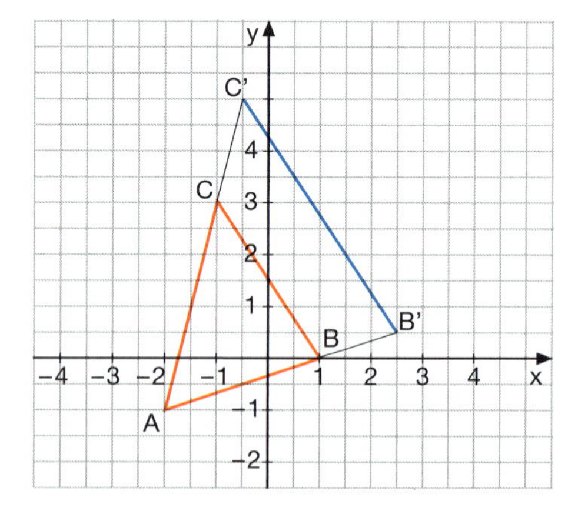

3

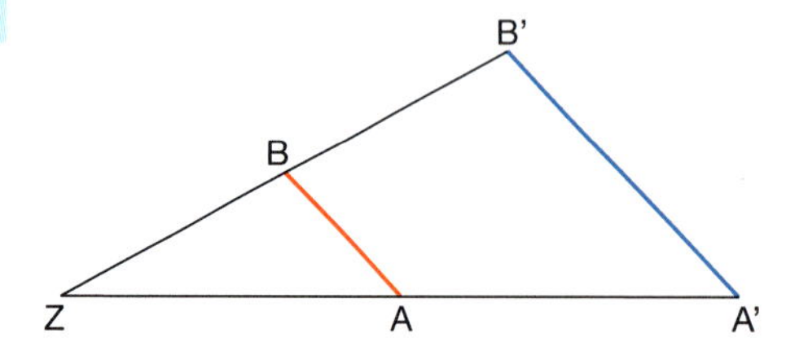

Die Strecke $\overline{A'B'}$ ist durch eine zentrische Streckung aus $\overline{AB}$ hervorgegangen. Berechne die fehlenden Stücke.

	$\overline{ZA}$	$\overline{ZA'}$	k	$\overline{ZB}$	$\overline{ZB'}$
a)	3 cm			5 cm	12,5 cm
b)	18 cm		1,5		19,5 cm

1 Löse die Gleichungen.
a) $6x - 11 = 13$ b) $9x + 15 = 60$ c) $7x - 23 = 40$

2 Fasse zusammen und bestimme x.
a) $8x + 5x + 3 = 29$ b) $14x - 9x - 12 = 28$ c) $11x - 5x - 2x = 32$

3 Multipliziere die Klammern aus und bestimme x.
a) $4(x + 5) = 44$ b) $9(x - 3) = 45$ c) $12(x + 2) = 60$

4 Löse die Gleichungen.
a) $5x - 4 = 3x + 8$ b) $7x + 6 = 2x + 21$ c) $11x - 3 = 4x + 32$

5 Marie ist 5 Jahre jünger als Felix. Zusammen sind sie 33 Jahre alt. Wie alt ist Felix, wie alt ist Marie?

6 Sven und Lisa haben zusammen 12,50 EUR. Lisa hat 3,50 EUR mehr als Sven. Wie viel Geld besitzt Lisa, wie viel Sven?

7 Bei einem Rechteck ist eine Seite 6 cm länger als die andere. Der Umfang des Rechtecks beträgt 28 cm. Wie lang sind die beiden Seiten?

1 Fasse zusammen und bestimme x.
a) $4x + 7 - 3x = 56$ b) $-4x + 2x - 5x = 28$ c) $2x - 7x - 5x = 70$

2 Multipliziere die Klammern aus und bestimme x.
a) $7(x - 6) = 49$ b) $-5(x - 8) = 60$ c) $5(x + 2) + 2(x + 1) = 40$

3 Löse die Gleichungen.
a) $8x + 13 = 5x + 40$ b) $-7x - 5 = 2x + 49$ c) $-2x + 17 = -5x - 1$

4 Welche Gleichung hat keine Lösung, welche ist allgemeingültig?
a) $7x + 12 = 7(x + 2)$ b) $3(x - 4) = 3x - 12$ c) $-3x + 4x + 4 = x + 9$

5 In einem gleichschenkligen Dreieck ist jeder Schenkel 7 cm länger als die Grundseite. Der Umfang des Dreiecks beträgt 80 cm. Wie lang ist die Grundseite, wie lang sind die Schenkel des Dreiecks?

6 In einem Dreieck ist der Winkel β um 40° größer als der Winkel α. Der Winkel γ ist um 10° kleiner als der Winkel α. Wie groß sind α, β und γ?

7 Beim Verteilen eines Lottogewinns von 36 000 EUR erhält Herr Lux dreimal so viel wie Herr Konz. Herr Klein erhält 1000 EUR mehr als Herr Konz. Wie viel Geld erhält jeder von ihnen?

1 Berechne die fehlenden Größen eines Kreises in deinem Heft. Runde sinnvoll.

	a)	b)	c)	d)	e)	f)
r	14 cm	■	■	■	■	■
d	■	25 dm	■	6,9 m	■	■
u	■	■	157,08 km	■	175,93 mm	■
A	■	■	■	■	■	907,92 m²

2 Aus einer quadratischen Blechplatte (a = 56 cm) wird eine möglichst große Kreisfläche herausgeschnitten. Wie viel Prozent der Platte bleiben als Verschnitt übrig?

3 Die Räder eines Fahrrades haben jeweils einen Außendurchmesser von 650 mm. Berechne die Strecke (in km), die das Fahrrad bei 10 000 Umdrehungen der Räder zurücklegt.

4 In einem Park soll ein kreisförmiger Rasenplatz um ein Wasserbecken angelegt werden.
a) Wie viel Grassamen wird dazu benötigt, wenn 3,5 kg Grassamen für 100 m^2 gerechnet werden?
b) Das Wasserbecken soll mit Steinen eingefasst werden. Wie viel Steine werden benötigt, wenn ein Stein eine Länge von 25 cm hat?

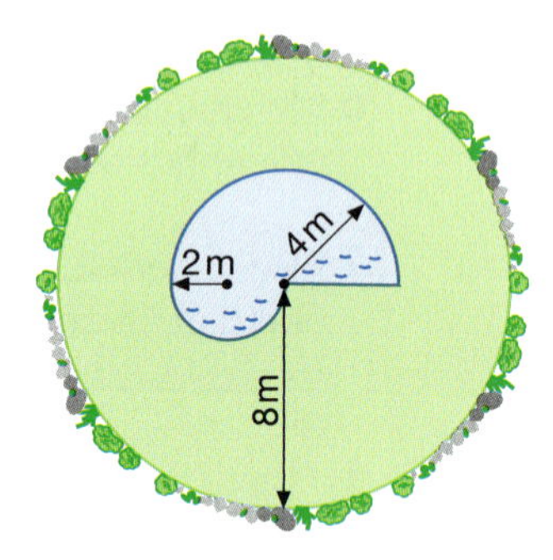

5 Aus einer rechteckigen Folie mit den Maßen a = 30 cm und b = 50 cm kann auf zwei verschiedene Arten eine Röhre gefertigt werden, indem die gegenüberliegenden Kanten aneinander stoßen. Berechne für beide Möglichkeiten den Radius der Röhren.

1 Berechne den Flächeninhalt eines Kreisringes.
a) $r_a = 196$ mm; $r_i = 180$ mm
b) $r_a = 4{,}8$ m; $r_i = 3{,}2$ m

2 Aus einem quadratischen Blechstück soll ein möglichst großer 2 cm breiter Kreisring ausgeschnitten werden. Wie viel Quadratzentimeter Blech bleiben übrig?

3 Um einen Sportplatz soll eine 5 m breite Laufbahn angelegt werden.
a) Wie viel Quadratmeter Kunststoffbahn müssen dafür verlegt werden?
b) Am Außenrand der Laufbahn kann Bandenwerbung aufgebaut werden. Wie viel Euro können maximal eingenommen werden, wenn bei einem Spitzenspiel 1650 EUR pro Meter berechnet werden?

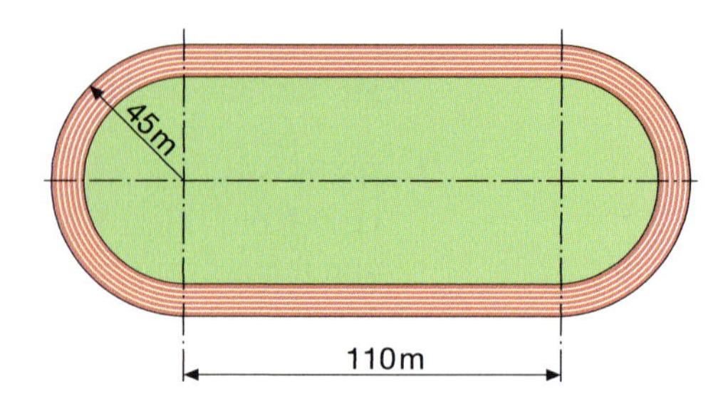

4 Berechne den Flächeninhalt A_s und die Bogenlänge b eines Kreisausschnittes.
a) r = 18 cm; $\alpha = 72°$
b) r = 460 mm; $\alpha = 120°$

1 In der Urliste findest du die Englischnoten einer Klasse des 9. Jahrgangs.
a) Lege eine Strichliste und eine Häufigkeitstabelle an. Berechne auch die relativen Häufigkeiten.
b) Zeichne dazu ein Säulendigramm.

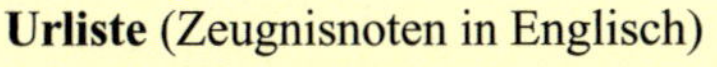

Urliste (Zeugnisnoten in Englisch)

4 3 2 3 4 4 5 1 6 5 4 3 4
3 2 3 4 2 1 2 4 5 3 2 4

2 Die Urliste gibt die Weiten an, die von den Jungen der Klasse 9a im Weitsprung erzielt wurden.
a) Erstelle zu der Klasseneinteilung eine Strichliste und eine Häufigkeitstabelle.
b) Zeichne das zugehörige Histogramm.

Urliste (Sprungweiten in cm)

355 386 412 476 408 515 376 384
366 425 456 446 433 390 380 409
511 425 371 356 380 382 414 482
490

Klasseneinteilung:
von 350 cm bis unter 380 cm,
von 380 cm bis unter 410 cm, …

3 In dem Stabdiagramm wird das Ergebnis einer statistischen Untersuchung zum „monatlichen Taschengeld“ dargestellt.
a) Berechne die relativen Häufigkeiten. Runde auf zwei Nachkommastellen.
b) Zeichne ein zugehöriges Blockdiagramm (Gesamtlänge 15 cm).

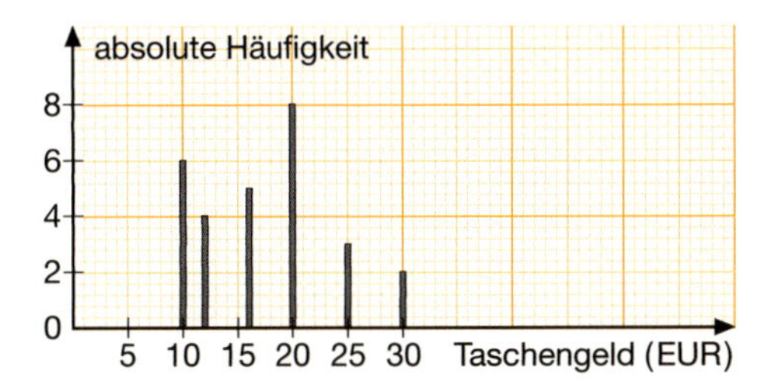

1 a) Berechne das arithmetische Mittel $\bar{x}$.
b) Lege eine geordnete Urliste an und bestimme den Zentralwert $\tilde{x}$.

Urliste (Körpergröße in cm)

1,64 1,70 1,52 1,69 1,80 1,74 1,63 1,72
1,59 1,67

2 a) Berechne das arithmetische Mittel $\bar{x}$.
b) Bestimme den Zentralwert $\tilde{x}$.
c) Welchen Mittelwert hältst du für sinnvoller? Begründe deine Antwort.

Urliste (beim Kugelstoßen erzielte Weiten in cm)

8,54 9,10 8,32 4,21 8,90

3 Bestimme die Spannweite und die mittlere lineare Abweichung $\bar{s}$ der in der Urliste angegebenen Werte.

Urliste (Stromstärke in mA)

410 415 408 405 420 412 414 416

4 Im 9. Jahrgang wird die Notenverteilung im Fach Deutsch untersucht. Das Ergebnis wird in der Häufigkeitstabelle dargestellt.
a) Übertrage die Häufigkeitstabelle in dein Heft und vervollständige sie.
b) Bestimme den Zentralwert $\tilde{x}$ mithilfe der absoluten Häufigkeiten.
c) Berechne das arithmetische Mittel $\bar{x}$.
d) Berechne die mittlere Abweichung $\bar{s}$.

Note	absolute Häufigkeit	Stelle
1	3	▪
2	32	▪
3	51	▪
4	43	▪
5	24	▪
6	0	▪

1 Berechne das Volumen und den Oberflächeninhalt des abgebildeten Prismas.

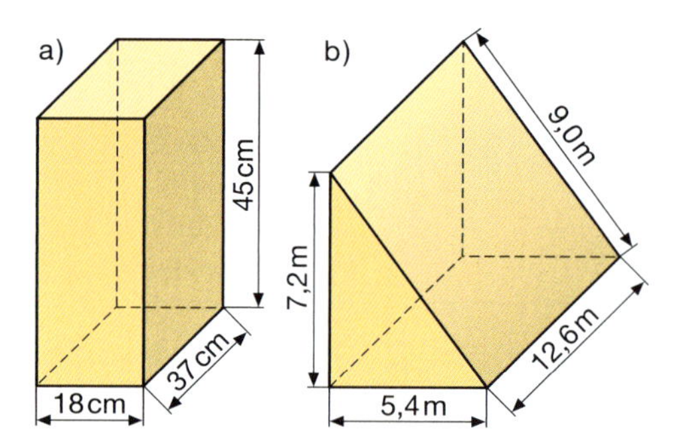

2 Ein quaderförmiges Schwimmbecken ist 14 m lang und 6 m breit (Innenmaße). Die Wassertiefe soll 1,60 m betragen. Wie viel Liter Wasser müssen dafür eingefüllt werden?

3 Die Abbildung zeigt den Querschnitt eines Deiches.
Wie viel Kubikmeter Erde müssen für einen 2,5 km langen Deichabschnitt angefahren werden?

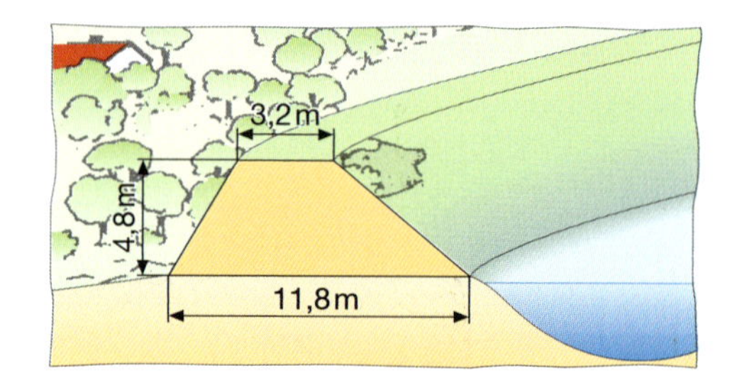

4 a) Berechne das Volumen des Gebäudes.
b) Die Baukosten betragen 160 380 EUR. Wie viel Euro werden für einen Kubikmeter des umbauten Raumes bezahlt?

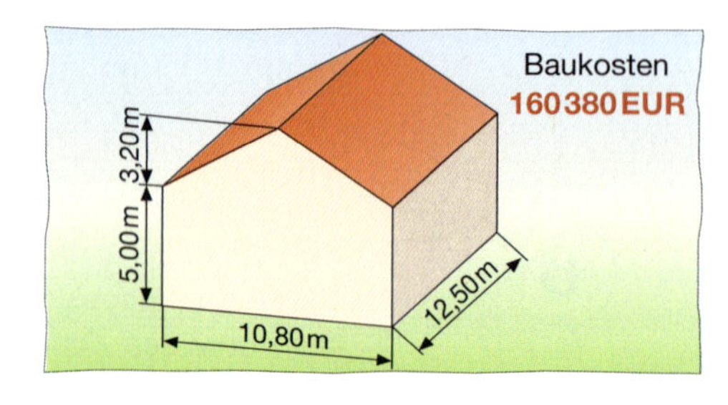

5 Die Oberfläche des abgebildeten Trägers soll mit einer Schutzfarbe gestrichen werden.
Für 1 m^2 Fläche werden 0,15 kg Farbe verbraucht. Wie viel Kilogramm Farbe werden für den Träger insgesamt benötigt?

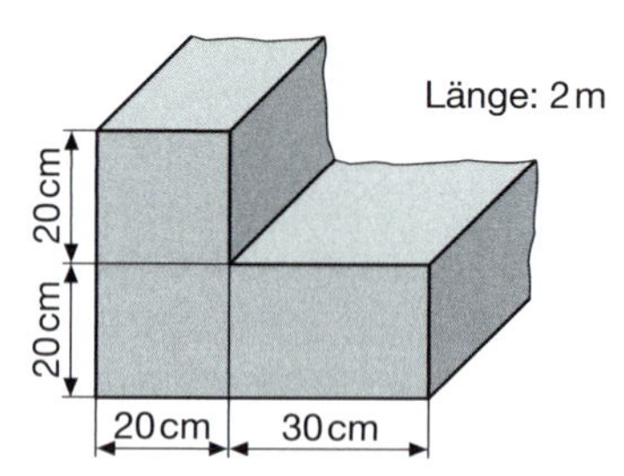

6 Ein Lastwagen darf bis zu 7,5 t beladen werden. Wie viel Kubikmeter Sand ($\varrho = 1{,}6\,\frac{g}{cm^3}$) darf er mit einer Fahrt höchstens transportieren?

7 Berechne die fehlenden Größen eines Prismas.

	a)	b)
Grundfläche G	240 cm^2	96 cm^2
Höhe h_k	30 cm	15 cm
Volumen V	■	■
Dichte ϱ	$11{,}3\,\frac{g}{cm^3}$	■
Masse m	■	10 224 g

1 a) Wie viel Quadratzentimeter Blech werden zur Herstellung einer zylinderförmigen Dose mit d = 11 cm und h_k = 12 cm mindestens benötigt?

b) Eine Firma wird beauftragt für 1 000 000 zylindrischer Dosen jeweils einen Papiermantel herzustellen. Der Durchmesser einer Dose beträgt 8 cm, seine Höhe 10 cm. Wie viel Quadratmeter Papier werden dafür insgesamt benötigt?

2 Ein großer zylinderförmiger Speicher hat einen Innendurchmesser von 13 m und eine Höhe von 18 m. Berechne sein Fassungsvermögen in Liter.

3 Ein Pyramidendach mit einem Quadrat als Grundfläche soll einen Belag aus Kupferblech erhalten. Die Grundkante ist 4,60 m, die Seitenhöhe einer dreieckigen Dachfläche 5,40 m lang.

a) Berechne den Inhalt der gesamten Dachfläche.

b) Der Dachdecker verlangt für das Eindecken 120 EUR pro Quadratmeter. Wie viel Euro kostet das Eindecken der gesamten Dachfläche?

4 Berechne das Volumen und den Oberflächeninhalt des Kegels.

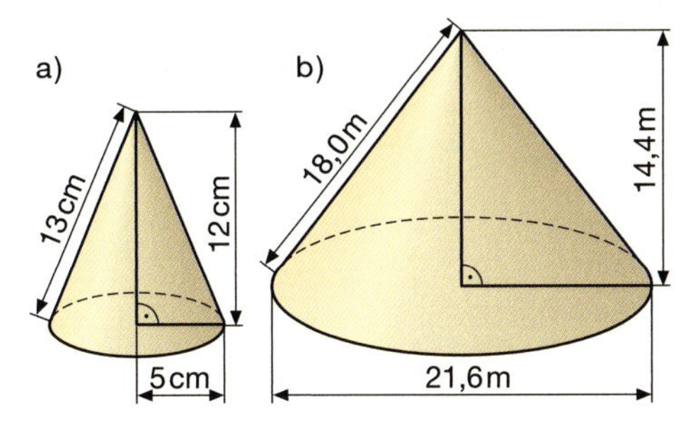

5 Ein Sandkegel ist 4,20 m hoch. Sein Umfang beträgt 53,40 m. Berechne das Volumen des Kegels.

6 Berechne das Volumen und den Oberflächeninhalt eines Kegels mit den angegebenen Größen.

a) r = 7,5 cm; h_k = 18,0 cm;

b) h_k = 1,6 m; s = 3,4 m

7 Aus dem abgebildeten Holzwürfel soll eine möglichst große Kugel gedreht werden.
Wie groß ist das Volumen der Kugel? Berechne den Holzabfall in Prozent.

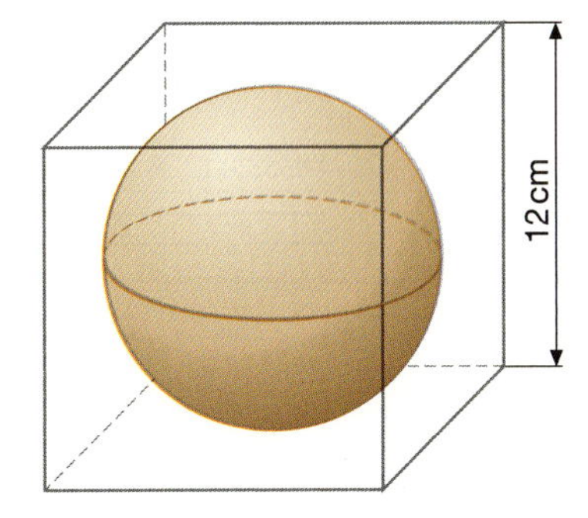

zu Seite 187

1 a) 12; − 12 b) 15; − 15 c) 17; − 17 d) $\frac{7}{11}$; $-\frac{7}{11}$ e) 0,5; − 0,5 f) 0,1; − 0,1 g) 0,25; − 0,25

2 a) 11 b) 16 c) 22 d) $\frac{14}{18}$ e) $\frac{13}{19}$ f) 0,2 g) 1,5

3 a) 34 b) 147 c) 172 d) 0,41 e) 361,75

4 a) 8000 b) 24 000 c) 1 580 000 d) 5340 e) 9 876 000 000

5 a) 0,009 b) 0,00073 c) 0,000568 d) 0,34297

6 a) $5{,}8639 \cdot 10^{6}$ b) $2{,}00345331 \cdot 10^{11}$ c) $3{,}4534 \cdot 10^{-1}$ d) $3{,}98332 \cdot 10^{-3}$

7 a) $8 \cdot 10^{3}$ g = 8000 g b) $3 \cdot 10^{6}$ W = 3 000 000 W c) $15 \cdot 10^{-3}$ m = 0,015 m d) $28 \cdot 10^{-6}$ m = 0,000028 m

---

1 a) 73 b) 1369 c) 7,56 d) 0,6561 e) 100

2 a) 266,02 b) 60,06 c) 183,87 d) 11,73 e) 46 117,56 f) 0,08

3 a) $1{,}2082 \cdot 10^{11}$ b) 523,3008 c) 19 856 124

4 $3{,}6979 \cdot 10^{7}$ **5** 3649,64 Tage **6** $90{,}33 \cdot 10^{23}$ **7** 138 m

8 a) 16 cm b) 5,81 m c) 24,75 cm

---

zu Seite 188

1 a) a = 13 m b) b = 28,6 cm c) a = 12 cm d) b = 9,6 m

2 Länge: 4350 m

3 ≈ 5,90 m

4 a) e = 306 cm; A = 38 880 cm^2 b) b = 216 m; A = 62 208 m^2 c) b = 45 cm; e = 53 cm

5 a) $\overline{AC}$ = 15 cm; 750 000 cm = 7500 m

---

1 a) b = 8 m b) c = 21,6 m

2 Breite: 8,5 m; A = 187 m^2; 2805 Ziegel

3 Breite 6,5 m; A = 54,6 m^2; A = 61,152 m^2; 5503,68 EUR

4 a) h_c = 0,7 dm; A = 1,68 dm^2 b) a = 29 m; A = 420 m^2 c) c = 26 cm; a 0 33,8 cm

---

zu Seite 189

1

	a)	b)	c)	d)	e)	f)
G	120 kg	280 EUR	420 t	60 m	1,9 kg	267,41 EUR
p %	30 %	45 %	35 %	245 %	13 %	27 %
P	36 kg	126 EUR	147 t	147 m	0,247 kg	72,2 EUR

2 8035,20 EUR **3** 37,5 % Zinn; 62,5 % Blei **4** 1881 **5** 2,2 ‰ **6** 666,99 EUR

1

	a)	b)	c)	d)	e)	f)
K	600 EUR	2550 EUR	2800 EUR	3900 EUR	580 EUR	1375 EUR
p %	7 %	3 %	3 %	4,5 %	13,5 %	6,4 %
Z	42 EUR	76,50 EUR	84 EUR	175,5	78,3 EUR	88 EUR

2 323,75 EUR **3** 67 200 EUR **4** a) 484 EUR b) 1066,75 EUR

5 14,66 EUR **6** 9732,66 EUR

zu Seite 190

1 a) 500 cm = 5 m b) 75 000 cm = 750 m c) 40 cm d) 4 cm e) 16 cm

2 a) a = 2,2 cm; b = 1,6 cm b) a = 13,2 cm; b = 9,6 cm

3 A′ (3 | 0); B′ (3 | 6)

4 a) k = 4; $\overline{A'B'}$ = 48 cm b) k = 0,5; $\overline{A'B'}$ = 30 cm

5 A′ (− 4 | − 2); B′ (1 | − 2); C′ (1 | 1); D′ (− 4 | 1)

---

1 1 : 50 (1 : 10)

2 a) B′ (− 7 | − 1,5); C′ (1 | 3,5) b) A′ (0 | − 3); C′ (3,5 | − 1)

3 a) k = 2,5; $\overline{ZA'}$ = 7,5 cm b) $\overline{ZA'}$ = 27 cm; $\overline{ZB}$ = 13 cm

---

zu Seite 191

1 a) x = 4 b) x = 5 c) x = 9 **2** a) x = 2 b) x = 8 c) x = 8

3 a) x = 6 b) x = 8 c) x = 3 **4** a) x = 6 b) x = 3 c) x = 5

5 Felix ist 19 Jahre, Marie 14 Jahre alt.

6 Sven hat 4,50 EUR, Lisa 8 EUR.

7 4 cm und 10 cm.

---

1 a) x = 7 b) x = − 4 c) x = − 7 **2** a) x = 13 b) x = − 4 c) x = 4

3 a) x = 9 b) x = − 6 c) x = − 6

4 a) keine Lösung b) allgemeingültig c) keine Lösung

5 Grundseite: 22 cm, Schenkel: 29 cm **6** $\alpha = 50°$; $\beta = 90°$; $\gamma = 40°$

7 Konz: 7000 EUR, Lux: 21 000 EUR, Klein: 8000 EUR

---

zu Seite 192

1

	a)	b)	c)	d)	e)	f)
r	14 cm	12,5 dm	25 km	3,45 m	28 mm	3,1 m
d	28 cm	25 dm	50 km	6,9 m	56 mm	6,2 m
u	87,96 cm	78,54 dm	157,08 km	21,68 m	175,93 mm	19,48 m
A	615,75 cm²	490,87 dm²	1963,495 km²	37,39 m²	2463 mm²	907,92 m²

2 21,46 % **3** 20,420 km **4** a) 5,94 kg b) 92 Steine

5 4,77 cm; 7,96 cm

---

1 a) 18 900 mm² b) 40,21 cm² **2** 81,17 cm²

3 a) 2435,18 m² b) 829 521 EUR

4 a) $A_s \approx 203{,}58$ cm²; b ≈ 22,6 cm b) $A_s \approx 221\,587$ mm²; b ≈ 963 mm

---

zu Seite 193

1 a)

Note		absolute Häufigkeit	relative Häufigkeit
1	||	2	0,08
2	𝍸	5	0,2
3	𝍸 |	6	0,24
4	𝍸 |||	8	0,32
5	|||	3	0,12
6	|	1	0,04

b) –

2 a)

Sprungweite in cm		absolute Häufigkeit
[350; 380[	𝍸	5
[380; 410[	𝍸 |||	8
[410; 440[	𝍸	5
[440; 470[	||	2
[470; 500[	|||	3
[500; 530[	||	2

3 a) r(10) = 0,22 r(12) = 0,15 r(16) = 0,19 r(20) = 0,26 r(25) = 0,11 r(30) = 0,07 b) –

zu Seite 193

1 a) $\bar{x} = 1{,}67$ b) $\tilde{x} = 1{,}68$

2 a) $\bar{x} = 7{,}81$ m
b) $\tilde{x} = 8{,}54$ m
c) Wegen des Ausreißers (4,21 m) ist der Median sinnvoll.

3 Spannweite: 15, $\bar{s} = 3{,}75$ ($\bar{x} = 412{,}5$)

4 a)

Note	absolute Häufigkeit	Stelle
1	3	1 bis 3
2	32	4 bis 35
3	51	36 bis 86
4	43	87 bis 129
5	24	130 bis 153
6	0	–

b) $\tilde{x} = 3$
c) $\bar{x} = 3{,}35$
d) $\bar{s} = 0{,}89$

---

zu Seite 194

1 a) $V = 29\,970$ m³; $O = 4662$ m² b) $V = 244{,}944$ m³; $O = 272{,}16$ m²

2 $V = 134{,}4$ m³; $V = 134\,400$ dm³ $= 134\,400$ *l*

3 $V = 90\,000$ m³

4 $V = 891$ m³ b) 180 EUR

5 $O = 3{,}88$ m²; 0,582 kg

6 4,6875 m³

7 a) $V = 7200$ cm³; $m = 81\,360$ g b) $V = 1440$ cm³; $\varrho = 7{,}1 \frac{g}{cm^3}$

---

zu Seite 195

1 a) $O \approx 604{,}757$ cm² b) $\approx 251\,327\,412{,}3$ cm² $\approx 25\,132{,}74$ m²

2 $V \approx 2389{,}181$ m³; $\approx 2\,389\,181$ *l*

3 a) $M = 49{,}68$ m² b) 5961,60 EUR

4 a) $V \approx 314{,}16$ cm³; $O \approx 282{,}74$ cm² b) $V \approx 1758{,}890$ m³; $O \approx 977{,}161$ m²

5 $r \approx 8{,}499$ m; $V \approx 317{,}697$ m³

6 a) $V \approx 1060{,}288$ cm³; $s = 19{,}5$ cm; $O \approx 636{,}173$ cm² b) $r = 3$m; $V \approx 15{,}080$ m³; $O \approx 60{,}319$ m²

7 $V_{Würfel} = 1728$ cm³; $V_{Kugel} \approx 904{,}779$ cm³; Abfall: 823,221 cm² $\approx 47{,}64\,\%$

Prozentrechnung

Berechnen des *Prozentsatzes* $p\% = \frac{P \cdot 100}{G}\ \%$

Berechnen des *Prozentwertes* $P = \frac{G \cdot p}{100}$

Berechnen des *Grundwertes* $G = \frac{P \cdot 100}{p}$

Zinsrechnung

Berechnen des *Zinssatzes* $p\% = \frac{Z \cdot 100}{K}\ \%$

Berechnen der *Jahreszinsen* $Z = \frac{K \cdot p}{100}$

Berechnen des *Kapitals* $K = \frac{Z \cdot 100}{p}$

Berechnen der *Tageszinsen* $Z = \frac{K \cdot p}{100} \cdot \frac{n}{360}$

Berechnen der *Monatszinsen* $Z = \frac{K \cdot p}{100} \cdot \frac{n}{12}$

Rationale Zahlen

Kommutativgesetz	$a + b = b + a$	$a \cdot b = b \cdot a$
Assoziativgesetz	$a + (b + c) = (a + b) + c$	$a \cdot (b \cdot c) = (a \cdot b) \cdot c$
Distributivgesetz	$a \cdot (b + c) = a \cdot b + a \cdot c$	$a \cdot (b - c) = a \cdot b - a \cdot c$

Beschreibende Statistik

$$\text{relative Häufigkeit} = \frac{\text{absolute Häufigkeit}}{\text{Anzahl der Daten}}$$

$$\text{arithmetisches Mittel} = \frac{\text{Summe aller Daten}}{\text{Anzahl der Daten}}$$

$$\text{Mittlere lineare Abweichung} = \frac{\text{Summe der Abweichungen von } \bar{x}}{\text{Anzahl aller Daten}}$$

$$\text{Wahrscheinlichkeit} = \frac{\text{Anzahl der günstigen Ergebnisse}}{\text{Anzahl aller Ergebnisse}}$$

Geometrie

Rechteck

D C b A a B

Umfang: $u = 2a + 2b$

$u = 2(a + b)$

Flächeninhalt: $A = a \cdot b$

Quadrat

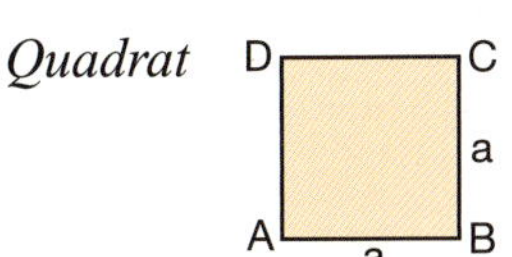

$u = 4a$

$A = a^2$

Parallelogramm

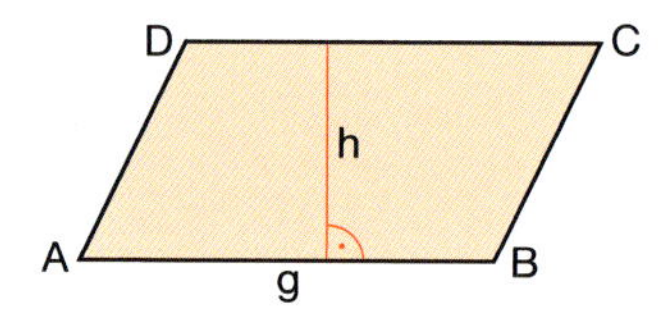

$A = g \cdot h$

Dreieck

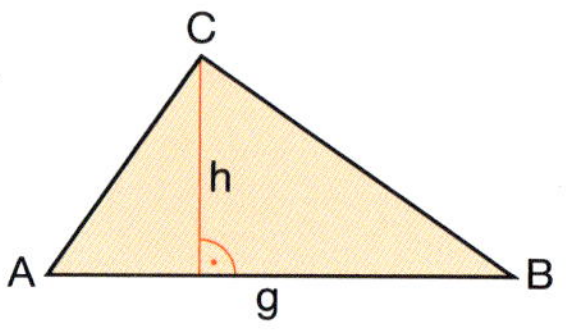

$A = \frac{g \cdot h}{2}$

Trapez

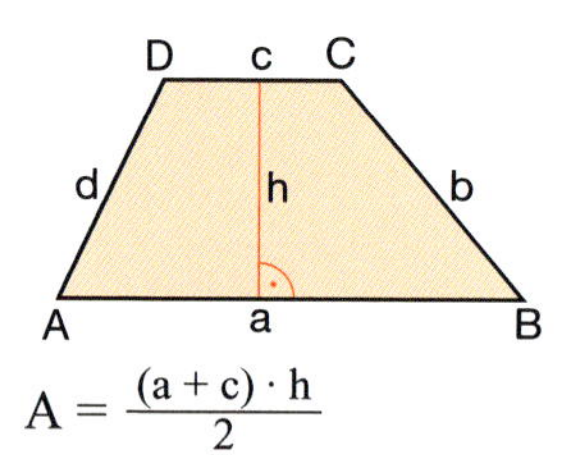

$A = \frac{(a + c) \cdot h}{2}$

$A = m \cdot h \qquad A = \frac{(a + c)}{2} \cdot h$

Drachen

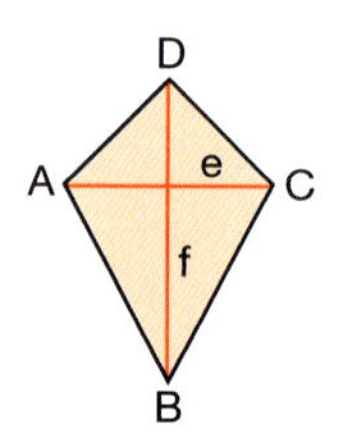

$A = \frac{e \cdot f}{2}$

Raute (Rhombus)

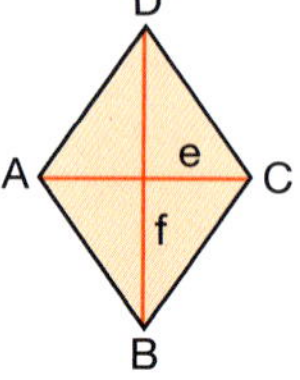

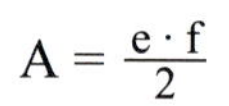

$A = \frac{e \cdot f}{2}$

Quader

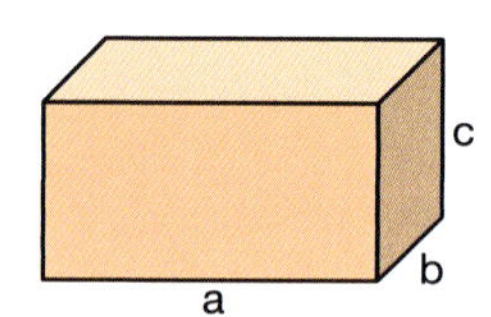

Würfel

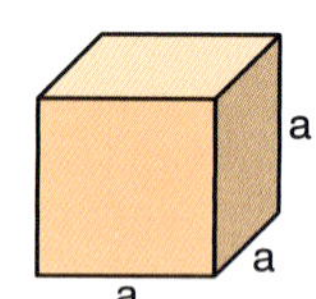

Oberflächeninhalt: $O = 2ab + 2bc + 2ac$

$O = 2\,(ab + bc + ac)$

Volumen: $V = a \cdot b \cdot c$

$O = 6a^2$

$V = a^3$

Prismen

$V = G \cdot h_k$

$M = u \cdot h_k$

$O = 2 \cdot G + M$

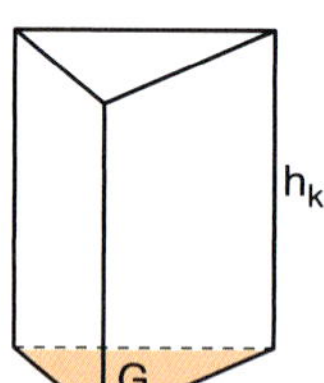

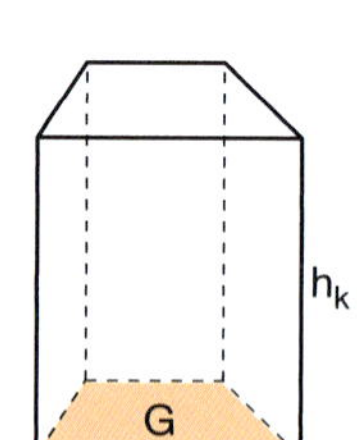

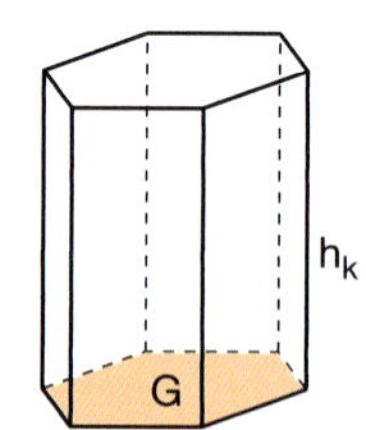

Kreis

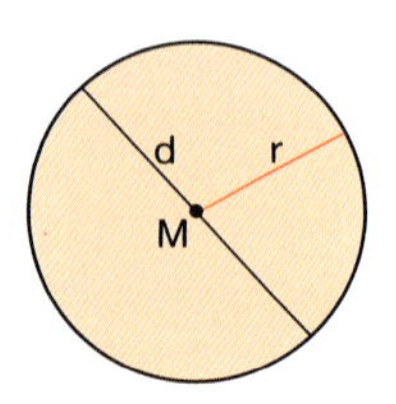

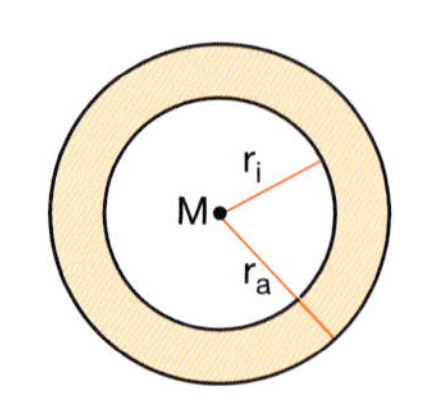

Umfang: $u = \pi \cdot d \qquad A = \pi \cdot \frac{d^2}{4}$

$u = 2 \cdot \pi \cdot r \qquad A = \pi \cdot r^2$

$A = \pi \cdot r_a^2 - \pi \cdot r_i^2$

$A = \pi \cdot (r_a^2 - r_i^2)$

Kreisausschnitt

Länge des Kreisbogens:

$b = \frac{\pi \cdot r}{180°} \cdot \alpha$

Flächeninhalt:

$A_s = \frac{\pi \cdot r^2}{360°} \cdot \alpha$

$A_s = \frac{b \cdot r}{2}$

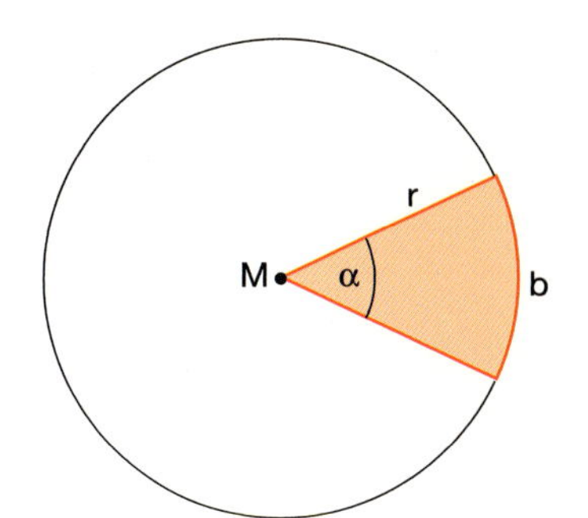

Zylinder

Oberflächeninhalt: $O = 2 \cdot G + M$

$O = 2 \cdot \pi \cdot r^2 + 2 \cdot \pi \cdot r \cdot h_k$

Volumen: $V = G \cdot h_k$

$V = \pi \cdot r^2 \cdot h_k$

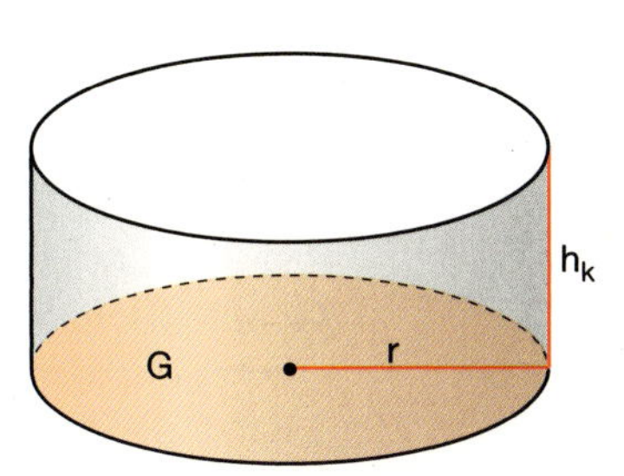

Pyramide

Oberflächeninhalt: $O = G + M$

Volumen: $V = \frac{1}{3} \cdot G \cdot h_k$

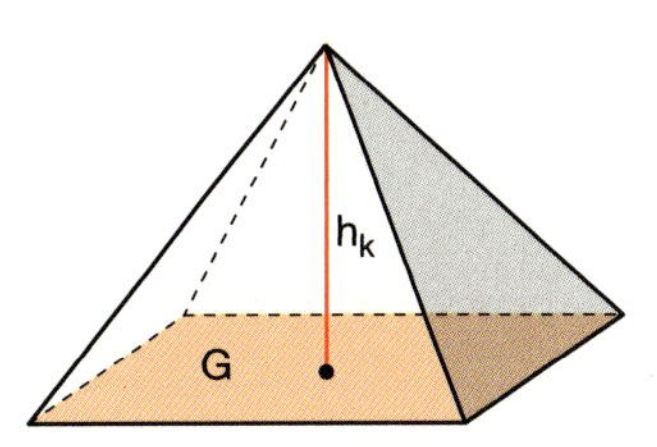

Kegel

Oberflächeninhalt: $O = M + G$

$M = \pi \cdot r \cdot s$ (Kegelmantel)

$O = \pi \cdot r(r + s)$

Volumen: $V = \frac{1}{3} \cdot G \cdot h_k$

$V = \frac{1}{3} \cdot \pi \cdot r^2 \cdot h_k$

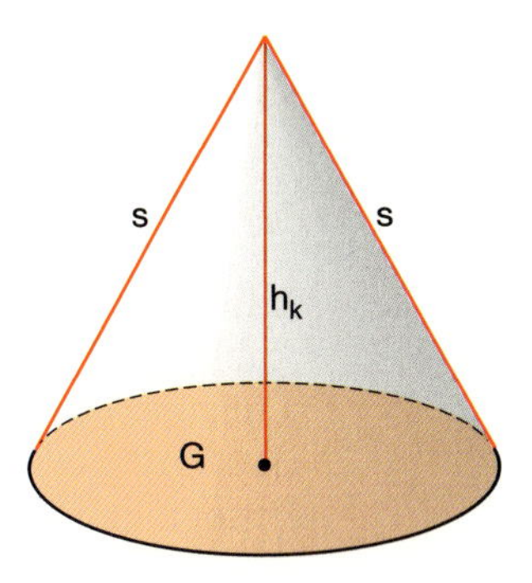

Kugel

Oberflächeninhalt: $O = 4 \cdot \pi \cdot r^2$

Volumen: $V = \frac{4}{3} \cdot \pi \cdot r^3$

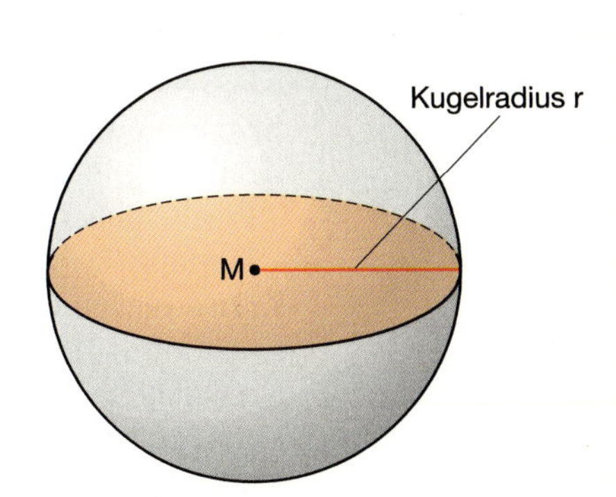

Bildquellennachweis

Arnulf Betzold GmbH, Ellwangen - Neunstadt: 126.1/2/3; 128.2
Archiv für Kunst und Geschichte GmbH, Berlin: 93.5
Irmgard Arnold, Wiesbaden: 13; 15; 18.1/2; 20; 21.1; 35.1/3; 38.2; 39.1/2/3/4/5; 41.1/2; 42.1/2; 43.1/2; 44.2/3; 45.1; 53; 56.2; 60.1; 62; 69.1; 78.3; 80; 85; 86.1; 87; 97; 99.2; 100; 107.1/2; 111; 118.1/2; 119; 121.2; 123; 128.1; 129; 131; 132; 133; 134.1/2/3/4/5; 136.2/3/4, 139; 141.1; 142.1/2; 145.1/2/3; 146.1/2; 148; 153; 154; 156.2; 162.2
Astrofoto Bildagentur, Sörth: 33.1/2 · Ballonsportgruppe Stuttgart, Stuttgart: 162.1
Bildarchiv preussischer Kulturbesitz, Berlin: 35.2 · Bildarchiv Superbild, Grünewald-München: 161.2
Bongarts Sportfotografie, Hamburg: 16; 17.2; 86.2 · Günter Boyn, Bad Iburg: 125.4
Brinkmann, Hamburg: 58 · Degussa Metals Catalysts Cerde AG, Hanau - Wolfgang: 92
Deutsche Bahn, Konzernkommunikation, Berlin: 17.1; 69.2
Deutsche Presse-Agentur GmbH, Frankfurt/Main: 33.3 · Edersee Touristic, Waldeck: 68.2
Enercon GmbH, Aurich: 98 · Klaus Fischbach, Ratingen: 101.2 · Fotoservice Brandes, Braunschweig: 32.2
Fotostudio Druwe/Polastri, Cremlingen/Weddel: 9; 12.1/2/3; 19.1/2; 27; 28; 30; 35.4; 38.1; 44.1; 45.2; 47; 52; 54.1/3; 56.1; 59; 60.2; 61; 70.1/2/3/5; 71;73; 78.1/2; 91.1/2; 93.1/2/3/4; 94.1; 97; 101.1; 103.2/3/4; 104; 105; 110; 112; 120.1/2; 121.1; 122; 136.1; 141.2/3; 143.1/2; 156.1; 160.1/2
Prof. Heckl, München: 31.4 · Heumann, Stadthagen: 99.1
IFA-Bilderteam, Taufkirchen: 17.3; 103.1; 125.2/5;
Institut für wissenschaftliche Fotografie, Lautenstein: 31.2/3
Kurverwaltung Bad Karlshafen, Bad Karlshafen: 68.3
Marketinggesellschaft Bad Sachsa GmbH & Co KG, Bad Sachsa: 68.5
Mauritius - Die Bildagentur, Mittenwald: 70.5; 125.1; 130; 159
Christian Pehlemann/OKAPIA Bild - Archiv, Frankfurt/Main: 125.3 · Palladio Design GmbH, Emmenbrücke/Schweiz: 158
Pictor International, Hamburg: 161.1 · Dieter Rixe, Braunschweig: 125.6
Saturn Hansa, Ingolstadt: 51; 54.2 · Horst Schilling, Delmenhorst: 40 · Schüco, Bielefeld: 48
Toto - Lotto Niedersachsen GmbH, Hannover: 103.4 · Touristeninformation Göttingen, Göttingen: 68.1
Touristeninformation Winterberg, Winterberg: 68.4 · Vividia AG, Puchheim: 57
Volkswagen AG, Wolfsburg: 14 · Sebastian Woedtke, Kiel: 31.1 · Zefa, Düsseldorf: 94.2; 150
Zeppelin Baumaschinen GmbH, Garching: 143.3

Satz: O&S Satz GmbH, Hildesheim

Die übrigen Zeichnungen wurden von der Technisch-Graphischen Abteilung Westermann, Braunschweig, angefertigt.